高等教育“十三五”规划教材
新编安全科学与工程专业系列教材

建筑消防工程学

（第2版）

主　编　李　钰　王春青
副主编　易灿南　郑　丹　伍爱友
参　编　贾江美　蒙慧玲　孟　娟
　　　　孟　川　张松涛　杨健鹏
主　审　易赛莉

中国矿业大学出版社
·徐州·

内容简介

本书主要内容包括：建筑物耐火等级、建筑总平面布置、平面防火设计、建筑安全疏散、室内装修防火、建筑灭火器配置、消火栓给水系统、自动喷水灭火系统、水喷雾灭火系统、泡沫灭火系统、气体灭火系统、建筑防排烟系统、火灾自动报警系统、性能化防火设计基础等。

本书适用于安全科学与工程、消防工程、物业管理、建筑环境与能源应用工程等专业，也可作为建筑学、给排水科学与工程等专业的教学参考书，同时还可供相关工程设计人员、施工与管理人员学习参考。

图书在版编目(CIP)数据

建筑消防工程学 / 李钰，王春青主编. —2版. —徐州：中国矿业大学出版社，2016.4(2024.7重印)

ISBN 978-7-5646-3070-6

Ⅰ.①建…　Ⅱ.①李…②王…　Ⅲ.①建筑物—消防　Ⅳ.①TU998.1

中国版本图书馆CIP数据核字(2016)第080107号

书　　名　建筑消防工程学(第2版)
主　　编　李　钰　王春青
责任编辑　陈红梅
出版发行　中国矿业大学出版社有限责任公司
(江苏省徐州市解放南路　邮编221008)
营销热线　(0516)83885370　83884103
出版服务　(0516)83885767　83884920
网　　址　http://www.cumtp.com　**E-mail**:cumtpvip@cumtp.com
印　　刷　徐州中矿大印发科技有限公司
开　　本　787×1092　1/16　**印张** 19.25　**字数** 480千字
版次印次　2016年4月第2版　2024年7月第4次印刷
定　　价　48.00元
(图书出现印装质量问题，本社负责调换)

《新编安全科学与工程专业系列教材》编审委员会

第2版前言

本书自2011年出版以来，深受众多高校师生好评。根据教材使用教师的合理建议，适逢较多规范的修订，为了与时俱进，及时追踪最新技术成果，适当参考注册消防工程师考试大纲，特进行修订再版。

第2版延续了第1版的章节编写体系，依据相关现行防火规范，更新了较多内容，增加了部分图表。同时对多处细节内容进行了修订与改错，使得本书内容更实用，特色更鲜明。

没有更新的规范名称及简称见第1版前言，第2版修订涉及的规范名称及简称如下：

GB 50016—2014. 建筑设计防火规范，简称《建规》；

GB 50974—2014. 消防给水及消火栓系统技术规范，简称《水规》；

GB 50067—2014. 汽车库、修车库、停车场设计防火规范，简称《汽规》；

GB 50219—2014. 水喷雾灭火系统设计规范，简称《雾规》；

GB 51251—2017. 建筑防烟排烟系统技术标准，简称《烟标》；

GB 50116—2013. 火灾自动报警系统设计规范，简称《报规》；

GB 50151—2010. 泡沫灭火系统设计规范，简称《泡规》。

本书第2版修编分工：由大连交通大学李钰(编写绪论、第1、4章)、吉林建筑大学王春青(编写第7、8章)任主编，湖南工学院易灿南(编写第6、13章)、辽宁工程技术大学郑丹(编写第10章)、湖南科技大学伍爱友(编写第9章)任副主编，潍坊学院贾江美(编写第2章)、河南大学蒙慧玲(编写第3章)、青岛理工大学孟娟(编写第5章)、中国人民武装警察部队学院孟川(编写第11章)、河南易博联城规划建筑设计有限公司张松涛(编写第12章)、河南省消防总队南阳支队杨健鹏(编写第14章)任参编。全书由李钰统稿、定稿，由上海应用技术大学易赛莉主审。

在修编过程中，得到了钟委(郑州大学)、戴强(徐州市消防支队)等同志的大力帮助，在此表示感谢。

本书内容广博，涉及规范、标准较多，不当之处诚恳希望读者指正。

编者继续提供丰富的配套教学资源，供任课教师参考。索要教学课件、联系编者请申请加入建筑消防工程学群，QQ群号：118173131。

编　者

2016年1月

第1版前言

消防工程是安全工程学科的重要组成部分，安全工程管理人员越来越多地被赋予了消防工程管理与审核的职责。因此，当前国内安全工程专业开设“建筑消防工程学”课程很有必要，开设该课程的高等院校也越来越多，为此我们精心组织多校教学经验丰富的授课老师编写了该书。

本书力求层次分明，条理清晰，结构合理，简明扼要，淡化理论，突出实用，与国内同类书相比较，具有以下特征：

(1) 涉及的规范均是现行的、最新的，注重知识的更新。

(2) 以传统的处方式规范为主，性能化防火设计为辅，内容全面且实用。

(3) 配有丰富的教学资源：教学课件、教案、习题解答、教学大纲、课程简介、教学日历、部分国家标准、规范等，供广大读者参考。

(4) 章后附有小结与复习思考题，以方便读者对本章知识的梳理与掌握。

本书基本学时为56学时，在授课过程中，授课老师可根据情况予以取舍。其主要内容包括：建筑物耐火等级、建筑总平面布置、建筑平面防火设计、建筑安全疏散、室内装修防火、建筑灭火器配置、消火栓给水系统、自动喷水灭火系统、水喷雾灭火系统、泡沫灭火系统、气体灭火系统、建筑防排烟系统设计、火灾自动报警系统、性能化防火设计基础等。

本书主要适用于安全工程、消防工程、物业管理等专业作为教材使用，也可作为建筑学、给水排水、建筑设备工程等专业的教学参考书；对本书内容适当取舍，还可作为高职高专相关专业的教材，同时也可供工程设计、施工与管理人员学习参考。

书中内容多处引自有关规范、标准，如果修订，应以最新的版本为准。为使教师易于授课，学生便于阅读，本书对现行主要规范进行了简称，具体说明如下：

《建筑设计防火规范》(GB 50016—2014)，简称《建规》；

《人民防空工程设计防火规范》(GB 50098—2009)，简称《人规》；

《汽车库、修车库、停车场设计防火规范》(GB 50067—1997)，简称《汽规》；

《建筑内部装修设计防火规范》(GB 50222—1995)(2001年版)，简称《装规》；

《建筑灭火器配置设计规范》(GB 50140—2005)，简称《灭规》；

《自动喷水灭火系统设计规范》(GB 50084—2001)(2005年版)，简称《喷规》；

《低倍数泡沫灭火系统设计规范》(GB 50151—92)(2000年版)，简称《低倍泡规》；

《高倍数、中倍数泡沫灭火系统设计规范》(GB 50196—93)，简称《高中泡规》；

《水喷雾灭火系统设计规范》(GB 50129—1995),简称《雾规》;

《火灾自动报警系统设计规范》(GB 50116—2008),简称《报规》。

本书由大连交通大学李钰(编写绪论、第1章、第3章、第4章)、吉林建筑工程学院王春青(编写第7章、第8章)任主编;湖南工学院胡鸿(编写第6章、第13章)、辽宁工程技术大学郑丹(编写第10章)、湖南科技大学伍爱友(编写第9章)任副主编;江苏省徐州市公安消防支队戴强(编写第2章)、青岛理工大学孟娟(编写第5章)、吉林建筑工程学院张兰(编写第11章)、武汉科技大学梅丹(编写第12章)、河南省南阳市公安消防支队杨健鹏(编写第14章)参编。全书由李钰定稿,由上海应用技术学院易赛莉主审。

本书编写的目的是为了教学需要,编写过程中参考了大量相关教材、专业书籍及期刊资料或网络中的最新资料,在此谨向被引用的作者和引用但未注明的作者们表示衷心感谢!编写中,还得到了钟委(郑州大学)、宗屿、秦洪波、刘丹彤、王艳秀、杨鹏、张继堃等同志的大力帮助,在此一并感谢!最后向中国矿业大学出版社的领导和同志们对本书的出版给予的支持与帮助表示衷心的感谢!

限于作者水平,书中难免有遗漏和不当之处,诚恳希望广大读者提出宝贵意见("建筑消防工程学"课程研讨及配套资源下载QQ群:118173131)。

编　者

2011年2月

目　录

0

绪　论

0.1 火与火灾

火被人类掌握和使用以后，为人类的进步和社会的发展作出了巨大贡献。人类的祖先早在100万年以前就已经利用火来取暖御寒、防御野兽、熏烤食物；还利用火打制武器和工具，制作器皿，提高劳动生产效能。火给人类带来了进步。人类之所以区别于其他动物，就在于人类会使用火，火的使用是人类走向文明的重要标志。

众所周知，人们的日常生活与火有着密切的关系，没有火就没有人类社会的进步，也就没有今天高度发展的物质文明。

火促进了人类的进步，给人类带来了文明，但火若失去控制，也能给人类造成灾难。后汉的《说文解字》把火写成“”，把灾写成“”，意思是火起于下焚其上，“宀”代表房屋，说明古人就认识到火灾与建筑物紧密相关。在构木为屋的时代，火烧其屋是经常发生的。

火灾是指在时间和空间上失去控制的燃烧所造成的灾害，即凡失去控制并对财物和人身造成伤害的燃烧现象就叫作火灾。在各类灾害中，火灾是最经常、最普遍地威胁公众安全和社会发展的主要灾害之一。常见的火灾类型有建筑火灾、森林火灾、石油化工火灾、交通工具火灾（以地铁最为严重）等。

0.2 火灾的分类

火灾发生的必要条件是可燃物、热源和氧化剂（多为空气）。火灾可以从不同的角度进行分类，如根据火灾发生地点、燃烧现象、损失程度和起火原因等分类。

0.2.1 根据火灾发生地点分类

1) 地上火灾

地上火灾是指发生在地表面上的火灾，包括地上建筑火灾和森林火灾。建筑火灾一般是指最初发生在建筑内某个房间或局部区域，然后由此蔓延到相邻房间或区域，乃至整个楼层，最后蔓延到整个建筑物的火灾。地上建筑火灾分为民用建筑火灾、工业建筑火灾。森林火灾是指森林大火造成的危害。森林火灾不仅造成林木资源的损失，而且对生态环境构成不同程度的破坏。

2) 地下火灾

地下火灾是指发生在地表面以下的火灾，主要包括发生在矿井、地下商场、地下油库、地下停车场和地下铁道等地点的火灾。这些地点属于典型的受限空间,空间结构复杂,受定向风流的作用使火灾及烟气蔓延速度相对较快,再加上在逃生通道上逃生人员和救灾人员逆向行进,救援工作难度较大。

3) 水上火灾

水上火灾是指发生在水面上的火灾,主要包括发生在江、河、湖、海上航行的客轮、货轮和油轮上的火灾,也包括海上石油平台以及油面火灾等。

4) 空间火灾

空间火灾是指发生在飞机、航天飞机或空间站等航空及航天器中的火灾。特别是发生在航天飞机和空间站中的火灾,由于远离地球,重力作用较小,甚至完全失重,属微重力条件下的火灾。其火灾的发生与蔓延与地上建筑、地下建筑及水上火灾相比,具有明显的特殊性。

0.2.2 根据燃烧对象分类

《火灾分类》(GB/T 4968—2008)规定了6类火灾:A类火灾,即固体物质火灾;B类火灾,即液体或可熔化的固体物质火灾;C类火灾,即气体火灾;D类火灾,即金属火灾;E类火灾,即带电火灾;F类火灾,即烹饪器具内的烹饪物(如动植物油脂)火灾。

0.2.3 根据火灾损失严重程度分类

火灾等级分为特别重大火灾、重大火灾、较大火灾和一般火灾4个等级。[①]

特别重大火灾是指造成30人以上死亡,或者100人以上重伤,或者1亿元以上直接财产损失的火灾。重大火灾是指造成10人以上30人以下死亡,或者50人以上100人以下重伤,或者5 000万元以上1亿元以下直接财产损失的火灾。较大火灾是指造成3人以上10人以下死亡,或者10人以上50人以下重伤,或者1 000万元以上5 000万元以下直接财产损失的火灾。一般火灾是指造成3人以下死亡,或者10人以下重伤,或者1 000万元以下直接财产损失的火灾。

注:“以上”包括本数,“以下”不包括本数,该火灾等级标准从2007年6月1日起执行。

0.2.4 根据起火原因分类

我国每年都要进行火灾统计,包括原因分析统计。2005—2014年的火灾统计见表0.1。

(1) 电气:电气设备超负荷、电气线路短路、照明灯具使用不当等引发火灾。

(2) 生活用火不慎:炊事用火、取暖用火、灯火照明、燃放烟花爆竹、宗教活动用火不慎等引发火灾。

(3) 违反安全规定:在易燃易爆车间动用明火,引起爆炸起火;将性质相抵触的物品混存在一起,引起燃烧爆炸;焊接和切割的火星和熔渣,酿成的火灾等。

(4) 吸烟:乱扔烟头、火柴杆,这是造成卧室、宾馆客房和森林火灾的主要原因之一。

(5) 玩火:小孩玩火,燃放烟花、爆竹等引发火灾。

(6) 纵火:如刑事犯罪纵火,精神病人纵火。

(7) 自燃:物质受热;植物、涂油物、煤堆垛过大、过久而又受潮、受热;化学危险品遇水、遇空气、相互接触、撞击、摩擦自燃。

---

① 资料来源:《执行关于调整火灾等级标准的通知》(公消〔2007〕234号)。

表 0.1　　我国 2005—2014 年火灾原因统计

年份 \ 起因	总起数	电气	生活用火不慎	违反安全规定	吸烟	玩火	纵火	自燃	雷击	静电	其他	不明原因
2005	143 234	31 380	43 883	6 130	10 075	8 117	7 342	2 373	278	—	10 993	22 941
2006	140 672	32 431	41 165	5 392	9 679	7 623	5 961	3 161	235	—	11 717	23 311
2007	163 521	46 246	37 237	9 137	12 783	12 278	4 952	3 470	339	192	23 308	13 577
2008	136 835	40 599	30 925	7 403	9 906	9 520	3 618	2 881	297	134	20 561	10 991
2009	129 382	39 101	27 202	6 636	9 073	7 336	3 279	3 072	218	130	21 144	10 191
2010	132 497	41 237	25 878	7 722	7 586	7 094	3 249	3 504	248	137	24 900	10 942
2011	125 417	37 960	22 248	6 742	7 091	8 247	2 830	3 533	294	116	26 454	10 002
2012	152 157	49 043	27 293	6 291	9 492	5 771	3 052	4 610	197	148	35 263	10 997
2013	388 821	115 598	69 080	13 046	26 226	12 982	7 089	11 547	519	252	107 827	24 655
2014	395 052	108 282	71 318	11 712	23 701	16 639	7 314	10 613	359	176	117 043	27 895
年均	190 759	54 188	39 623	8 021	12 561	9 556	4 869	4 876	298	161	39 921	16 550

(8) 其他:不属于以上类型的其他原因,如战争。

(9) 不明原因:火灾原因无法查明的。

0.3 火灾损失

0.3.1 总体火灾损失概况

据联合国"世界火灾统计中心"报道,全世界每天发生火灾 1 万多起,火灾死亡人数数百人。在我国,每年发生火灾约几十万起,死亡两千多人,伤三四千人,每年火灾造成的直接经济损失达 10 亿元左右,几十人、几百人死亡的特大恶性火灾也时有发生,给国家和人民的生命财产造成巨大损失。随着经济建设的发展,城市化的推进,人民物质文化水平的提高,在生产和生活中用火,以及采用具有火灾危险性的设备、工艺逐年增多,发生火灾的危险性也相应地增加,火灾发生的次数以及造成的财产损失、人员伤亡呈现上升趋势。火灾是当今世界上多发性灾害中发生频率较高的一种灾害,也是时空跨度最大的一种灾害,所以防火工作非常重要。

我国 2000—2014 年火灾状况统计见表 0.2。由此可见,10 年间我国共发生火灾 145.2 万起,平均每年的火灾直接经济损失达到 12.7 亿元,年均受伤人数 2 384 人,年均死亡2 099 人。火灾形势严峻,呈平稳中略有下降趋势。

表 0.2　　我国 2000—2014 年火灾状况统计

年份	火灾起数/万起	火灾直接经济损失/亿元	死亡人数/人	受伤人数/人
2000	12.2	15.22	3 021	4 404
2001	12.4	14.03	2 334	3 781
2002	14.0	9.67	2 393	3 414
2003	13.2	15.91	2 482	3 087

续表 0.2

年份	火灾起数/万起	火灾直接经济损失/亿元	死亡人数/人	受伤人数/人
2004	14.3	11.36	2 563	2 969
2005	14.3	9.03	2 500	2 508
2006	22.3	7.84	1 517	1 418
2007	15.9	9.90	1 418	863
2008	13.7	18.2	1 521	742
2009	12.9	16.2	1 236	651
2010	13.2	19.6	1 205	624
2011	12.5	20.6	1 108	571
2012	15.2	21.8	1 028	575
2013	38.9	48.5	2 113	1 637
2014	39.5	43.9	1 817	1 493
年平均	17.63	18.78	1 883	1 916

0.3.2 典型火灾案例分析

1）新疆克拉玛依市友谊馆火灾

(1) 基本情况　友谊馆位于新疆克拉玛依市人民公园南侧，始建于 1958 年，1991 年重新装修投入使用。1994 年 12 月 8 日下午由市教委组织在友谊馆举办专场文艺汇报演出。该市 7 所中学、8 所小学共 15 个规范班及部分教师、有关领导共计 796 人到会。友谊馆正门和南北两侧共有 7 个安全疏散门，火灾发生时仅有 1 个正门开启。南北两侧的安全疏散门加装了防盗推拉门并上锁，观众厅通向过厅的 6 个过渡门也有 2 个上锁。

(2) 起火经过　1994 年 12 月 8 日 18 时 20 分，文艺演出进行到第二个节目时，台上演员和台下许多人看到舞台正中偏后上方掉落火星。由于舞台空间大，舞台用品都是高分子化纤织物，因此火灾一开始便迅速形成立体燃烧，火场温度迅速升高，并伴随大量有毒气体产生。现场灯光因火烧短路而全部熄灭，在场人员因安全疏散门封闭而来不及疏散，造成大量人员伤亡。

(3) 火灾损失　火灾烧伤 130 人，烧死 323 人，直接经济损失 210.9 万元。

(4) 火灾原因　舞台偏后北侧上方倒数第二道光柱灯(1 000 W)与纱幕距离过近，高温灯具烤燃纱幕。

(5) 主要教训　安全疏散门上锁关闭，致使在火灾发生时人员疏散中发生拥挤堵塞，来不及逃生，造成大量伤亡；室内装饰、装修、舞台用品大量采用易燃、可燃高分子材料，火灾时产生大量有毒、可燃气体，使现场人员短时间内中毒窒息；火灾初起时处置不当；未有效地组织人员疏散等。

2）洛阳东都商厦火灾

(1) 基本情况　2000 年 12 月 25 日 21 时 30 分，河南省洛阳市东都商厦因非法施工、电焊工违章作业引燃可燃物造成火灾，致使商厦歌舞厅内 309 人窒息死亡，教训极其深刻。

东都商厦地下两层，地上建筑为北部四层，南部两层，南二楼顶有一游泳池，建筑东、南、西、北四角各有一敞开式楼梯，地下二至一层中部有一小楼梯。现地下两层为家具商场；地下一层和一楼租给丹尼斯量贩，正在装修，拟于 12 月 28 日开业；二、三楼分别为个体商户租赁经营，其中二楼为服装鞋帽，三楼为床上用品、钟表照相器材等；四楼为个体承包的歌舞厅，中间为舞厅，面积约 600 m^2，四周为包厢、办公室、会议室，分隔为木结构。商厦虽有自动报警系统、自动喷水系统，但由于年久失修，报警系统失灵、灭火系统水泵不能启动，地下层无报警、喷水设施。有疏散指示标志灯和个别应急照明。

(2) 火灾损失　火灾死亡 309 人，多人受伤，直接经济损失 275 万元。

(3) 火灾原因　违章进行电焊作业，引燃可燃物品，引起火灾。

(4) 主要教训　忽视消防安全，监督整改不力。早在 1997 年，东都商厦四楼歌舞厅就被河南省消防总队列入 40 家存在重大消防隐患的单位和场所名单中。近两年，东都歌舞厅历经洛阳市消防部门 18 次检查，消防部门对其先后 4 次下达整改通知书，甚至在 2000 年 12 月中旬还勒令其停业，但其仍照常营业。东都商厦 4 条通道有 2 条被人为封死。违法经营，违章施工。东都商厦原来已被当地文化管理部门吊销文化经营许可证，却让个体业主违法承包四楼，经营歌舞娱乐。电焊工违章作业，引燃可燃物。人们消防意识淡薄，缺乏火灾紧急自救常识。

3) 大连新港石化火灾

(1) 基本情况　2010 年 7 月 16 日 18 时 20 分，新加坡太平洋石油公司所属 30 万吨原油“宇宙宝石”轮船在大连新港中石油原油储备库卸油过程中，由于原油储备罐陆地管线在加催化剂作业时，一条输油管线突然爆炸，大连新港油品码头陷入一片火海。17 日上午 9 时，历经 6 次爆炸和 1 次复燃，爆炸发生 15 h 后大火终于被扑灭。这起特大火灾实属罕见，在我国没有先例。

(2) 主要教训　可能发生的风险事故主要是海上溢油、后方油罐和码头平台火灾爆炸、管道溢油而没有采取任何措施；安全隐患整改不力(国家安全生产监督管理总局批评事故单位对所加入原油脱硫剂的安全可靠性没有进行科学论证，且对加入方法没有正规设计，不仅没有防止风险措施，而且没有制定安全作业规程；在原油接卸过程中存在安全管理漏洞，指挥协调不力，管理混乱，信息不畅；电力系统损坏后应急和消防设施失效，导致罐区阀门无法关闭，也促使该事故最终达到无法挽回的地步)；应急物资的储备不足，应加强应急队伍建设和应急演练。

4) 阿塞拜疆巴库地铁火灾

(1) 基本情况　1995 年 10 月 28 日夜里，阿塞拜疆首都巴库发生了一起地铁列车失火的重大惨剧。这场火灾造成 558 人死亡，269 人受伤。据查，这列地铁列车失火是由电动机车电路故障引起的。据一位名叫侯赛因诺夫的目击者说，大火是从该列车的第三节和第四节车厢，也就是列车的最后两节车厢的交接处开始烧起来的。

(2) 主要教训　20 世纪 60 年代生产的车辆使用的大部分材料都是易燃物，燃烧时产生大量烟雾和有毒气体；司机缺乏经验，紧急刹车把列车停在了隧道里，给乘客逃生和救援工作带来不便。

0.4 防火措施

建筑火灾防火措施分为主动防火措施和被动防火措施。主动防火措施指的是直接限制火灾发生和发展的技术，如建筑物的灭火器设计、火灾自动探测报警技术、自动喷水灭火或其他灭火技术、烟气控制技术等。被动防火措施指的是提高或增强建筑构件或材料承受火灾破坏能力的技术，如提高建筑构件抗火技术、可燃材料的阻燃技术、设置防火分区、防火间距、设置封闭楼梯间等建筑防火措施。

“三同时”制度是指建设项目中防火设施必须与主体工程同时设计、同时施工、同时投产使用。建筑工程应执行“三同时”制度。

0.5 相关专业简介

在建筑设计院内，一般有建筑学专业、土木工程专业、给水排水工程专业、建筑环境与设备工程专业、电气工程专业等相互配合，共同完成建筑设计任务。建筑专业设计要给其他专业提供必要的方便，如设计管井、电缆井、消防控制室、加压送风通道等。

1）建筑学专业

建筑学专业进行建筑专业防火设计，往往是建筑项目的负责人。从业资格为注册建筑师，分为一级和二级。在方案设计阶段就要决定一系列的关键参数，如总建筑面积、楼层建筑面积、层数、总高度、结构形式等关键指标；要决定平面功能安排、立面造型等。在平面、剖面设计时要决定防火设计，如建筑物的耐火等级、结构抗火设计要求、高层建筑的分类、防火分区与防烟分区、建筑物的安全疏散防火设计，甚至室内装修装饰的防火设计等。在施工图设计阶段，对上述防火设计内容进行深化。但有经验的设计人员会在方案阶段判断其是否具有可行性。建筑物的特殊功能、总高度与体积往往决定了后续灭火设施的形式，决定了消防的投入。

2）土木工程专业

土木工程专业进行结构设计，兼顾抗火设计。从业资格为注册结构工程师，分为一级和二级。依据组成建筑物的结构材料的不同，建筑物结构分为：砌体结构（包括砖砌体、石材砌体、工业废料砌块等）、钢筋混凝土结构、钢结构、木结构等形式。木结构现在建得很少，略。砌体结构与钢筋混凝土结构的耐火等级较易达到。对钢结构必须采取特殊的防火设计措施才能达到规定的耐火等级要求。钢结构抗火设计方法有喷涂法、粘贴法等，可参考有关书籍。

3）给排水科学与工程专业

给排水科学与工程专业进行灭火器、消火栓、自动喷水、泡沫、水喷雾、气体灭火等设计。从业资格为注册公用设备工程师（给水排水）。依据现行防火规范和专业设计规范《建筑设计防火规范》（以下简称为《建规》）、《水规》、《建筑灭火器配置设计规范》、《自动喷水灭火系统设计规范》、《水喷雾灭火系统设计规范》、《气体灭火系统设计规范》、《低倍数泡沫灭火系统设计规范》、《高倍数、中倍数泡沫灭火系统设计规范》、《自动喷水灭火系统施工及验收规范》等进行设计。

4）建筑环境与能源应用工程专业

建筑环境与能源应用工程专业依据现行防火规范进行防排烟设计。从业资格为注册公用设备工程师（暖通空调）。依据的规范主要是《建规》、《烟规》等。

5）电气工程专业

电气工程专业主要依据现行防火规范进行火灾探测、火灾自动控制、疏散指示标志等设计。

0.6 国内消防工程专业简介

消防工程专业是涉及多学科的相互交叉、渗透、融合，要求掌握火灾科学的基本理论，掌握各类设施、设备的消防安全技术与工程方法，掌握消防法规、防灭火工程技术、火灾调查和灭火救援等方面的知识和能力的一门综合性的学科。毕业生能够在大专院校、科研院所、设计单位、企事业单位和公安消防部队，从事与消防有关的教学、科研、工程设计、消防管理、消防审核、火灾调查等方面的工作。

中国人民武装警察部队学院是国内最早设立消防工程专业的学校。而后沈阳航空工业学院以及其他高校也陆续开设了消防工程本科专业。

0.7 建筑分类与防火规范

0.7.1 按建筑物的用途分类

1) 民用建筑

民用建筑是供人们居住和进行公共活动的建筑的总称。按高度与层数进行划分：

(1) 住宅建筑　建筑高度不大于 27 m 的住宅建筑(包括设置商业网点的住宅建筑)称为单、多层住宅建筑；建筑高度大于 27 m 的住宅建筑(包括设置商业网点的住宅建筑)称为高层住宅建筑。

(2) 公共建筑及综合性建筑　总高度不超过 24 m 者为单层或多层建筑，超过 24 m 者为高层(不包括高度超过 24 m 的单层公共建筑)。

(3) 建筑物高度超过 100 m 时，不论住宅或公共建筑均为超高层建筑。

2) 工业建筑

工业建筑是指供人们从事各类生产活动的建筑物和构筑物，分为仓库和厂房。

0.7.2 建筑高度与层数

1) 建筑高度的计算

(1) 建筑屋面为平屋面(包括有女儿墙的平屋面)时，建筑高度应为建筑室外设计地面至其屋面面层的高度，如图 0.1 所示。

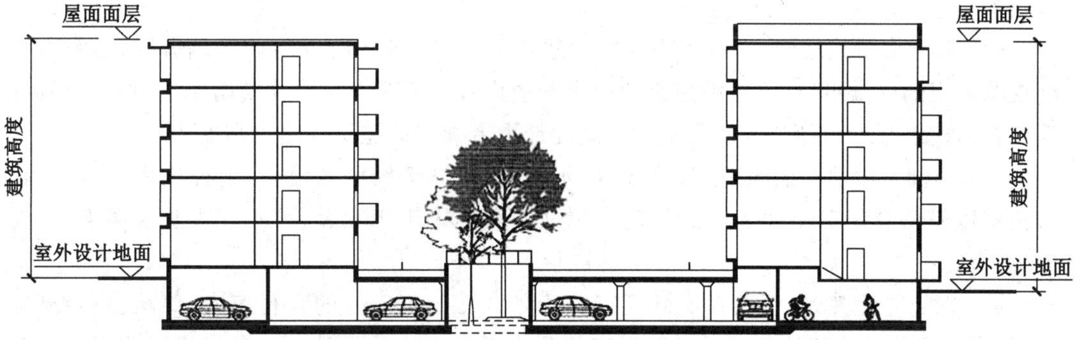

图 0.1　平屋面建筑高度计算示意图

(2) 建筑屋面为坡屋面时，建筑高度应为建筑室外设计地面至其檐口与屋脊的平均高度，如图 0.2 所示。

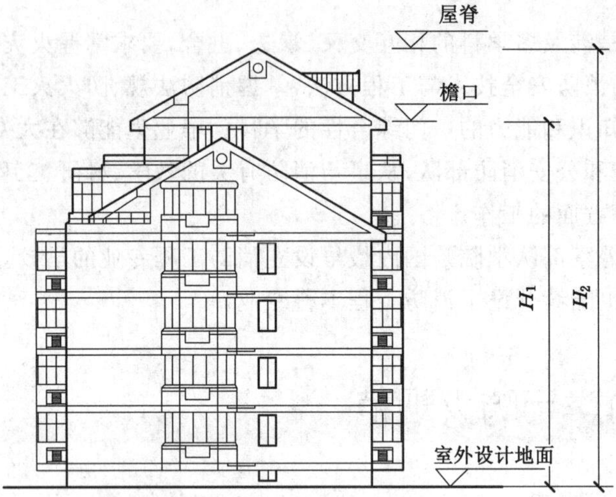

[注释] 建筑高度 $H=(1/2)H_1+(1/2)H_2$

图 0.2　坡屋面建筑高度计算示意图

(3) 同一座建筑有多种形式的屋面时，建筑高度应按上述方法分别计算后，取其中最大值，如图 0.3 所示。

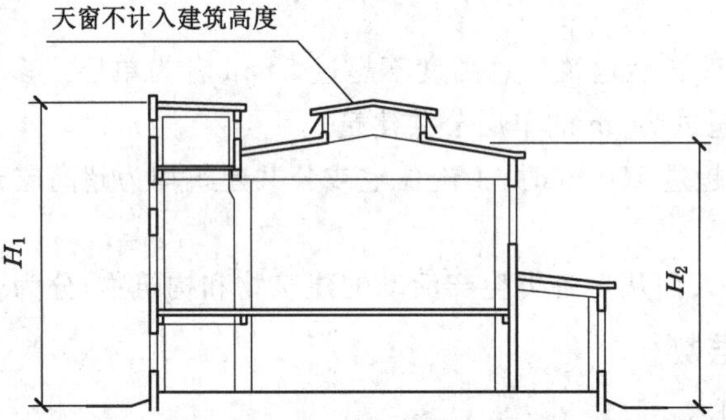

[注释] 建筑高度取 H_1 和 H_2 的大值

图 0.3　多种形式屋面建筑高度计算示意图

(4) 对于台阶式地坪，当位于不同高程地坪上的同一建筑之间有防火墙分隔，各自有符合规范规定的安全出口，且可沿建筑的两个长边设置贯通式或尽头式消防车道时，可分别计算各自的建筑高度；否则，应按其中建筑高度最大者确定该建筑的建筑高度。

(5) 局部突出屋顶的瞭望塔、冷却塔、水箱间、微波天线间或设施、电梯机房、排风和排烟机房以及楼梯出口小间等辅助用房占屋面面积不大于 1/4 者，可不计入建筑高度，如图 0.4 所示。

(6) 对于住宅建筑，设置在底部且室内高度不大于 2.2 m 的自行车库、储藏室、敞开空间，室内外高差或建筑的地下或半地下室的顶板面高出室外设计地面的高度不大于 1.5 m 的部分，可不计入建筑高度。

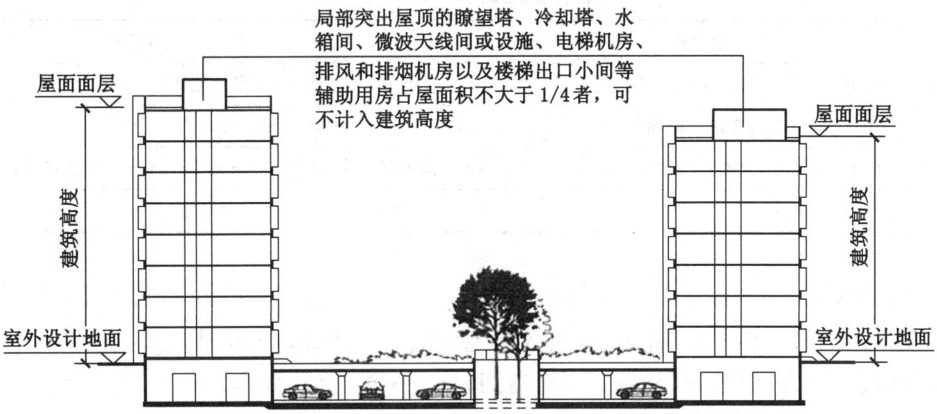

图 0.4 不计入建筑计算高度示意图

建筑层数应按建筑的自然层数计算，下列空间可不计入建筑层数：

(1) 室内顶板面高出室外设计地面的高度不大于 1.5 m 的地下或半地下室；

(2) 设置在建筑底部且室内高度不大于 2.2 m 的自行车库、储藏室、敞开空间；

(3) 建筑屋顶上突出的局部设备用房、出屋面的楼梯间等。

2) 地下室、半地下室

地下室是指房间地面低于室外设计地面的平均高度大于该房间平均净高 1/2 者。

半地下室是指房间地面低于室外设计地面的平均高度大于该房间平均净高 1/3，且小于等于 1/2 者。

3) 高层建筑

根据我国经济条件与消防装备等现实状况，规定 27 m 以上的居住建筑及高度超过 24 m 的其他工业与民用建筑为高层建筑。单层主体高度在 24 m 以上的体育馆、剧院、会堂、工业厂房等，均不属于高层建筑。

高层建筑起始高度的划分，主要考虑了以下因素：

(1) 登高消防器材。我国目前不少城市尚无登高消防车，只有部分城市配备了登高消防车。从火灾扑救实践来看，登高消防车扑救 24 m 左右高度以下的建筑火灾最为有效，再高一些的建筑就不能满足需要了。

(2) 消防车供水能力。目前我国一些大城市的消防装备虽然有所改善，从国外购进了登高消防车，但为数有限，而大多数城市消防装备特别是扑救高层建筑的消防装备没有多大改善。大多数的通用消防车在最不利情况下直接吸水扑救火灾的最大高度为 24 m 左右。

(3) 住宅建筑规定为 27 m 以上。考虑它的数量，占全部高层建筑的 40%～50%，不论是塔式或板式高层住宅，每个单元间防火分区面积均不大，并有较好的防火分隔，火灾发生时蔓延扩大受到一定限制，危害性较少，故做了区别对待。

(4) 首层设置商业服务网点，必须符合规定的服务网点，如超出规定或第三层也设置商业网点，应视为商住楼对待，不应以商业服务网点对待。

(5) 参考国外高层建筑起始高度的划分。国外对高层建筑起始高度的划分不尽相同，这主要是根据本国的经济条件和消防装备等情况来确定的。中、美、日等国家的高层建筑起始高度见表 0.3。

表 0.3 各国高层建筑起始高度

国别	起始高度	国别	起始高度
中　国	住宅：>27 m，其他建筑：>24 m	比利时	25 m(至室外地面)
德　国	>22 m(至底层室内地板面)	英　国	24.3 m
法　国	住宅：>50 m，其他建筑：>28 m	前苏联	住宅：10 层及 10 层以上，其他建筑：7 层
日　本	31 m(11 层)	美　国	22～25 m 或 7 层以上

0.7.3 防火规范

目前常用的防火规范有《建规》、《人规》、《汽规》等。建筑防火设计应遵循国家的有关方针政策，从全局出发，统筹兼顾，做到安全适用、技术先进、经济合理。

1)《建规》的适用范围

《建规》适用于下列新建、扩建和改建的建筑：① 厂房；② 仓库；③ 民用建筑；④ 甲、乙、丙类液体储罐(区)；⑤ 可燃、助燃气体储罐(区)；⑥ 可燃材料堆场；⑦ 城市交通隧道。

注：《建规》不适用于火药、炸药及其制品厂房(仓库)、花炮厂房(仓库)的建筑防火设计；人民防空工程、石油和天然气工程、石油化工企业、火力发电厂与变电站等的建筑防火设计，当有专门的国家现行标准时，宜从其规定。

建筑高度大于 250 m 的建筑，除应符合《建规》的要求外，尚应结合实际情况采取更加严格的防火措施，其防火设计应提交国家消防主管部门组织专题研究论证。

2)《人规》的适用范围

《人规》适用于新建、扩建和改建的人防工程防火设计：

(1) 商场、医院、旅馆、餐厅、展览厅、公共娱乐场所、小型体育场所和其他适用的民用场所等。

(2) 火灾危险性分类属于丙、丁、戊类的生产车间和物品库房等。

人防工程的防火设计，必须遵循国家的有关方针、政策，针对人防工程发生火灾时的特点，立足自防自救，采用可靠的防火措施，做到安全适用、技术先进、经济合理。

3)《汽规》的适用范围

《汽规》适用于新建、扩建和改建的汽车库、修车库、停车场防火设计，不适用于消防站的车库防火设计。

需要说明的是，本书以《建规》为主，适当兼顾《汽规》与《人规》。

0.8 国内火灾与消防研究机构简介

1) 公安部天津消防科学研究所

公安部天津消防科学研究所成立于 1965 年，是以研究火灾基础理论、工程消防技术和建筑防火技术为主的、国内规模最大的综合性消防科研机构。该所由所本部和消防试验场两部分组成。本部是从事科研、检测和管理的主要场所；消防试验场是从事消防试验和产品生产的主要场所。在科研方面，主要从事火灾基础理论、防火及防爆技术、火灾实验技术、火场勘察和火因鉴定技术；固定灭火系统及其应用技术；灭火剂、阻燃剂和阻燃、防火材料；建筑防火构、配件及其建筑防火技术；消防标准和规范以及消防软科学等方面的研究。

2）公安部上海消防科学研究所

公安部上海消防科学研究所成立于1965年，主要承担全国公安消防部队装备的应用研究，高层建筑、地下工程、石油化工、能源交通等领域内的消防装备、高新技术的研究和开发。上海所科研中心下设：规范标准研究部、灭火装备技术研究部、火场防护与救援装备技术研究部、机器人与控制技术研究部、安全规划与评估技术研究部。

3）公安部四川消防科学研究所

四川消防科学研究所始建于1963年，其前身为公安部消防科学研究所，1965年从北京迁至都江堰。四川所是从事建筑防火科学研究的专业研究所，曾在建筑火灾理论、建筑结构防火技术、建筑火灾烧损鉴定技术、高层建筑防排烟技术、自动喷水灭火技术、材料防火保护及阻燃技术、材料燃烧烟气毒性评估与研究、新型防火建筑构（配）件和防火建筑材料开发、防火建筑材料检测以及工程防火规范的制定等领域取得了丰硕的成果。

4）公安部沈阳消防研究所

公安部沈阳消防研究所建于1965年，是我国唯一从事消防电子科学技术研究、电气火灾原因技术鉴定、消防电子产品与系统工程标准化研究、消防电子产品质量监督检验、消防工程化技术和消防标准化研究的专业科研机构及开发与应用的研究中心。

5）火灾国家重点实验室简介

火灾国家重点实验室是利用世界银行贷款和国内配套投资兴建的我国火灾科学基础研究领域唯一的国家级研究机构。实验室由科研楼、火灾特殊实验楼、实验二楼、大空间建筑火灾实验厅和室外试验场构成，近5 000 m^2 的建筑面积。实验室设有8个研究室：建筑火灾研究室、森林与城市火灾安全研究室、工业火灾研究室、火灾风险评估研究室、火灾化学研究室、火灾监测监控研究室、清洁高效灭火研究室、计算机模拟研究室。

0.9 课程的任务、内容与学习方法

防火安全是安全工程的重要内容之一，“建筑消防工程学”是安全科学与工程专业的重要课程。通过本门课程的学习，使学生能够胜任物业管理的消防安全管理，通过进一步的学习，可以胜任武警部队消防机构建筑防火审核与消防管理的工作，也可以在建筑设计单位从事消防工程设计的相关工作。另外，对于从事安全评价、风险评估也是大有益处的。

1）本门课程的主要任务与要求

（1）掌握被动式建筑防火的基本知识和基本技能。

（2）掌握灭火器、消火栓与自动喷水灭火系统设计的基本理论与方法。

（3）理解室内装修防火、水喷雾、气体灭火、泡沫灭火、火灾自动报警的基本理论与方法。

（4）了解性能化防火设计的基础知识。

（5）培养阅读和贯彻国家防火标准和有关规定的能力。

2）本门课程的内容

本课程的内容参见内容提要和目录。

3）本门课程的学习思路及方法

本门课程建筑防火部分以建筑工程为基础，最好能够识读建筑图纸，了解建筑材料与构

造。学习时要讲究学习思路及学习方法，逐步增强自学能力。

(1) 首先认识本课程的重要性，它是关系人民生命财产安全的大事。

(2) 在学习中态度端正，对本课程要有极高的兴趣，自觉地刻苦钻研，养成勤学好问的良好习惯，努力克服困难，不断前进。

(3) 注重实践性环节。理论联系实际，在防火设计、审核、管理工作中要自觉应用有关防火规范。只有在实践中才能够理论联系实际，把规范的规定贯彻落实到实际工程中去。

要注意克服3种错误倾向：

一是偏见认识，认为本学科用途不大；

二是轻视认识，认为只要拥有防火规范，就不用学习了；

三是畏难情绪，感觉很难，学不会，不去学。

实践与时间证明，这几种倾向在理论上是错误的，在实践中都是有害的。

本章小结

绪论对本门课程的入门知识进行了介绍。火灾是指在时间和空间上失去控制的燃烧所造成的灾害。火灾可以根据发生地点、燃烧对象、损失严重程度及起火原因进行分类。我国火灾形势严峻、平稳中略有下降。本章重点简介了国内消防研究机构的分布与研究范围，被动防火与主动防火包含的类别；分析了建筑高度与建筑层数的计算，我国防火规范规定27 m以上的居住建筑及高度超过24 m的其他工业与民用建筑为高层建筑。《建规》适用范围较广，主要是民用建筑以及工业建筑；《人规》适用于平时使用的人防工程；《汽规》适用于汽车库、修车库、停车场的防火设计。最后介绍了本门课程的要求与学习方法。

复习思考题

0.1 《建规》的适用范围是什么？

0.2 建筑高度如何计算？

1 建筑物的耐火等级

划分建筑物的耐火等级是进行建筑设计防火的基本技术措施，建筑构件耐火极限是划分建筑物耐火等级的基础数据，也是进行建筑构造设计不可缺少的科学依据。建筑构件一般是由建筑材料构成的，因此确定建筑物的耐火等级，首先要了解建筑材料的燃烧性能与建筑构件的燃烧性能。

1.1 建筑材料的燃烧性能与建筑构件的耐火极限

建筑火灾的蔓延扩大，多数是由不耐火的建筑结构和可燃物装修材料所致。因此，建筑材料的燃烧性能和建筑构件的耐火极限是影响建筑火灾的重要因素。

1.1.1 建筑材料的燃烧性能及分级

在建造建筑物中所使用的材料统称建筑材料，其品种名目繁多。从防火角度来讲，建筑材料可分为一般材料和防火材料。

1）燃烧性能的概念

当材料、产品和构件燃烧或遇火时，所发生的一切物理和（或）化学变化的特性称为燃烧性能。

2）建筑材料燃烧性能分级

根据《建筑材料及制品燃烧性能分级》（GB 8624—2012），我国一般将建筑材料燃烧性能分为 4 个等级，见表 1.1。

表 1.1　建筑材料燃烧性能分级

级　别	建筑材料燃烧性能	级　别	建筑材料燃烧性能
A	不燃烧性建筑材料	B_2	可燃性建筑材料
B_1	难燃烧性建筑材料	B_3	易燃性建筑材料

判断材料属于哪个等级是有相应国家标准的。若要区分可燃性材料和易燃性材料，可根据《建筑材料可燃性试验方法》（GB/T 8626—2007）进行。

室内装饰材料的燃烧性能分级与建筑材料的试验方法是一致的，也分为不燃（A 级）、难燃（B_1 级）、可燃（B_2 级）和易燃（B_3 级）4 个等级。当然，其试验标准是不一样的。例如：装饰织物用的是塑料燃烧性能试验方法，见《纺织品燃烧性能试验　氧指数》（GB/T 5454—1997）；塑料的标准，见《塑料　用氧指数法测定燃烧行为》（GB/T 2406.1—2008）

所谓氧指数，是指能够维持试样燃烧所需的最低氧浓度值。氧指数越大燃烧越难，反之则容易。如难燃塑料(B_1 级)的氧指数≥32，可燃塑料(B_2 级)的氧指数≥27。

1.1.2 建筑构件的燃烧性能与耐火极限

建筑物是由基础、墙、柱、梁、楼板、屋面、楼梯等构件组成的。随着科学技术的进步，对建筑物的使用功能要求越来越多，建筑结构不断多样化，不管形状、形式如何，考虑建筑结构的安全是结构设计师面临的首要问题，包括两个方面：一是结构在静荷载和活荷载作用下保证稳定，不破坏；二是结构在一定的时间内在明火或高温作用下同样不遭破坏。

1）建筑构件的燃烧性能

不同燃烧性能的建筑材料，制成建筑构件后，其燃烧性能大致可分为以下 3 类。

(1) 不燃烧体　不燃烧体(也称为非燃烧体)是用不燃材料制成的构件，这种构件在空气中遇明火或在高温作用下不起火、不微燃、不炭化。例如，砖墙、钢屋架、钢筋混凝土梁、楼板、柱等构件都是不燃烧体。

(2) 难燃烧体　难燃烧体是用难燃烧材料制成的构件，或用可燃烧材料制成但用不燃性材料做保护层的构件，这类构件在空气中遇明火或高温作用下难起火、难微燃、难炭化，且当火源移开后燃烧和微燃立即停止。例如，阻燃胶合板吊顶、经阻燃处理的木质防火门、木龙骨板条抹灰隔墙等。

(3) 燃烧体　燃烧体是用可燃材料制成的建筑构件。这种构件在空气中遇明火或在高温作用下会立即起火或发生微燃，而且当火源移开后仍继续保持燃烧或微燃，如木柱、木梁等。

2）建筑构件的耐火极限

建筑火灾的发生、发展及其熄灭是受到建筑物的通风口大小、火灾荷载的多少、建筑物规模等多种因素影响的。建筑物抵抗火灾的能力，与建筑构件的燃烧性能和建筑构件的最大耐火时间两个因素有关。在实际建筑火灾中，由于建筑物及其容纳的可燃物的燃烧性能的不同，每次火灾的实际时间-温度曲线是各不相同的，即便在同一房间发生两起火灾，其燃烧状况也不可能完全相同。因此，为了对建筑构件的极限耐火时间有一个统一的检验标准以及方便各国对防火的研究与交流，国际标准化组织制订了标准火灾升温曲线，我国和世界大多数国家都采用了国际标准 ISO 834 规定的标准火灾升温曲线。

(1) 耐火极限的概念　建筑物中的构件按一定的时间-温度标准曲线进行耐火试验，从受到火的作用开始，到结构失去支持能力或完整性被破坏或失去隔热作用时止，这段时间称为耐火极限，常以小时(h)表示。

试验时炉内温度的上升随时间而变化，按下列关系式控制：

$$T-T_0=345\lg(8t+1) \qquad (1.1)$$

式中　t——试验所经历的时间，min；

T——t 时刻的炉内温度，℃；

T_0——试验开始时的炉内温度，℃。

若 T_0 与室温不等时，其差值不得大于 20 ℃。如图 1.1 所示，图中曲线为时间—温度标准曲线，又称为标准火灾升温曲线。

若用不同时间代入式内，则计算出随时间变化的升温见表 1.2。

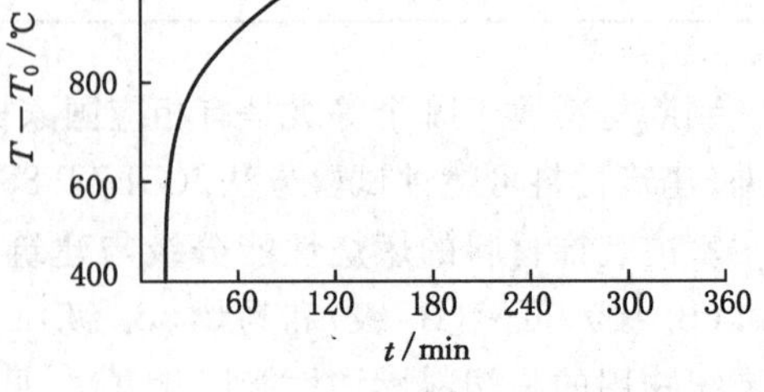

图 1.1　时间—温度标准曲线图

表 1.2 随时间而变化的升温

t/min	$T-T_0$/℃	t/min	$T-T_0$/℃
5	566	60	925
10	659	90	986
15	718	120	1 029
50	821	180	1 090

① 标准升温。试验时炉内温度的上升随时间而变化。

试验中实测的时间-平均温度曲线下的面积与时间-温度标准曲线下的面积的允许误差：

a. 在开始试验的 10 min 及 10 min 以内为±15%。

b. 开始试验 10 min 以上至 30 min 范围内为±10%；试验进行到 30 min 以后为±5%。

c. 当试验进行到 10 min 以后的任何时间内，任何一个测温点的炉内温度与相应时间的标准温度之差不应大于±100 ℃。

② 压力条件。试验开始 10 min 以后，炉内应保持正压，即按规定的布点(测试点)，测得炉内压力应高于室内气压(1.0±0.5) mmH_2O①。

(2) 影响耐火极限的因素

① 材料的燃烧性能。显然，材料燃烧性能的好坏，直接影响到构件的耐火性能。比如，相同截面的钢筋混凝土柱与木柱相比，前者的耐火极限肯定要比后者高许多。

② 构件的截面尺寸。实验表明，构件的截面尺寸也对其耐火极限有较大影响，截面尺寸越大，耐火极限越高。也就是说，构件的耐火极限随其截面尺寸的增大而升高。

③ 保护层的厚度。许多构件的耐火极限与其保护层的厚度有直接关系，如钢结构构件，加大保护层的厚度可以大大提高其耐火极限。如对混凝土构件来说，若砂浆保护层加厚 2 cm，其耐火极限将成倍提高。

(3) 耐火极限的判定条件

① 失去完整性，或完整性被破坏。当用标准规定的棉垫进行完整性测量时，如果棉垫被引燃，则表明试件失去完整性。

② 失去绝热性，或失去隔火作用。如试件背面的平均温升超过试件表面初始温度 140 ℃或单点最高温升超过初始温度 180 ℃时，表明试件失去绝热性。

③ 失去承载能力和抗变形能力。如果试件在试验中发生垮塌或变形量超过规定值，则表明其失去支持力。

当上述 3 个条件中的任一项出现时，则表明该建筑构件达到耐火极限。

3) 建筑构件的燃烧性能与耐火极限的关系

建筑构件的性能、结构厚度、截面尺寸与耐火极限有着直接的关系。在同样厚度和截面尺寸条件下，不燃烧体与燃烧体相比，前者的耐火极限往往比后者高许多。但是，有的材料是不燃烧体，如玻璃、钢材，其耐火极限却不高。部分建筑构件的耐火极限与燃烧性能见表 1.3，更多的参见《建规》。

① 1 mmH_2O=9.807 Pa，下同。

表 1.3　　部分建筑构件的耐火极限

构件名称			结构厚度或截面最小尺寸/cm	耐火极限/h	燃烧性能
墙	承重墙	普通黏土砖墙、混凝土墙、钢筋混凝土实体墙	12 18 24 37	2.50 3.50 5.50 10.50	不燃烧体 不燃烧体 不燃烧体 不燃烧体
	非承重墙	加气混凝土砌块	10	6.00	不燃烧体
		普通黏土砖墙	6 12	1.50 3.00	不燃烧体 不燃烧体
		木龙骨两面钉下列材料： 1. 钢丝网抹灰，其构造、厚度(cm)为： 1.5＋5(空)＋1.5 2. 石膏板，其构造、厚度(cm)为： 1.2＋5(空)＋1.2	 — —	 0.85 0.30	 难燃烧体 难燃烧体
		钢龙骨两面钉下列材料： 1. 纸面石膏板，其构造、厚度(cm)为： 1.2＋4.6(空)＋1.2 2×1.2＋7(空)＋3×1.2 2×1.2＋7(填矿棉)＋2×1.2 2. 双层防火石膏板，板内掺玻璃纤维，其构造、厚度(cm)为： 2×1.2＋7.5(空)＋2×1.2 2×1.2＋7.5(岩棉厚 4 cm)＋2×1.2	 — — — — —	 0.33 1.25 1.20 1.35 1.60	 不燃烧体 不燃烧体 不燃烧体 不燃烧体 不燃烧体
柱	钢筋混凝土柱		30×30 20×50 30×50 37×37	3.00 3.00 3.50 5.00	不燃烧体 不燃烧体 不燃烧体 不燃烧体
	钢柱	无保护层 有保护层加气混凝土做保护层，8 cm 厚度 用薄涂型钢结构防火涂料做保护层，0.70 cm 厚度 用厚涂型钢结构防火涂料做保护层，5 cm 厚度	— — — —	0.25 2.33 1.50 3.00	不燃烧体 不燃烧体 不燃烧体 不燃烧体
梁	钢筋混凝土简支梁，非预应力钢筋，保护层厚度为： 2 cm 2.5 cm 3 cm		 — — —	 1.75 2.00 2.30	 不燃烧体 不燃烧体 不燃烧体
	钢梁	厚涂型钢结构防火涂料保护，保护层厚度为： 1.5 cm 2 cm 3 cm	 — — —	 1.00 1.50 2.00	 不燃烧体 不燃烧体 不燃烧体
		薄涂型钢结构防火涂料保护，保护层厚度为： 0.55 cm 0.70 cm	 — —	 1.00 1.50	 不燃烧体 不燃烧体

续表 1.3

构件名称		结构厚度或截面最小尺寸/cm	耐火极限/h	燃烧性能
楼板	预应力简支的钢筋混凝土圆孔空心楼板：钢筋加保护层，保护层厚度为：			
	1 cm	—	0.40	不燃烧体
	2 cm	—	0.70	不燃烧体
	3 cm	—	0.85	不燃烧体
	现浇整体式楼板，保护层厚度为：			
	1 cm	8	1.40	不燃烧体
	1 cm	9	1.75	不燃烧体
	1 cm	10	2.00	不燃烧体

1.2 建筑物的耐火等级

1.2.1 建筑物耐火等级设计的意义

1）火灾案例

2003 年 11 月 3 日 5 时，湖南省衡阳市一商住楼因底层商户用硫黄熏烤“八角”，致使“八角”起火而蔓延至整栋大楼。在消防官兵奋力抢险中(上午 8 时前后)，大楼第 3 和第 4 两个单元突然坍塌，将部分消防官兵压在废墟下。虽经全力抢救，仍造成 20 名消防官兵壮烈牺牲、4 名新闻记者以及 1 名保安人员负伤的重大伤亡事故。

事故结论：不能将此次事故仅仅定性为“特大火灾事故”，应定性为火灾坍塌事故。火灾是外在因素，而建筑质量和管理问题才是导致大楼大面积粉碎性坍塌的内在原因。

1998 年 5 月 5 日 17 时 33 分左右，北京玉泉营环岛家具城发生火灾。23 000 m^2 的家具城全部烧毁，直接经济损失为 2 087.7 万元。火灾发生在单层大空间钢结构建筑物内，火焰直接烧烤钢屋架，18 时 15 分左右，该家具城钢结构屋架经受不起火焰的灼热，由逐渐扭曲到错位直到屋面轰然坍塌，所幸无人员伤亡。事故教训之一是对钢结构防火保护设计重视不够，耐火极限不符合规范要求。

1996 年 4 月 6 日 1 时 57 分左右，沈阳商业城发生了火灾，大火造成直接经济损失 5 519.2万元。经过 6 h 大火焚烧，沈阳商场地上 6 层只剩下了钢筋混凝土框架。大火虽然持续了 6 h，但由于主体结构采用了钢筋混凝土框架结构，大火扑灭之后，主体结构基本完好，各种设备及围护结构(门窗、隔墙、幕墙)等均被烧毁。由此可见，对于重要的商业建筑，用钢筋混凝土框架结构的一级耐火建筑，是具有充分的耐火能力的。

2）建筑物耐火等级设计的意义

火灾(引发)坍塌案例与经受火灾考验而不倒塌的案例说明，设计施工较高耐火等级的建筑意义巨大。确定建筑物耐火等级的目的，主要是既能保障各种不同用途的建筑物的消防安全，又能节约投资。建筑物耐火等级的高低，主要由建筑的规模、高度、用途、重要程度和其在使用中的火灾危险性、火灾荷载等因素决定。

建筑物的耐火等级是由组成建筑物的建筑构件燃烧性能和最低耐火极限决定的。一座建筑物不是由一两个建筑构件组成的，而是由墙、柱、梁、楼板等众多构件组成的。在诸多建筑构件中，我国现行规范选择楼板作为确定耐火极限等级的基准，因为对建筑物来说楼板是最具代表性的一种至关重要的构件。在确定分级标准时，首先确定各耐火等级建筑物中楼板的耐火极限，然后将其他建筑构件与楼板相比较，在建筑结构中所占的地位比楼板重要者可适当提高其耐火极限的要求，否则反之。如二级耐火等级建筑的楼板的耐火极限为 1.0 h，梁为 1.5 h，承重墙和柱为 2.50 h，屋顶承重构件为 1.0 h，吊顶为 0.25 h 等。各耐火等级的建筑物除规定了建筑构件最低耐火极限外，对其燃烧性能也有具体要求，因为具有相同耐火极限的构件若其燃烧性能不同，其在火灾中的情况是不同的。

1.2.2 民用建筑的耐火等级

1）防火墙

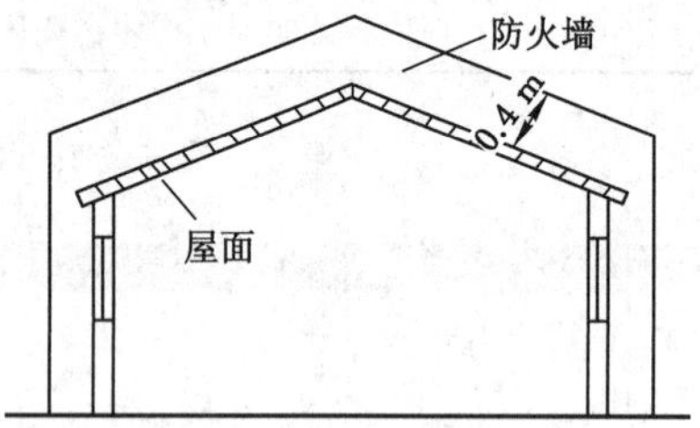

图 1.2　防火墙

防火墙是由不燃烧材料构成的，如黏土砖墙、混凝土砌块、复合材料轻型隔墙、钢筋混凝土墙等，其耐火极限不低于 3.0 h，且直接设置在建筑基础或相同耐火极限的钢筋混凝土框架上，上至屋面以上的不燃烧体。该不燃烧体不得开设有其他门窗或连通孔洞（用活动防火阻隔物处理除外），如图 1.2 所示。防火墙是防火分区的主要构件，用于隔断火势、热辐射和烟气，防止火灾和烟气向其他空间蔓延。防火墙通常有室内防火墙、室外防火墙和独立的室外防火墙。

防火墙还应符合下列规定：

(1) 防火墙应直接设置在建筑物的基础或钢筋混凝土框架、梁等承重结构上，轻质防火墙体可不受此限。

防火墙应从楼地面基层隔断至顶板底面基层。当屋顶承重结构和屋面板的耐火极限低于 0.5 h，高层厂房（仓库）屋面板的耐火极限低于 1.00 h 时，防火墙应高出不燃烧体屋面 0.4 m 以上，高出燃烧体或难燃烧体屋面 0.5 m 以上。其他情况时，防火墙可不高出屋面，但应砌筑至屋面结构层的底面。

(2) 防火墙横截面中心线距天窗端面的水平距离小于 4 m，且天窗端面为燃烧体时，应采取防止火势蔓延的措施。

(3) 当建筑物的外墙为难燃烧体时，防火墙应凸出墙的外表面 0.4 m 以上，且在防火墙两侧的外墙应为宽度不小于 2 m 的不燃烧体，其耐火极限不应低于该外墙的耐火极限。

当建筑物的外墙为不燃烧体时，防火墙可不凸出墙的外表面。紧靠防火墙两侧的门、窗洞口之间最近边缘的水平距离不应小于 2 m；但装有固定窗扇或火灾时可自动关闭的乙级防火窗时，该距离可不限。

(4) 建筑物内的防火墙不宜设置在转角处。如设置在转角附近，内转角两侧墙上的门、窗洞口之间最近边缘的水平距离不应小于 4 m。

(5) 防火墙上不应开设门窗洞口。当必须开设时，应设置固定的或火灾时能自动关闭的甲级防火门窗。可燃气体和甲、乙、丙类液体的管道严禁穿过防火墙。其他管道不宜穿过防火墙，当必须穿过时，应采用防火封堵材料将墙与管道之间的空隙紧密填实；当管道为难燃及可燃材质时，应在防火墙两侧的管道上采取防火措施。防火墙内不应设置排气通道。防火门、防火窗等概念将在第 3 章中介绍。

(6) 防火墙的构造应使防火墙任意一侧的屋架、梁、楼板等受到火灾的影响而破坏时，不致使防火墙倒塌。

2）民用建筑的耐火等级划分

民用建筑的耐火等级分为一至四级，一级耐火性能最高，四级最低。不同耐火等级建筑物相应构件的燃烧性能和耐火极限不应低于表 1.4 的规定。

表 1.4 民用建筑的耐火等级

构件名称 \ 耐火性能和耐火极限		耐火等级			
		一级	二级	三级	四级
墙	防火墙	不燃烧体，3.00 h	不燃烧体，3.00 h	不燃烧体，3.00 h	不燃烧体，3.00 h
	承重墙	不燃烧体，3.00 h	不燃烧体，2.50 h	不燃烧体，2.00 h	难燃烧体，0.50 h
	非承重外墙	不燃烧体，1.00 h	不燃烧体，1.00 h	不燃烧体，0.50 h	燃烧体
	楼梯间和前室的墙、电梯井的墙、住宅建筑单元之间的墙和分户墙	不燃烧体，2.00 h	不燃烧，2.00 h	不燃烧体，1.50 h	难燃烧体，0.50 h
	疏散走道两侧的隔墙	不燃烧体，1.00 h	不燃烧体，1.00 h	不燃烧体，0.50 h	难燃烧体，0.25 h
	房间隔墙	不燃烧体，0.75 h	不燃烧体，0.50 h	难燃烧体，0.50 h	难燃烧体，0.25 h
柱		不燃烧体，3.00 h	不燃烧体，2.50 h	不燃烧体，2.00 h	难燃烧体，0.50 h
梁		不燃烧体，2.00 h	不燃烧体，1.50 h	不燃烧体，1.00 h	难燃烧体，0.50 h
楼板		不燃烧体，1.50 h	不燃烧体，1.00 h	不燃烧体，0.50 h	燃烧体
屋顶承重构件		不燃烧体，1.50 h	不燃烧体，1.00 h	燃烧体	燃烧体
疏散楼梯		不燃烧体，1.50 h	不燃烧体，1.00 h	不燃烧体，0.50 h	燃烧体
吊顶（包括吊顶搁栅）		不燃烧体，0.25 h	难燃烧体，0.25 h	难燃烧体，0.15 h	燃烧体

注：二级耐火等级建筑的吊顶采用不燃烧体时，其耐火极限不限。

对表 1.4 的补充说明如下：

（1）二级耐火等级建筑内采用难燃性墙体的房间隔墙，其耐火极限不应低于 0.75 h；当房间的建筑面积不大于 100 m^2 时，房间隔墙可采用耐火极限不低于 0.5 h 的难燃性墙体或耐火极限不低于 0.3 h 的不燃性墙体。

（2）一、二级耐火等级建筑的上人平屋顶，其屋面板的耐火极限分别不应低于 1.50 h 和 1.00 h。

（3）一、二级耐火等级建筑的屋面板应采用不燃烧材料，但其屋面防水层和绝热层可采用可燃材料。

（4）二级耐火等级多层住宅建筑采用预应力钢筋混凝土楼板时，其耐火极限不应低于 0.75 h。

（5）三级耐火等级的医疗建筑、中小学校的教学建筑、老年人建筑及托儿所、幼儿园的儿童用房和儿童游乐厅等儿童活动场所的吊顶，应采用不燃烧体或耐火极限不低于0.25 h 的难燃烧体。

为使一些新材料、新型建筑构件能得到推广应用，同时能较好地保证建筑达到整体防火性能不降低，保障人员疏散安全和控制火灾蔓延，本表规定当降低建筑构件的燃烧性能要求时，其耐火极限应相应提高，且应注意这些材料的发烟性能及其毒性，但人员密集场所以及重要的公共建筑仍应严格控制。

上人平屋顶、屋面材料及住宅楼板的有关防火要求：上人屋面的耐火极限除应考虑其整体性外，还应考虑应急避难人员在其上停留时的实际需要。目前，预应力钢筋混凝土预制楼板主要用于住宅建筑中，如要求达到 1.50 h 有很大困难，且住宅户内空间较小，有条件将楼板的耐火极限作适当降低。为此，明确了住宅楼板的耐火极限可降低到 0.75 h，不允许降低公共建筑楼板的耐火极限。

考虑到防火安全的需要，预应力钢筋混凝土楼板等构件如达不到表 1.4 规定的耐火极限时，必须采取增加主筋（受力筋）的保护层厚度、采取喷涂防火材料或其他防火措施，提高其耐火能力，使其达到规定要求的耐火极限。事实证明，只要设计部门和施工部门重视这个问题，使这种构件的耐火极限达到规定要求是不难做到的，甚至可以超过规定的要求。

3）民用建筑的分类

民用建筑根据其建筑高度和层数可分为单、多层民用建筑和高层民用建筑。高层民用建筑根据其建筑高度、使用功能和楼层的建筑面积可分为一类和二类，民用建筑的分类应符合表 1.5 的规定。

表 1.5　民用建筑的分类

名称	高层民用建筑		单、多层民用建筑
	一类	二类	
住宅建筑	建筑高度大于 54 m 的住宅建筑（包括设置商业服务网点的住宅建筑）	建筑高度大于 27 m，但不大于 54 m 的住宅建筑（包括设置商业服务网点的住宅建筑）	建筑高度不大于 27 m 的住宅建筑（包括设置商业服务网点的住宅建筑）
公共建筑	1. 建筑高度大于 50 m 的公共建筑 2. 建筑高度 24 m 以上部分任一楼层建筑面积大于 1 000 m^2 的商店、展览、电信、邮政、财贸金融建筑和其他多种功能组合的建筑 3. 医疗建筑、重要公共建筑 4. 省级及以上的广播电视和防灾指挥调度建筑、网局级和省级电力调度建筑 5. 藏书超过 100 万册的图书馆、书库	除一类高层公共建筑外的其他高层公共建筑	1. 建筑度高大于 24 m 的单层公共建筑 2. 建筑高度不大于 24 m 的其他公共建筑

高层建筑的耐火等级应分为一、二级，其建筑构件的燃烧性能和耐火极限不应低于表 1.4 的规定。

① 地下或半地下建筑（室）和一类高层建筑的耐火等级不应低于一级；

② 单、多层重要公共建筑和二类高层建筑的耐火等级不应低于二级。

③ 建筑高度大于 100 m 的民用建筑，其楼板的耐火极限不应低于 2.00 h。

关于“50 m”的解释：建筑高度超过 50 m 的高层建筑定为一类高层建筑，是基于云梯消防登高车可升高 50 多米。如浙江海盐消防大队于 2010 年 2 月进口的一辆博浪涛云梯消防登高车，该车可升高 53 m，装载量大，机动性能好，整车结构和布局合理，操作和维修简便。景德镇市于 2010 年 2 月购置的江西省第一高消防登高车，额定工作高度为 53 m，升降系统采用电脑控制，具有登高平台救人和高喷救火的功能。

1.2.4　厂房仓库建筑的耐火等级

1）厂房的火灾危险性分类

厂房的火灾危险性应根据生产中使用或产生的物质性质及其数量等因素，分为甲、乙、丙、丁、戊类，见表 1.6。

表 1.6 厂房的火灾危险性分类

生产类别	使用或产生下列物质的生产的火灾危险性特征
甲类	1. 闪点小于 28 ℃的液体； 2. 爆炸下限小于 10%的气体； 3. 常温下能自行分解或在空气中氧化能导致迅速自燃或爆炸的物质； 4. 常温下受到水或空气中水蒸气的作用，能产生可燃气体并引起燃烧或爆炸的物质； 5. 遇酸、受热、撞击、摩擦、催化及遇有机物或硫黄等易燃的无机物，极易引起燃烧或爆炸的强氧化剂； 6. 受撞击、摩擦或与氧化剂、有机物接触时能引起燃烧或爆炸的物质； 7. 在密闭设备内操作温度大于等于物质本身自燃点的生产
乙类	1. 闪点不小于 28 ℃，但小于 60 ℃的液体； 2. 爆炸下限不小于 10%的气体； 3. 不属于甲类的氧化剂； 4. 不属于甲类的化学易燃危险固体； 5. 助燃气体； 6. 能与空气形成爆炸性混合物的浮游状态的粉尘、纤维，闪点不小于 60℃的液体雾滴
丙类	1. 闪点不小于 60 ℃的液体； 2. 可燃固体
丁类	1. 对不燃烧物质进行加工，并在高温或熔化状态下经常产生强辐射热、火花或火焰的生产； 2. 利用气体、液体、固体作为燃料或将气体、液体进行燃烧作为其他用途的各种生产； 3. 常温下使用或加工难燃烧物质的生产
戊类	常温下使用或加工不燃烧物质的生产

2）仓库的火灾危险性分类

仓库的火灾危险性应根据储存物品的性质和储存物品中的可燃物数量等因素，分为甲、乙、丙、丁、戊类，并应符合表 1.7 的规定。

表 1.7 仓库的火灾危险性分类

仓库类别	储存物品的火灾危险性特征
甲类	1. 闪点小于 28 ℃的液体； 2. 爆炸下限小于 10%的气体，以及受到水或空气中水蒸气的作用，能产生爆炸下限小于 10%气体的固体物质； 3. 常温下能自行分解或在空气中氧化能导致迅速自燃或爆炸的物质； 4. 常温下受到水或空气中水蒸气的作用，能产生可燃气体并引起燃烧或爆炸的物质； 5. 遇酸、受热、撞击、摩擦及遇有机物或硫黄等易燃的无机物，极易引起燃烧或爆炸的强氧化剂； 6. 受撞击、摩擦或与氧化剂、有机物接触时能引起燃烧或爆炸的物质
乙类	1. 闪点大于等于 28 ℃，但小于 60 ℃的液体； 2. 爆炸下限不小于 10%的气体； 3. 不属于甲类的氧化剂； 4. 不属于甲类的化学易燃危险固体； 5. 助燃气体； 6. 常温下与空气接触能缓慢氧化，积热不散引起自燃的物品
丙类	1. 闪点不小于 60 ℃的液体； 2. 可燃固体
丁类	难燃烧物品
戊类	不燃烧物品

3）厂房（仓库）建筑的耐火等级划分

厂房（仓库）的耐火等级可分为一至四级。不同耐火等级建筑物相应构件的燃烧性能和耐火极限不应低于表 1.8 的规定。

表 1.8　厂房（仓库）建筑构件的燃烧性能和耐火极限

构件名称		耐火等级			
		一级	二级	三级	四级
墙	防火墙	不燃烧体，3.00 h	不燃烧体，3.00 h	不燃烧体，3.00 h	不燃烧体，3.00 h
	承重墙	不燃烧体，3.00 h	不燃烧体，2.50 h	不燃烧体，2.00 h	难燃烧体，0.50 h
	楼梯间和电梯井的墙	不燃烧体，2.00 h	不燃烧体，2.00 h	不燃烧体，1.50 h	难燃烧体，0.50 h
	疏散走道两侧的隔墙	不燃烧体，1.00 h	不燃烧体，1.00 h	不燃烧体，0.50 h	难燃烧体，0.25 h
	非承重外墙	不燃烧体，0.75 h	不燃烧体，0.50 h	难燃烧体，0.50 h	难燃烧体，0.25 h
	房间隔墙	不燃烧体，0.75 h	不燃烧体，0.50 h	难燃烧体，0.50 h	难燃烧体，0.25 h
柱		不燃烧体，3.00 h	不燃烧体，2.50 h	不燃烧体，2.00 h	难燃烧体，0.50 h
梁		不燃烧体，2.00 h	不燃烧体，1.50 h	不燃烧体，1.00 h	难燃烧体，0.50 h
楼板		不燃烧体，1.50 h	不燃烧体，1.00 h	不燃烧体，0.75 h	难燃烧体，0.50 h
屋顶承重构件		不燃烧体，1.50 h	不燃烧体，1.00 h	难燃烧体，0.50 h	燃烧体
疏散楼梯		不燃烧体，1.50 h	不燃烧体，1.00 h	不燃烧体，0.75 h	燃烧体
吊顶（包括吊顶搁栅）		不燃烧体，0.25 h	难燃烧体，0.25 h	难燃烧体，0.15 h	燃烧体

注：二级耐火等级建筑的吊顶采用不燃烧体时，其耐火极限不限。

对表 1.8 的补充说明如下：

(1) 甲、乙类厂房与甲、乙、丙类仓库的防火墙，其耐火极限不应低于 4.0 h。

(2) 一、二级耐火等级的单层厂房（仓库）的柱，其耐火极限分别不应低于 2.5 h 和 2.0 h。

(3) 高层厂房，甲、乙类厂房的耐火等级不应低于二级，建筑面积不大于 300 m^2 的独立甲、乙类单层厂房可采用三级耐火等级的建筑。

(4) 高架仓库、高层仓库、甲类仓库、多层乙类仓库和储存可燃液体的多层丙类仓库，其耐火等级不应低于二级。单、多层丙类厂房和多层丁、戊类厂房的耐火等级不应低于三级。

(5) 二级耐火等级厂房（仓库）中的房间隔墙，当采用难燃烧体时，其耐火极限应提高 0.25 h。

(6) 二级耐火等级的多层厂房或多层仓库中的楼板，当采用预应力和预制钢筋混凝土楼板时，其耐火极限不应低于 0.75 h。

(7) 一、二级耐火等级厂房（仓库）的上人平屋顶，其屋面板的耐火极限分别不应低于 1.50 h 和 1.00 h。

(8) 一、二级耐火等级厂房（仓库）的屋面板应采用不燃烧材料。屋面防水层宜采用不燃、难燃材料，当采用可燃防水材料且铺设在可燃、难燃保温材料上时，防水材料或可燃难燃保温材料应采用不燃材料作防护层。

(9) 除规范另有规定者外，以木柱承重且以不燃烧材料作为墙体的厂房（仓库），其耐火等级应按四级确定。

(10) 预制钢筋混凝土构件的节点外露部位,应采取防火保护措施,且该节点的耐火极限不应低于相应构件的耐火极限。

1.2.5 汽车库的耐火等级

汽车库是指停放由内燃机驱动且无轨道的客车、货车、工程车等汽车的建筑。修车库是指保养修理上述汽车的建筑物。停车场是指停放上述汽车的露天场地和构筑物。根据汽车库内停放汽车的数量,可分为Ⅰ~Ⅳ类,见表1.9。

表1.9 车库的防火分类

名称		Ⅰ	Ⅱ	Ⅲ	Ⅳ
汽车库	停车数量/辆	>300	151~300	51~150	≤50
	或总建筑面积/m^2	>10 000	5 001~10 000	2 001~5 000	≤2 000
修车库	车位数/个	>15	6~15	3~5	≤2
	或总建筑面积/m^2	>3 000	1 001~3 000	501~1 000	≤500
停车场	停车数量/辆	>400	251~400	101~250	≤100

注:① 当屋面露天停车场与下部汽车库共用汽车坡道时,其停车数量应计算在汽车库的总车辆数内。
② 室外坡道、屋面露天停车场的建筑面积可不计入车库的建筑面积之内。
③ 公交汽车库的建筑面积可按本表的规定值增加2.0倍。

汽车库、修车库的耐火等级应分为3级。各级耐火等级建筑物构件的燃烧性能和耐火极限均不应低于表1.10的规定。

表1.10 汽车库建筑物构件的燃烧性能和耐火极限

建筑构件名称		耐火等级		
		一级	二级	三级
墙	防火墙	不燃烧体,3.00 h	不燃烧体,3.00 h	不燃烧体,3.00 h
	承重墙	不燃烧体,3.00 h	不燃烧体,2.50 h	不燃烧体,2.00 h
	楼梯间的墙、防火隔墙	不燃烧体,2.00 h	不燃烧体,2.00 h	不燃烧体,2.00 h
	隔墙、框架填充墙	不燃烧体,1.00 h	不燃烧体,1.00 h	不燃烧体,0.50 h
柱		不燃烧体,3.00 h	不燃烧体,2.50 h	不燃烧体,2.00 h
梁		不燃烧体,2.00 h	不燃烧体,1.50 h	不燃烧体,1.00 h
楼板		不燃烧体,1.50 h	不燃烧体,1.00 h	不燃烧体,0.50 h
疏散楼梯、坡道		不燃烧体,1.50 h	不燃烧体,1.00 h	不燃烧体,1.00 h
屋顶承重构件		不燃烧体,1.50 h	不燃烧体,0.50 h	燃烧体
吊顶(包括吊顶搁栅)		不燃烧体,0.25 h	不燃烧体,0.25 h	难燃烧体,0.15 h

注:预制钢筋混凝土构件的节点缝隙或金属承重构件的外露部位应加设防火保护层,其耐火极限不应低于本表相应构件的规定。

地下汽车库的耐火等级应为一级。

甲、乙类物品运输车的汽车库、修车库和Ⅰ～Ⅲ类的汽车库、修车库的耐火等级不应低于二级。

Ⅳ类汽车库、修车库的耐火等级不应低于三级。

【例 1.1】 试判断下面多层建筑物的耐火等级，列出过程，给出结论。

某建筑物的部分构件：外墙体砖墙 240 mm、钢筋混凝土柱 400 mm×400 mm、钢筋混凝土梁 250 mm×500 mm，保护层 25 mm、现浇钢筋混凝土楼板 120 mm 厚，保护层 10 mm、楼梯不燃烧体，耐火极限 1.00 h、吊顶是不燃烧体，耐火极限 0.30 h、隔墙纸面石膏板，构造与厚度为 2×1.2+7(空)+3×1.2，其余未说明构件均够一级耐火等级。

答：外墙体砖墙 240 mm 的耐火极限是 5.5 h，不燃烧体，满足一级耐火等级；

钢筋混凝土柱 400 mm×400 mm，耐火极限大于 5.0 h，不燃烧体，满足一级耐火等级；

钢筋混凝土梁 250 mm×500 mm，保护层 25，耐火极限 2.00 h，不燃烧体，满足一级耐火等级；

楼梯不燃烧体，耐火极限 1.00 h，满足二级耐火等级(耐火极限 1.0 h)，不满足一级耐火等级；

吊顶是不燃烧体，耐火极限 0.30 h，满足一级耐火等级(耐火极限 0.25 h)；

隔墙纸面石膏板，构造与厚度为 2×1.2 cm+7(空)cm+3×1.2 cm，耐火极限大于 1.25 h，不燃烧体，满足一级耐火等级(耐火极限 0.75 h)。

所以，该建筑物的耐火等级为二级。

本章小结

结构抗火是重要的被动防火措施之一。我国一般将建筑材料燃烧性能分为 4 个等级：不燃烧 A 级、难燃烧 B_1 级、可燃烧 B_2 级与易燃烧 B_3 级。类似地，建筑构件的燃烧性能分为不燃烧体、难燃烧体与燃烧体。

建筑构件的耐火极限的定义：按一定的时间-温度标准曲线进行耐火试验，从受到火的作用开始，到结构失去支持能力或完整性被破坏或失去隔热作用时止，这段时间称为耐火极限。

确定建筑物耐火等级的目的，主要是既能保障各种不同用途的建筑物的消防安全，又能节约投资。因此，设计施工较高耐火等级的建筑意义重大。

建筑物的耐火等级，是由组成建筑物的建筑构件燃烧性能和最低耐火极限决定的。二级耐火等级建筑的楼板的耐火极限为 1 h 是基础，比楼板重要的构件，耐火极限要求更高。低、多层民用建筑的耐火等级应分为一至四级，一级耐火性能最高，四级最低。高层建筑的耐火等级应分为一、二级，一类高层建筑的耐火等级应为一级，二类高层建筑的耐火等级不应低于二级，高层建筑地下室的耐火等级应为一级。

生产厂房的火灾危险性根据生产中使用或产生的物质性质及其数量等因素，分为甲、乙、丙、丁、戊类。类似地仓库的火灾危险性根据储存物品的性质和储存物品中的可燃物数量等因素，也分为甲、乙、丙、丁、戊类。厂房(仓库)的耐火等级可分为一至四级，共 4 级。汽车库、修车库的耐火等级应分为 3 级。

复习思考题

1.1 什么是建筑构件的耐火极限？

1.2 建筑物中哪类建筑构件的耐火极限要求最高？对该类构件有何要求？

1.3 设计较高等级的耐火等级建筑有何目的和意义？

1.4 楼板在建筑物耐火等级的划分中有何重要意义？

1.5 低、多层民用建筑的耐火等级是如何划分的？

1.6 高层民用建筑的耐火等级是如何划分的？

1.7 如果一个建筑物已经完成设计，那么该如何判定其耐火等级？

2 建筑总平面布置

建筑总平面布置主要指建筑物之间的防火间距与消防车道的设计。防火间距是指防止着火建筑的辐射热在一定时间内引燃相邻建筑，且便于消防扑救的间隔距离。防火间距按相邻两建筑物外墙的最近距离计算。如外墙有凸出的可燃构件，则从凸出部分外边缘算起；如为储罐或堆场，则从储罐外壁或堆场的堆垛外缘算起。

2.1 概述

2.1.1 设置防火间距的必要性

1）火灾案例

（1）哈尔滨市火灾

1983年4月17日，哈尔滨市发生特大火灾。大火持续燃烧了11 h，受灾面积达88 000 m^2，烧毁5条街中的7栋楼房，208栋平房，建筑面积共33 873.7 m^2。758户居民受灾，2 856人无家可归。14个中小企事业单位的设备、物资全部烧光。烧死8人，摔死1人，烧伤摔伤10人，37名消防战士和5名公安干警负伤。这场大火的直接经济损失约计人民币780万元。

这场火灾是由某居民违章建筑房子搭设火炕不符合防火规定引起的。火势的迅猛扩展是因为在这个火灾发生地区近几年不仅到处乱搭木板棚、滥建私房，而且这一区域多是木材加工厂与职工居住区，每家都积存有木材、木棒，且乱堆乱放，各个建筑物之间的距离太近。而某个院内竟然搭建了293个木板棚，占去大院2/3以上的面积，板棚上堆放木材平均达6 m高，极易发生火灾，一旦发生火灾就会造成“火烧连营”的现象。

（2）伦敦大火

1666年9月2日凌晨1点左右，伦敦市普丁巷子有一间面包铺失火。大风很快将火焰吹到几条全是木屋的狭窄街道，随即又蔓延到泰晤士河北岸的一些仓库里。大火席卷了整个城市，所到之处皆被焚毁。数十万居民逃往伦敦市北的山中避难。政府调来军队拆房屋，以形成一条火焰不能穿越的隔离带，但这一办法未能奏效。直到第4个夜晚风停了，大火才熄灭。这场大火造成的损失非常惨重，古老的圣保罗大教堂、87座教区教堂、许多重要的商厦、无数的店铺以及1.3万多间民房都被毁掉了。庆幸的是人员伤亡很少。

（3）重庆大火

1949年9月2日15时至3日8时，一场突如其来的大火将重庆城区余家巷、东水门、朝天门、陕西街、千斯门一带民房、公署、银行、仓库焚毁，造成巨大的人员伤亡和财产损失，史称“朝天门大火”。这场大火烧毁大小街道39条、学校7所、机关10处、银行（钱庄）33家、仓库22所，受灾9 601户，灾民41 000余人，有户口可查的死者2 568人，掩埋尸体2 874

具，受伤 4 000 余人，因灭火而拆卸房屋 236 户。[①]

2）预留防火间距的必要性

从上述火灾事故来看，设置一定的防火间距是非常必要的。一幢建筑物发生火灾，会向周围的建筑蔓延，如果建筑物间距过小，火势很快就会蔓延过去，造成更大的损失，且不利于人员疏散和火灾扑救。因此，各幢建筑物之间应留出一定的安全距离，即防火距离，避免相邻建筑物被火烤燃。

2.1.2 影响防火间距的因素

影响防火间距的因素很多，如辐射热、热对流、风向、风速、外墙材料的燃烧性能及开口面积大小、室内消防设施情况、着火时的气温及温度、消防车到达的时间及扑救情况等。

(1) 辐射热　辐射热是影响防火间距的主要因素，辐射热的传导作用范围较大，在火场上火焰温度越高，辐射热强度越大，引燃一定距离内的可燃物时间就越短。辐射热伴随着热对流和飞火则更危险。

(2) 热对流　这是火场冷热空气对流形成的热气流，热气流冲出窗口，火焰向上升腾而扩大火势蔓延。由于热气流离开窗口后迅速降温，故热对流对邻近建筑物来说影响较小。

(3) 建筑物外墙门窗洞口的面积　建筑物外墙开口面积越大，火灾时在可燃物的质和量相同的条件下，由于通风好、燃烧快、火焰强度高、辐射热强，相邻建筑物接受辐射热越多，就越容易引起火灾蔓延。

(4) 建筑物内可燃物的种类和数量　可燃物的性质、种类不同，火焰温度也不同。可燃物的发热量与数量成正比，可燃物辐射热强度与数量也有一定关系。

(5) 风速　风的作用能加速可燃物的燃烧并促使火势加快蔓延。

(6) 相邻建筑物的高度　相邻两幢建筑物，若较低的建筑着火，尤其当火灾时它的屋顶结构倒塌，火焰穿出时，对相邻的较高的建筑危险很大。因较低建筑物对较高建筑物的辐射角在 30°～45°时，根据测定，其辐射热强度最大。

(7) 建筑物内消防设施的水平　如果建筑物内火灾自动报警和自动灭火设备完整，能将火灾扑灭在初期阶段。这样不仅能有效地防止和减少建筑物本身的火灾损失，而且还能减少对相邻建筑物蔓延的可能。可见，在防火条件和建筑物防火间距大体相同的情况下，设有完善消防设施的建筑物比消防设施不完善的建筑物的安全性要高。

(8) 灭火时间　火场中的火灾温度，随燃烧时间有所增长。火灾延续时间越长，辐射热强度也会有所增加，蔓延到相邻建筑物的可能性增大。

2.1.3 确定防火间距的基本原则

影响防火间距的因素很多，在实际工程中不可能逐一考虑。通常根据以下原则确定建筑物的防火间距：

(1) 热辐射的作用　火灾实例表明，一、二级耐火等级的低层民用建筑，保持 7～10 m 的防火间距，有消防队扑救的情况下，一般不会蔓延到相邻建筑物。

(2) 灭火作战的实际需要　建筑物的高度不同，救火使用的消防车也不同。对低层建筑，普通消防车即可；而对高层建筑，则要使用曲臂云梯等登高消防车。防火间距应满足消防车的最大工作回转半径的需要。最小防火间距的宽度应能通过一辆消防车，一般宜取 4 m。

---

① 重庆市档案局、馆.《重庆档案信息拾萃》.第 2 期(总第 43 期)，2007-4-19.

(3) 节约用地　在有消防队扑救的条件下,能够阻止火灾向相邻建筑物蔓延为准则。

(4) 其他因素　两座相邻建筑较高的一面外墙为防火墙时,其防火间距不限。

2.2 防火间距

2.2.1 民用建筑

建筑物起火后,火势在建筑物的内部在热对流和热辐射作用下迅速蔓延扩大,在建筑物外部则因强烈的热辐射作用对周围建筑物构成威胁。火场的辐射热的强度取决于火灾规模的大小、火灾持续时间、与邻近建筑物的距离及风速、风向等因素。火势越大,持续时间越长,距离越近,建筑物又处于下风向位置时,所受辐射热越强。所以,建筑物间应保持一定的防火间距。《建规》规定,民用建筑之间的防火间距不应小于表 2.1 的规定,如图 2.1 所示。

表 2.1　民用建筑之间的防火间距

建筑类别		高层民用建筑	裙房和其他民用建筑		
		一、二级	一、二级	三级	四级
高层民用建设	一、二级	13	9	11	14
裙房和其他民用建筑	一、二级	9	6	7	9
	三级	11	7	8	10
	四级	14	9	10	12

注:① 相邻两座单、多层建筑物,当相邻外墙为不燃性墙体且无外露的可燃性屋檐,每面外墙上无防火保护的门、窗、洞口不正对开设且该门、窗、洞口的面积之和不大于外墙面积的 5%时,其防火间距可按本表的规定减少 25%。

② 两座建筑相邻较高一面外墙为防火墙,或高出相邻较低一座一、二级耐火等级建筑的屋面 15 m 及以下范围内的外墙为防火墙时,其防火间距不限,如图 2.2 所示。

③ 相邻两座高度相同的一、二级耐火等级建筑中相邻任一侧外墙为防火墙,屋顶的耐火极限不低于 1.00 h 时,其防火间距不限。

④ 相邻两座建筑中较低一座建筑的耐火等级不低于二级,相邻较低一面外墙为防火墙且屋顶无天窗,屋顶的耐火极限不低于 1.00h 时,其防火间距不应小于 3.5 m;对于高层建筑,不应小于 4 m,如图 2.3 所示。

⑤ 相邻两座建筑中较低一座建筑的耐火等级不低于二级且屋顶无天窗,相邻较高一面外墙高出较低一座建筑的屋面 15 m 及以下范围内的开口部位设置甲级防火门、窗,或设置符合现行国家标准《自动喷水灭火系统设计规范》(GB 50084)规定的防火分隔水幕或《建规》规定的防火卷帘时,其防火间距不应小于 3.5 m;对于高层建筑,不应小于 4 m,如图 2.4 所示。

⑥ 相邻建筑通过连廊、天桥或底部的建筑物等连接时,其间距不应小于本表的规定。

⑦ 耐火等级低于四级的既有建筑,其耐火等级可按四级确定。

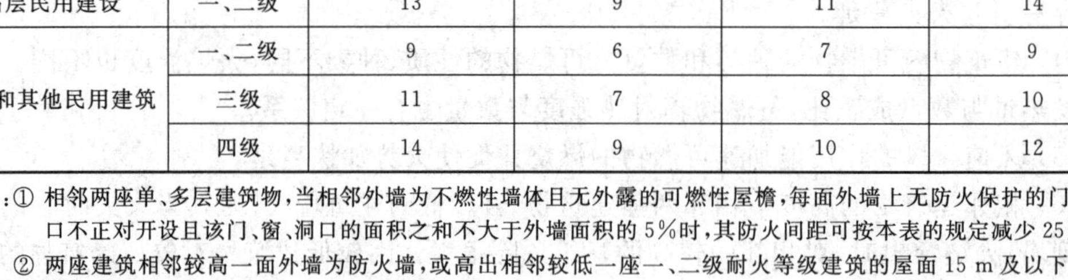

图 2.1　高层民用建筑防火间距示意图

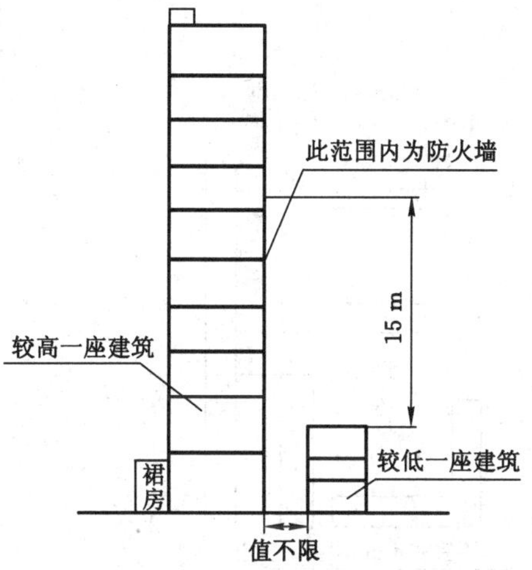

图 2.2 高层民用建筑防火间距示意图

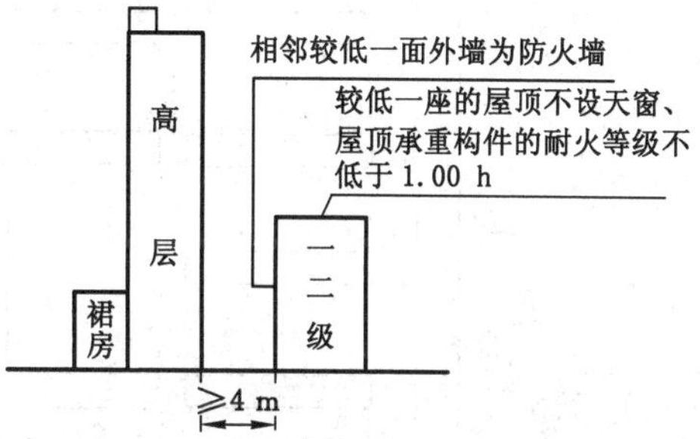

图 2.3 高层民用建筑防火间距示意图

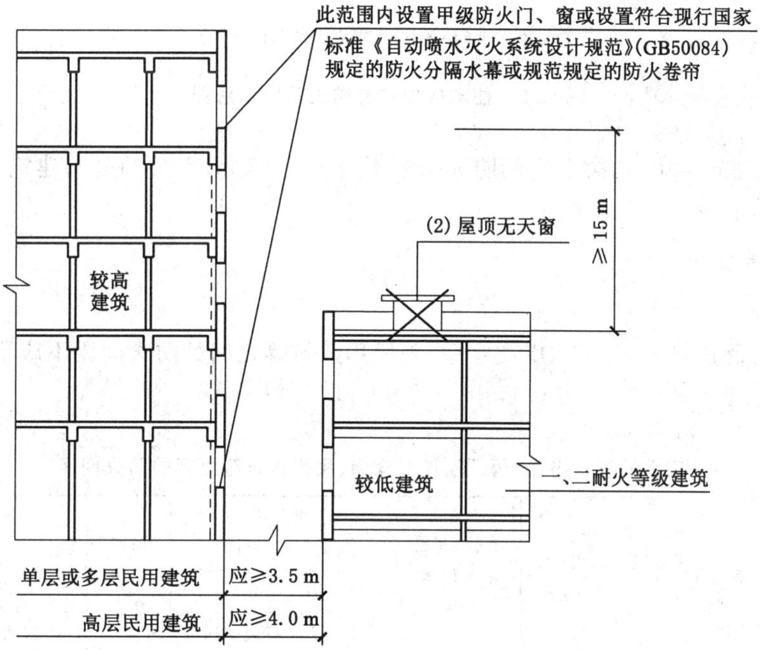

图 2.4 相邻高低两座建筑防火间距要求

对表 2.1 的补充说明如下：

(1) 单层、多层民用建筑与单独建造的终端变电所、单台蒸汽锅炉的蒸发量不大于 4 t/h或单台热水锅炉的额定热功率不大于 2.8 MW 的燃煤锅炉房，其防火间距可按表 2.1 的规定执行。民用建筑与单独建造的其他变电所、燃油或燃气锅炉房及蒸发量或额定热功率大于上述规定的燃煤锅炉房，其防火间距应按表 2.2 的规定执行。10 kV 以下的箱式变压器与建筑物的防火间距不应小于 3 m。

(2) 数座一、二级耐火等级的多层住宅或办公楼，当建筑物的占地面积的总和不大于 2 500 m^2时，可成组布置(图 2.5)，但组内建筑物之间的间距不宜小于 4 m。组与组或组与相邻建筑物之间的防火间距不应小于表 2.1 的规定。

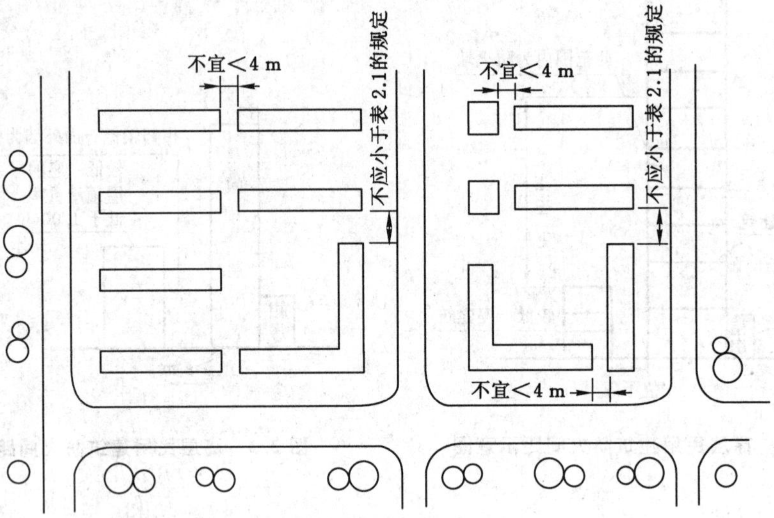

一、二级且不大于6层的住宅，每组占地面积不大于2 500 m²

图 2.5 住宅成组布置防火间距示意图

(3) 民用建筑与甲、乙类厂房的防火间距不应小于 25 m；重要的公共建筑与甲、乙类厂房间距不应小于 50 m。

2.2.2 工业建筑

1) 厂房的防火间距

厂房之间及其与乙、丙、丁、戊类仓库，与民用建筑等之间的防火间距不应小于表 2.2 的规定。

表 2.2 厂房之间及其与乙、丙、丁、戊类仓库、民用建筑等之间的防火间距 单位：m

名称			甲类厂房	单层、多层乙类厂房（仓库）	单层、多层丙、丁、戊类厂房（仓库）耐火等级			高层厂房（仓库）	民用建筑耐火等级		
					一、二级	三级	四级		一、二级	三级	四级
甲类厂房			12	12	12	14	16	13	25		
单层、多层乙类厂房			12	10	10	12	14	13	25		
单层、多层丙、丁类厂房	耐火等级	一、二级	12	10	10	12	14	13	10	12	14
		三级	14	12	12	14	16	15	12	14	16
		四级	16	14	14	16	18	17	14	16	18
单层、多层戊类厂房		一、二级	12	10	10	12	14	13	6	7	9
		三级	14	12	12	14	16	15	7	8	10
		四级	16	14	14	16	18	17	9	10	12
高层厂房			13	13	13	15	17	13	13	15	17

续表 2.2

<table>
<tr><td rowspan="3" colspan="2">名　称</td><td rowspan="3">甲类厂房</td><td rowspan="3">单层、多层乙类厂房(仓库)</td><td colspan="3">单层、多层丙、丁、戊类厂房(仓库)</td><td rowspan="3">高层厂房(仓库)</td><td colspan="3">民用建筑</td></tr>
<tr><td colspan="3">耐火等级</td><td colspan="3">耐火等级</td></tr>
<tr><td>一、二级</td><td>三级</td><td>四级</td><td>一、二级</td><td>三级</td><td>四级</td></tr>
<tr><td rowspan="3">室外变、配电站变压器总油量/t</td><td>≥5 且≤10</td><td rowspan="3">25</td><td rowspan="3">25</td><td>12</td><td>15</td><td>20</td><td>12</td><td>15</td><td>20</td><td>25</td></tr>
<tr><td>>10 且≤50</td><td>15</td><td>20</td><td>25</td><td>15</td><td>20</td><td>25</td><td>30</td></tr>
<tr><td>>50</td><td>20</td><td>25</td><td>30</td><td>20</td><td>25</td><td>30</td><td>35</td></tr>
</table>

注:① 乙类厂房与重要公共建筑之间的防火间距不宜小于 50 m。单层、多层戊类厂房之间及其与戊类仓库之间的防火间距,可按本表的规定减少 2 m。为丙、丁、戊类厂房服务而单独设立的生活用房应按民用建筑确定,与所属厂房之间的防火间距不应小于 6 m。必须相邻建造时,应符合本表注②③的规定。

② 两座厂房相邻较高一面的外墙为防火墙时,其防火间距不限,但甲类厂房之间不应小于 4 m。两座丙、丁、戊类厂房相邻两面的外墙均为不燃烧体,当无外露的燃烧体屋檐,每面外墙上的门窗洞口面积之和各不大于该外墙面积的 5%,且门窗洞口不正对开设时,其防火间距可按本表的规定减少 25%。

③ 两座一、二级耐火等级的厂房,当相邻较低一面外墙为防火墙且较低一座厂房的屋顶耐火极限不低于 1.00 h,或相邻较高一面外墙的门窗等开口部位设置甲级防火门窗或防火分隔水幕或按《建规》第 7.5.3 条的规定设置防火卷帘时,甲、乙类厂房之间的防火间距不应小于 6 m;丙、丁、戊类厂房之间的防火间距不应小于 4 m。

④ 变压器与建筑之间的防火间距应从距离建筑最近的变压器外壁算起。发电厂内的主变压器,其油量可按单台确定。

对表 2.2 的补充说明如下:

(1) 甲类厂房与重要公共建筑之间的防火间距不应小于 50 m,与明火或散发火花地点之间的防火间距不应小于 30 m,与甲、乙、丙类液体储罐,可燃、助燃气体储罐,液化石油气储罐,可燃材料堆场的防火间距,应符合甲、乙、丙类液体储罐(区)的防火间距有关规定。与架空电力线的最小水平距离应符合下列规定:

① 甲类厂房、甲类仓库,可燃材料堆垛,甲、乙类液体储罐,液化石油气储罐,可燃、助燃气体储罐与架空电力线的最近水平距离不应小于电杆(塔)高度的 1.5 倍,丙类液体储罐与架空电力线的最近水平距离不应小于电杆(塔)高度的 1.2 倍。

② 35 kV 以上的架空电力线与单罐容积大于 200 m^3 或总容积大于 1 000 m^3 的液化石油气储罐(区)的最近水平距离不应小于 40 m,当储罐为地下直埋式时,架空电力线与储罐的最近水平距离可减小 50%。

(2) 散发可燃气体、可燃蒸汽的甲类厂房与铁路、道路等的防火间距不应小于表 2.3 的规定。但甲类厂房所属厂内铁路装卸线当有安全措施时,其间距可不受表 2.3 规定的限制。

表 2.3　甲类厂房与铁路、道路等的防火间距　　单位:m

名　称	厂外铁路线中心线	厂内铁路线中心线	厂外道路路边	厂内道路路边	
				主　要	次　要
甲类厂房	30	20	15	10	5

注:厂房与道路路边的防火间距按建筑距离道路最近一侧路边的最小距离计算。

(3) 高层厂房与甲、乙、丙类液体储罐,可燃、助燃气体储罐,液化石油气储罐,可燃材料堆场(煤和焦炭堆场除外)的防火间距,应符合甲、乙、丙类液体、气体储罐(区)与可燃材料堆场的有关规定，且不应小于 13 m。

(4) 一级汽车加油站、一级汽车液化石油气加气站和一级汽车加油加气合建站不应建在城市建成区内。

(5) 电力系统电压为 35～500 kV 且每台变压器容量在 10 MV · A 以上的室外变、配电站以及工业企业的变压器总油量大于 5 t 的室外降压变电站，与建筑之间的防火间距不应小于表 2.2 和表 2.4 的规定。

表 2.4　甲类仓库之间及其与其他建筑、明火或散发火花地点、铁路等的防火间距　单位：m

名称 \ 甲类仓库及其储量		甲类储存物品第 3,4 项 ≤5 t	甲类储存物品第 3,4 项 >5 t	甲类储存物品第 1,2,5,6 项 ≤10 t	甲类储存物品第 1,2,5,6 项 >10 t
重要公共建筑		50			
甲类仓库		20			
民用建筑、明火或散发火花地点		30	40	25	30
电力系统电压为 35～500 kV 且每台变压器容量在 10 MV · A以上的室外变、配电站；工业企业的变压器总油量大于 5 t 的室外降压变电站		30	40	25	30
厂外铁路线中心线		40			
厂内铁路线中心线		30			
厂外道路路边		20			
厂内道路路边	主　要	10			
	次　要	5			

注：甲类仓库之间的防火间距，当第 3,4 项物品储量不大于 2 t；第 1,2,5,6 项物品储量不大于 5 t 时，不应小于12 m；甲类仓库与高层仓库之间的防火间距不应小于 13 m。

2) 仓库的防火间距

甲类仓库之间及其他建筑、明火或散发火花地点、铁路、道路等的防火间距不应小于表 2.4 的规定，与架空电力线的最小水平距离应符合表 2.2 的补充说明(1)的要求。厂内铁路装卸线与设置装卸站台的甲类仓库的防火间距，可不受表 2.4 规定的限制。

乙、丙、丁、戊类仓库之间及其与民用建筑之间的防火间距，不应小于表 2.5 的规定，《建规》另有规定者除外。

表 2.5　乙、丙、丁、戊类仓库之间及其与民用建筑之间的防火间距　单位：m

建筑类型		单层、多层乙、丙、丁、戊类仓库						高层仓库	甲类厂房
		单层、多层乙、丙、丁类仓库			单层、多层戊类仓库				
	耐火等级	一、二级	三级	四级	一、二级	三级	四级	一、二级	一、二级
单层、多层乙、丙、丁、戊类仓库	一、二级	10	12	14	10	12	14	13	12
	三级	12	14	16	12	14	16	15	14
	四级	14	16	18	14	16	18	17	16
高层仓库	一、二级	13	15	17	13	15	17	13	13

续表 2.5

建筑类型		单层、多层乙、丙、丁、戊类仓库						高层仓库	甲类厂房
		单层、多层乙、丙、丁类仓库			单层、多层戊类仓库				
民用建筑	一、二级	10	12	14	6	7	9	13	25
	三级	12	14	16	7	8	10	15	
	四级	14	16	18	9	10	12	17	

注：① 单层、多层戊类仓库之间的防火间距，可按本表减少 2 m。

② 两座仓库相邻较高一面外墙为防火墙，且总占地面积不大于《仓库的耐火等级、层数和面积》中一座仓库的最大允许占地面积规定时，其防火间距不限。

③ 除乙类第 6 项物品外的乙类仓库，与民用建筑之间的防火间距不宜小于 25 m，与重要公共建筑之间的防火间距不宜小于 30 m，与铁路、道路等的防火间距不宜小于表 2.5 中甲类仓库与铁路、道路等的防火间距。

2.2.3 汽车库防火间距

汽车主要使用汽油、柴油等易燃可燃液体。在停车或修车时，往往因各种原因引起火灾，造成损失。特别是对于Ⅰ类和Ⅱ类停车库，一般停放车辆在 100 辆以上，停放车辆多、经济价值大，车辆出入频繁，致使火灾隐患多；Ⅰ类和Ⅱ类汽车修车库的停放维修车位在 6 辆以上，甚至更多；一座修车库内还常有不同的工种，需使用易燃物品和进行明火作业，如有机溶剂、电焊等，火灾危险性大。因此，平面布置时，不应将汽车库布置在易燃、可燃液体和可燃性气体的生产装置区和储存区内，与其他建筑物应保持一定的防火间距。而Ⅰ类和Ⅱ类修车库、停车库则宜单独建造。

根据《汽规》的规定，汽车库之间及其他建筑之间的防火间距应符合表 2.6 的规定。

表 2.6　车库之间以及车库与除甲类物品的库房外的其他建筑物之间的防火间距　单位：m

车库名称和耐火等级		汽车库、修车库、库房、民用建筑耐火等级		
		一、二级	三级	四级
汽车库、修车库	一、二级	10	12	14
	三级	12	14	16
停车场		6	8	10

注：高层汽车库与其他建筑物之间，汽车库、修车库与高层工业、民用建筑之间的防火间距应按本表规定值增加 3 m；汽车库、修车库与甲类厂房之间的防火间距应按本表规定值增加 2 m。

对表 2.6 的补充说明：

(1) 车库与甲类物品库房的防火间距本书不再叙述，读者可参见规范。

(2) 两座建筑物相邻较高一面外墙为不开设门、窗、洞口的防火墙或当较高一面外墙比较低建筑高 15 m 及以下范围内的墙为不开门、窗、洞口的防火墙时，其防火间距可不限。

(3) 当较高一面外墙上同较低建筑等高的以下范围内的墙为不开设门、窗、洞口的防火墙时，其防火间距可按表 2.6 的规定值减小 50%。

(4) 相邻的两座一、二级耐火等级建筑，当较高一面外墙耐火极限不低于 2.00 h，墙上开口部位设有甲级防火门、窗或防火卷帘、水幕等防火设施时，其防火间距可减小，但不宜小于 4 m。

(5) 相邻的两座一、二级耐火等级建筑，当较低一座的屋顶不设天窗，屋顶承重构件的耐火极限不低于1.00 h，且较低一面外墙为防火墙时，其防火间距可减小，但不宜小于4 m。

(6) 甲、乙类物品运输车的车库与民用建筑之间的防火间距不应小于25 m，与重要公共建筑的防火间距不应小于50 m。甲类物品运输车的车库与明火或散发火花地点的防火间距不应小于30 m，与厂房、库房的防火间距应按本表的规定值增加2 m。

2.2.4 防火间距不足的补偿原则

防火间距尽量克服困难，满足规范要求。如果建筑物因场地等各种原因不能满足国家规范规定的距离要求时，可采取下列一些相应的措施来补救，部分措施是基于性能化的防火设计思路，可能在有些城市还不被认可：

(1) 改变建筑物内的生产和使用性质，尽量降低建筑物的火灾危险性。改变房屋部分结构的耐火性能，提高建筑物的耐火等级。

(2) 调整生产厂房的部分工艺流程，限制库房内储存物品的数量，提高部分构件的耐火性能和抗燃烧性能。

(3) 将建筑物的普通外墙改造为实体防火墙。如果建筑物的山墙对建筑物的通风、采光影响小，设置的窗户少，可考虑将山墙改为实体墙。

(4) 将距离不足的外墙改为防火墙，门窗改为防火门窗，设置防火卷帘和水幕。

(5) 拆除部分耐火等级低、占地面积小、适用性不强且与新建筑物相邻的原有旧建筑。

(6) 设置独立的室外防火墙。

2.3 消防车道与消防车救援场地

2.3.1 消防车道

1) 环形消防车道

高层建筑的平面布置、空间造型和使用功能往往复杂多样，给消防扑救带来不便，如大多数高层建筑的底部建有相连的裙房等。设计中如果对消防车道考虑不周，火灾时消防车无法靠近建筑主体，往往延误灭火时机，造成重大损失。为了使消防车辆能迅速靠近高层建筑，展开有效的救助活动，高层建筑周围应设置环形消防车道。沿街的高层建筑，其街道的交通道路，可作为环形车道的一部分，如图2.6所示。

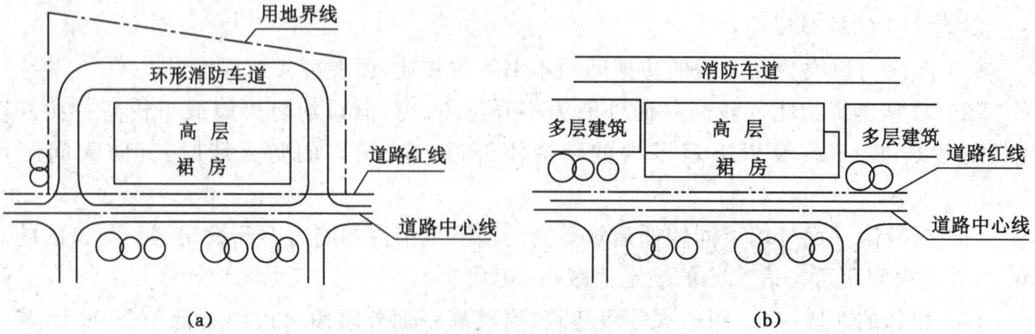

图2.6 消防车道示意图

(a) 环形；(b) 沿建筑长边设置

对于大型公共建筑，如超过 3 000 个座位的体育馆、超过 2 000 个座位的会堂及占地面积超过 3 000 m^2 的展览馆等，其体积和占地面积都较大，人员密集，为便于消防车靠近扑救和人员疏散，宜在建筑物周围设置环形车道，如图 2.7 所示。

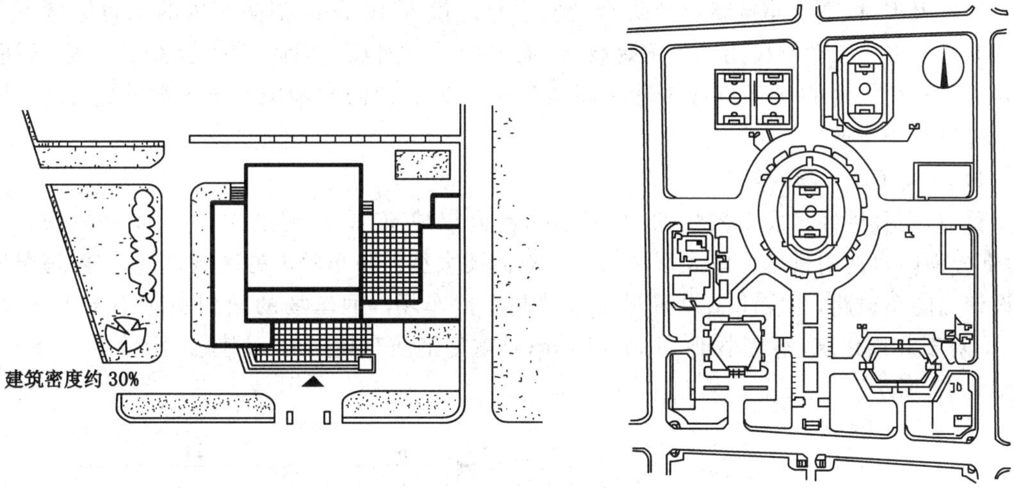

图 2.7 总平面环形消防车道示意图

2）消防过道

对于一些使用功能多、面积大、建筑长度大的建筑，如 U 形、L 形、口形建筑，当其沿街长度超过 150 m或总长度超过 220 m 时，应在适当位置设置穿过高层建筑，进入后院的消防车道。穿越建筑物的消防车道其净高与净宽均不应小于 4 m，如图 2.8 所示。

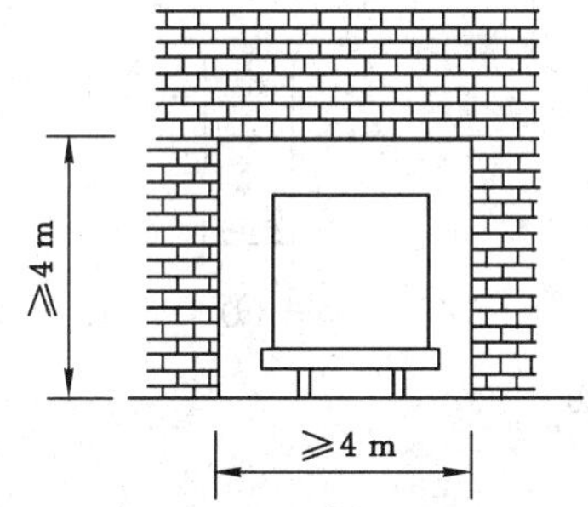

图 2.8 穿过建筑的过街楼洞口尺寸

此外，为了日常使用方便和消防人员快速便捷地进入建筑内院救火，应设连通街道和内院的人行通道，通道之间的距离不宜超过 80 m，如图 2.9 所示。

为了通风与采光、庭院绿化等需要，高层建筑常常设有面积较大的内院或天井。这种内院或天井一旦发生火灾，如果消防车进不去，就难以扑救。因此，为了消防车进入内院或天井扑救火灾，且消防车辆在内院有回旋调头余地，当内院或天井短边长度超过 24 m 时，宜加设消防车道，如图 2.10 所示。

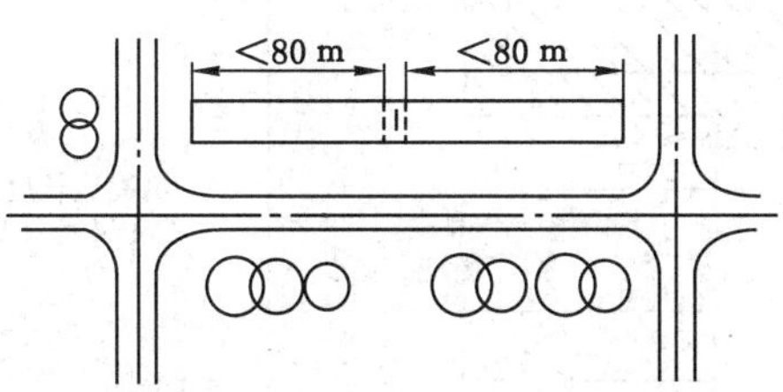

图 2.9 穿越建筑物的人行通道示意图

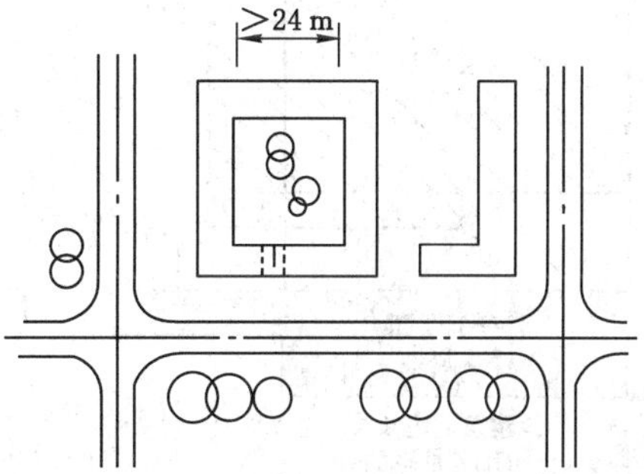

图 2.10 穿越建筑物进入内庭院的消防车道示意图

规模较大的封闭式商业街、购物中心、游乐场所等，进入院内的消防车道出入口不应少于 2 个，且院内道路宽度不应小于 6 m。

3）消防水源地的消防车道

发生火灾时，高层建筑高位消防水箱的水只能供水 10 min，消防车内的水也维持不了多长时间。许多工业与民用建筑可燃物多，火灾持续时间长。因此，一旦火灾进入旺盛期，就要考虑持续供水的问题。对于设在高层建筑附近的消防水池或天然水源（如江、河、湖等），应设消防车道。

4）尽头式回车场

目前，在我国经济发展较快的大中城市，超高层建筑（高度超过 100 m）发展较快。为此，部分消防机构引进了一些大型消防车。对需要大型消防车救火的区域，应从实际情况出发设计消防车道路，还应注意设置尽头式消防车回车场。回车场的面积不应小于 12 m×12 m；对于高层建筑，不宜小于 15 m×15 m；供重型消防车使用时，不宜小于 18 m×18 m，如图 2.11 所示。

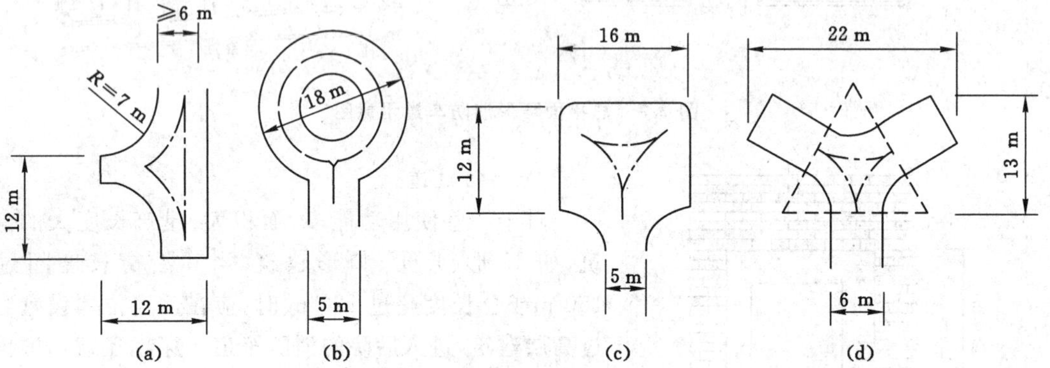

图 2.11　消防车回车场示意图

消防车道下的管沟等，应能承受消防车的压力。

2.3.2　求援场地和入口

(1) 高层建筑应至少沿一个长边或周边长度的 1/4 且不小于一个长边长度的底边连续布置消防车登高操作场地，该范围内的裙房进深不应大于 4 m，如图 2.12 所示。

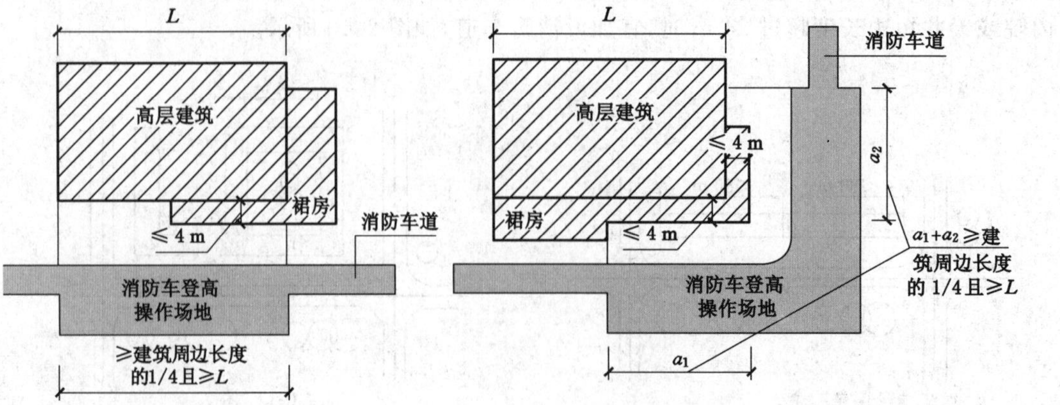

图 2.12　消防车登记操作场地

建筑高度不大于 50 m 的建筑，连续布置消防车登高操作场地确有困难时，可间隔布置，但间隔距离不宜大于 30 m，且消防车登高操作场地的总长度仍应符合上述规定，如图 2.13 所示。

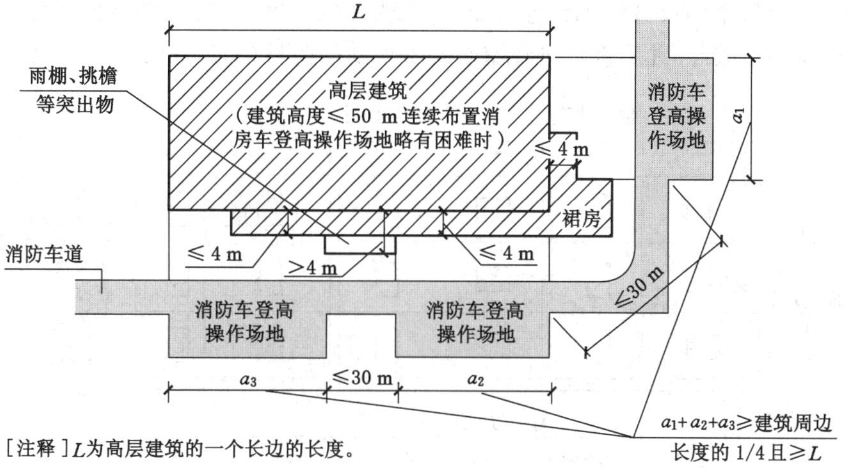

图 2.13 消防车登高操作场地间隔布置

(2) 消防车登高操作场地应符合下列规定：

① 场地与厂房、仓库、民用建筑之间不应设置妨碍消防车操作的树木、加空管线等障碍物和车库出入口。

② 场地的长度和宽度分别不应小于 15 m 和 10 m。对于建筑高度大于 50 m 的建筑，场地的长度和宽度分别不应小于 20 m 和 10 m。

③ 场地及其下面的建筑结构、管道和暗沟等，应能承受重型消防车的压力。

④ 场地应与消防车道连通，场地靠建筑外墙一侧的边缘距离建筑外墙不宜小于 5 m，且不应大于 10 m，场地的坡度不宜大于 3%，如图 2.14 所示。

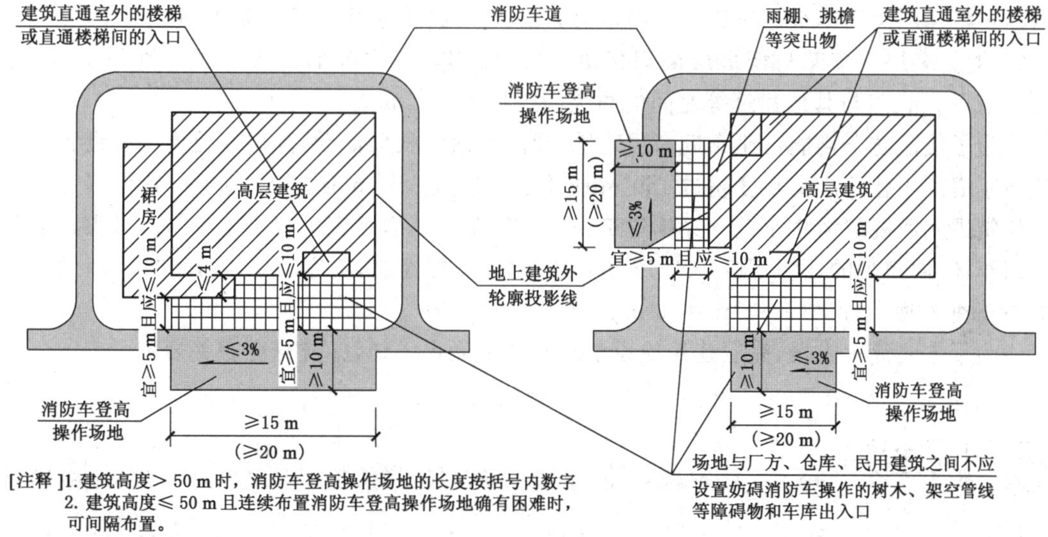

图 2.14 消防车登高操作场地

(4) 厂房、仓库、公共建筑的外墙应在每层的适当位置设置可供消防求援人员进入的窗口。

(5) 窗口的净高度和净宽度均不应小于 1.0 m,下沿距室内地面不宜大于 1.2 m,间距不宜大于 20 ,且每个防火分区不应小于 2 个,设置位置与应消防车登高操作场地相对应。窗口的下班应易于破碎,并后设置可在室外易于识别的明显标志,如图 2.15 所示。

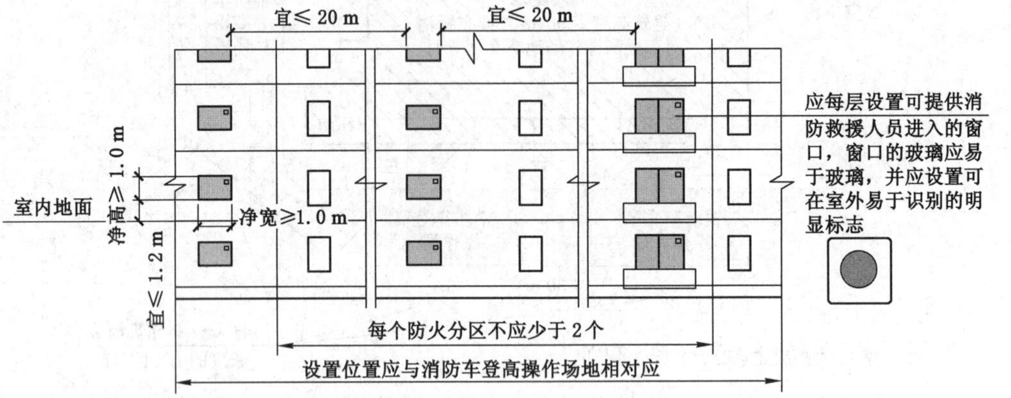

图 2.15　求援窗口立面图

本章小结

防火间距是当一座建筑物起火后,火灾不致蔓延到相邻建筑物所留出的空间间隔。设置防火间距是有效的被动防火措施之一。通过对建筑物进行合理布局和设置防火间距,防止火灾在相邻建筑物之间相互蔓延,合理利用和节约土地,并为人员疏散、消防人员的救援和灭火提供条件,减少失火建筑的强辐射热和烟气对邻近建筑的影响。

耐火等级为一、二级的低、多层民用建筑之间的防火间距为 6 m,一、二级的低、多层民用建筑与高层民用建筑之间的防火间距为 9 m,高层民用建筑之间的防火间距为 13 m,一、二级的低、多层汽车库与低多层民用建筑、高层民用建筑之间的防火间距分别是 10 m 和 13 m。厂房、仓库与其他建筑等之间的防火间距见表 2.2 和表 2.4。

为了使消防车辆能迅速靠近高层建筑,展开有效的救助活动,高层建筑周围应设置环形消防车道。当建筑沿街长度超过 150 m 或总长度超过 220 m 时,应在适当位置设置穿过高层建筑进入后院的消防车道。穿越建筑物的消防车道其净高宽不应小于 4 m。尽头式消防车回车场,回车场的面积不应小于 12 m×12;对于高层建筑,不宜小于 15 m×15 m;供重型消防车使用时,不宜小于 18 m×18 m。

为了方便灭火求援,高层建筑应设消防车登高操作场地,并应符合相关规定。

复习思考题

2.1　什么是防火间距?防火间距应如何计算?

2.2　影响防火间距的因素有哪些?防火间距是根据什么原则来确定的?

2.3 耐火等级为一、二级的低、多层民用建筑与高层民用建筑之间的防火间距是多少？

2.4 汽车库与低、多层民用建筑、高层民用建筑之间的防火间距是多少？

2.5 《建规》设置消防过道分别有哪几种情况？消防过道的尺寸如何设置？

2.6 消防车登高操作场地应符合什么规定？

2.7 尽头式消防车回车场如何设置？

3 建筑平面防火设计

当建筑物中某一房间发生火灾，火焰及烟气流会从门、窗、洞口，或者从楼板、墙壁的烧损部位及楼梯间等竖井，以对流、辐射或传导的方式向其他空间蔓延扩大，最终可能将整座建筑物卷入火灾。因此，设想在一定时间内把火灾控制在一定的建筑空间范围内，是十分重要的。防火分区就是基于这样的思路提出的。

建筑平面防火设计一般包括防火分区与防烟分区。防火分区一般包括水平防火分区和竖向防火分区两部分。防火分区一般由防火分隔物围隔而成，防烟分区一般由楼板、深梁或挡烟垂壁半围隔而成。防烟分区的目的是收集烟气，然后利用机械排烟设施把烟气排出建筑物外。

3.1 防火分区与防火分隔设施

3.1.1 防火分区的定义、目的

1）防火分区的定义

防火分区是指在建筑内部采用防火墙、耐火楼板及其他防火分隔设施分隔而成，能在一定时间内防止火灾向同一建筑的其余部分蔓延的局部空间。

2）防火分区的目的

火灾没有固定的蔓延方向和标准模式。防火分区是根据火场特点，采用相应的防火措施，人为地阻止火灾向其他部位蔓延扩大，将火灾控制在一定的局部空间内，即基本的防火单元。其目的是控制火灾蔓延，减少人员伤亡和经济损失。

从已经发生的火灾实例可以看出防火分区的作用：

某学校一座耐火等级为三级的学生宿舍楼，占地面积为 1 312 m^2，由于设了 3 道防火墙，起火时防火墙阻止了火势蔓延，使 2/3 的房间未被烧掉。

以美国芝加哥的 John Hancock 大厦为例，在这幢高 300 m 的塔式建筑物中，在上部楼层套间内至少发生过 20 次火灾，但没有一次火灾蔓延到套间以外。其主要原因就是防火分隔设计得当，又有较好的防火安全设备。

某 20 层高层民用建筑垃圾道起火，由于每层垃圾道门改用了防火门，结果该井道防火门内侧均被烧坏，但整幢建筑物除局部被烟熏黑以外，其余部位完好。

3.1.2 防火分区分类及其分隔设施

1）防火分区分类与形成方法

(1) 水平防火分区　防火分区一般包括水平防火分区和竖向防火分区两部分。所谓水平防火分区，就是采用具有一定耐火能力的墙体、门、窗和楼板按规定的建筑面积标准分隔

的封闭空间。由于水平防火分区是按照建筑面积划分的，因此也称为面积防火分区。水平防火分区的形成可采用防火墙、防火卷帘进行分隔。对于采用防火墙进行分隔的，防火墙上的防火门应为甲级防火门；防火卷帘主要用于大空间，如商场。

（2）竖向防火分区　为了把火灾控制在一定的楼层范围内，防止从起火层向其他楼层垂直方向蔓延，必须沿建筑物高度划分防火分区，即竖向防火分区。竖向防火分区是以每个楼层为基本防火单元的，也称为层间防火分区。中庭、自动扶梯、楼梯间、管道井、窗槛墙等上、下连通的防火阻隔即属竖向防火分区。

竖向防火分区的形成主要是由具有一定耐火能力的钢筋混凝土楼板做分隔构件。火灾实验说明，一、二级耐火等级的楼板分别可以经受一般建筑火灾 1.5 h 和 1 h 的作用，这对于 80％以上的火灾来说是安全的。

对平面面积较大或使用功能复杂的建筑，需要做水平防火分区处理，以阻止火灾向水平方向蔓延扩大。对高层建筑或体形较大的建筑，还应设竖向防火分区，用以阻止火灾在层与层之间蔓延扩散。

2）防火分隔设施

要对建筑物进行防火阻隔，就要通过分隔物耐火构件来实现。分隔物必须要具有一定的耐火性。

所谓防火分隔物，是指能在一定时间内阻止火灾蔓延，把整个建筑物内部空间划分成若干个较小的防火空间的物体。防火分隔物一般分为 2 类：一类是固定的，另一类是可移动的或活动的。固定的防火分隔物如建筑物中的墙体、楼板等，非固定的如防火门、防火卷帘门、防火窗、防火阀、防火水幕等。

（1）防火墙　防火墙在本书 1.2.1 节中已介绍。

（2）防火门　防火门是具有一定耐火能力，能形成防火分区，阻止火势蔓延和烟气扩散，又具有交通、通风、采光功能的围护设施。其作用是阻止火势蔓延和烟气扩散，为人员安全疏散、扑救火灾提供条件。

防火门按耐火等级可分为甲、乙、丙 3 级，其耐火极限分别不应低于 1.5，1.0，0.5 h。按燃烧性能可分为不燃体防火门和难燃烧体防火门。门扇有单扇和多扇、带亮子和不带亮子之分。

防火门有木质防火门和钢质防火门。无论防火门是钢质还是木质，都要做特殊加工处理，并经消防产品质量检测中心检测试验认证才能使用。单层钢质门虽属不燃体，但不是防火门。当然，单层钢质门能起到一定的隔火作用，但在热传导、热辐射等方面却达不到防火门的要求。

钢质防火门一般采用薄壁型钢做骨架，在骨架两面钉 1～1.2 mm 厚的薄钢板，内填充木芯、矿棉或玻璃纤维棉，并配以专用五金件组成的能满足耐火稳定性、完整性和隔热性能的防火门。火灾后防火门的迎火面虽然坏了，但仍能启闭。

木质防火门一般用木材或木制品作门框、门板、骨架，内填充不燃填充料，并配以五金件组成，能满足耐火性、完整性和隔热性能要求的防火门。国外有的做法是用一两层木板交错排列钉在一起，用 5～7 mm 厚的石棉板或 15 mm 以上的浸过泥浆的毛毡做夹层，从一面或两面把木板包严实，或表面钉铁皮，或内、中、外部用阻燃木材构造，外表包装饰材料构成。

防火门的设置应符合下列规定：

① 应具有自闭功能，即双扇防火门应具有按顺序关闭的功能。

② 常开防火门应能在火灾时自行关闭，并应有信号反馈的功能。

③ 防火门内外两侧应能手动开启。

④ 设置在变形缝附近时，防火门开启后，其门扇不应跨越变形缝，并应设置在楼层较多的一侧。

(3) 防火窗　防火窗的主要作用：一是阻止火势蔓延，起到阻隔火势的作用，这类窗多为固定窗；二是采光作用，多用于外墙，在正常情况下可采光通风，火灾时可随时关闭，阻隔火灾；三是排烟作用，此类窗多用于防烟楼梯间前室和疏散走道上，当火灾发生时，打开窗扇达到排除有毒烟气的目的。

防火窗按其防火等级可分为甲、乙、丙 3 级，其耐火极限分别不应低于 1.5，1.0，0.5 h，与防火门相同。

防火窗一般设在防火墙或防火门上，建筑物的防火间距不够时可设防火窗弥补，也造成了防火分区上的薄弱环节，因此必须采用甲级防火门、防火窗。当采用耐火极限在 1.2 h 的防火门、窗时，基本上满足控制火灾蔓延，争取消防队到现场扑救的要求。但一般情况下很少使用防火窗。

固定窗扇防火窗是由钢窗框和钢窗扇在其中镶上防火玻璃构成，活动窗扇防火窗除此之外，还需安装自动或手动开关装置。目前使用的防火窗大多采用钢质窗框，窗扇为铅丝玻璃、夹层玻璃或玻璃钢等材料制成。夹层玻璃实际上是用透明防火黏结剂将多层玻璃黏结在一起，火灾时迎火面玻璃破碎，黏结剂膨胀保护内层玻璃，经一定时间后迎火面黏结剂玻璃又烧坏脱落，这样经过多次脱落，最终达到延长时间、阻挡火势蔓延的目的。

(4) 防火卷帘

大门洞、大开间需设防火分隔，当设置防火墙有困难时往往采用防火卷帘代替防火墙，这样既可以防火又能达到空间宽畅、使用方便的目的。同普通卷帘相比，防火卷帘能起到防火分隔的作用，而普通卷帘门遇火熔化或变形，起不到阻隔火势的作用。

防火卷帘由帘板、卷轴、电机、导轨、支架、防护罩和控制按钮等组成，是一种活动的防火分隔物。钢质防火卷帘有轻型和重型，钢板厚度分别为 0.5～0.6 mm 和 1.5～1.6 mm。复合防火卷帘中的钢质复合防火卷帘有内外双片帘板组成，中间填充防火保护材料。此外，还有非金属材料制作的复合防火卷帘，其主要材料为石棉布。防火卷帘尺寸不一，钢质防火卷帘宽度可达 15 m，非金属复合防火卷帘相对较轻，宽度更大。

一般防火卷帘需设水幕保护，复合型防火卷帘的耐火极限一般比普通型要高。是否在其两侧设水幕保护，应根据防火墙耐火极限的判定条件来确定。设闭式自动喷水灭火系统时，其喷头间距不应小于 2 m；计量水量时，其火灾延续时间按大于或等于 3 h 考虑。

防火卷帘平时是卷起固定在门、窗口上方的转轴箱内，火灾时将其放下展开。控制的方式有手动和自动。手动是靠人工启动按钮实现；自动则是在防火卷帘两侧装有火灾感烟和感温探测器，当发生火灾后，首先通过感烟探测器将信息传送到控制装置，控制装置（中心）随着火灾的发展而升温。在该过程中，感温探测器也将信息传到控制装置（中心），由于同时有两方面的信息，30 s 后自动装置开始下降，当下降到一定高度时，防火卷帘门暂停数十秒钟，便于人员快速撤离疏散，然后卷帘门继续下降到楼地面，以达到阻止火势通过门窗孔蔓延的目的。

防火卷帘通常设置的部位有：自动扶梯、中庭、电梯、走道和过厅周围，防烟楼梯间前室（用于疏散楼梯间时应尽量不用或少用防火卷帘），百货大楼的营业厅等。

设置防火卷帘的有关要求：

① 卷帘周边接缝处不得有缝隙。若有缝隙，应用不燃材料填充、堵实，防止烟、火通过

缝隙窜入,包括吊顶、闷顶处均要用不燃材料阻隔彻底。

② 设在疏散走道上的防火卷帘,应在其两侧设置启闭装置,并应设有手动或机械控制装置,以保证在应急情况下能使用。

③ 对建筑内的敞开电梯厅,以及那些大面积的公共建筑,无论使用哪种防火卷帘,均应符合防火墙耐火极限的判定条件。

使用卷帘时可能出现下列问题:一是防火卷帘采用易熔合金的关闭方式。在易熔合金熔断之前,卷帘箱的缝隙、导轨及卷帘下部常常因受热而变形,致使卷帘无法落下。二是在防火卷帘下往往堆放货物、纸箱、杂物等,使卷帘不能落下。三是防火卷帘的气密性较低,防烟效果较差。四是防火卷帘受火焰作用后,向受火面凸出,往往出现较大缝隙,失去阻止火势蔓延的作用。五是灼热的防火卷帘能产生强烈的辐射热,当背火面附近有可燃物时,便会引起火灾蔓延。

所以,在选用防火卷帘时,应注意采取保护措施,使之充分发挥作用。

(5) 防火阀　防火阀是安装在通风与中央空调系统的送、回风管道上,平时处于开启状态,发生火灾时,当管道内烟气温度达到 70 ℃时,易熔合金片熔断断开而自动关闭防火阀,在一定的时间内,能满足耐火稳定性和耐火完整性要求,起到防火、阻烟的作用。

防火阀有圆形和矩形,其外壳一般用金属制作,由金属阀片、转轴、易熔合金片、弹簧等组成。防火阀按其动作形式有自垂翻板式和弹簧式两种。叶片有单叶片和多叶片两类。动作有手动和自动。可手动复位、手动调节,同时也可以与火灾自动报警系统联动自行关闭。与防火卷帘一样,防火阀也有信息反馈系统。

风管通常用不燃材料制作,但风管内若不设防火阀,其危险性也是很大的。例如,日本大阪市千日百货大楼(地面 7 层,地下 1 层),在三层发生火灾,火、烟气通过空气调节系统的管道、载货升降机井及楼梯间向上蔓延扩大,烟火笼罩着整幢大楼,聚集在顶层的 181 人只有 63 人幸存,其中有 26 人死在大厅,这是因为顾客无处逃生,惊恐万状而相互冲撞踩踏,伤者又被有毒烟气所熏窒息而死亡。如果千日百货大楼在空调系统的管道中设有防火阀,在楼梯间使用防火门,对载货升降机井设有防火设施,即使发生火灾,人员也能逃离火海,伤亡不至于如此惨重。由此可见,防火阀的作用是巨大的。在通风与空调系统设计中,设置防火阀是很有必要的,具体位置和一些构造应符合下列要求:

① 送、回风总管穿越通风及空气调节机房的隔墙或楼板处应设防火阀,防止机房或其他房间的火灾通过通风管道蔓延到建筑物内的其他部位。

② 风管在穿越不燃体、楼板等处应设防火阀,风管在穿越防火墙处应设排烟防火阀,或在防火墙两侧分别设置防火阀。

③ 送、回风管穿过多功能厅、大会议室、贵宾厅、休息室、较大的库房、贵重设备间等火灾危险性大以及重要房间的隔墙或楼板处均应设置防火阀。

④ 风管通过多层和高层工业与民用建筑中的每层水平送、回风管道与垂直风管交接的水平管段上,应设防火阀。

⑤ 风管穿过建筑物变形缝的两侧均应设防火阀。

⑥ 风管进入气体自动灭火系统间的通风与空调管处均应设防火阀。

⑦ 防火阀方向应与风管内气流的方向一致。防火阀的管段处应单独设支吊架,防止风管晃动变形。

⑧ 防火阀关闭的控制元件易熔合金片或感温元件应比通风系统最高正常工作温度高

出 25 ℃,一般多采用 70 ℃元件。

(6) 排烟防火阀　排烟防火阀是安装在排烟系统管道上起隔烟、阻火作用的阀门。与前述防火阀相似,它在一定的时间内能满足耐火稳定性和耐火完整性的要求,具有手动和自动功能,平时关闭。当火灾发生后,房间内的排烟口开启,同时启动排烟风机,人员开始疏散。当烟道内的烟气温度达到或超过 280 ℃时,烟气中已带火,此时原来有人的房间的人员已疏散完毕。若此时不停排烟,则烟火通过排烟管道扩散到其他部位,可能造成新的灾害。因此,当管道内烟气温度达到或超过 280 ℃时,排烟阀门自动关闭。

排烟防火阀的设置要求:排烟管在进入排风机房处应设排烟防火阀;在穿过防火分区的管道上应设排烟防火阀;在排烟系统的支管上应设排烟防火阀。

3.2　水平防火分区的划分

为了便于火灾区间内的人员能迅速地疏散到安全的地方,充分发挥消防部门控制火灾的能力,减少火灾损失,无论是工业建筑还是民用建筑,设置水平防火分区或者垂直防火分区都是必要的,是非常重要的防火安全措施。在进行建筑物的防火分区设计时,首先要考虑防火分区规定的面积,若建筑物超过规定的防火分区面积,就必须做防火分区处理。防火分区分隔位置应结合建筑物的平面位置、使用功能、人流物流、空间形状等妥善进行分隔布置。特别是楼梯间,它是人们避难逃生的主要安全出口,也是消防人员进行灭火抢救的重要通道,必须保证畅通无阻,不受烟火的威胁。

3.2.1　民用建筑防火分区的划分

建筑面积过大,室内容纳的人员和可燃物的数量相应增大,火灾时过火面积大,燃烧时间长,辐射热强烈,对建筑结构的破坏严重,火势难以控制,对消防扑救和人员、物资疏散都很不利。为了减少火灾损失,对建筑物防火分区的面积,按照建筑物耐火等级的不同给予相应的限制。也就是说,耐火等级高的建筑防火分区面积可以适当加大,耐火等级低的建筑防火分区面积就应该减小。

一、二级耐火等级民用建筑的耐火性能好,除了未加防火保护的钢结构以外,导致建筑物倒塌的可能性较小,一般能较好地限制火灾蔓延,有利于人员安全疏散及扑救火灾,所以规定其防火分区面积为 2 500 m^2。三级建筑物的屋顶是可燃的,可导致火灾蔓延扩大,其防火分区面积应比一、二级小,一般不超过 1 200 m^2。四级耐火等级建筑的构件大多数是难燃或是可燃的,其防火分区面积不宜超过 600 m^2。同理,除了限制防火分区面积外,还对建筑物的层数和长度也提出了限制,见表 3.1。

建筑物内设置自动灭火系统时,该防火分区的最大允许建筑面积可按表 3.1 的规定增加 1.0 倍;局部设置时,增加面积可按局部面积的 1.0 倍计算。用公式表示为:

$$A+\frac{B}{2}\leqslant S \tag{3.1}$$

式中　A——某防火分区内不设自动灭火系统的建筑面积;

B——某防火分区内设自动灭火系统的建筑面积;

S——该防火分区的最大允许建筑面积。

表 3.1　不同耐火等级建筑的允许建筑高度或层数、防火分区最大允许建筑面积

名　称	耐火等级	允许建筑高层或层数	防火分区的最大允许建筑面积/m^2	备　注
高层民用建筑	一、二级		1 500	对于体育馆、剧场的观众厅，防火分区的最大允许建筑面积可适当增加
单、多层民用建筑	一、二级		2 500	
	三级	5 层	1 200	—
	四级	2 层	600	—
地下或半地下建筑(室)	一级	—	500	设备用房的防火分区最大允许建筑面积不应大于 1 000 m^2

注：① 表中规定的防火分区最大允许建筑面积，当建筑内设置自动灭火系统时，可按本表的规定增加 1.0 倍；局部设置时，防火分区的增加面积可按该局部面积的 1.0 倍计算。

② 裙房与高层建筑主体之间设置防火墙时，裙房的防火分区可按单、多层建筑的要求确定。

在满足以下要求时：地上商场营业厅、展览厅，设置在耐火等级为一、二级的单层或仅设在多层建筑的首层；设有自动报警系统和自动喷水灭火系统、排烟设施；内装修符合规范要求，则防火分区的最大允许建筑面积不应大于 10 000 m^2。

当建筑中设有贯通数层的各种开口，如中庭、开敞楼梯、自动扶梯等，其防火分区面积应按上下层相连通的面积叠加计算，当其建筑面积之和大于表 3.1 的规定时，应重新划分防火分区。采取的措施通常是中庭与自动扶梯在开口部位设置耐火极限大于 3h 的防火卷帘或水幕保护等。

高层建筑内部装修、陈设等可燃物多，设有贵重设备，并有空调系统等，一旦失火迅速蔓延，疏散和扑救困难，容易造成人员伤亡和重大损失。所以，对其防火分区应从严控制，每个防火分区面积规定为 1 500 m^2。

地下室用途较为广泛，如用作市场、游乐场、仓库、旅馆等，可燃物多，人流较大。从防火安全角度来看，地下室一般是无窗房间，其出入口(楼梯)既是人流疏散口，又是热烟气的排出口，同时又是消防队救火的进入口。一旦形成火灾，人员交叉混乱，不仅造成疏散扑救困难，而且威胁上部建筑的安全。因此，地下室防火分区面积规定为 500 m^2。

对于大型百货商店、大型展览中心，从满足实际使用功能需要和基本保障安全要求考虑，当设有自动报警系统和自动灭火系统且采用不燃材料或难燃材料装修时，地上部分防火分区允许最大建筑面积 4 000 m^2，地下部分防火分区最大建筑面积为 2 000 m^2。

高层建筑相连的裙房，建筑高度一般较低，火灾时疏散较快，扑救难度也较小，易于控制火灾蔓延。当高层建筑主体与裙房之间用防火墙等防火设施分隔时，其裙房的防火分区允许最大建筑面积不应大于 2 500 m^2；当设有自动报警、自动灭火系统时，防火分区允许最大建筑面积可增加 1 倍，即 5 000 m^2，式(3.1)仍然成立。

3.2.2　工业厂房防火分区的划分

工业厂房可分为单层厂房、多层厂房和高层厂房。单层工业厂房，即使建筑高度超过 24 m，其防火设计仍按单层考虑；建筑高度等于或小于 24 m、2 层及 2 层以上的厂房为多层厂房；建筑高度大于 24 m、2 层及 2 层以上的厂房为高层厂房。

工业厂房的层数和面积是由生产工艺所决定的，同时也受生产的火灾危险类别和厂房构件的耐火极限的制约。工业厂房的生产工艺、火灾危险类别、建筑物的耐火等级、层数和

面积构成一个相互联系、相互制约的统一体。

建筑层数太高将不利于疏散和扑救；面积过大，火灾容易在大范围内蔓延，同样不利于疏散和扑救；要求过严，会影响生产且浪费土地。

综上所述，应注意以下几点：

(1) 甲类生产采用一、二级耐火等级的厂房，除了生产工艺必须采用多层者外，一般应采用单层。

(2) 乙类生产采用一级耐火等级厂房时不受限制，即可以建造高层厂房；而采用二级耐火等级厂房时，不得超过6层，不得把甲、乙类生产布置在地下室或半地下室内。

(3) 丙类生产的火灾危险性还是比较大的，可以采用三级耐火等级的厂房，层数不超过2层。

(4) 丁、戊类生产厂房，当采用三级耐火等级时，最多不要超过3层。

甲类生产，当采用一级耐火等级的单层厂房时，防火分区的面积可达4 000 m^2；采用多层厂房时，防火分区的面积可达3 000 m^2。但是，甲类生产不得采用高层厂房。其他各类生产、各耐火等级厂房的防火分区面积，要符合表3.2的有关规定。

表3.2 厂房的耐火等级、层数和防火分区的最大允许建筑面积

生产类别	厂房的耐火极限	最多允许层数	每个防火分区的最大允许建筑面积/m^2			
			单层厂房	多层厂房	高层厂房	地下、半地下厂房，厂房的地下室、半地下室
甲类	一级	除生产必须采用多层者外，宜采用单层	4 000	3 000	—	—
	二级		3 000	2 000	—	—
乙类	一级	不限	5 000	4 000	2 000	—
	二级	6	4 000	3 000	1 500	—
丙类	一级	不限	不限	6 000	3 000	500
	二级	不限	8 000	4 000	2 000	500
	三级	2	3 000	2 000	—	—
丁类	一、二级	不限	不限	不限	4 000	1 000
	三级	3	4 000	2 000	—	—
	四级	1	1 000	—	—	—
戊类	一、二级	不限	不限	不限	6 000	1 000
	三级	3	5 000	3 000	—	—
	四级	1	1 500	—	—	—

注：防火分区之间应采用防火墙分隔；本表中"—"表示不允许。

考虑到高层厂房发生火灾时，危险性大和损失大，扑救更困难，防火分区面积限制的要求也更加严格。乙类生产厂房，当采用高层厂房时，其防火分区的面积为多层厂房的1/2。丙类生产设计在厂房的地下室、半地下室时，其防火分区最大允许面积为500 m^2，丁、戊类为1 000 m^2。

但是，当甲、乙、丙类厂房设有自动灭火设备时，防火分区最大允许面积比表3.2的规定增加1倍；丁、戊类厂房设有自动灭火设备时，其防火分区的建筑面积不限；局部设置时，增加面积可按该局部面积的1倍计算。

3.2.3 仓库(库房)防火分区的划分

库房建筑的特点：一是物资储存集中，许多库房超量储存，有的仓库不仅库内超量储存，而且库房之间的防火间距也堆放大量物资；二是库房的耐火等级较低，原有的老库房多数为三级耐火等级，甚至四级也占有一定比例，一旦失火，大多造成严重损失；三是库区水源不足，消防设施缺乏，扑救火灾难度大。

库房也分为单层库房、多层库房、高层库房，其划分高度可参照工业厂房。层高在 7 m 以上的机械操作和自动控制的货架仓库，称为高架仓库。高层仓库和高架仓库的共同点是，储存物品比普通仓库（单层、多层）多数倍，甚至数十倍。发生火灾时，其疏散和抢救困难，耐火等级应不低于二级。

由于储存甲、乙类物品的库房的火灾爆炸危险性大，所以甲、乙类物品库房宜采用单层建筑，不能设在建筑物地下室、半地下室内。一旦发生爆炸事故，将会威胁到整个建筑的安全。

甲类物品库房失火后，燃烧速度快，火势猛烈，并且还可能发生爆炸。所以，其防火分区面积从严控制，以便能迅速控制火势蔓延，减少损失。考虑到仓库储存物资集中，可燃物多，发生火灾造成的损失大等因素，仓库的耐火等级、层数和面积要严于厂房和民用建筑。

丙类固体可燃物品库房以及丁、戊类物品库房，当采用一、二级耐火等级建筑时，其层数不限。库房设有自动灭火设备，视其保护范围的大小，建筑面积可按规定增加 1 倍。

综上所述，各类库房的耐火等级、层数和面积应符合表 3.3 的规定。

表 3.3　　仓库的耐火等级、层数和面积

储存物品类别		仓库的耐火等级	最多允许层数	每座仓库的最大允许占地面积和每个防火分区的最大允许建筑面积/m^2						
				单层仓库		多层仓库		高层仓库		地下、半地下仓库或仓库的地下、半地下室
				每座仓库	防火分区	每座仓库	防火分区	每座仓库	防火分区	防火分区
甲类	3,4 项	一级	1	180	60	—	—	—	—	—
	1,2,5,6 项	一、二级	1	750	250	—	—	—	—	—
乙类	1,3,4 项	一、二级	3	2 000	500	900	300	—	—	—
		三级	1	500	250	—	—	—	—	—
	2,5,6 项	一、二级	5	2 800	700	1 500	500	—	—	—
		三级	1	900	300	—	—	—	—	—
丙类	1 项	一、二级	5	4 000	1 000	2 800	700	—	—	150
		三级	1	1 200	400	—	—	—	—	—
	2 项	一、二级	不限	6 000	1 500	4 800	1 200	4 000	1 000	300
		三级	3	2 100	700	1 200	400	—	—	—
丁类		一、二级	不限	不限	3 000	不限	1 500	4 800	1 200	500
		三级	3	3 000	1 000	1 500	500	—	—	—
		四级	1	2 100	700			—	—	—
戊类		一、二级	不限	不限	不限	不限	2 000	6 000	1 500	1 000
		三级	3	3 000	1 000	2 100	700	—	—	—
		四级	1	2 100	700	—	—	—	—	—

注：仓库中的防火分区之间必须采用防火墙分隔；表中“—”表示不允许。

3.2.4 汽车库防火分区的划分

汽车库是指停放各类燃油和燃气的客车、货车、工程车等大小车辆的建筑物。车库的防火分类按汽车停放的数量可分为Ⅰ～Ⅳ类(表1.9)。汽车库的建筑形式多种多样,有单独建造的单层、多层、高层停车库(楼),有附建在其他建筑物如综合楼内的汽车库,有附建在多层、高层建筑的底层汽车库,也有单独建造在地下的停车库或附建在建筑物的地下室内的地下汽车库。液化石油气、汽油、柴油等甲、乙类物品运输车的停车库应单独建造。

地下车库缺乏自然采光和通风,烟火热量排除困难,疏散与火灾扑救难度大,汽车燃料多为柴油、汽油、液化石油气等易燃易爆物品。所以,车库防火分区面积的划分应根据不同类型汽车库的规格、建筑部位、火灾危险性、停车方式、车流组织、泊位面积、疏散与扑救、可能造成的损失等因素综合考虑。总之,面积大,停车多,火灾隐患也多。若面积过小拐弯多,则直接影响司机的视线,进出库房困难。车辆在行驶中或在停放中自燃起火的例子不少,一旦起火,火势蔓延快,损失大。

甲、乙类物品运输车的汽车停车库,其火灾危险性要比一般汽车停车库危险性大,防火分区建筑面积要严格控制,不能大于500 m^2,也不宜设在地下。

停车库与修车库不应连在一起,应使用防火墙分开,这是因为它们的危险性不同。设在其他建筑物内的汽车停车库也应用防火墙隔开。

车库应设防火墙划分防火分区。每个防火分区的最大允许建筑面积应符合表3.4的规定。车库内设有自动灭火系统时,其防火分区的最大允许建筑面积可按表3.4的规定增加1倍。

表3.4　车库防火分区最大允许建筑面积　　单位:m^2

耐火等级	单层车库	多层车库	地下车库或高层车库
一、二级	3 000	2 500	2 000
三级	1 000	—	—

注:① 敞开式、错层式、斜楼板式的汽车库的上下连通层面积应叠加计算,每个防火分区的最大允许建筑面积可按本表规定值增加1.0倍。

② 半地下汽车库、设在建筑物首层的汽车库的防火分区最大允许建筑面积不应超过2 500 m^2。

③ 室内有车道且有人员停留的机械式汽车库的防火分区最大允许建筑面积应按本表规定值减少35%。

④ 除本规范加有规定者外,汽车库的防火分区可采用符合本规范规定的防火墙、防火卷帘等防火分隔设施。

3.2.5 地下人防工程防火分区的划分

人防工程主要是指具有防空防护能力的地下建筑工程。随着经济的发展,城市用地的紧张和自我保护意识的提高,地下空间开发利用具有相当重要的现实意义和战略意义。地下建筑规模越来越大,也越来越完善,使用时间越来越长。例如,20世纪70年代前苏联莫斯科地下火车站就能容纳5万多人。进入20世纪80年代,我国地下人防工程由过去备战型向平战结合转变,收到了相当显著的社会效益和经济效益。人防工程如果平时不使用,战时也难以使用。

然而,由于地下工程有它的局限性,如出入口少,疏散距离长,通道窄,不能自然采光,全靠人工照明,照度低。在发生火灾的情况下,出入口既是疏散出口,又是消防扑救的入口,同时还是排烟排热口。这些都是不利因素,烟气极容易堵住安全出入口,使人员疏散困难,发生火灾时一般电气短路,中断照明。烟气浓,出口线路看不清,火场火情复杂,消防施救决策难度大，火灾持续时间长。

因此，人防工程防火分区的划分要求都很严格，既要限制火灾的蔓延和减少损失，又要结合人防工程的特点和使用要求来综合考虑，采用防火墙分段分块隔开，分割面积一般为一个防护区间面积，其最大允许使用面积见表3.5。

表3.5　　人防工程防火分区的最大允许使用面积

建筑部位		每个防火分区的使用面积/m^2
丙类物品库房	闪点≥60 ℃的可燃液体	150
	可燃固体	300
丁类物品库房		500
戊类物品库房		1 000
商业营业厅、展览厅		2 000(设“双自”，不增加)
人防工程内电影院、礼堂观众厅		1 000(设“双自”，不增加)
人防工程内部其他部位		400

注：① 防火分区的划分宜与人防工程的防护单元结合划分。
② 防火分区应在人防工程各出入口最里一道密闭门的范围内划分。
③ 水泵房、污水泵房、水库、厕所的面积可不计入防火分区的面积。
④ 当防火分区内设有自动灭火系统时，其最大使用面积可增大1倍。当局部设有自动灭火设施时，增加面积可按局部面积的1倍计算。
⑤ 为安全起见，人防工程内影剧院、礼堂的观众厅作为一个防火分区，最大使用面积不超过1 000 m^2，其固定座位不超过1 500个为限制，不管该区内是否设有自动灭火装置，其建筑使用面积均不可扩大。
⑥ 商业营业厅、展览厅，当设有火灾自动报警系统和自动灭火系统，采用A级装修材料装修时，防火分区允许最大建筑面积不应大于2 000 m^2。

3.3 垂直防火分区的划分

前述基本上都是水平防火分区的划分。然而火灾不仅会在着火层水平蔓延，而且由于室内有各种竖向管道井孔洞、楼梯间、电梯井、中庭等，火灾还会通过这些空间向上下蔓延，同时由于火灾后热的作用产生很大的温差而形成热对流现象，烟火沿建筑物外墙窗口向上下翻腾蔓延。为把火灾控制在一定的垂直楼层内，对建筑物划分竖向防火分区是完全必要的。

3.3.1 竖向防火分区基本方法

1）楼板、封闭楼梯间或防烟楼梯间

楼板、封闭楼梯间或防烟楼梯间是形成竖向防火分区的基本建筑构件。实践证明，一、二级耐火等级的楼板分别可以经受一般建筑火灾1.5 h和1 h的作用，这对于80%以上的火灾来说是安全的。高层建筑，原则上每层不得少于1个防火分区，如图3.1所示。

2）防止火灾从外窗蔓延

除了用耐火楼板形成层间防火分隔之外，科学研究和火灾实例表明，从外墙窗口向上层蔓延，也是现代高层建筑火灾蔓延的一个重要途径。这主要是因为火灾发生层在轰燃之后，窗玻璃破碎，火焰经外窗喷出，在浮力及风作用下，火势向上窜越，将上层窗口及其附近的可

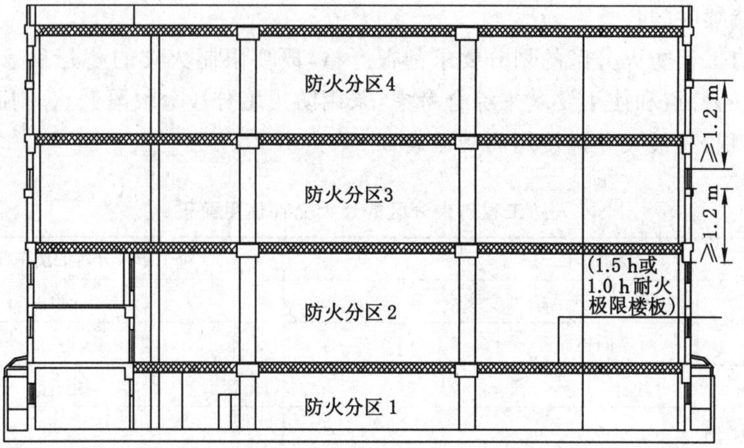

图 3.1 垂直防火分区

燃物烤着，进而窜到上层室内，形成逐层甚至跃层向上蔓延，致使整个建筑物起火。如巴西圣保罗的安得拉斯大楼火灾，就是这种蔓延方式的典型例子。如图 3.2 所示，为了防止火灾由外墙窗口向上蔓延，要求上下层窗口之间的墙尽可能高一些，一般不应小于 1.2 m。防火挑檐宽度不小于 1 m，如图 3.3 所示。

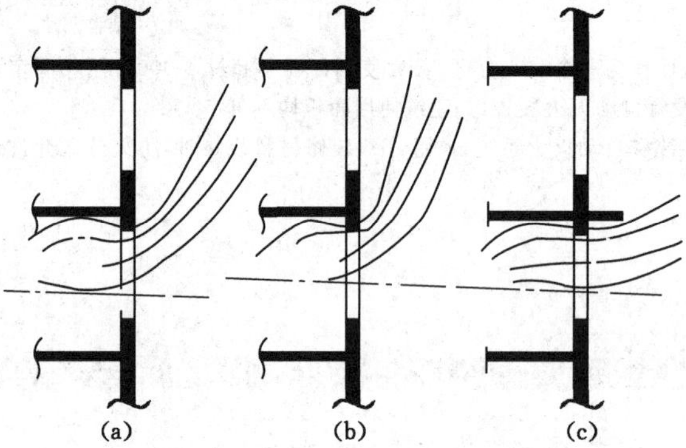

图 3.2 窗口上缘对热气流的影响

(a) 较低距上层窗台远的；(b) 较高距上层窗台近的；(c) 有挑出雨篷使气流偏离上层窗的

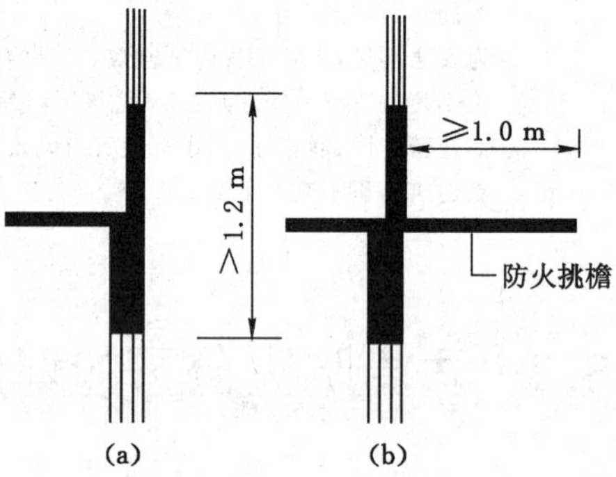

图 3.3 防火挑檐宽度和窗间墙高度限制

(a) 窗间墙高度；(b) 防火挑檐宽度

3) 落地玻璃与无窗槛墙

落地玻璃不能阻止火灾向上、下蔓延，应设挑檐或设高度不小于 0.80 m 的窗槛墙。当无窗槛墙或窗槛墙高度小于 0.80 m 时，应在幕墙与窗槛(间)墙之间的缝隙采用耐火极限不低于 1.0 h、高度不低于 0.80 m 的不燃材料填充堵塞，填充材料一般应用较为松软的岩棉、矿棉、玻璃棉、硅酸铝棉等，防止烟气(火)通过缝隙向上下扩散。否则，其缝隙即是一个风道，温度稍高，大面积玻璃破碎，将给灭火带来更大的困难，如图 3.4 所示。

4) 竖井防火分隔措施

楼梯间、电梯井、采光天井、通风管道井、电缆井、垃圾井等竖井串通各层的楼板，形成竖向连通孔洞。因使用要求，竖井不可能在各层分别形成防火分区(中断)，而是要采用具有 1 h 以上(电梯井为 2 h)耐火极限的不燃烧体做井壁，必要的开口部位设防火门或防火卷帘加水幕保护。这样就使得竖井与其他空间分隔开来，称为竖井分区，它是竖向防火分区的形

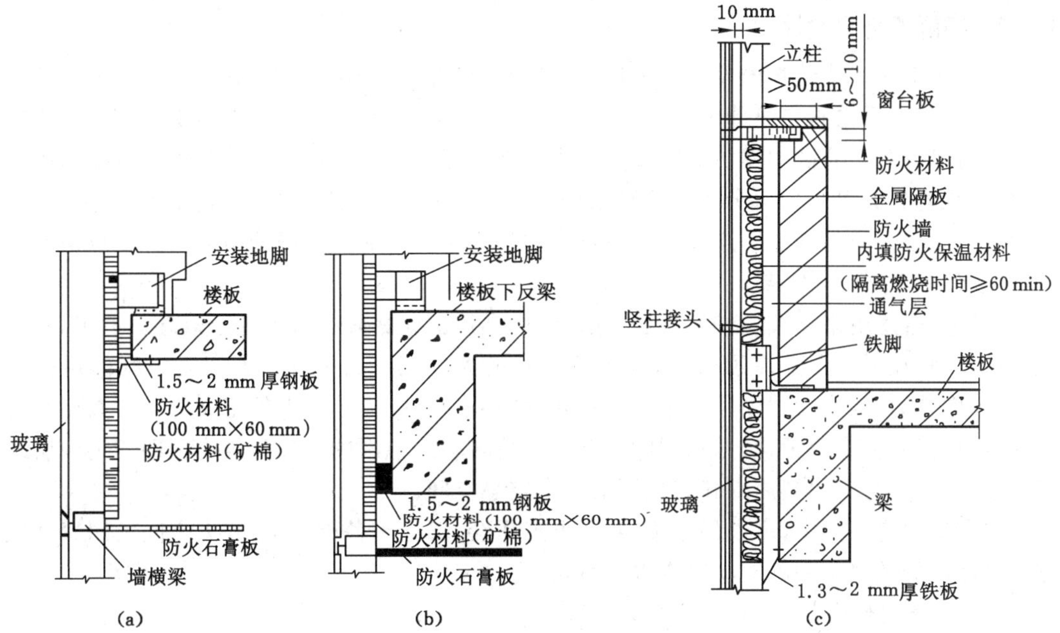

图 3.4 玻璃幕墙的防火构造

(a),(b)幕墙与每层楼板交界处的水平缝隙和隔墙处的垂直缝隙,用不燃烧材料严密填实;
(c) 无窗间墙和窗槛墙的玻璃幕墙,在楼板外沿设置耐火极限不低于 1 h、高度不低于 0.8 m 的不燃烧实体裙墙

式之一。应该指出的是,竖井应该单独设置,以防各个竖井之间互相蔓延烟火。若竖井分区设计不完善,烟火一旦入侵就会形成火灾向上层蔓延的通道,其后果不堪设想。高层建筑各种竖井、管道在穿越楼板结构及疏散楼梯间的防火门的防火构造要求,见表 3.6。

表 3.6　高层建筑各种竖向防火构造要求

名　称	防火要求
电梯井	1. 应独立设置; 2. 井内严禁敷设可燃气体和甲、乙、丙类液体管道,并不应敷设与电梯无关的电缆、电线等; 3. 井壁应为耐火极限不低于 2 h 的不燃物体; 4. 井壁除开设电梯门洞和通气孔洞外,不应开设其他洞口; 5. 电梯门不应采用栅栏门
电缆井、管道井、排烟道、排气道	1. 这些竖井应分别独立设置; 2. 井壁应为耐火极限不低于 1 h 的不燃烧体; 3. 井壁上的检查门应采用丙级防火门; 4. 建筑内的电缆井、管道井应在每层楼板处采用不低于楼板耐火极限的不燃材料或防火封堵材料封堵; 5. 电缆井、管道井与房间、走道等相连通的孔隙应采用防火封堵材料封堵
垃圾道	1. 宜靠外墙独立设置,不宜设在楼梯间内; 2. 垃圾道排气口应直接开向室外; 3. 垃圾斗宜设在垃圾道前室内,前室门采用丙级防火门; 4. 垃圾斗应用不燃材料制作并能自动关闭
管道	管道在穿越楼板结构时,应用防火封堵材料将其周围空隙填塞密实
楼梯间	疏散楼梯间设防火门(多层建筑可按防火分区规定,高层建筑层层设置)

3.3.2 中庭的防火设计

高层建筑对于建筑物内设有上下连通的中庭、走廊、敞开楼梯、电动自动扶梯、传送带等开口部位，其上下之间连通部位应作为一个防火分区考虑，其防火分区总面积不应大于相应建筑物的水平防火分区的建筑面积要求。当在上下连通开口连接部位设有耐火极限不小于3 h的防火卷帘或其他防火分隔物作可靠的防火分隔时，其上下层可分别作为一个防火分区考虑。对于人防工程上下连通层一般不宜超过2层。下面对中庭的防火进行重点说明。

1）中庭的发展与特点

中庭的概念由来已久，希腊人最早在建筑中利用露天庭院(天井)这个概念。后来，罗马人加以改进，在天井上盖屋顶，便形成了有屋顶的大空间——中庭。人们对中庭的叫法不一，有人称它为“四季厅”“中厅”，也有人称它为“共享空间”。建筑上的定义为：“有数层高的竖井空间，竖井上有屋顶，竖井周围的大部分为建筑物所包围的一种建筑物。”即通过两层式多层楼，且顶部封闭的被周围建筑包围的一个空享空间。

在大型中庭空间中，可以用于集会、举办音乐会、舞会和各种演出，其大空间的团聚气氛显示出良好的效果。中庭空间具有以下特点：

(1) 在建筑物内部、上下贯通多层空间。

(2) 多数以屋顶或外墙的一部分采用钢结构和玻璃，使阳光充满内部空间。

(3) 中庭空间的用途不是特定的。

2）中庭建筑火灾的危险性

近年来，随着建筑物大规模化和综合化趋势的发展，出现了贯通层数，乃至数十层，具有很高顶棚的封闭式中庭。这种空间不同于传统的内部划分成层的建筑空间。

设计中庭的建筑，最大的问题是发生火灾时，其防火分区被上下贯通的大空间所破坏。因此，当中庭防火设计不合理或管理不善时，有火灾急速扩大的可能性。其危险在于：

(1) 火灾不受限制地急剧扩大　中庭空间一旦失火，类似室外火灾环境条件，火灾由“通风控制型”燃烧转变为“燃料控制型”燃烧，很容易使火势迅速扩大，如沈阳商业城火灾便是一例。

(2) 烟气迅速扩散　由于中庭空间形似烟囱，因此易产生烟囱效应。若在中庭下层发生火灾，烟火就进入中庭；若在上层发生火灾，中庭空间未考虑排烟时就会向周围楼层扩散，并进而扩散到整个建筑物。

(3) 疏散危险　由于烟气迅速扩散，楼内人员会产生心理恐惧，人们争先恐后夺路逃命，极易出现伤亡。

(4) 探测与灭火困难　中庭空间的顶棚很高，采取以往的火灾探测和自动喷水灭火装置等方法不能达到火灾早期探测和初期灭火的效果。即使在顶棚下设置了自动洒水喷头，由于太高而温度达不到额定值，洒水喷头也无法启动。

(5) 灭火和救援活动可能受到的影响

① 可能同时出现要在几层楼进行灭火。

② 消防队员不得不从与疏散人流相逆的方向进入火场。

③ 火灾迅速多方位扩大，消防队员难以围堵扑救火灾。

④ 烟雾迅速扩散，严重影响消防活动。

⑤ 火灾时，屋顶和壁面上的玻璃因受热破裂而散落，对消防队员造成威胁。

⑥ 建筑物中庭的用途不固定，将会有大量不熟悉建筑情况的人员参与活动，并能增加

大量的可燃物，如临时舞台、照明设施、坐席等；将会加大火灾发生的几率，加大火灾时人员的疏散难度。

正因为中庭存在的问题，所以必须采取有效措施，方可妥善解决。

3) 中庭防火设计规定

(1) 房间与中庭相通的门、窗应设置能自行关闭的甲级防火门窗，如图 3.5 所示。

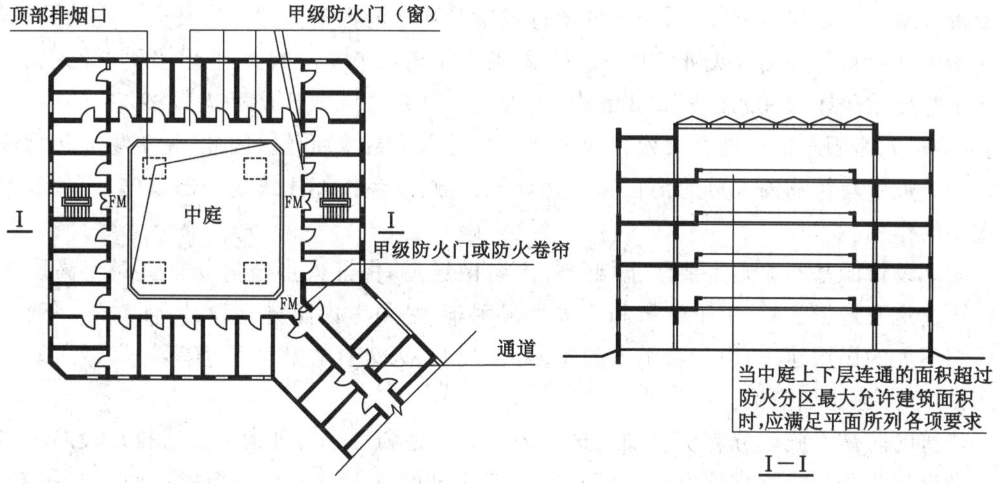

注：① 图中所示的防火门窗均应能在火灾时自行关闭。

② 与中庭相通的过厅、通道等处也可设置耐火极限≥ 3.00 h、火灾发生时自动降落的防火卷帘。

图 3.5 通向中庭的门窗设甲级防火门窗

(2) 与中庭相连的过厅、通道等处应设置甲级防火门，或耐火极限大于 3 h 的防火卷帘分隔。防火门或防火卷帘应能在火灾时自动关闭或降落。

(3) 高层建筑中庭每层回廊都要设自动喷水灭火设备，以提高扑救初期火灾的效果。喷头要求间距不小于 2.4 m，也不能大于 3.6 m，以提高灭火和隔火的效果，如图 3.6 所示。

(4) 高层建筑中庭每层回廊应设火灾自动报警设备，以求早报警，早扑救，减少火灾损失。

(5) 按照要求设置排烟设施。

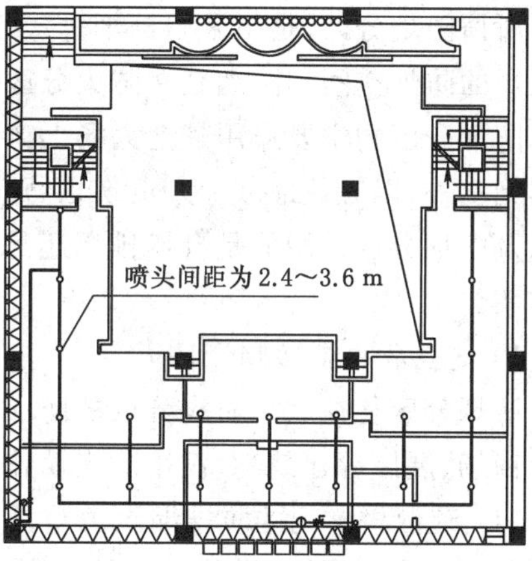

图 3.6 喷头间距尺寸

3.4 防烟分区

物质燃烧会释放出热量、光和烟。建筑物内的建筑材料、装修材料及家具杂物都是有机化合物，当这些材料被燃烧时，它们在燃烧过程中会分解和生成大量的一氧化碳、二氧化碳、蒸气等化学物质，并携带大量的热量，这就是所谓的烟气。烟气是物质在燃烧反应过程中热分解和生成的含有大量热量的气态、液体和固态物质与空气的混合物。

很多的火灾事故结果表明，烟气是阻碍人们逃生和灭火救灾行动，并导致人员死亡的主要原因之一，它的主要危害是对人体器官的刺激和窒息作用，以及产生的高温对人们造成的伤害。

3.4.1 防烟设计的基本原则

火灾的燃烧产生大量有害有毒的高温气体，浓烟遮挡人们的视线，使疏散困难，造成人员中毒或窒息。在很多火灾中，受烟气中毒或窒息死亡的数量往往大于被火灾烧死的数量。如在唐山林西百货大楼火灾死亡的 81 人、新疆克拉玛依市友谊馆火灾死亡的 323 人和辽宁阜新市艺苑歌舞厅火灾死亡的 233 人中，中毒或窒息死亡人数比烧死人数多，占 50%以上。更有甚者，如洛阳东都商厦大火死亡的 309 人全是因为窒息而死。因此，建筑物的防烟设计对减少火灾中建筑物内人员的伤亡和防止烟气扩散，避免损坏建筑物内部设施、设备起到十分重要的作用。

防烟设计的基本原则是要防止烟气进入疏散通道，保证人员疏散安全。对于高层工业与民用建筑及地下工程，由于疏散和灭火都很困难，必须考虑防排烟设计；而对于一般多层而体型不大的民用建筑，由于容纳人数不多，且疏散、灭火扑救相对而言都较高层建筑容易得多，可不考虑防烟措施。

建筑的防烟设施应分为机械加压送风的防烟设施和可开启外窗的自然排烟设施。建筑的排烟设施应分为机械排烟设施和可开启外窗的自然排烟设施。防烟楼梯间及其前室、消防电梯间前室或合用前室应设置防烟设施。

多层与高层建筑设置机械排烟的部位，参见第 12 章。

3.4.2 防烟分区设置方法

所谓防烟分区，是指采用挡烟垂壁、隔墙或从顶棚下凸出不少于 50 cm 的梁(隔板)来划分区域的防烟空间。防烟是在防火分区的基础上考虑的，防烟分区不能跨越防火分区。

防烟分区的主要作用是把火场上产生的高温烟气控制在一定的区域内，并迅速地将烟气排到室外，以有效地减少人员伤亡、财产损失和防止火灾蔓延扩大。根据建筑物的使用功能以及防烟分区采用的是自然排烟还是机械排烟等方式进行经济分析比较，合理地确定优秀方案。

1）建筑物内部防烟分区

防烟分区往往利用防火分区的防火墙，防火墙是最好的分隔物。但对于大空间，如大型百货商场、展厅等建筑物，仅用防火墙作防烟分隔是不够的，特别是高层建筑、地下工程。

(1) 疏散楼梯间的防排烟至关重要，是重点考虑的对象。疏散楼梯间是人们逃生以及灭火救灾的主要通道，设计时应尽可能地把烟从远离楼梯间的位置排出，楼梯间尽可能直接靠外墙，采用自然采光、通风排烟。不能自然排烟的楼梯间内应设机械进(送)风装置维持正压，防止烟气窜入，从而保证人员安全疏散和火灾扑救工作。重要建筑或面积较大的多层建筑及高度超过 24 m 的高层建筑应封闭楼梯间，重要高层建筑以及高度超过 32 m 的普通高层建筑的楼梯间应设防烟前室，封闭楼梯间及防烟楼梯间及其前室内不得设计管孔，即使是空调通风管道，在进入楼梯间或前室处也应设防火阀隔断。

(2) 有特殊用途的场所如地下室、防烟楼梯间、消防电梯、避难层(间)等应单独划分防烟分区。

(3) 不设排烟设施的房间(包括地下室)和走道，不划分防烟分区。走道和房间(包括地下室）按规定都应设排烟设施时，可按实际情况分设或合设排烟设施，并按分设或合设情况划分防烟分区。

（4）防烟分区一般不跨越楼层。

（5）在需要设置排烟设施的通道、净高不超过 6 m 的房间，应设挡烟垂壁、隔墙或从顶棚凸出不小于 50 cm 的梁来划分防烟分区。梁或挡烟垂壁设置不应影响人员的安全疏散，其底面至楼地面的净空高度不应小于1.8 m。

2）防烟分区的要求

设置排烟系统的场所或部位应划分防烟分区。防烟分区不应跨越防火分区，并应符合下列要求：

（1）防烟分区面积不宜大于《烟标》规定数值，见表 3.7。

公共建筑、工业建筑防烟分区的最大允许面积及其长边最大允许长度应符合表 3-7 的规定，当工业建筑采用自然排烟系统时，其防烟分区的长边长度尚不应大于建筑内空间净高的 8 倍。

表 3.7　公共建筑、工业建筑防烟分区的最大允许面积及其长边最大允许长度

空间净高/m	最大允许面积/m^2	长边最大允许长度
$H \leqslant 3$ m	500	24 m
$3.0 < H \leqslant 6.0$	1 000	36 m
$H > 6.0$	2 000	60 m；具有自然对流条件时，不应大于 75 m

注：1. 公共建筑、工业建筑中的走道宽度大于 2.5 m 减肥，其防烟分区的长边长度不应大于 60 m。

2. 当空间净高大于 9 m 时，防烟分区之间不设置挡烟设施。

3. 汽车库防烟分区的划分及其排烟量应符合现行国家规范（汽车库、修车库、停车场设计防火规范》(GB 50067)的相关规定。

3）防烟分区的划分方法

防烟分区的划分一般是根据建筑物的种类并按其用途、面积和楼层来划分的。

（1）按用途划分　建筑物各个部位的用途是不同的，如以客房、办公室、起居室、厨房、卫生间、疏散通道、楼梯间及其前室、库房等来划分防烟分区比较合适，也比较方便。超过防烟分区面积的，设挡烟垂壁或利用深梁分隔。

（2）按面积划分　在大面积的建筑平面内按面积将其划分为若干个基准防烟分区，每个楼层的防烟分区可采用一套防排烟设施，也可以整层或若干个防烟分区共用一套防烟设施。当然，排烟设施应按最大防烟分区的面积计算，确定其有关技术参数。

（3）按楼层划分　按楼层划分防烟分区多指高层建筑。高层建筑功能多样，上下层用途往往不同，如旅馆、饭店建筑，底层多为大堂、商务（场）、接待室、会议室，低层多布置餐厅、娱乐厅、多功能厅等文体娱乐设施，上部楼层多为客房。在划分防烟分区时，应按不同用途沿垂直方向按楼层来划分。使用功能复杂的低层发生火灾几率较高，上部使用功能单一，发生火灾几率较小。层数较多的高层建筑，特别是超高层民用建筑，应分段设置，一般每段不超过 20 层，超高层建筑的电梯也应分段错开，疏散步行楼梯间也不连续，一般都在避难层错开，避难层间隔一般不超过 50 m，防排烟等自成体系。

无论采取何种方式方法，在划分防烟分区时，应注意空调风管、电线电缆井、给排水管井以及其他孔洞竖井的严密性，特别是在水平及垂直防火分区、穿墙和楼板缝隙处应用防火封堵材料封堵，不允许烟从这个防火分区窜到另一个防火分区。

本章小结

本章主要是以旺盛期火灾为对象，阐述防止其扩大蔓延的基本方法。在建筑物内合理地设计划分防火分区和防烟分区，不仅可以把火灾造成的经济损失限制在可接受的范围内，同时对保证安全疏散和控制、扑救火灾也具有极为重要的意义。

1）防火分区最大允许的划分标准

一、二级耐火等级的低多层民用建筑其防火分区面积为 2 500 m^2。高层建筑每个防火分区面积规定为 1 500 m^2。不论多层民用建筑还是高层民用建筑的地下室，防火分区面积均规定为 500 m^2。上述建筑物内设置自动灭火系统时，该防火分区的最大允许建筑面积可增加 1.0 倍，局部设置时，增加面积可按局部面积的 1.0 倍计算。

地上商场营业厅、展览厅，设置在耐火等级为一、二级的单层或仅设置在多层建筑的首层，设有“双自”、排烟设施，内装修符合规范要求，则防火分区的最大允许建筑面积不应大于 10 000 m^2。对于高层建筑营业厅、展览厅，当设有“双自”，并且采用不燃材料装修时，地上部分防火分区允许最大建筑面积为 4 000 m^2，地下部分为 2 000 m^2，裙房不应大于 2 500 m^2；当设有“双自”时，防火分区允许最大建筑面积可增加 1 倍，即 5 000 m^2。

2）防火分隔设施

本章还介绍了几种防火分区的阻隔设施，通过针对建筑物内火灾蔓延大致的两种途径（即通过楼板、隔墙及其开口等从内部蔓延；或通过外墙窗口喷出火焰，烧坏上层窗户，通过外部蔓延到上层室内），探讨防火分隔的有关措施。

3）中庭防火措施

建筑物中庭的火灾危险性较大，应采取一些措施，如房间与中庭相通的开口部位应设能自行关闭的甲级防火门窗，与中庭相连的过厅、通道处应设置甲级防火门，或耐火极限大于 3 h 的防火卷帘分隔；高层建筑中庭每层回廊都要设“双自”；按照要求设置排烟设施等，使得中庭成为独立的竖向防火分区。

4）防烟分区

防烟分区的划分一般是根据建筑物的种类按其用途、面积和楼层来划分的，每个防烟分区面积不宜大于《烟标》规定值。防烟分区一般不跨越楼层，防烟分区不能跨越防火分区。

复习思考题

3.1 什么是防火分区？如何分类？其主要目的是什么？

3.2 什么叫作防火分隔物？它有哪些类型？

3.3 试述水平防火分区之间的防火分隔措施。垂直防火分区又有哪些措施？

3.4 在建筑物中，哪些部位应设置防火门？耐火极限等级又有什么规定？

3.5 防火卷帘多应用于建筑物的哪些部位？它有几种控制方式？

3.6 防火分区与防烟分区有何不同？

4 建筑安全疏散

安全疏散线路往往包括房间疏散门、疏散走道、疏散楼梯间、安全出口等。建筑物发生火灾时，电气线路被火烧坏短路，电气设备往往无法正常运行，所以电梯不能作为安全疏散设施。人员安全疏散是指位于建筑物内任何位置的人员，通过安全疏散线路到达室外安全地点（或避难层、避难间等），而不受伤害的过程。在高层建筑、超高层建筑内设计避难层或避难间，建筑高度大于 100 m 且标准层面积大于 2 000 m^2 的公共建筑，宜设置屋顶直升机停机坪或供直升机救助的设施等，内容参见相关规范或有关资料。

4.1 概述

建筑物发生火灾时，为了避免建筑物内的人员因烟气中毒、火烧和房屋倒塌而受到伤害，必须尽快撤离失火建筑；同时，消防队员也要迅速对起火部位进行火灾扑救。因此，建筑需要完善的安全疏散设施。

安全疏散设计是建筑设计中最重要的组成部分之一。因此，要根据建筑物的使用性质、人们在火灾事故时的心理状态与行动特点、火灾危险性大小、容纳人数、面积大小，合理地布置疏散设施，为人员的安全疏散创造有利条件。

4.1.1 安全疏散的重要性

建筑物内的人员能否安全地疏散，取决于人员所需的安全疏散时间（Required Safety Egress Time，RSET）与火场可用安全疏散的时间（Available Safety Egress Time，ASET）的比较，见图 4.1 所示。如果 RSET≤ASET，则人员疏散是安全的，两者差值越大则安全度越高，反之则不安全。RSET 与 ASET 的计算方法，参见第 14 章。

RSET 与人员数量、房间门口数量和宽度、水平疏散距离、垂直疏散距离、出口大小尺寸等因素有关。安全疏散对于人员集中的公共场所（如商业大楼、礼堂、体育馆等）和高层民用

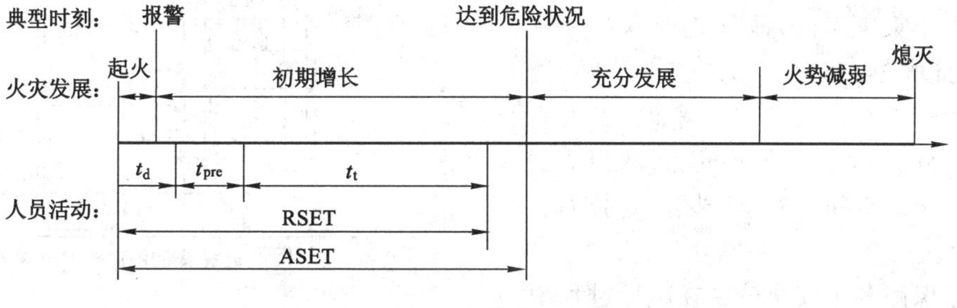

图 4.1　火灾发展与人员疏散的时间线

建筑尤其重要。很多惨痛教训都是因为疏散通道不畅或被人为堵死所致。

1977 年 2 月 18 日 22 时 15 分,新疆生产建设兵团六十一团某俱乐部播放电影《战友》,因为一个小孩乱放鞭炮引燃了俱乐部里摆放的送给毛主席的花圈,而引发了一场新中国成立以来的最大的火灾,短短的 30 min,使 694 人葬身火海,其中 16 岁以下的儿童达 597 人,另有 161 人受伤。

发生火灾时,只有礼堂南侧宽 1.6 m 的大门可使用,观众厅内的 900 多人都在一个出入口拥挤,造成严重堵塞,火灾之后清理现场时,发现出口处有 11 层尸体,可想而知当时的出口堵塞程度了。

更为可悲的是,1994 年"12·8"克拉玛依市友谊馆火灾重演了这个悲剧。火灾时多数人员的伤亡是因为没有可靠的安全疏散设施,人员不能及时疏散到安全场所,被高温烟气熏倒窒息后遇难。火灾事故警示人们,依据现行防火规范进行疏散出口设计、施工,在日常运营过程中保持疏散出口的畅通,对于公众聚集场所十分重要。对于高层建筑、地下建筑和人防工程,其疏散条件与消防扑救更为困难,安全疏散问题更为突出。实践证明,设计是基础、施工是保障、管理是关键。

因此,根据建筑物的不同使用性质、不同火灾危险性和不同的火灾荷载等合理地设置走道及楼梯间、疏散门口、疏散指示等,为保证人员及时疏散到安全场所提供必要的条件,是建筑设计的重要内容。建筑设计人员要严格遵守防火规范的规定,不能听从业主不合理的要求,更不能牺牲疏散楼梯及楼梯间来换取使用面积的增加。实践中经常会发现不合理的安全疏散设计,如减少楼梯数量、数层综合楼仅设一座楼梯,甚至有的高层民用建筑仅设一座敞开式普通楼梯,忽视封闭楼梯、防烟楼梯的安全功能是非常错误的。

4.1.2 疏散安全分区

当建筑物内某一房间发生火灾,并达到轰燃时,沿走廊的门窗被破坏,导致浓烟、火焰涌向走廊。若走廊的吊顶上或墙壁上未设有效的阻烟、排烟设施,则烟气就会继续向前室蔓延,进而流向楼梯间。另一方面,发生火灾时,人员的疏散行动路线,也基本上和烟气的流动路线相同,即房间→前室→楼梯间。因此,烟气的蔓延扩散,将对火灾层人员的安全疏散形成很大的威胁。为了保障人员疏散安全,最好能够使疏散路线上各个空间的防烟、防火性能逐步提高,而楼梯间的安全性达到最高。为了阐明疏散路线的安全可靠,需要把疏散路线上的各个空间划分为不同的区间,称为疏散安全分区,简称安全分区,并依次称之为第一安全分区、第二安全分区等。离开火灾房间后先要进入走廊,走廊的安全性就高于火灾房间,故称走廊为第一安全区;依此类推,前室为第二安全分区,楼梯间为第三安全分区。一般来说,当进入第三安全分区,即疏散楼梯间,可认为达到了相当安全的空间。安全分区的划分如图 4.2 所示。

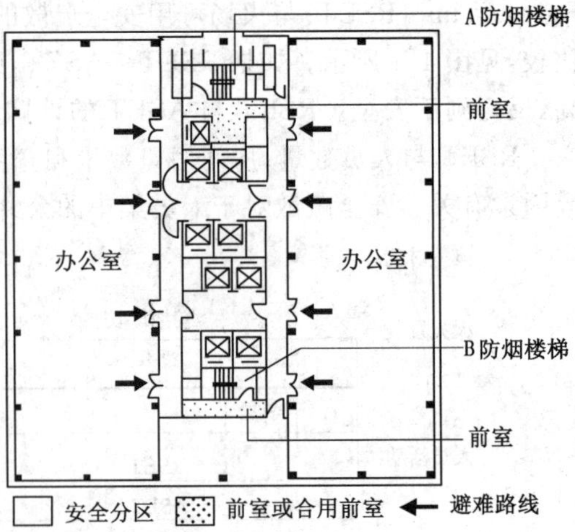

图 4.2 安全分区示意图

为了保障各个安全分区在疏散过程中的防烟、防火性能,一般可采用外走廊,或在走廊的吊顶上和墙壁上设置与感烟探测器联动的防排烟设施，设防烟前室和防烟楼梯间。同时，还要考虑各个安全分区的事故照明和疏散指示等，为火灾中的人员创造一条求生的安全路线。

4.1.3 疏散设施的布置与疏散路线

根据火灾事故中的疏散人员的心理与行为特征，在进行建筑平面设计，尤其是布置疏散楼梯间时，原则上应使疏散的路线简捷，并能与人们日常的活动路线相结合，使人们通过生活了解疏散路线，尽可能使建筑物内的每一房间都能向两个方向疏散，避免出现袋形走道。

1）合理组织疏散流线

综合性高层建筑，应按照不同用途，分别布置疏散路线，以便平时管理，火灾时便于有组织地疏散。如某高层建筑地下一、二层为停车场，地上几层为商场，商场以上若干层为办公用房，再上若干层是旅馆、公寓。为了便于安全使用，有利火灾时紧急疏散，在设计中必须做到车流与人流完全分流，百货商场与其上各层的办公、住宿人流分流，如图 4.3 所示。其总平面如图 4.4 所示。

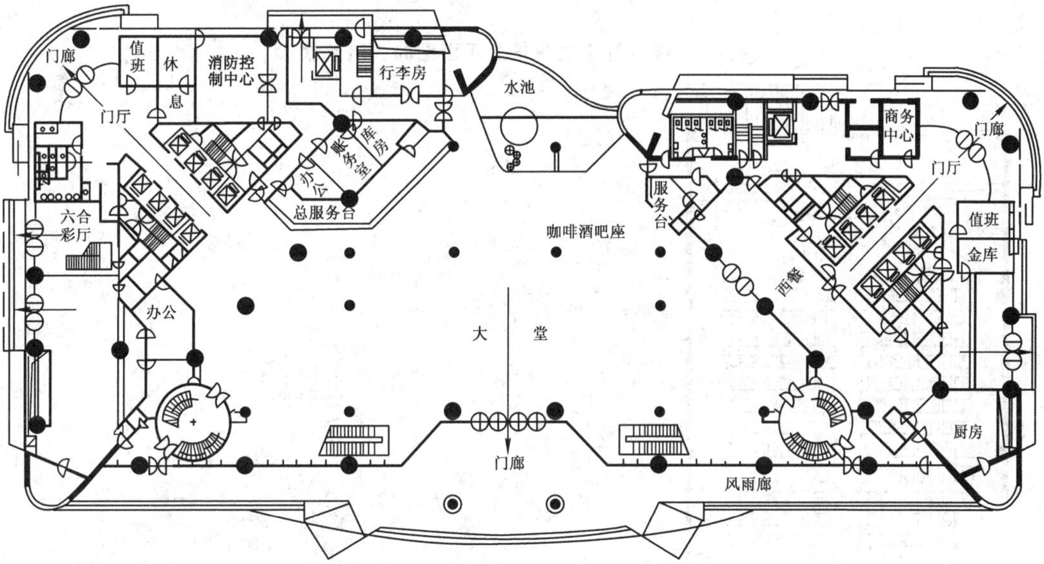

图 4.3 综合性高层建筑的人流路线

2）在标准层（或防火分区）的端部设置

对中心核式建筑，布置环形或双向走道；一字形、L 形建筑，端部应设疏散楼梯，以便于双向疏散，如图 4.5 所示。

3）靠近电梯间设置

如图 4.6 所示，发生火灾时，人们往往首先考虑熟悉并经常使用的、由电梯所组成的疏散路线。因此，靠近电梯间设置疏散楼梯，既可将常用路线和疏散路线结合起来，又有利于疏散的快捷和安全。如果电梯厅为开敞式时，楼梯间应按防烟楼梯间设计，以避免电梯井蔓延烟火而切断通向楼梯的通道。

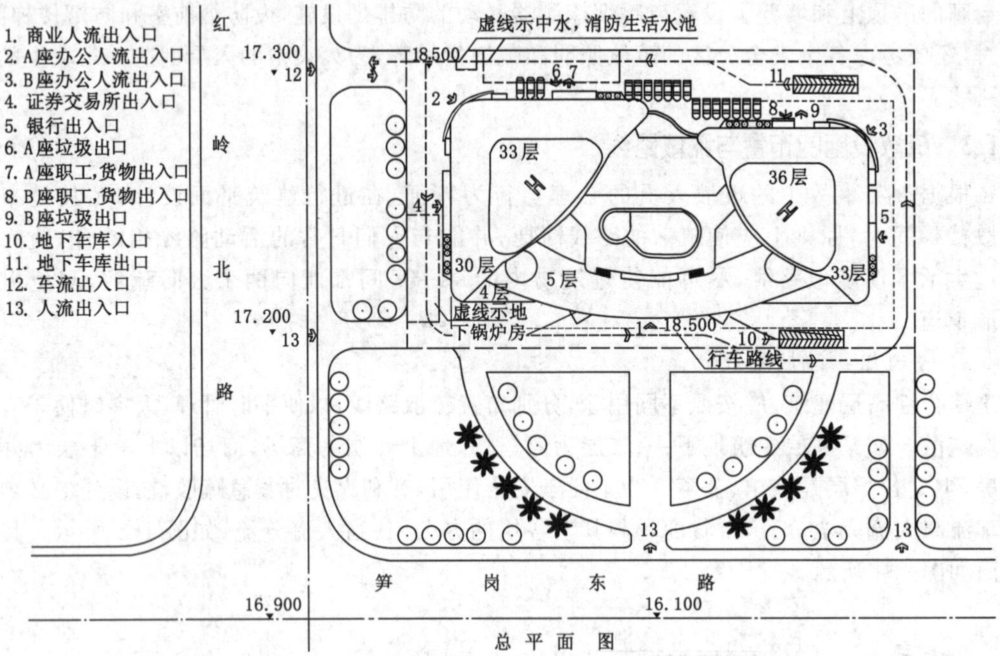

图 4.4　综合性高层建筑总平面图的人流路线

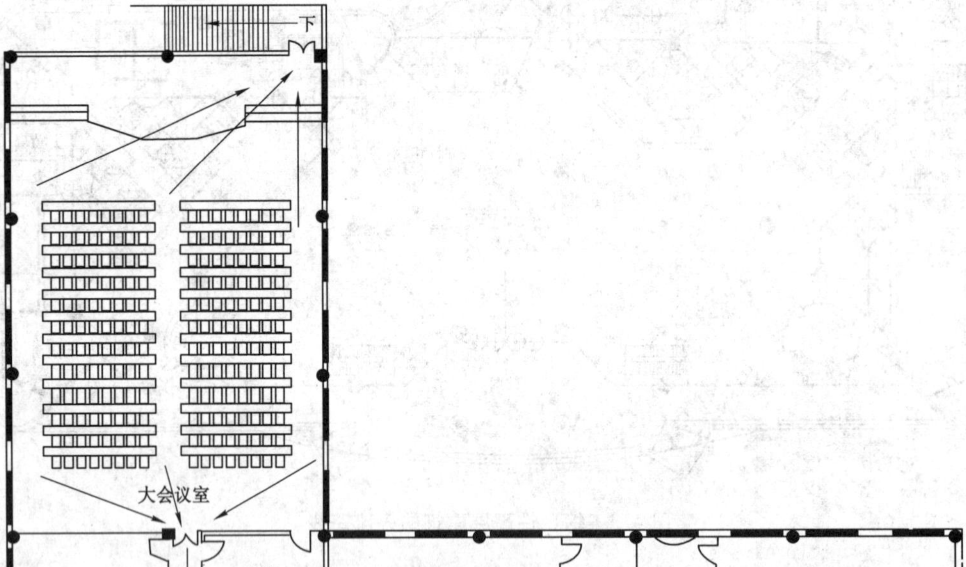

图 4.5　某 L 形办公楼的疏散路线

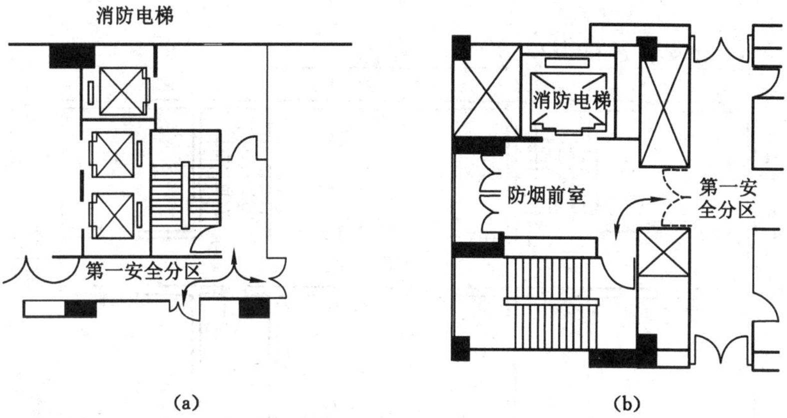

图 4.6 疏散楼梯与消防电梯结合设置

4）靠近外墙设置

这种布置方式有利于采用安全性最高的、带开敞前室的疏散楼梯间形式；同时，也利于自然采光通风和消防队进入高楼灭火救人，如图 4.7 所示。

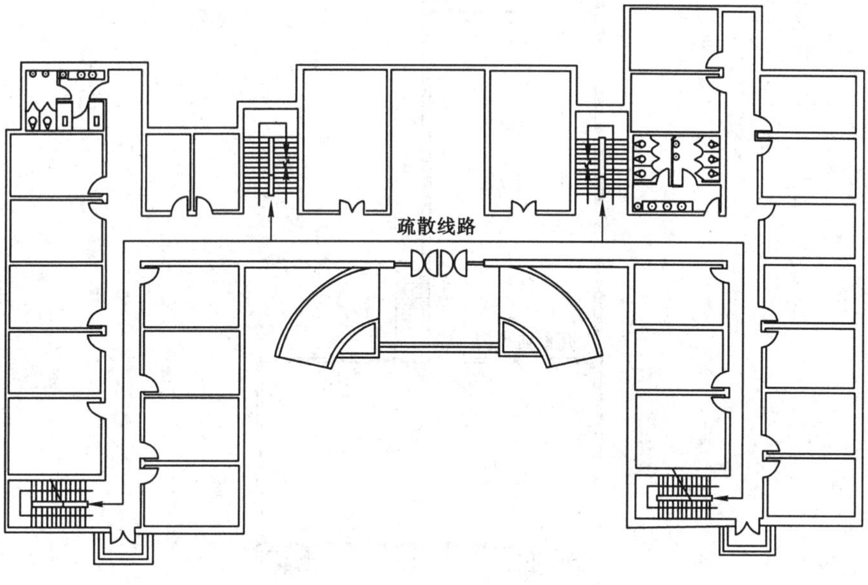

图 4.7 疏散楼梯靠外墙设置

5）出口保持间距

建筑安全出口应均匀分散布置，即同一建筑中的出口距离不能太近。太近会使安全出口集中，导致人流疏散拥挤，甚至伤亡。出口距离太近还会出现同时被烟火封堵，使人员不能脱离危险区域而造成重大伤亡事故。因此，建筑的 2 个安全出口的间距不应小于5 m，如图 4.8 所示。

6）设置室外疏散楼梯

当建筑设置内楼梯不能满足疏散要求时，可设置室外疏散楼梯，既安全可靠，又可节约室内面积。室外疏散楼梯是良好的自然排烟楼梯，如图 4.9 所示。

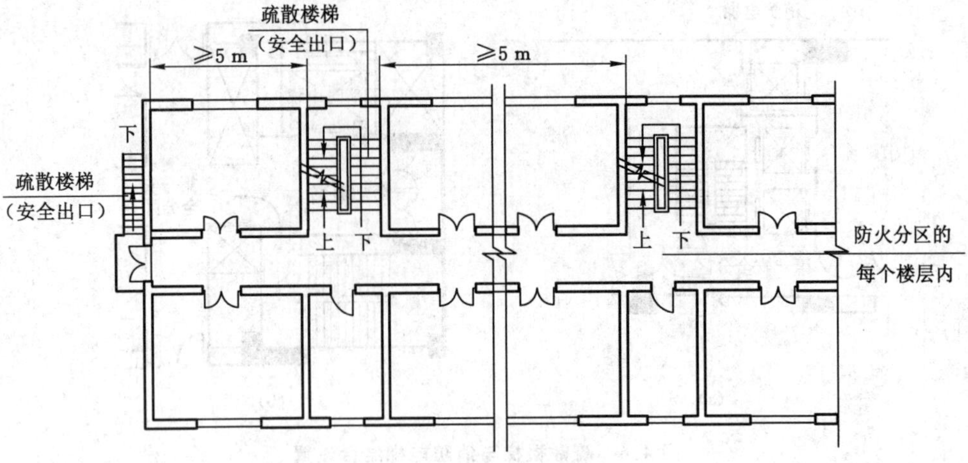

图 4.8 出入口间距

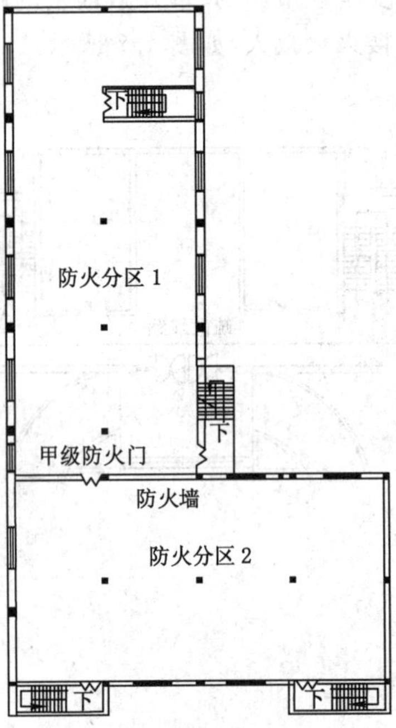

图 4.9 设置室外疏散楼梯

4.2 疏散安全出口

4.2.1 疏散安全出口的宽度

安全出口是指供人员安全疏散用的房间的门、楼梯间或直通室外安全区域的出口。为了在发生火灾时，能够迅速安全地疏散人员，减少人员伤亡，在建筑防火设计时，必须设置足够数量的安全出口。安全出口应分散布置，且易于寻找，并应有明显标志。

安全出口的宽度是由疏散宽度指标计算得来的。宽度指标是对允许疏散时间、人体宽度、人流在各种疏散条件下的通行能力等进行调查、实测、统计、研究的基础上建立起来的，它既利于工程技术人员进行工程设计，又利于消防安全部门检查监督。下面简要介绍工程设计中应用的计算安全出口宽度的简捷方法——百人宽度指标。

百人宽度指标可按下式计算：

$$B=\frac{N}{At}b \tag{4.1}$$

式中 B——百人宽度指标，即每 100 人安全疏散需要的最小宽度，m。

N——疏散总人数，人。

t——允许疏散时间，min。

A——单股人流通行能力，平坡时 $A=43$ 人/min；阶梯地时，$A=37$ 人/min。

b——单股人流的宽度，人流不携带行李时，$b=0.55$ m。

火灾试验表明，建筑物从着火到出现轰燃的时间大多在 5～8 min。允许疏散时间应控制在轰燃之前，并适当考虑安全系数。一、二级耐火等级的公共建筑与高层民用建筑，其允许疏散时间为 5～7 min，三、四级耐火等级建筑的允许疏散时间为 2～4 min。一、二级耐火等级的影剧院允许疏散时间为 2 min，三级耐火等级的允许疏散时间为 1.5 min。一、二级耐火等级的体育馆，其允许疏散时间为 3～4 min。现行防火规范没有明确条文提出这些疏散时间，仅在条文说明中有显示，并隐含在疏散宽度指标中。

【例 4.1】 试求 $t=2$ min 时（三级耐火等级）的百人宽度指标。平坡地时，$A_1=43$ 人/min；阶梯地时，$A_2=37$ 人/min。

已知：$N=100$ 人，$t=2$ min，$A_1=43$ 人/min，$A_2=37$ 人/min，$b=0.55$ m。

求：平坡地时，B_1 值是多少？阶梯地时，B_2 值是多少？

【解】 $B_1=\frac{N}{A_1 t}b=\frac{100}{43\times 2}\times 0.55\ \text{m}=0.64\ \text{m}$ 取 0.65 m

$B_2=\frac{N}{A_2 t}b=\frac{100}{37\times 2}\times 0.55\ \text{m}=0.74\ \text{m}$ 取 0.75 m

决定安全出口宽度的因素很多，如建筑物的耐火等级与层数、使用人数、允许疏散时间、疏散路线是平地还是阶梯等。为了使设计既安全又经济，符合实际使用情况，对上述计算结果做适当调整，规定各类建筑安全出口的宽度指标。

(1) 普通建筑安全出口宽度 学校、商店、办公楼、候车(船)室、民航候机厅、展览厅、歌舞娱乐放映游艺场所等民用建筑中的疏散走道、安全出口、疏散楼梯以及房间疏散门的各自总宽度，应按下列规定经计算确定：

① 每层的房间疏散门、安全出口、疏散走道和疏散楼梯的各自总净宽度，应根据疏散人数按每 100 人的最小疏散宽度不小于表 4.1 的规定计算确定。当每层疏散人数不等时，疏散楼梯的总净宽度可分层计算，地上建筑内下层楼梯的总净宽度应按该层及以上疏散人数最多一层的人数计算；地下建筑内上层楼梯的总净宽度应按该层及以下疏散人数最多一次的人数计算。

② 地下或半地下人员密集的厅、室和歌舞娱乐放映游艺场所，其房间疏散门、安全出口、疏散走道和疏散楼梯的各自总净宽度，应根据疏散人数按每 100 人不小于 1.00 m 计算确定。

表 4.1　每层的房间疏散门、安全出口、疏散走道和疏散楼梯的每 100 人最小疏散净宽度(m/百人)

建筑层数		建筑的耐火等级		
		一、二级	三级	四级
地上楼层	1～2 层	0.65	0.75	1.00
	3 层	0.75	1.00	—
	≥4 层	1.00	1.25	—
地下楼层	与地面出入口地面的高差 $\Delta H \leqslant 10$ m	0.75	—	—
	与地面出入口地面的高差 $\Delta H > 10$ m	1.00	—	—

③ 首层外门的总净宽度应按该建筑疏散人数最多一层的人数计算确定，不供其他楼层人员疏散的外门，可按本层的疏散人数计算确定。

④ 歌舞娱乐放映游艺场所中录像厅、放映厅的疏散人数，应根据厅、室的建筑面积按 1.0 人/m^2 计算；其他歌舞娱乐放映游艺场所的疏散人数，应根据厅、室的建筑面积按 0.5 人/m^2 计算。

⑤ 有固定座位的场所，其疏散人数可按实际座位数的 1.1 倍计算。

⑥ 展览厅的疏散人数应根据展览厅的建筑面积和人员密度计算，展览厅内的人员密度且按 0.75 人/m^2 确定。

⑦ 商店的疏散人数应按每层营业厅的建筑面积乘以表 4.2 规定的人员密度计算。对于建材商店、家具和灯饰展示建筑，其人员密度可按表 4.2 规定值的 30%确定。

表 4.2　商店营业厅内的人员密度　单位：人/m^2

楼层位置	地下第二层	地下第一层	地上第一、二层	地上第三层	地上第四层及以上各层
人员密度	0.56	0.60	0.43～0.60	0.39～0.54	0.30～0.42

(2) 大型公共建筑　剧院、电影院、礼堂、体育馆等人员密集场所的疏散走道、疏散楼梯、疏散门、安全出口的各自总宽度，应根据其通过人数和疏散净宽度指标计算确定，并应符合下列规定：

① 观众厅内疏散走道的净宽度应按每 100 人不小于 0.6 m 的净宽度计算，且不应小于 1 m；边走道的净宽度不宜小于 0.8 m。在布置疏散走道时，横向走道之间的座位排数不宜超过 20 排；纵向走道之间的座位数：剧院、电影院、礼堂等，每排不宜超过 22 个，如图 4.10 所示；体育馆，每排不宜超过 26 个；前后排座椅的排距不小于 0.9 m 时，可增加 1 倍，但不得超过 50 个；仅一侧有纵向走道时，座位数应减少 1/2，如图 4.11 所示。

② 剧院、电影院、礼堂、体育馆等场所供观众疏散的所有内门、外门、楼梯和走道的各自总宽度，应按表 4.3 的规定计算确定。

③ 有等场需要的入场门不应作为观众厅的疏散门。

④ 电影院、剧院、礼堂和体育馆等观众厅内疏散走道的宽度按每 100 人 0.6 m 的指标按下式计算：

$$B_{总}=b_1+b_2+\cdots+b_n=\frac{N_{总}}{100}\times b \tag{4.2}$$

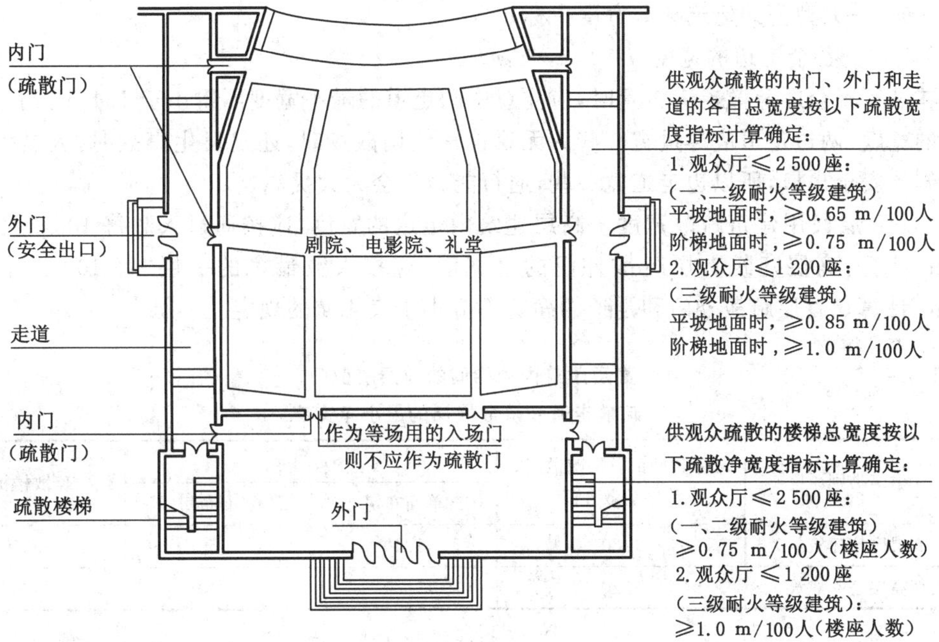

图 4.10　影院、剧院、礼堂座位布置要求

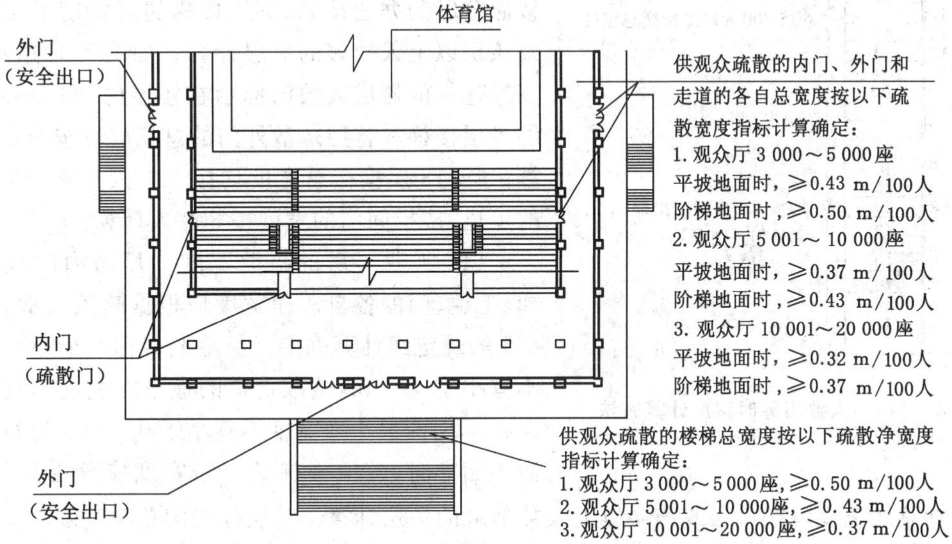

图 4.11　体育馆座位布置要求

表 4.3　　大型公共建筑疏散宽度指标　　单位：m/100 人

公共建筑名称			影剧院、礼堂		体育馆		
观众厅座位数/个			≤2 500	≤1 200	≤3 000～5 000	5 001～10 000	10 000～20 000
耐火等级			一、二级	三级	一、二级	一、二级	一、二级
疏散部位	门和走道	平坡地面	0.65	0.85	0.43	0.37	0.32
		阶梯地面	0.75	1.00	0.50	0.43	0.37
	楼梯		0.75	1.00	0.50	0.43	0.37

注：体育馆较大座位数、档次按规定计算的疏散总宽度，不应小于相邻较小座位数、档次按其最多座位数计算的疏散总宽度。

式中 b——大型公共建筑疏散宽度指标；

b_i——各个走道的宽度，$i=1,2,\cdots,n$。

在进行观众厅疏散走道布置时，应注意中间走道的最小宽度不得小于 1.1 m，约是两股人流的宽度，两边走道应尽量宽一些。无论正常使用散场时，还是发生事故时，人员大量拥向两侧的安全出口，所以边走道宽一些，通行能力就会大大提高。

（3）高层民用建筑疏散宽度　高层建筑内走道的宽度，应按通过人数每 100 人不小于 1.0 m 计算；高层建筑首层疏散外门的总宽度，应按人数最多的一层“每 100 人不小于 1.0 m”计算。首层疏散外门和走道的净宽不应小于表 4.4 的规定。

表 4.4　高层建筑内楼梯间的首层疏散门、疏散走道和疏散楼梯的最小净宽度

建筑类别	楼新颖间的首层疏散门、首层疏散外门	走道		疏散楼梯
		单面布房	双面布房	
高层医疗建筑	1.30	1.40	1.50	1.30
其他高层公共建筑	1.20	1.30	1.40	1.20

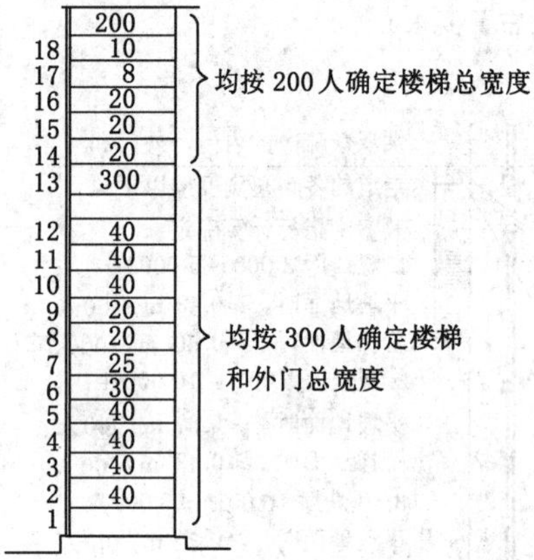

图 4.12　人数不等时宽度计算方法

当建筑内各层人数不相等时，楼梯的总宽度可按照分段的办法计算，下层楼梯的总宽度要按该层及该层以上人数多的一层计算。如图 4.12所示，某高层建筑的楼层人数已标示在楼层内，则 1～13 层的各层楼梯和首层疏散外门的总宽度均按 300 人计算；14～18 层楼梯总宽度均按 200 人计算；13 楼层的走道、楼梯间门的宽度按 300 人计算。

（4）工业厂房的疏散宽度　厂房内的疏散楼梯、走道、门的各自总净宽度应根据疏散人数，按表 4.5 的规定经计算确定。但疏散楼梯的最小净宽度不宜小于 1.1 m，疏散走道的最小净宽度不宜小于 1.4 m，门的最小净宽度不宜小于 0.9 m。当每层人数不相等时，疏散楼梯的总净宽度应分层计算，下层楼梯总净宽度应按该层或该层以上人数最多的一层计算。首层外门的总净宽度应按该层或该层以上人数最多的一层计算，且该门的最小净宽度不应小于 1.2 m。

表 4.5　厂房疏散楼梯、走道和门的净宽度指标　单位：m/100 人

厂房层数	一、二层	三层	≥四层
宽度指标	0.60	0.80	1.00

4.2.2　疏散安全出口的数量

1）公共建筑的安全出口数量

为了保证公共场所的安全，应该有足够数量的安全出口。在正常使用的条件下，疏散是比较有秩序地进行的，而紧急疏散时，则由于人们处于惊慌的心理状态下，必然会出现拥挤

等许多意想不到的现象。所以平时使用的各种内门、外门、楼梯等，在发生事故时，不一定都能满足安全疏散的要求，这就要求在建筑物中应设置较多的安全出口，保证起火时能够安全疏散。

在建筑设计中，应根据使用要求，结合防火安全的需要布置门、走道和楼梯。一般要求建筑物都有 2 个或 2 个以上的安全出口，避免造成严重的人员伤亡。例如，影剧院、礼堂、多功能厅公共场所，当人员密度很大时，即使有 2 个出口，往往也是不够的。根据火灾事故统计，通过一个出口的人员过多，常常会发生意外，影响安全疏散，因此对于人员密集的大型公共建筑，如影剧院、礼堂、体育馆等，为了保证安全疏散，要控制每个安全出口的人数。具体做法是：影剧院、礼堂的观众厅每个安全出口的平均疏散人数不应超过 250 人。当容纳人数超过 2 000 人时，其超过 2 000 人的部分，每个安全出口的平均疏散人数不应超过 400 人。体育馆每个安全出口的平均疏散人数不宜超过 400～700 人，规模较小的体育馆采用下限值较为合适，规模较大的采用上限值较为合适，如图 4.11 所示。

2）建筑设置 1 个安全出口的条件

（1）单层公共建筑（托儿所、幼儿园除外），如面积不超过 200 m^2 且人数不超过 50 人时，可设一个直通室外的安全出口。

（2）除医疗建筑，老年人建筑，托儿所、幼儿园的儿童用房，儿童游乐厅等儿童活动场所和歌舞娱乐放映游艺场所等外，符合表 4.6 规定的公共建筑。

表 4.6　可设置 1 部疏散楼梯的公共建筑

耐火等级	最多层数	每层最大建筑面积/m^2	人　数
一、二级	3 层	200	第二、三层的人数之和不超过 50 人
三级	3 层	200	第二、三层的人数之和不超过 25 人
四级	2 层	200	第二层人数不超过 15 人

（3）2 个以上疏散楼梯的一、二级耐火等级的公共建筑，如顶部局部升高时，其高出部分的层数不超过 2 层，每层面积不超过 200 m^2，人数之和不超过 50 人时，可设 1 个楼梯。但应另设 1 个直通平屋面的安全出口，如图 4.13 所示。

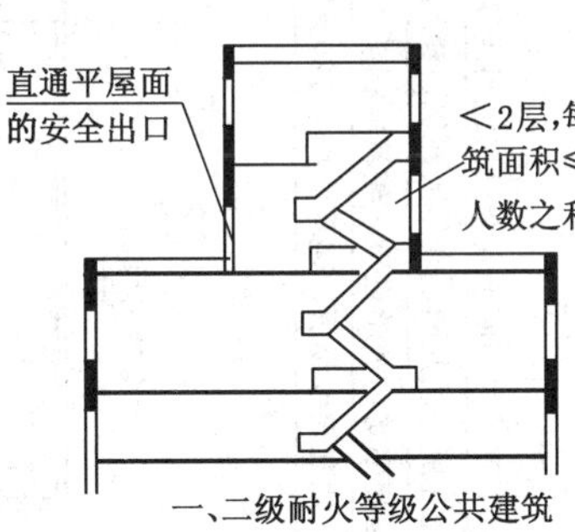

图 4.13　公共建筑顶部局部升高的安全出口要求

（4）公建设置一个门的条件　公共建筑内房间的疏散门数量应经计算确定且不应少于 2 个。除托儿所、幼儿园、老年人建筑、医疗建筑、教学建筑内位于走道尽端的房间外，符合下列条件之一的房间可设置 1 个疏散门：

① 位于两个安全出口之间或袋形走道两侧的房间，对于托儿所、幼儿园、老年人建筑，建筑面积不大于 50 m^2；对于医疗建筑、教学建筑，建筑面积不大于 75 m^2；对于其他建筑或场所，建筑面积不大于 120 m^2，如图 4.14 所示。

② 位于走道尽端的房间，建筑面积小于 50 m^2 且疏散门的净宽度不小于 0.90 m，或由房间内任一点至疏散门的直线距离不大于 15 m、建筑面积不大于 200 m^2 且疏散门的净宽度不小于 1.40 m，如图 4.14 所示。

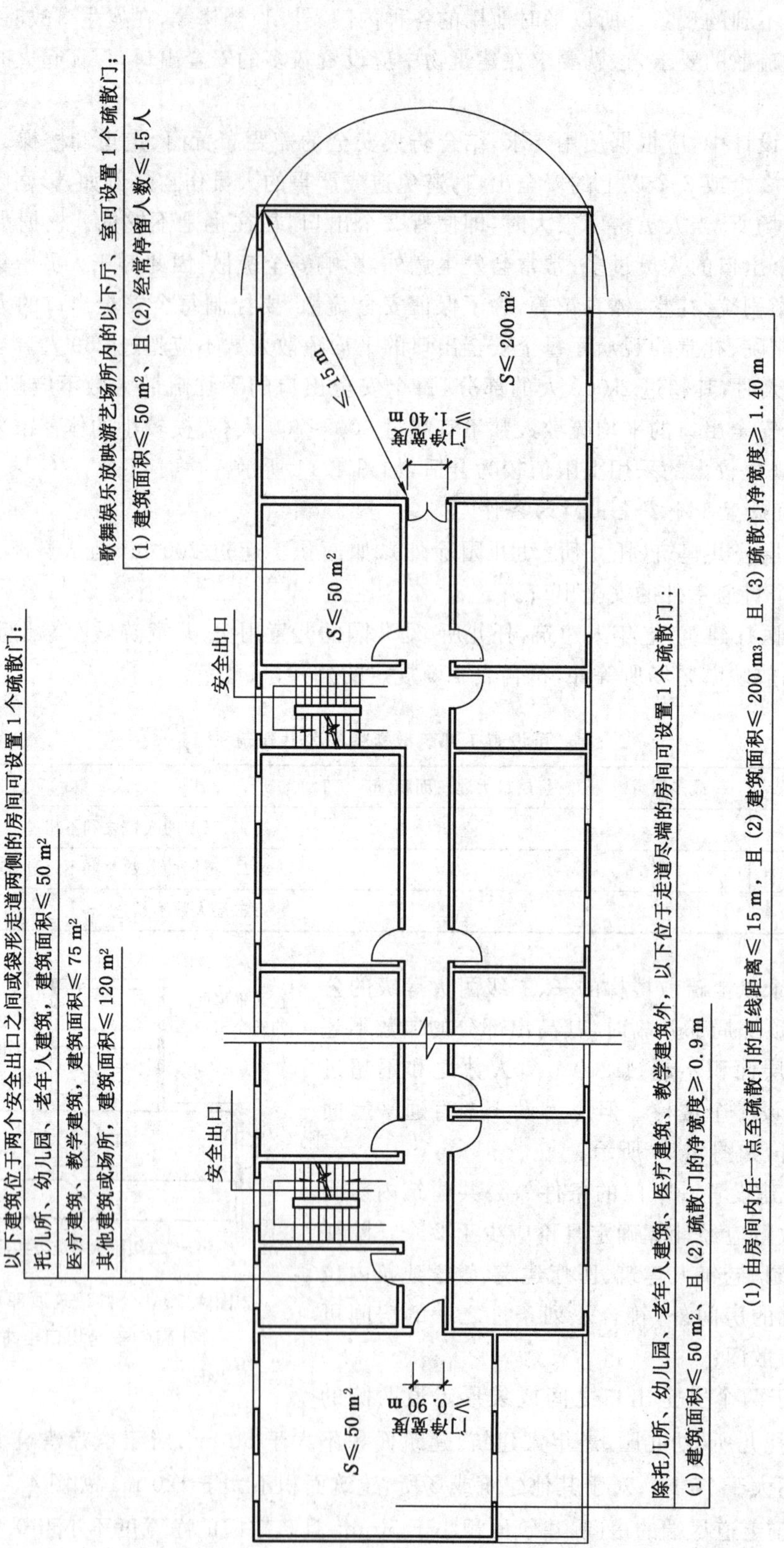

图4.14 设一个疏散门条件示意图

③ 歌舞娱乐放映游艺场所内建筑面积不大于 50 m² 且经常停留人数不超过 15 人的厅、室,如图 4.15 所示。

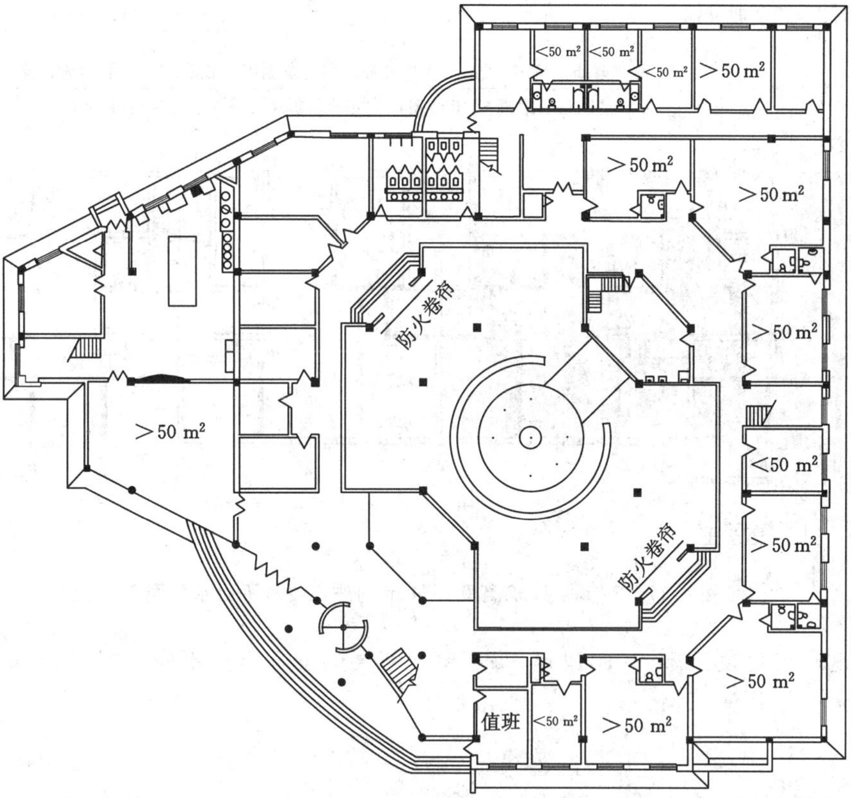

图 4.15 歌舞娱乐放映游艺场所

3) 住宅建筑安全出口的设置

住宅建筑安全出口的设置应符合下列规定：

(1) 建筑高度不大于 27 m 的建筑,当每个单元任一层的建筑面积大于 650 m²,或任一房门至最近安全出口的距离大于 15 m 时,每个单元每层的安全出口不应少于 2 个;如图 4.16 所示。

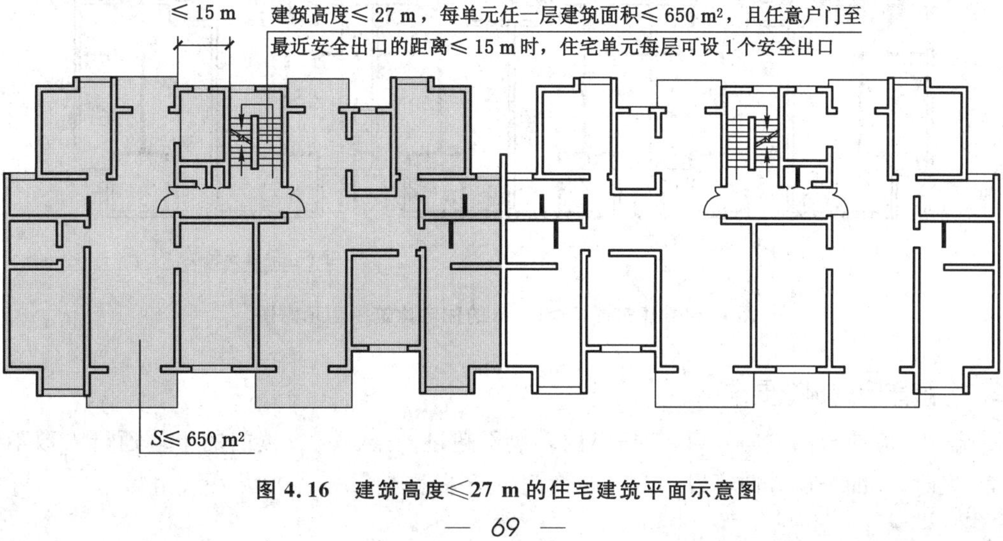

图 4.16 建筑高度≤27 m 的住宅建筑平面示意图

(2) 建筑高度大于 27 m、不大于 54 m 的建筑，当每个单元任一层的建筑面积大于 650 m^2，或任一户门至最近安全出口的距离大于 10 m 时，每个单元每层的安全出口不应少于 2 个；如图 4.17 所示。

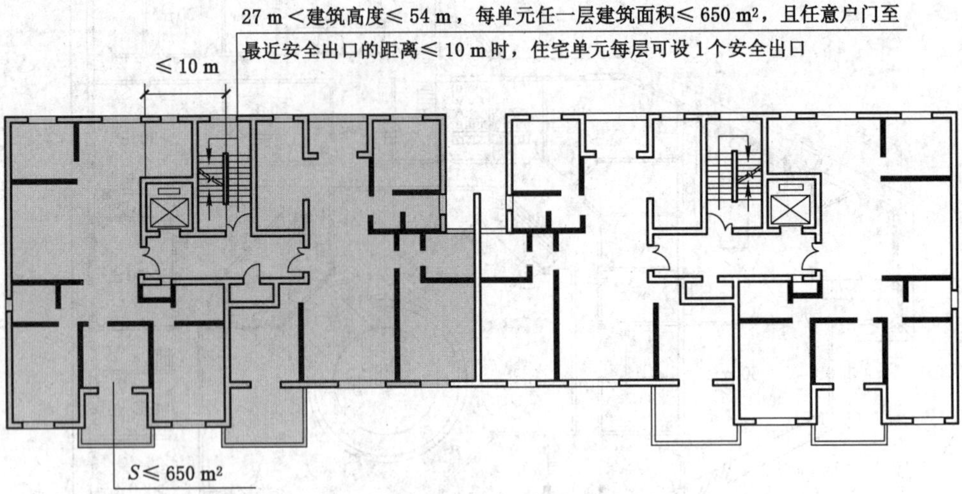

图 4.17　27 m＜建筑高度≤54 m 的住宅建筑平面示意图

(3) 建筑高度大于 54 m 的建筑，每个单元每层的安全出口不应少于 2 个；如图 4.18 所示。

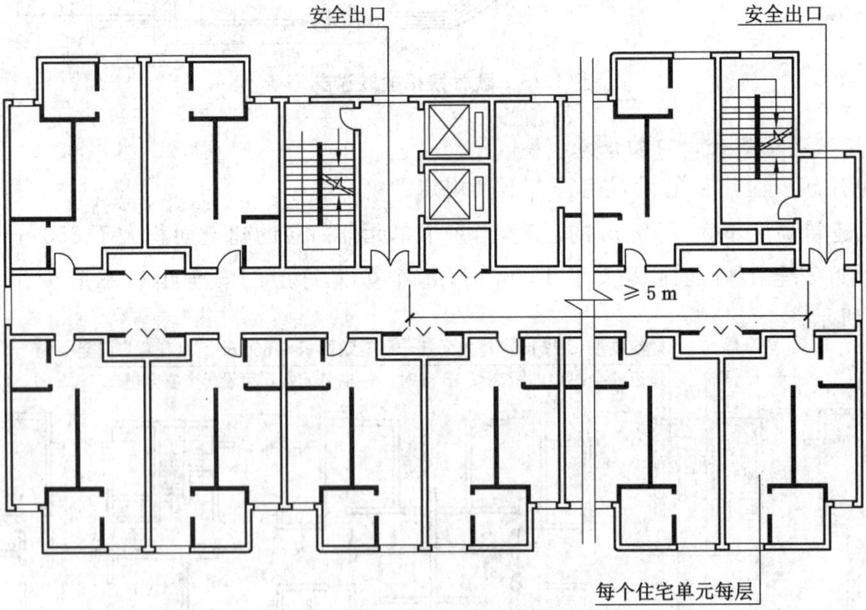

图 4.18　建筑高度＞54 m 的住宅建筑平面示意图

4.2.3　疏散门的构造要求

疏散门应向疏散方向开启，但房间内人数不超过 60 人，且每樘门的平均通行人数不超过 30 人时，门的开启方向可以不限。疏散门不应采用转门。

为了便于疏散，人员密集的公共服务观众厅的入场门、太平门等，不应设置门槛，其宽度不应小于 1.4 m，靠近门口处不应设置台阶踏步，以防摔倒、伤人，如图 4.19 所示。人员密集的公共场所的疏散楼梯、太平门，应在室内设置明显的标志和事故照明。室外疏散通道的净宽应不小于疏散走道总宽度的要求，最小净宽度不应小于 3 m。

高层建筑物直通室外的安全出口上方，应设置宽度不小于 1 m 的防护挑檐，以防止建筑物上的跌落物伤人，确保火灾时疏散的安全，如图 4.20 所示。

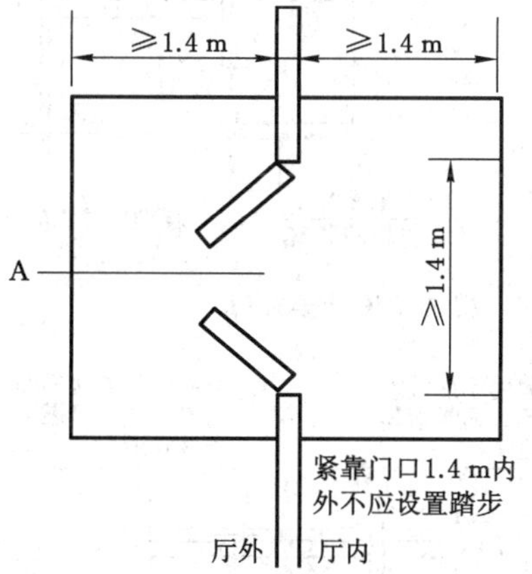

图 4.19 疏散出口的构造要求

A—每个疏散出口的平均疏散人数不应超过 250 人，门为推闩式外开口

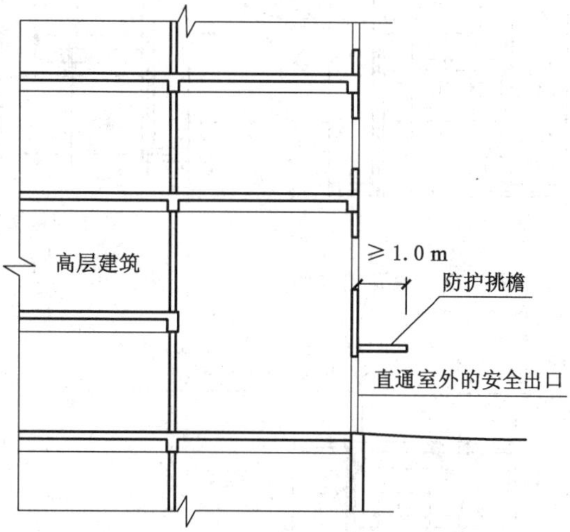

图 4.20 防护挑檐剖面示意图

4.3 疏散楼梯间

楼梯间是建筑物的主要交通空间，既是平时人员竖向疏散的通道，又是火灾时建筑物内人员的避难与疏散通道，还可能是消防人员灭火进攻路线。根据烟气对楼梯间的影响程度，疏散楼梯间一般分为敞开楼梯间、封闭楼梯间、防烟楼梯间与室外楼梯间等。

疏散楼梯间的一般设计要求：

(1) 满足疏散通行能力要求。楼梯间的数量、梯段净宽度以及疏散距离要满足规范要求。

(2) 楼梯间宜靠外墙设置，有利于楼梯间的直接采光和自然通风，如图 4.21 所示。

(3) 楼梯间内不应设置烧水间，可燃材料储藏室、垃圾道，如图 4.22 所示。

(4) 楼梯间内不应有影响疏散的突出物或其他障碍物，如图 4.23 所示。

(5) 楼梯间内不应敷设甲、乙、丙类液体的管道，如图 4.24 所示。

(6) 公共建筑的楼梯间内不应敷设可燃气体管道，如图 4.24 所示。

(7) 居住建筑的楼梯间内不应敷设可燃气体管道和设置可燃气体计量表。当住宅建筑必须设置时，应采用金属套管和设置切断气源的装置等保护措施。

(8) 公共建筑的梯井(疏散楼梯两段之间的空间)净宽不宜小于 150 mm。

(9) 除通向避难层错位的楼梯外，疏散楼梯间在各层的位置不应改变。

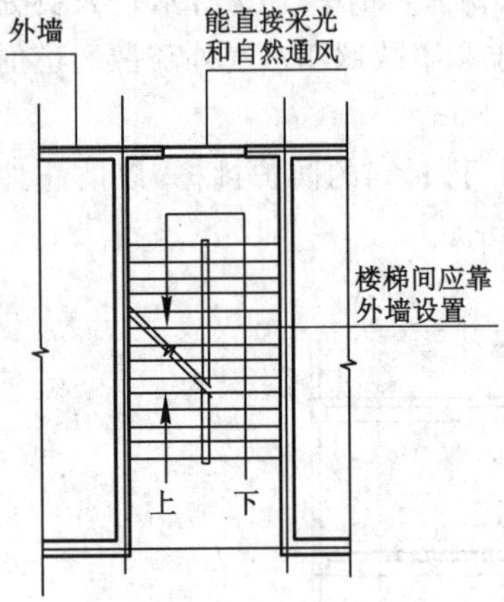

图 4.21　敞开楼梯间

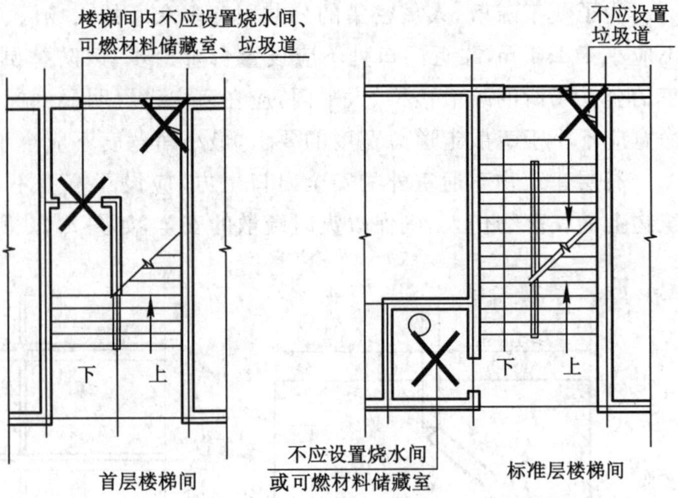

图 4.22　楼梯间设计要求(1)

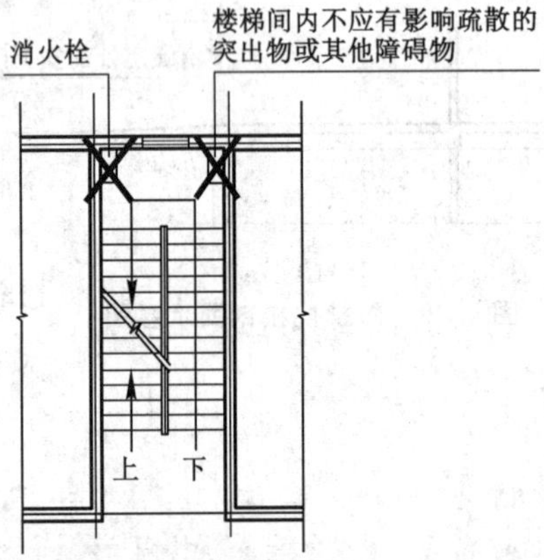

图 4.23　楼梯间内设计要求(2)

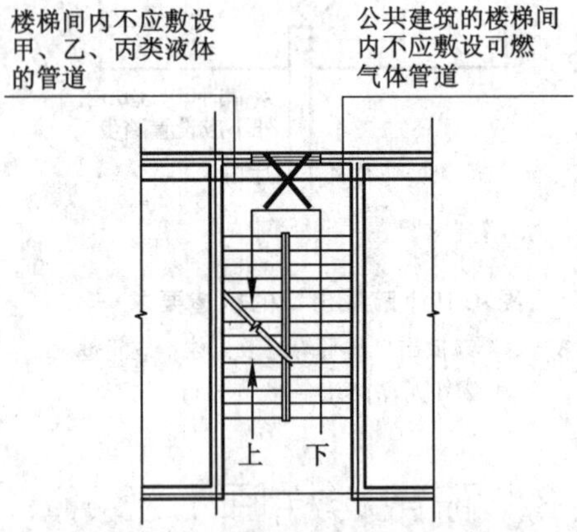

图 4.24　楼梯间设计要求(3)

(10) 高层建筑楼梯间在首层应有直通室外的出口,当层数不超过 4 层时,可将对外出口设置在离楼梯间不超过 15 m 处。

4.3.1　敞开楼梯间

敞开楼梯间是指由建筑物室内墙体等维护构件组成的无封闭、无防烟能力,且与其他使用空间直接连通的楼梯间,如图 4.21 所示。

敞开楼梯间在低、多层建筑中广泛采用。由于楼梯间与走道之间无任何防火分隔措施,所以一旦发生火灾就会成为烟火蔓延的通道,因此在高层建筑和地下建筑中不应采用。除《建规》规定应设封闭楼梯间、防烟楼梯间的建筑外,其余一般建筑均可采用敞开楼梯间。

4.3.2　封闭楼梯间

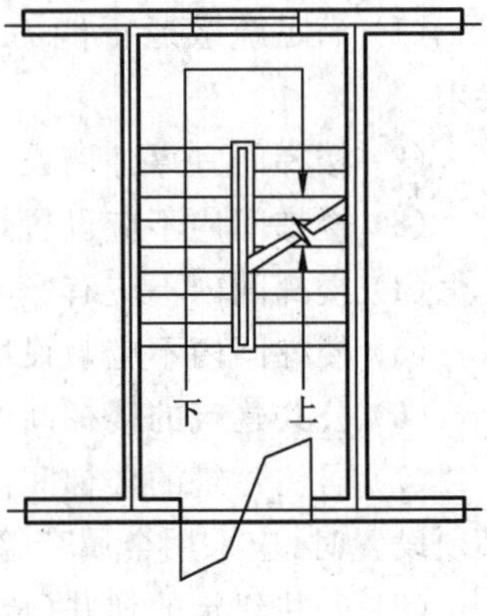

图 4.25　封闭楼梯间

封闭楼梯间是指用建筑构配件分隔,能防止烟气和热气进入的楼梯间,如图 4.25 所示。建筑构配件是指双向弹簧门、需具有一定耐火极限的建筑墙体或乙级防火门。

1）封闭楼梯间适用范围

多层公共建筑：除与敞开式外廊直接相连的楼梯间外，均应采用封闭楼梯间：

(1) 医疗建筑、旅馆、老年人建筑及类似使用功能的建筑。

(2) 设置歌舞娱乐放映游艺场所的建筑。

(3) 商店、图书馆、展览建筑、会议中心及类似使用功能的建筑。

(4) 6 层及以上的其他建筑。

高层公共建筑：裙房，建筑高度≤32 m 的二类公共建筑。

住宅建筑：建筑高度大于 21 m、不大于 33 m 的住宅建筑应采用封闭楼梯间；当户门具有防烟性能且耐火完整性不低于 1.00 h 时，可采用敞开楼梯间。

工业建筑：高层仓库、高层厂房和甲、乙、丙类多层厂房的疏散楼梯应采用封闭楼梯间或室外楼梯。

2）封闭楼梯间的要求

(1) 楼梯间的首层可将走道和门厅等包括在楼梯间内，形成扩大的封闭楼梯间，但应采用乙级防火门等措施与其他走道和房间隔开，如图 4.26 所示。该要求对多层与高层均适用。

(2) 除楼梯间的门之外，楼梯间的内墙上不应开设其他门窗洞口，如图 4.27 所示。

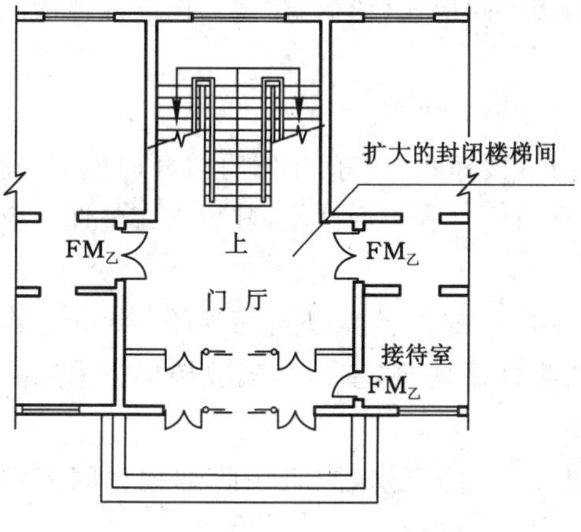

图 4.26　底层扩大的封闭楼梯间

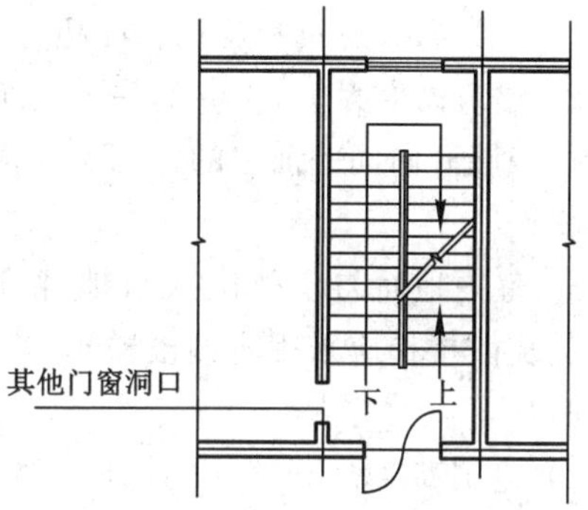

图 4.27　封闭楼梯间不应开设其他洞口

(3) 高层工业建筑、高层民用建筑封闭楼梯间的门应用乙级防火门，并应向疏散方向开启，如图 4.28 所示。其他建筑封闭楼梯间的门可采用双向弹簧门，如图 4.27 所示。

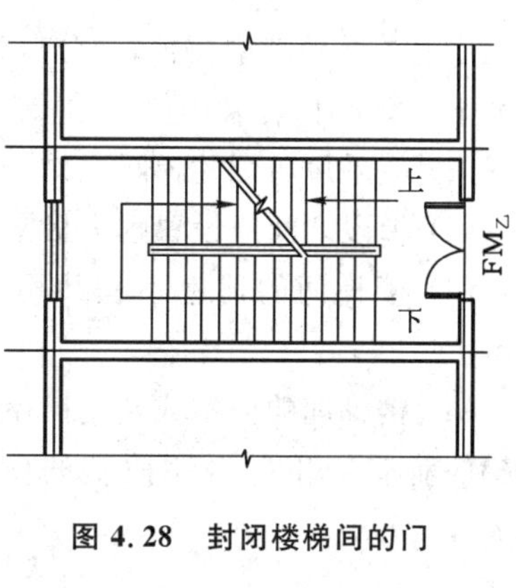

图 4.28　封闭楼梯间的门

4.3.3　防烟楼梯间

防烟楼梯间是指在楼梯间入口处设有防烟前室，或设有专供排烟用的阳台、凹廊等，且通向前室和楼梯间的门均为乙级防火门的楼梯间，如图 4.29 所示。

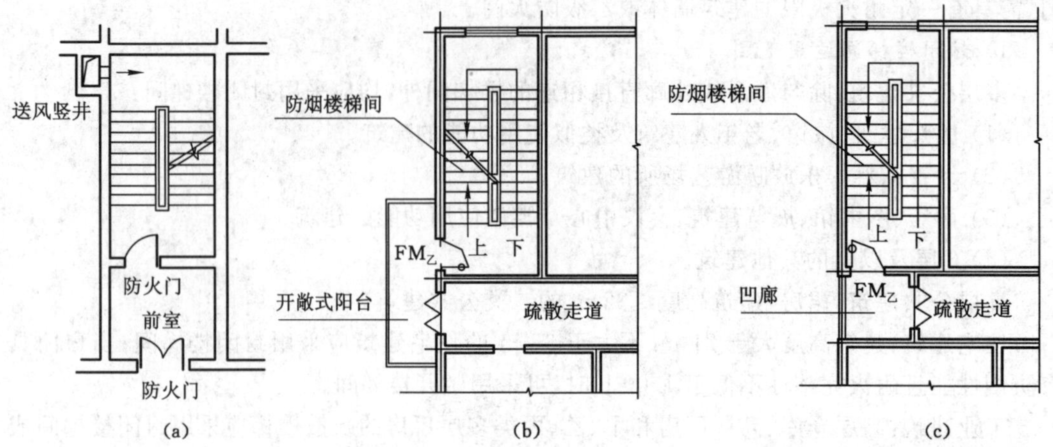

图 4.29 防烟楼梯间

(a) 设防烟前室;(b) 设专供排烟用的阳台;(c) 设专供排烟用的凹廊

1) 防烟楼梯间的适用范围

在高层建筑中,防烟楼梯间安全度最高。发生火灾时,能够保障所在楼层人员疏散安全,并有效地阻止火灾经楼梯间向起火层以外的其他楼层蔓延,同时也为消防队扑救火灾准备了有利的条件。防烟楼梯间是高层建筑常用的楼梯间形式,依据《建规》,以下几种情况必须设置防烟楼梯间:

(1) 一类高层建筑和建筑高度超过 32 m 的二类公共建筑。

(2) 建筑高度大于 33 m 的住宅建筑应采用防烟楼梯间。户门不宜直接开向前室,确有困难时,每层开向同一前室的户门不应大于 3 樘且门应具有防烟性能,其耐火完整性不应低于 1.00 h。

(3) 室内地面与室外出入口地坪高差大于 10 m 或 3 层及以上的地下、半地下建筑(室),其疏散楼梯应采用防烟楼梯间;其他地下或半地下建筑(室),其疏散楼梯应采用封闭楼梯间。

(4) 建筑高度大于 32 m 且任一层人数超过 10 人的厂房,应采用防烟楼梯间或室外楼梯。

(5) 当封闭楼梯间不能天然采光和自然通风时,应设计为防烟楼梯间。

2) 住宅剪刀防烟楼梯间

住宅单元的疏散楼梯,当分散设置确有困难且任一户门至最近疏散楼梯间入口的距离不大于 10 m 时,可采用剪刀楼梯间,但应符合下列规定:

(1) 应采用防烟楼梯间。

(2) 梯段之间应设置耐火极限不低于 1.00h 的防火隔墙。

(3) 楼梯间的前室不宜共用;共用时,前室的使用面积不应小于 6.0 m^2,如图 4.30 所示。

(4) 楼梯间的前室或共用前室不宜于消防电梯的前室合用;楼梯间的共用前室与消防电梯的前室合用时,合用前室的使用面积不应小于 12.0 m^2,且短边不应小于 2.4 m,如图 4.31 所示。

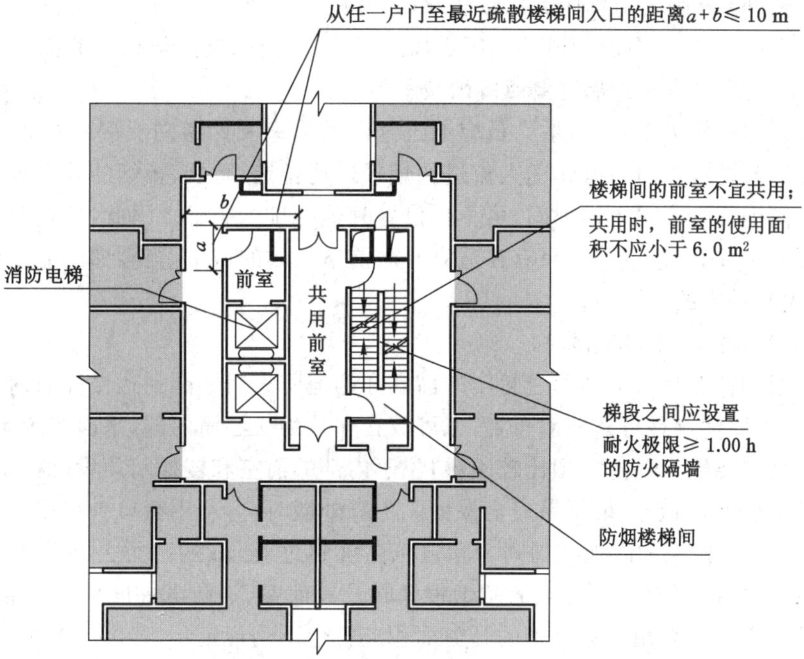

图 4.30 剪刀楼梯间共用前室

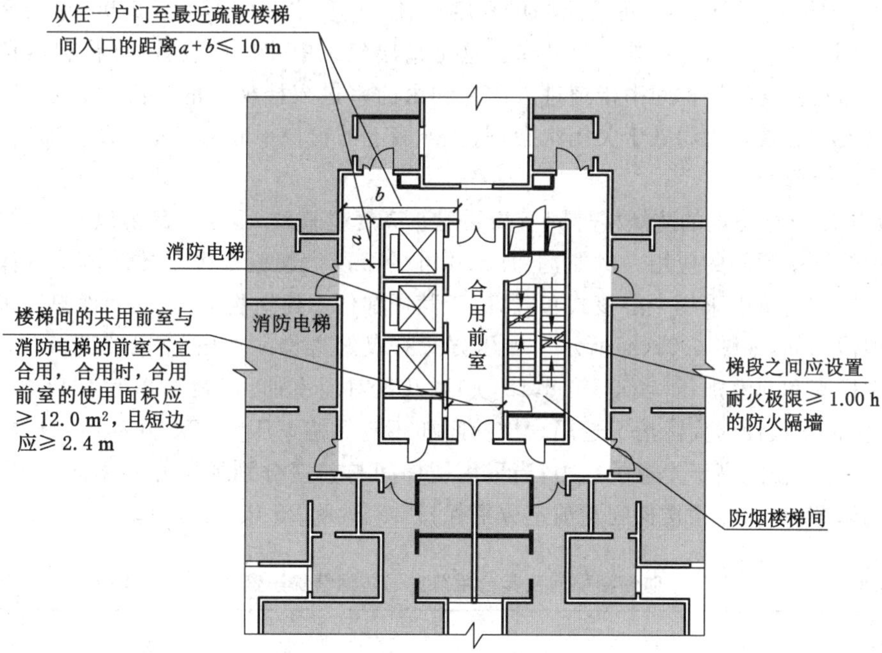

图 4.31 剪刀楼梯间合用前室

3）防烟楼梯间的设置规定

(1) 楼梯间入口处应设前室、阳台或凹廊。

(2) 前室的面积，不应小于 6.00 m^2。当与消防电梯合用前室时，其面积居住建筑不应小于 6.00 m^2，公共建筑不应小于 10 m^2。

(3) 前室和楼梯间的门均应为乙级防火门，并应向疏散方向开启。

(4) 如没有开窗，必须设管道井正压送风。但是，一类高层必须有管道正压送风。

4) 利用阳台、凹廊作开敞前室的防烟楼梯间

以阳台或凹廊作为前室，疏散人员应通过开敞的前室和两道防火门才能进入封闭的楼梯间内。其优点是自然风力能将随人流进的烟气迅速排走，防烟、排烟的效果很好；同时，转折的路线也使烟气很难袭入楼梯间，可不再设置其他的排烟装置。因此，这是安全性最高的和最为经济的一种类型。但是，只有在适宜开敞前室气候的城市，当楼梯间能靠外墙时才有可能采用，故有一定的局限性。

5) 带封闭前室的防烟楼梯间

这种类型的特点是人员须通过封闭的前室和两道防火门才能到达楼梯间内。与前一种类型相比，其主要优点是可靠外墙布置，也可放在建筑物核心筒内部，平面布置十分灵活，且形式多样。其主要缺点是防排烟比较困难，位于内部的前室和楼梯间须设机械防烟设施，设备复杂和经济性差，而且效果不易完全保证。当靠外墙时，可利用窗口自然排烟。

(1) 利用自然排烟的防烟楼梯间　除建筑高度超过 50 m 的一类公共建筑和建筑高度超过 100 m 的居住建筑外，靠外墙的防烟楼梯间及其前室、消防电梯间前室和合用前室，宜采用自然排烟方式。采用自然排烟的开窗面积应符合下列规定：

① 防烟楼梯间前室、消防电梯间前室可开启外窗面积不应小于 2.00 m^2，合用前室应不小于 3.00 m^2。

② 靠外墙的防烟楼梯间每五层内可开启外窗总面积之和应不小于 2.00 m^2。平面布置时，防烟前室应靠外墙，并在外墙上开窗。这是高层建筑中使用比较普遍的、利用自然条件的防烟楼梯间。这种楼梯间由走道进入前室和由前室进入楼梯间的门必须是乙级防火门。平时及火灾时乙级防火门处于关闭状态；前室外墙上的窗户平时可以是关闭状态，但发生火灾时窗户应全部开启。

(2) 采用机械防烟的防烟楼梯间　高层建筑高度越来越大，为满足抗风和抗震的需求，筒体结构得到了广泛的应用。例如，上海 420 m 的金茂大厦就是采用的筒体结构体系。这类筒体结构的建筑中采用中心核式布置，由于其楼梯位于建筑物的内核，因而只能采用机械加压防烟楼梯间，如图 4.29(a)所示。加压方式有仅给楼梯间加压(表 4.8 第 1,3,5 项)和分别对楼梯间和前室加压(表4.8第 8,12 项)以及仅对前室加压(表 4.8 第 4,11 项)等不同的方式，应根据设计的实际情况选用。楼梯间加压应保持正压 50 Pa，并利用气压的渗漏对前室间接加压，使之高于走道的压力；当采用楼梯间与前室分别加压并共用同一竖井时，应采用自动调节设施，使得楼梯间与前室分别保持 50 Pa 和 25 Pa 的压力。

表 4.8　防烟楼梯间及其合用前室的防烟情况一览表

防烟位置	序号	加压送风系统方式	图示
防烟楼梯间及其前室	1	建筑高度超过 50 m 的一类公共建筑和建筑高度超过 100 m 的居住建筑，防烟楼梯间不论有无外窗，应设机械加压送风防烟	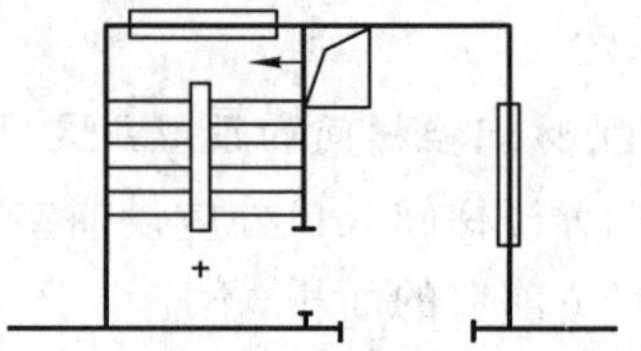

续表 4.8

防烟位置	序号	加压送风系统方式	图 示
防烟楼梯间及其前室	1	建筑高度超过 50 m 的一类公共建筑和建筑高度超过 100 m 的居住建筑，防烟楼梯间不论有无外窗，应设机械加压送风防烟	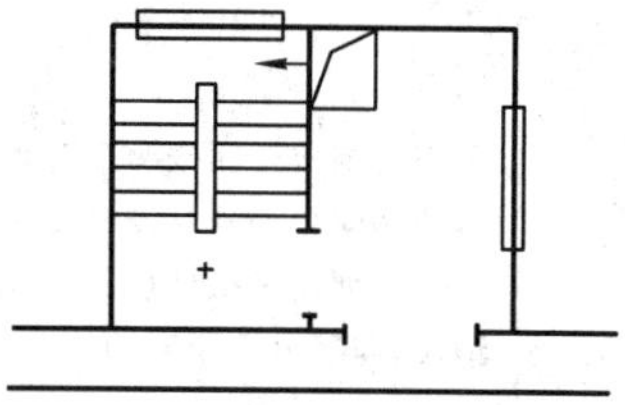
	2	除建筑高度超过 50 m 的一类公共建筑和建筑高度超过 100 m 的居住建筑外，防烟楼梯间及其前室均具备自然排烟条件，均设自然排风	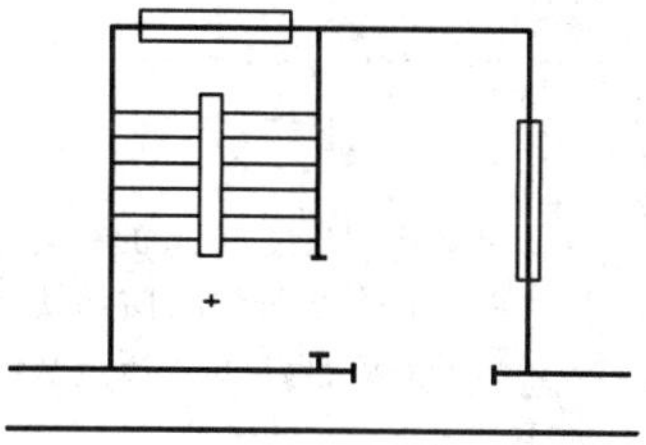
	3	除建筑高度超过 50 m 的一类公共建筑和建筑高度超过 100 m 的居住建筑外，前室具备自然排风条件，设自然排烟。前室机械加压送风	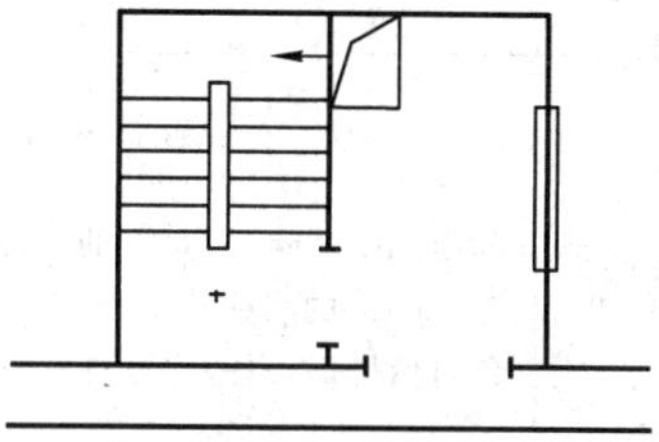
	4	除建筑高度超过 50 m 的一类公共建筑和建筑高度超过 100 m 的居住建筑外，防烟楼梯间具备自然排烟条件，设自然排烟。前室机械加压送风	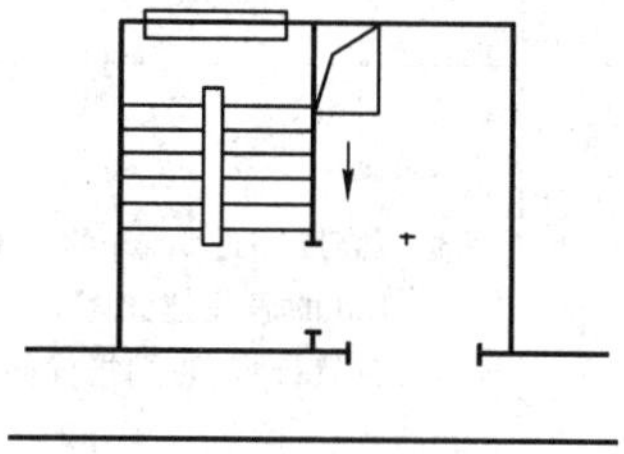
	5	除建筑高度超过 50 m 的一类公共建筑和建筑高度超过 100 m 的居住建筑外，防烟楼梯间及其前室均不具备自然排风条件，防烟楼梯间设机械加压送风（前室不需要送风）	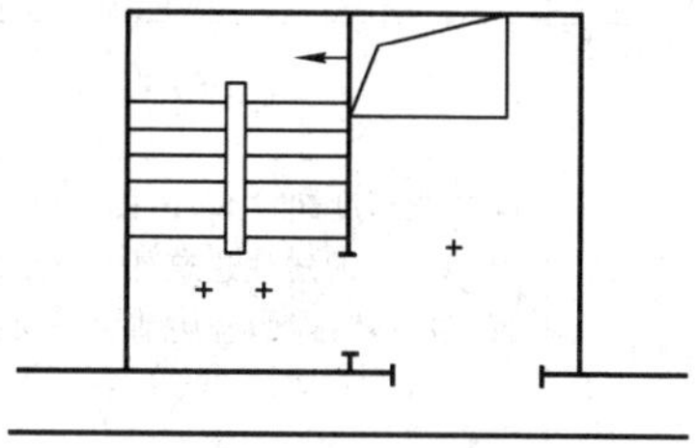
	6	剪刀防烟楼梯间按两个防烟楼梯间计算风量，两个防烟楼梯间分别独立设机械加压送风； 自然排烟还是机械加压送风防烟、前室要不要送风等情况，与序号 1 至 5 相同	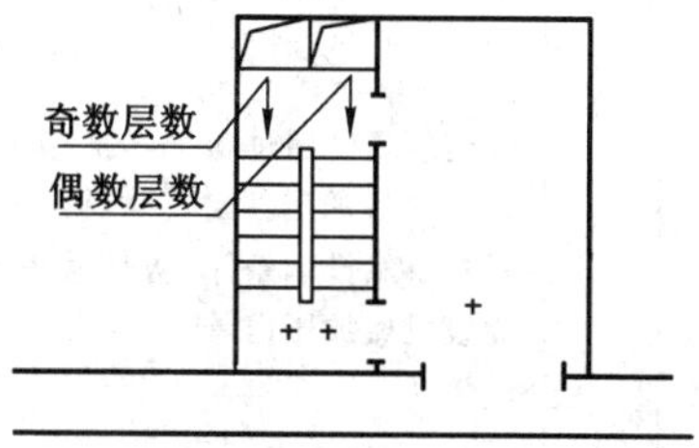

续表 4.8

防烟位置	序号	加压送风系统方式	图示
防烟楼梯间及其前室	7	剪刀防烟楼梯间按两个防烟楼梯间计算风量，两个防烟楼梯间分别独立设机械加压送风； 自然排烟还是机械加压送风防烟、前室要不要送风等情况，与序号1至5相同	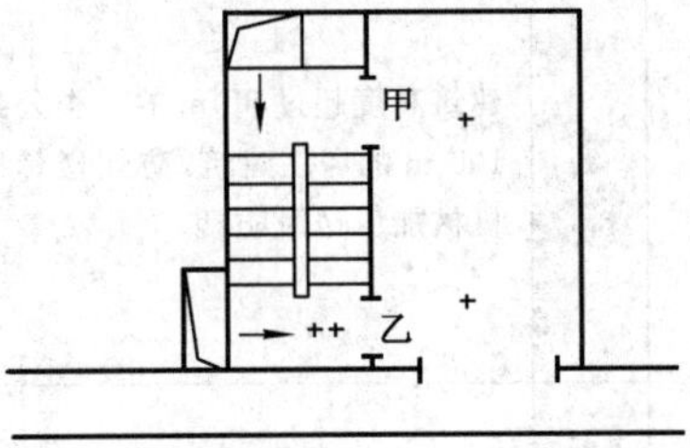
	8	建筑高度超过50 m的一类公共建筑和建筑高度超过100 m的居住建筑，防烟楼梯间、合用前室不论有无外窗，均应设机械加压送风防烟	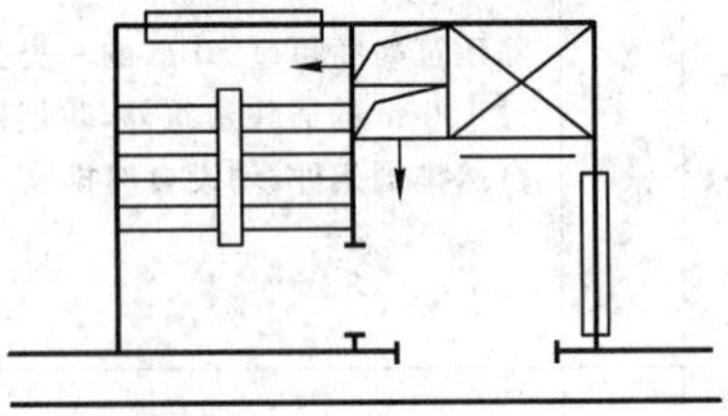
	9	除建筑高度超过50 m的一类公共建筑和建筑高度超过100 m的居住建筑外，防烟楼梯间、合用前室均具备自然排烟条件，均设自然排烟	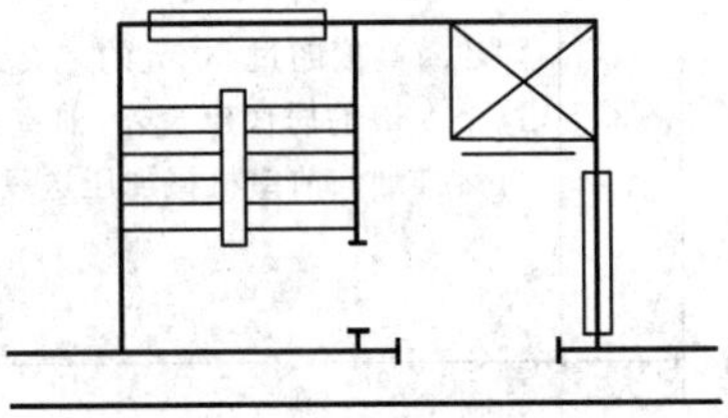
	10	除建筑高度超过50 m的一类公共建筑和建筑高度超过100 m的居住建筑外，合用前室具备自然排烟条件，设自然排烟，防烟楼梯间设机械加压送风	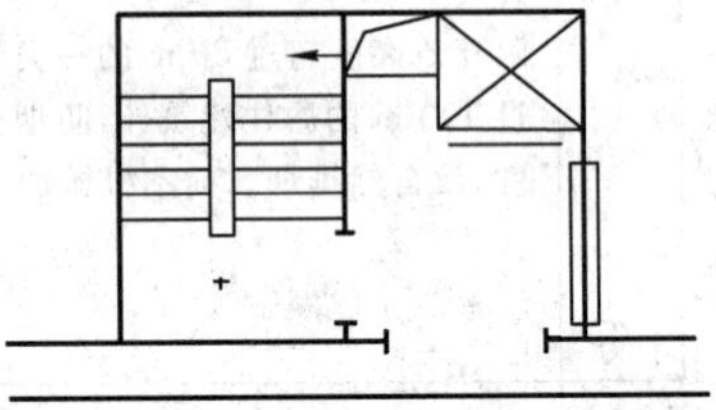
防烟楼梯间、合用前室	11	除建筑高度超过50 m的一类公共建筑和建筑高度超过100 m的居住建筑外，防烟楼梯间具备自然排烟条件，设自然排烟，合用前室设机械加压送风	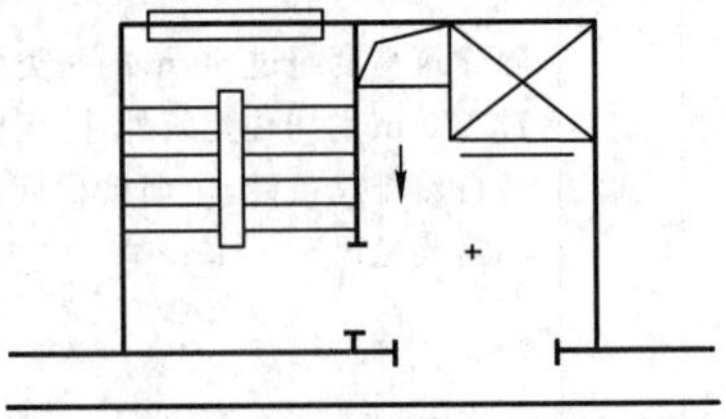
	12	除建筑高度超过50 m的一类公共建筑和建筑高度超过100 m的居住建筑外，防烟楼梯间、合用前室均不具备自然排烟条件，防烟楼梯间、合用前室宜分别独立设机械加压送风	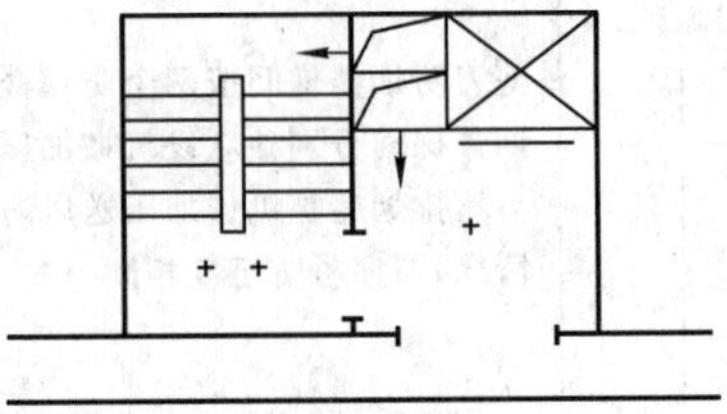

续表 4.8

防烟位置	序号	加压送风系统方式	图示
防烟楼梯间、合用前室	13	除建筑高度超过 50 m 的一类公共建筑和建筑高度超过 100 m 的居住建筑外，剪刀防烟楼梯间、合用前室均不具备自然排烟条件，剪刀防烟楼梯间、合用前室宜分别独立设机械加压送风	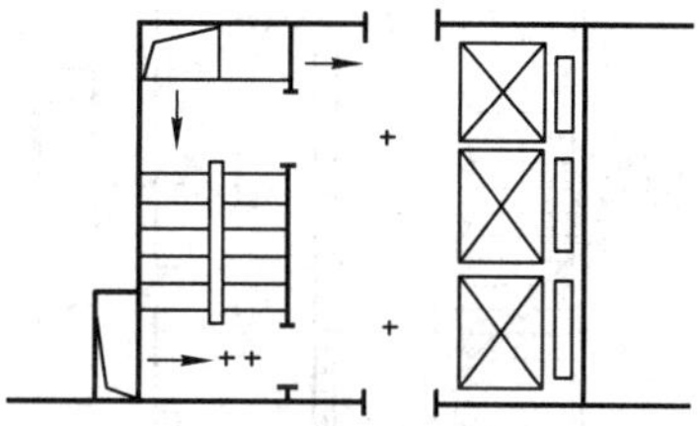
	14	建筑高度超过 50 m 的一类公共建筑和建筑高度超过 100 m 的居住建筑外，防烟楼梯间、合用前室均不具备自然排烟条件，防烟楼梯间、合用前室宜分别独立设机械加压送风； 送风确有困难且必须共用一个系统时，应在合用前室支风管上设置压差自动调节装置	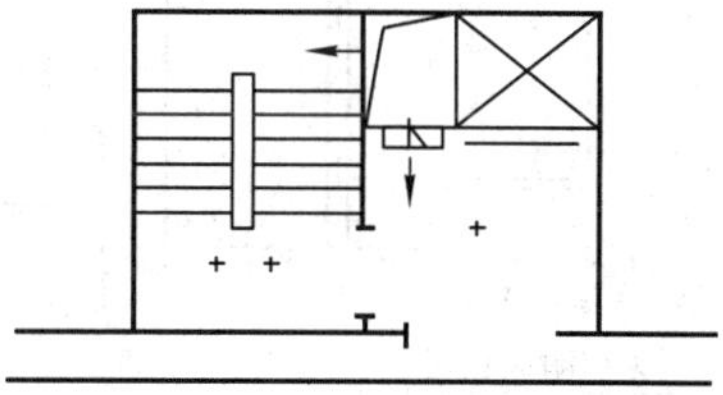
	15	建筑高度超过 50 m 的一类公共建筑和建筑高度超过 100 m 的居住建筑，消防电梯间前室不论有无外窗，均应设机械加压送风防烟	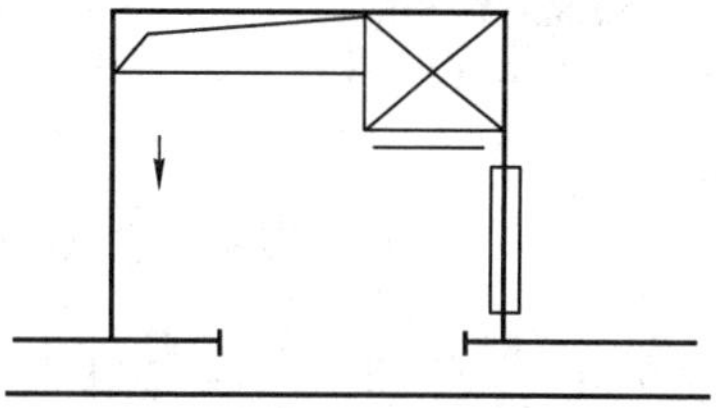
	16	除建筑高度超过 50 m 的一类公共建筑和建筑高度超过 100 m 的居住建筑外，消防电梯前室具备自然排烟条件，设自然排烟	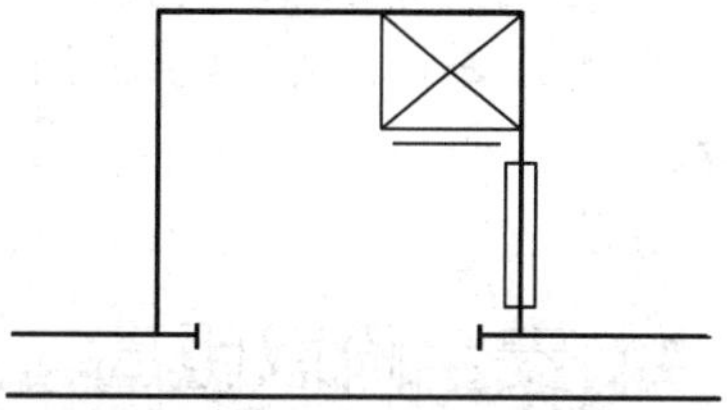
	17	除建筑高度超过 50 m 的一类公共建筑和建筑高度超过 100 m 的居住建筑外，消防电梯前室不具备自然排烟条件，独立设机械加压送风	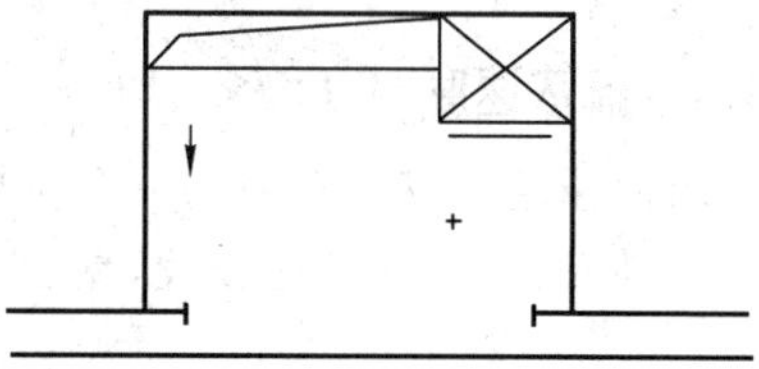

4.3.4 室外楼梯

在建筑外墙上设置全部开敞的室外楼梯，且常布置在建筑端部，不占室内有效的建筑面积，可分为室外单跑楼梯与室外两跑楼梯，如图 4.30 所示。它不易受到烟气的威胁，在结构上可以采取悬挑方式，防烟效果好、经济。其缺点是易造成心理上的高空恐惧感。

室外疏散楼梯的设置应符合下列要求：

(1) 栏杆扶手的高度不应小于 1.1 m，楼梯的净宽度不应小于 0.9 m。

(2) 倾斜角度应不大于 45°。

(3) 楼梯段和平台均应采取不燃材料制作。楼梯段和平台的耐火极限应不低

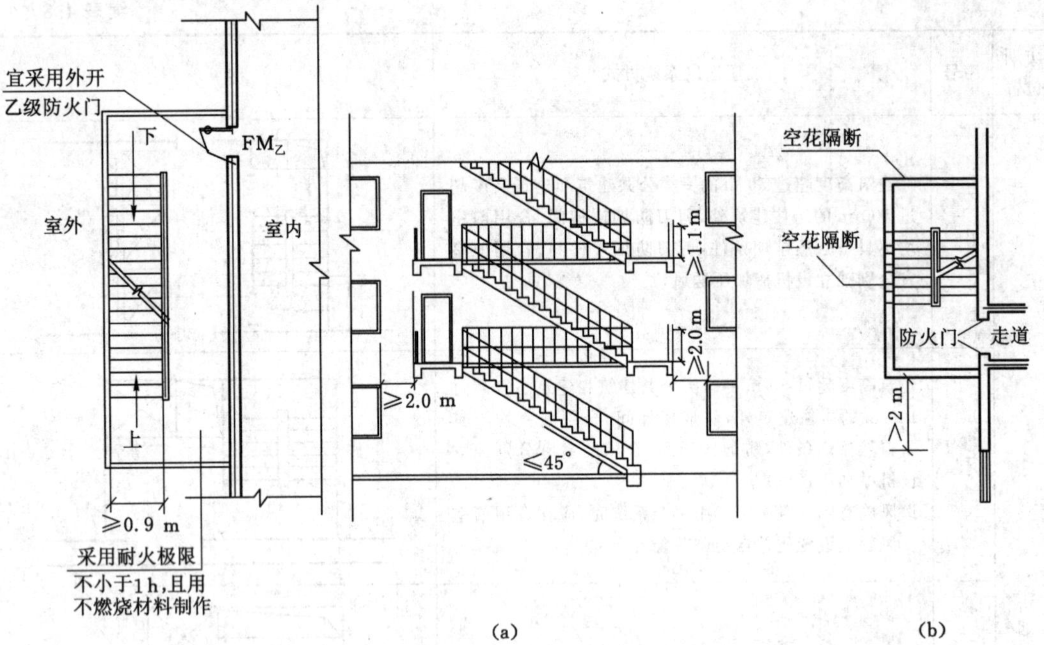

图 4.30 室外楼梯间

(a) 室外单跑楼梯；(b) 室外两跑楼梯

于1.00 h。

(4) 通向室外楼梯的门宜采用乙级防火门，并应向室外开启。

(5) 除了疏散门外，楼梯四周 2 m 内的墙面上不应设置门窗洞口、疏散门不应正对楼梯段。

4.4 安全疏散距离

4.4.1 疏散速度

疏散速度是安全疏散的一个重要指标。它与建筑物的使用功能、使用者的人员构成、照明等条件有关，其差别比较大，见表 4.9。

表 4.9　不同疏散人员的速度

群体行动能力 / 人员特点	平均步行速度/($m \cdot s^{-1}$)		流动系数/(人 $\cdot m^{-1} \cdot s^{-1}$)	
	水平	楼梯	水平	楼梯
仅靠自力难以行动的人：重病人、老人、婴幼儿、弱智者、身体残病者等	0.8	0.4	1.3	1.1
不熟悉建筑内的通道、出入口等部位的人员：旅馆的客人、商店顾客、通行人员等	1.0	0.5	1.5	1.3
熟悉建筑物内的通道、出入口等位置的健康人：建筑物内的工作人员、职员、保卫人员等	1.2	0.6	1.6	1.4

4.4.2 确定安全疏散距离考虑因素

民用建筑安全疏散距离的含义，一是要考虑房间内最远点到房门的疏散距离，二是从房门到疏散楼梯间或外部出口的距离。厂房的安全疏散距离是指厂房内最远工作点到外部出口或楼梯间的最大距离。

限制安全疏散距离的目的，在于缩短疏散时间，使人们尽快从火灾现场疏散到安全区域。确定疏散距离，一般考虑以下几个因素：

(1) 根据火灾时的烟雾对人员的致命影响而定。有关实测资料表明，人在浓烟中的极限时间约为 30 s，走动以 1 m/s 计，距离为 30 m 左右。因此，从房门到最近疏散楼梯间或外部出口的距离以此为依据，一般不宜超过 30 m。

(2) 按建筑物的性质而定。办公、厂房类建筑物内活动的人员，多数年龄在 18～60 岁，体力好、素质高，这类建筑的疏散距离可适当大一些。而医院、疗养院、小学、托儿所等建筑物内活动的人员多为老弱病残，行动不便，需要帮扶，火灾时疏散速度慢，故这类建筑的疏散距离应短一些。

(3) 根据人员密集程度而定。影剧院、礼堂、体育馆、商场等人员密集的场所，发生火灾时，容易造成拥挤、混乱而疏散缓慢，这类建筑的疏散距离应短一些。

(4) 根据人们对疏散路线熟悉程度而定。对疏散路线熟悉的人员往往不易惊慌，能直奔疏散出口，而不熟悉的人员容易惊慌，对疏散出口在何处有个回忆过程甚至难以找到出口，如旅馆、娱乐场所、车站、码头等，这类建筑的疏散距离应短一些。

(5) 对居住建筑，火灾多发生在夜间，一般发现比较晚，而且建筑内部的人员身体条件不等，老少兼有，疏散比较困难，所以疏散距离也不能太大。

不同类型建筑物的使用功能、性质、人员构成、人员密度差别较大，其疏散距离应区别对待。

4.4.3 安全疏散距离要求

1) 房间内最远点到房门的距离

当房间面积过大时，可能人员过多，要把较多的人群集中在一个宽度很大的安全出口来疏散是难以保证安全的。因为疏散距离大，足以超过允许的疏散时间。

房间内任一点到最近的疏散门的距离不应大于表 4.10 规定的袋形走道两侧或尽端的房间门到安全出口的最大距离，如图 4.31 所示。

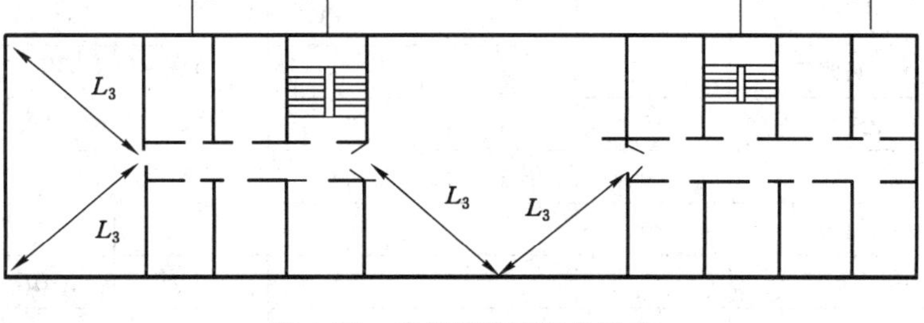

图 4.31 房间疏散距离的要求

L_2—位于袋形走道的安全疏散距离；

L_3—房间内任一点到该房间直接通向疏散走道的疏散门的距离，$L_3 \leqslant L_2$

2）大型公共建筑

对于人员密集的影剧院、体育馆等，室内最远点到疏散门口距离是通过限制走道之间的座位数和排数来控制的。在布置疏散走道时，横向走道之间的座位排数不超过 20 排；纵向走道之间的座位数，影剧院、礼堂等每排不超过 22 个，体育馆每排不超过 26 个，这样就有效地控制了室内最远点到安全出口的距离，如图 4.32 所示。

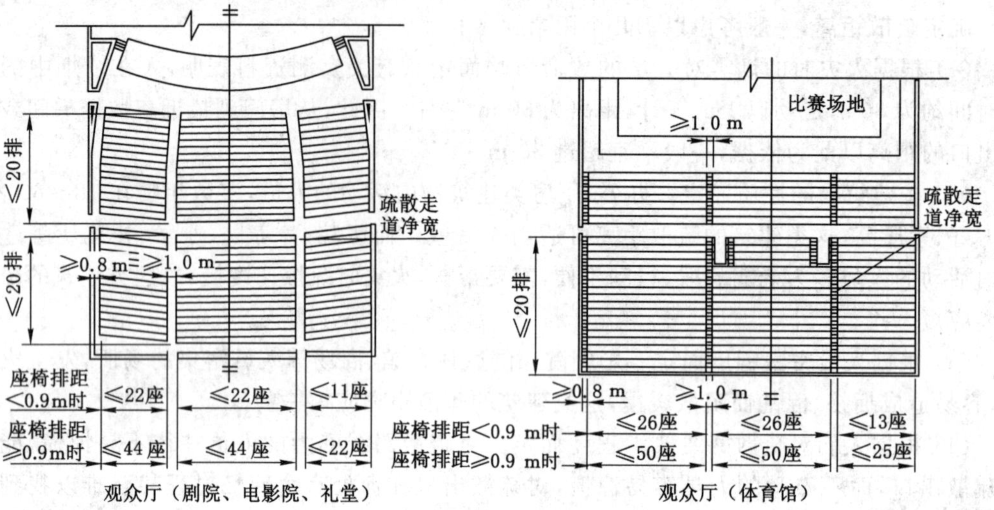

图 4.32 座位排数的设置

3）从房门到安全出口疏散距离

（1）建筑安全疏散距离

① 直接通向疏散走道的房间疏散门至最近安全出口的距离应符合表 4.10 的规定。

表 4.10 直接通向疏散走道的房间疏散门至最近安全出口的最大距离

名称			位于两个安全出口之间的疏散门			位于袋形走道两侧或尽端的疏散门		
			一、二级	三级	四级	一、二级	三级	四级
托儿所、幼儿园、老年人建筑			25	20	15	20	15	10
歌舞娱乐放映游艺场所			25	20	15	9	—	—
医疗建筑	单、多层		35	30	25	20	15	10
	高层	病房部分	24	—	—12	—	—	
		其他部分	30	—	—	15	—	—
教学建筑	单、多层		35	30	25	22	20	10
	高层		30	—	—	15	—	—
高层旅馆、展览建筑			30	—	—	15	—	—
其他建筑	单、多层		40	35	25	22	20	15
	高层		40	—	—	20	—	—

注：① 建筑内开放敞开式外廊的房间疏散门至最近安全出口的直线距离可按本表的规定增加 5 m。

② 直通疏散走道的房间疏散门至最近敞开楼梯间的直线距离，当房间位于两个楼梯间之间时，应按本表的规定减少 5 m；当房间位于袋形走道两侧或尽端时，应按本表的规定减少 2 m。

③ 建筑物内全部设置自动喷水灭火系统时，其安全疏散距离可按本表规定增加 25%。

② 直接通向疏散走道的房间疏散门至最近非封闭楼梯间的距离，当房间位于两个楼梯间之间时，应按表 4.10 的规定减少 5 m；当房间位于袋形走道两侧或尽端时，应按表 4.10 的规定减少 2 m，如图 4.33 所示。

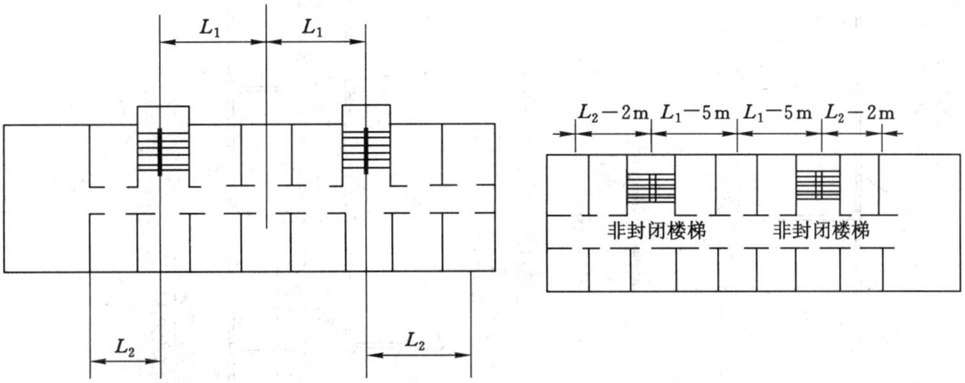

图 4.33 安全疏散距离要求

L_1—位于两个安全出口之间房间的安全疏散距离；L_2—位于袋形走道的安全疏散距离

③ 首层楼梯间应设置直通室外的安全出口或在首层采用扩大的封闭楼梯间。当层数不超过 4 层时，可将直通室外的安全出口设置在离楼梯间小于或等于 15 m 处，如图 4.34 所示。

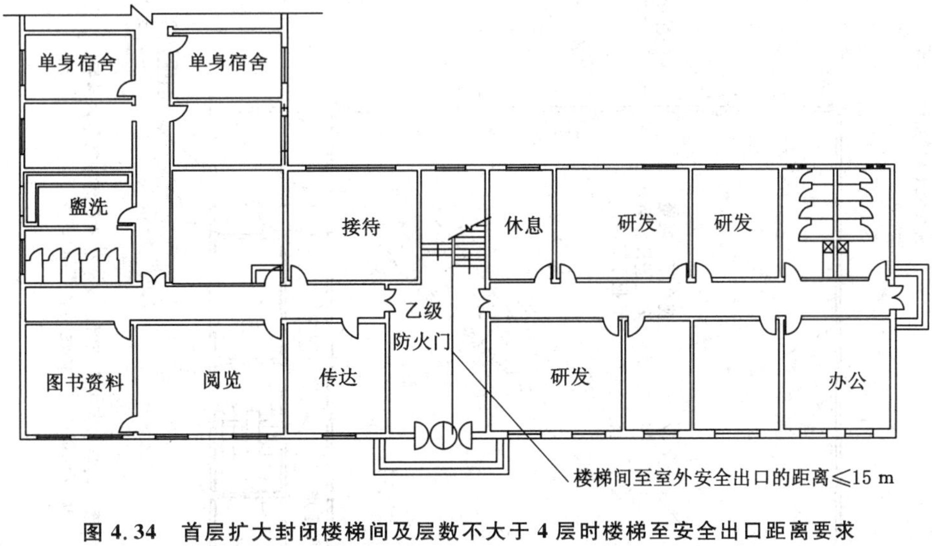

图 4.34 首层扩大封闭楼梯间及层数不大于 4 层时楼梯至安全出口距离要求

(2) 房间内任一点到房门的疏散距离　房间内任一点至房间直通疏散走道的疏散门的直线距离，不应大于表 4.10 规定的袋形走道两侧或尽端的疏散门至最近安全出口的直线距离。

(3) 营业厅等大空间内任一点到房门的疏散距离　一、二级耐火等级建筑内疏散门或安全出口不少于 2 个的观众厅、展览厅、多功能厅、餐厅、营业厅等，其室内任一点至最近疏散门或安全出口的直线距离不应大于 30 m；当疏散门不能直通室外地面或疏散楼梯间时，应采用长度不大于 10 m 的疏散走道通至最近的安全出口。当该场所设置自动喷灭火系统时，室内任一点至最近安全出口的安全疏散距离可分别增加 25%，如图 4.36 所示。

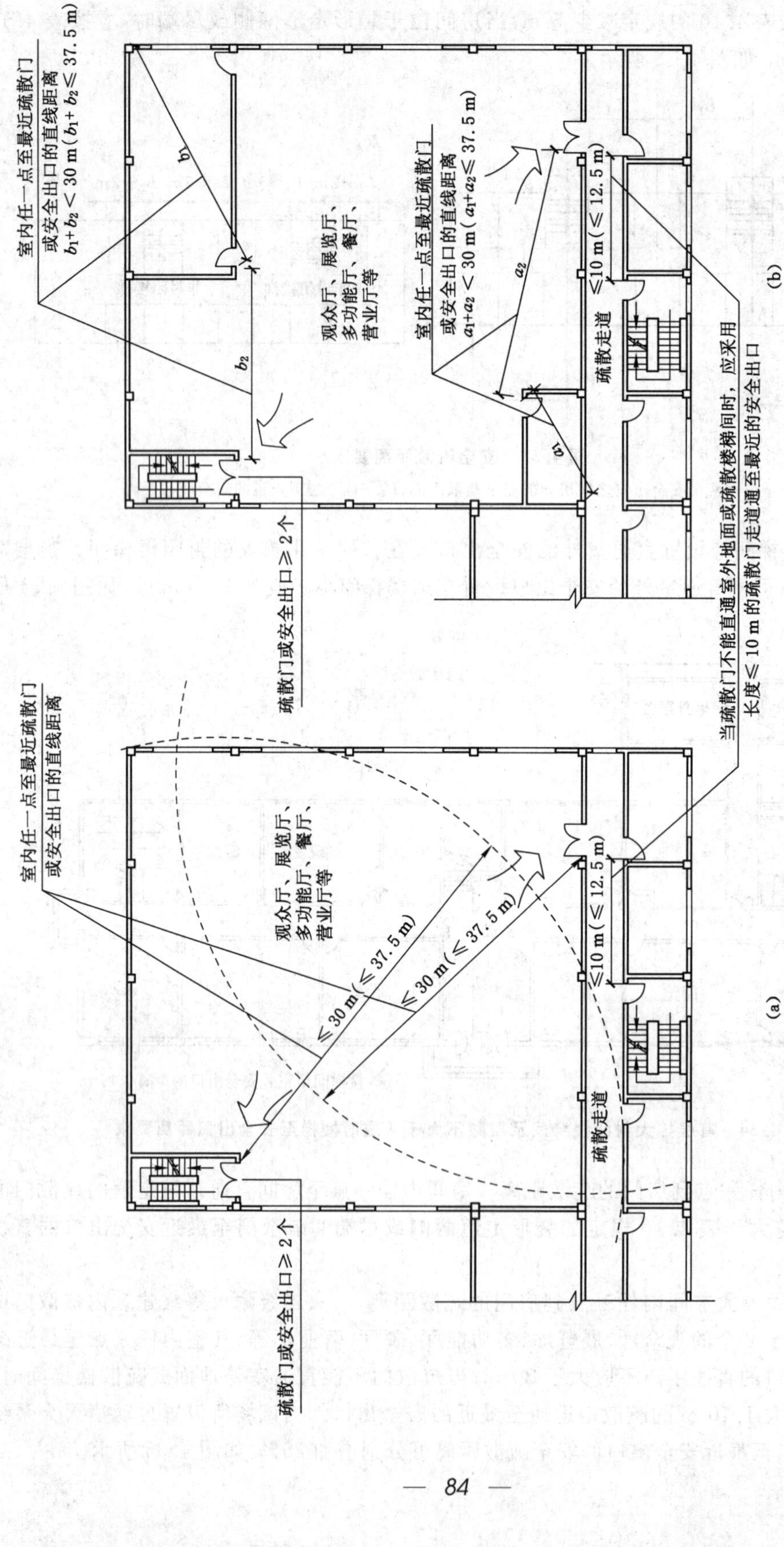

［注解］1. 建筑物内全部自动喷水灭火系统时，安全疏散距离按括号内数字。
2. 示意图(b)中的其他部位供应满足示意图(a)的要求。

图 4.36　建筑大厅疏散距离

(4) 汽车库人员安全疏散距离　汽车库室内任一点至最近安全出口的疏散距离不应超过 45 m,当设置自动灭火系统时,其距离不应超过 60 m,对于单层或设在建筑物首层的汽车库,室内任一点至室外出口的距离不应超过 60 m。

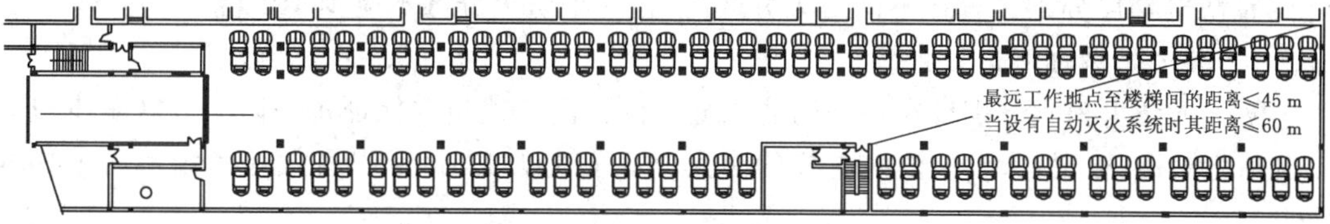

图 4.37　汽车库安全疏散距离

(5) 厂房的安全疏散距离　厂房的安全疏散距离是根据火灾危险性、允许疏散时间及厂房的耐火等级确定的。如表 4.12 所列,火灾危险性越大,安全疏散距离要求越严,厂房耐火等级越低,安全疏散距离要求越严。而对于丁、戊类生产,当采用一、二级耐火等级的厂房时,其疏散距离可以不受限制。

表 4.12　厂房的安全疏散距离　　单位:m

生产类别	耐火等级	单层厂房	多层厂房	高层厂房	厂房的地下室、半地下室
甲类	一、二级	30	25	—	—
乙类	一、二级	75	50	30	—
丙类	一、二级	80	60	40	30
	三级	60	40	—	—
丁类	一、二级	不限	不限	50	45
	三级	60	50	—	—
	四级	50	—	—	—
戊类	一、二级	不限	不限	75	60
	三级	100	75	—	—
	四级	60	—	—	—

4.5 消防电梯

电梯主要用于高层建筑中,而消防电梯的用途在于发生火灾时供消防人员进行扑救高层建筑火灾。因为普通电梯在火灾时由于切断电源而停止使用,如果消防队员只靠攀登楼梯进行扑救,往往因体力不足和运送器材困难而贻误灭火战机,影响扑救火灾及抢救伤员工作。因此,高层建筑必须设有专用或兼用消防电梯。

1) 设置场所

(1) 建筑高度大于 33 m 的住宅建筑。

(2) 一类高层公共建筑和建筑高度大于 32 m 的二类高层公共建筑。

(3) 设置消防电梯的建筑的地下或半地下室,埋深大于 10 m 且总建筑面积大于

3 000 m^2 的其他地下或半地下建筑(室)。

(4) 建筑高度超过 32 m 且设有电梯的高层厂房及高层库房。

2) 设置数量

消防电梯应分别设置在不同防火分区内,且每个防火分区不应少于 1 台。

3) 消防电梯的设置要求

(1) 消防电梯宜分别设在不同的防火分区内　高层建筑要保证每一防火分区至少设置 1 台消防电梯;否则,未设置消防电梯的防火分区发生火灾时,难以有效地利用消防电梯扑救火灾。

(2) 消防电梯前室　消防队员到达起火楼层之后,应有一个较为安全场所,设置必要的灭火或营救伤员的器材,并能方便地使用设在前室的消火栓,进行火灾扑救。消防电梯要设置前室,这个前室和防烟楼梯的前室相同,具有防火、防烟的功能。

为使楼层的平面布置紧凑,便于消防电梯满足日常使用,消防电梯和防烟楼梯间可合用一个前室。消防电梯前室的门,应采用乙级防火门或具有停滞功能的防火卷帘。但合用前室的门不能采用防火卷帘。

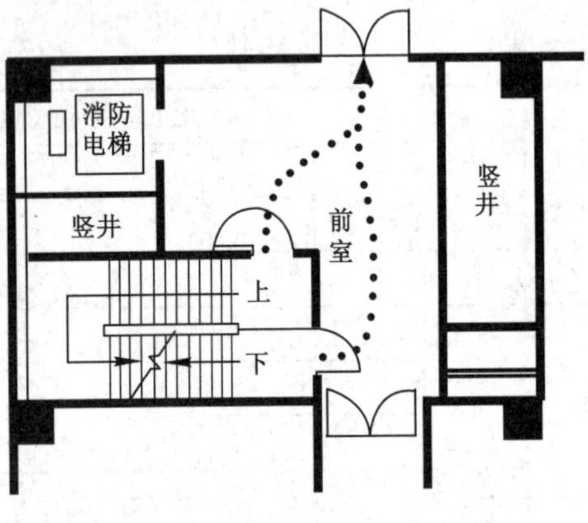

图 4.38　消防电梯与防烟楼梯间

消防电梯前室面积,应不小于 6 m^2。如前所述,当消防电梯与防烟楼梯间合用一个前室时,居住建筑不应小于 6 m^2,公共建筑、厂房不应小于 10 m^2,住宅剪刀楼梯间三合一前室,不应小于 12 m^2,且短边长度不应小于 2.4 m。消防电梯与防烟楼梯间合用前室,如图 4.38 所示。

消防电梯间前室宜靠外墙设计。这样可以直接对外开设窗户进行自然排烟,但设有裙房时,要求从前室门口到外部出口之间有长度不超过 30 m 的走道相连通,目的是使消防队员能尽快经过消防电梯到达起火楼层。

当前室因条件限制,不能采用自然排烟时,应采用机械防烟(表 4.13);同时,还必须设置消防专用电话、操纵按钮和紧急照明等。在前室应设置消防供水竖管与水带结合器、消火栓和事故电源插座,但为了防止使用水枪时不能关上防火门而导致烟气袭人,应在防火门下部设有活动盖板的小孔(可安装弹簧合页),以供水枪穿过。这样,即使消防队员在灭火过程中,前室依然是一个封闭的无烟空间,有利于消防员的安全。

表 4.13　消防电梯间前室及其合用前室的防烟情况一览表

防烟位置	序号	送风方式	图　示
消防电梯间前室	1	除建筑高度超过 50 m 的一类公共建筑和建筑高度超过 100 m 的居住建筑外,防烟楼梯间、合用前室均不具备自然排烟条件,防烟楼梯间、合用前室宜分别独立设机械加压送风,送风确有困难且必须共用一个系统时,应在合用前室支风管上设置压差自动调节装置	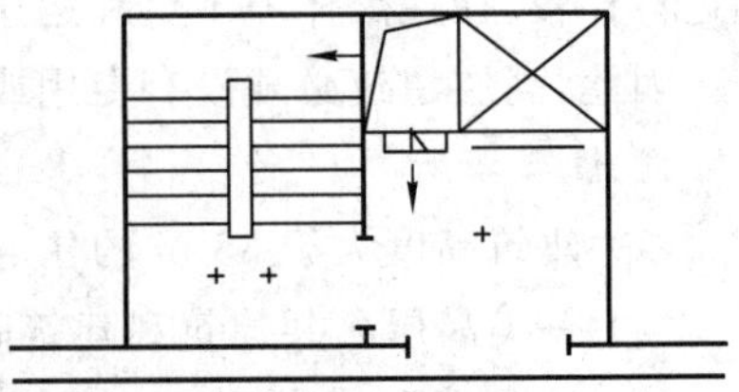

续表 4.13

防烟位置	序号	送风方式	图示
消防电梯间前室	2	建筑高度超过 50 m 的一类公共建筑和建筑高度超过 100 m 的居住建筑，消防电梯间前室不论有无外窗，均应设机械加压送风防烟	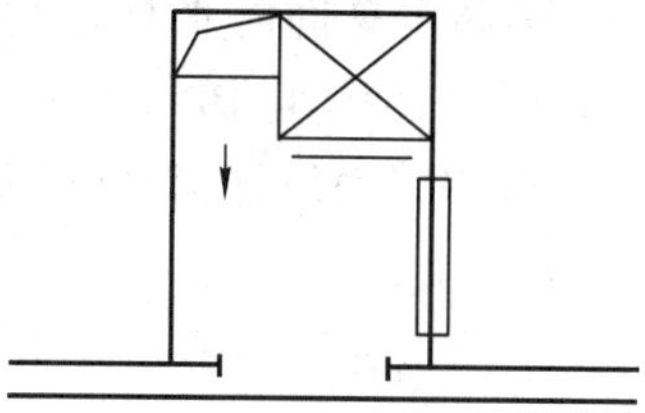
	3	除建筑高度超过 50 m 的一类公共建筑和建筑高度超过 100 m 的居住建筑外，消防电梯前室具备自然排烟条件，设自然排烟	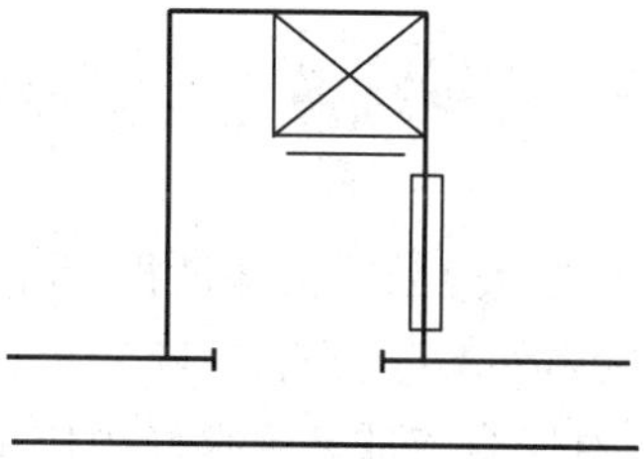
	4	除建筑高度超过 50 m 的一类公共建筑和建筑高度超过 100 m 的居住建筑外，消防电梯前室不具备自然排烟条件，独立设机械加压送风	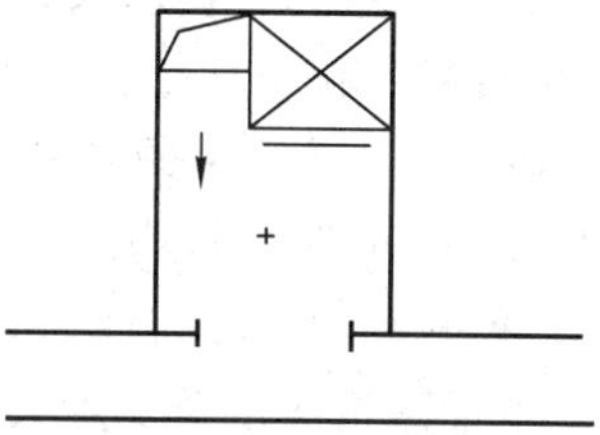

(3) 消防电梯载重量、尺寸与行驶速度　为了满足消防扑救工作的需要，消防电梯应选用较大的载重量，一般不应小于 800 kg，且轿厢尺寸不宜小于 1.5 m×2 m。这样，火灾时可将一个战斗班的 5 人的消防队员和随身携带的装备运到火场，同时可以满足用担架救伤员的需要。

为了尽快地把高层建筑火灾扑灭在火灾初期，消防电梯的行驶速度应按从首层到顶层的运行时间不超过 60 s 计算确定。

例如，某高层建筑的高度为 180 m，则消防电梯的平均速度应为 180 m/60 s=3.0 m/s。

(4) 消防电梯的机房与井道　消防电梯机房的墙体应耐火 2 h 以上，楼板应耐火 1 h 以上，与普通电梯机房应采用必要的防火分隔措施，一般用防火墙将两者隔开，如在防火墙上开门，必须采用耐火 1.5 h 以上的甲级防火门。

消防电梯井要单独设置，井壁的耐火极限要在 2 h 以上，并在其顶部设置排除烟气的装置，如设置 0.1 m^2 左右的排烟口，或设置排烟风机等。

(5) 消防电源及附设操作装置　消防电梯的动力与控制电线宜采取防水措施，以免消防救火用水导致电源线路泡水而漏电影响救火使用。消防电梯除了正常供电线路之外，还应有事故备用电源，使之不受火灾时停电的影响。另外，消防电梯要有专用操作装置，该装置可设在防灾中心，也可以设在消防电梯首层的操作按钮处。当消防队员操作此按钮时，消防电梯立即回到首层或指定楼层，事故电源启动，排烟风机开启等。电梯轿厢内要设专线电话，以便消防队员与防灾中心、火场指挥部保持通话联系。

(6) 消防电梯轿厢的装修　消防电梯的轿厢应采用不燃烧材料装修。因为消防电梯轿厢在火灾时要停留或穿行火灾层，采用不燃材料做装修，有利于提高自身的安全性，应优先考虑用不锈钢、铝合金等不燃材料装修。

(7) 消防电梯间防水与井底排水　在扑救火灾的过程中，可能有大量的消防用水浸入电梯井。因此，消防电梯前室入口处，应设缓坡等阻挡消防灭火用水流入消防电梯井；同时，要在消防电梯井底设计积水坑和排除污水的设施。集水坑容量不应小于 2 m^3，水泵的排水量不应小于 10 L/s。

(8) 消防电梯可与客梯或工作电梯兼用，但应符合消防电梯的要求。

4.6 火灾应急照明与疏散指示标志

火灾应急照明与疏散指示标志的合理设置，对人员在紧急情况下安全疏散具有重要作用。国内外实践表明，在疏散走道和主要疏散路线上或靠近地面的墙上设置发光疏散指示标志，对安全疏散起到很好的作用，可以在浓烟弥漫的情况下，及时有效地帮助人们识别疏散出口位置和方向，迅速沿发光疏散指示标志疏散，避免和减少人员伤亡。疏散指示标志现在一般用自发光材料制作。

1) 高层建筑应设置应急照明的部位

(1) 楼梯间、防烟楼梯间前室、消防电梯间及其前室、合用前室和避难层(间)。

(2) 配电室、消防控制室、消防水泵房、防烟排烟机房、供消防用电的蓄电池室、自备发电机房、电话总机房以及发生火灾时仍需坚持工作的其他房间。

(3) 观众厅、展览厅、多功能厅、餐厅和商业营业厅等人员密集的场所。

(4) 公共建筑内的疏散走道和居住建筑内走道长度超过 20 m 的内走道。

2) 设置要求

(1) 建筑内疏散照明的地面最低水平照度应符合下列规定：

① 对于疏散走道，不应低于 1.0 lx。

② 对于人员密集场所、避难层(间)，不应低于 3.0 lx；对于病房楼或手术部的避难间，不应低于 10.0 lx。

③ 对于楼梯间、前室或合用前室、避难走道，不应低于 5.0 lx。

(2) 消防控制室、消防水泵房、自备发电机房、配电室、防排烟机房以及发生火灾时仍需正常工作的消防设备应设置备用照明，其作业面的最低照度不应低于正常照明的照度。

(3) 疏散应急照明灯宜设在墙面上或顶棚上。安全出口标志宜设在出口的顶部；疏散走道的指示标志宜设在疏散走道及其转角处距地面 1.00 m 以下的墙面上。走道疏散标志灯的间距不应大于 20 m。

(4) 应急照明灯和灯光疏散指示标志，应设玻璃或其他不燃烧材料制作的保护罩。

(5) 建筑内消防应急照明和灯光疏散指示标志的备用电源的连续供电时间应符合下列规定：

① 建筑高度大于 100 m 的民用建筑，不应小于 1.5 h。

② 医疗建筑、老年人建筑、总建筑面积大于 100 000 m^2 的公共建筑和总建筑面积大于 20 000 m^2 的地下、半地下建筑，不应少于 1.0 h。

③ 其他建筑，不应少于 0.5 h。

本章小结

安全疏散在建筑防火中具有特别重要的意义。在建筑设计中，应根据使用要求，结合防火安全的需要布置门、走道和楼梯。

1）安全出口

一般要求建筑物都有 2 个或 2 个以上的安全出口，避免造成严重的人员伤亡。在符合一定的条件下，才可以有一个安全出口。安全出口的布置要满足安全疏散距离的要求。大型公共建筑，低、多层民用建筑，高层建筑分别有不同的每 100 人疏散宽度指标。4 层以上的建筑每层的宽度疏散指标为 1.00 m/100 人。

2）疏散楼梯间

根据烟气对楼梯间的影响程度，疏散楼梯间一般分为敞开楼梯间、封闭楼梯间与防烟楼梯间。封闭楼梯间与防烟楼梯间分别有其不同的适用范围。防烟楼梯间在楼梯间入口处设有防烟前室，或设有专供排烟用的阳台、凹廊，设有防烟前室的防烟楼梯间需要进行机械加压送风。室外楼梯防烟效果好、经济，但适用范围有限。

3）疏散距离

民用建筑安全疏散距离的含义，一是要考虑房间内最远点到房门的疏散距离，二是从房门到疏散楼梯间或外部出口的距离。从房门到最近疏散楼梯间或外部出口的距离以 30 m 为均值，熟悉环境、体质好的疏散人员的建筑，如办公楼、教学楼等可适当宽松一些，公众聚集场所、陌生环境的建筑，如旅馆等应从严。民用建筑的安全疏散距离还与建筑类型、走廊是否开敞、楼梯间是否封闭、是否设自动喷水灭火系统以及房间的位置，是位于两个安全出口之间，或位于袋形走道两侧或尽端等因素有关。

4）其他疏散设施

消防电梯的用途在于发生火灾时供消防人员进行扑救高层建筑火灾。本章主要介绍了消防电梯的设置场所、设置数量要求、消防电梯的技术要求。

复习思考题

4.1 安全疏散有什么重要意义？

4.2 一座 8 层办公楼，设 1 台疏散楼梯和 2 台工作电梯，平时能够满足人员使用。这是否符合防火安全的有关规定？为什么？

4.3 什么是封闭楼梯间？哪些民用建筑需要设封闭楼梯间？什么是底层扩大的封闭楼梯间？可画图辅助说明。

4.4 什么是防烟楼梯间？哪些民用建筑需要设防烟楼梯间？可画图辅助说明。

4.5 室外疏散楼梯有哪些防火要求？

4.6 安全疏散距离的均值是多少？民用建筑的安全疏散距离与哪些因素有关？它是如何规定的？

4.7 消防电梯的数量是如何确定的？设置消防电梯有何要求？

4.8 建筑设置火灾应急照明的部位有哪些？疏散指示标志有何技术要求？

5 室内装修防火

5.1 概述

近年来，随着国民经济建设的迅速发展，在现代意识潮流的冲击下，无论是新建筑的建造，还是旧建筑的改造，特别是商业性建筑的新建和改建，都不惜巨额资金进行建筑室内装修。但是，采用大量可燃材料装修既增加了火险隐患，同时又可能对原有的火灾自动报警系统和自动灭火系统带来影响甚至破坏。因此，做好建筑的室内装修防火设计是一个非常重要的问题，装修防火成为当前消防科研的重要课题之一。

5.1.1 建筑室内装修火灾案例与教训

为使大家对装修火灾有初步了解，以下分析研究两例建筑室内装修火灾案例。通过分析火灾案例，可以从中找出火灾发生及蔓延的原因，了解火灾造成的人民生命财产损失概况，并吸取经验教训，预防和减少火灾的发生，降低火灾危害。

1）美国米高梅旅馆火灾

（1）建筑概况　米高梅旅馆投资1亿美元，于1973年建成，同年12月营业。该旅馆大楼为26层，占地面积3 000 m^2，客房2 076套，拥有4 600 m^2 的大赌场，有1 200个座位的剧场，有可供11 000人同时就餐的80个餐厅及百货商场等。旅馆设施豪华，装修精致，是一座富丽堂皇的现代化旅馆。

（2）火灾发展情况　1980年11月21日7时10分左右，“戴丽”餐厅（与一楼赌场邻接）发生火灾，使用水枪扑救，未能成功。由于餐厅内有大量可燃塑料、纸制品和装饰品等，火势迅速蔓延，不久餐厅变成火海。因未设置防火分隔，火势很快发展到邻接的赌场。7时25分，整个赌场也变成火海，大量易燃装饰物、胶合板、泡沫塑料坐垫等在燃烧中放出有毒烟气。

着火后，旅馆内空调系统没有关闭，烟气通过空调管道到处扩散。火和烟气通过楼梯井、电梯井和各种竖向孔洞及缝隙向上蔓延，在很短时间内，烟雾充满了整个旅馆大楼。

发生火灾时，旅馆内有5 000余人。由于没有报警，客房没有及时发现火灾。许多人闻到焦臭味，见到浓烟或听到敲门声，玻璃破碎声和直升机声后才知道旅馆发生了火灾。一部分人员被及时疏散出大楼，另一部分人员被困在楼内，许多人穿着睡衣，带着财物涌向楼顶，等待直升机营救。有些旅客因楼梯间门反锁，进入死胡同而丧命。消防队7时15分接警后，调集了500余名消防队员投入灭火和营救，经2个多小时扑救才将大火扑灭。由于楼内人员多，疏散营救工作用了4个多小时。

火灾损失共造成4 600 m^2 的大赌场室内装饰、用具和“戴丽”餐厅以及许多公共房间的装饰、家具等财物大部分被烧毁，死亡 84 人，受伤 679 人。

(3) 主要经验教训

① 吊顶上部空间的电线短路是引发火灾的直接原因，火灾发现之前已阴燃了数小时。

② 室内装修、陈设均为木质、纸质及塑料制品(壁纸、地毯)的可燃材料是造成人员伤亡的主要原因。这些材料不仅加大了火灾荷载，而且燃烧速度很快，产生了大量有毒气体，加之火灾时没有关闭空调设备，有毒烟气经空调系统迅速吹到各个房间。在清理火场时发现，死亡的 84 人中就有 67 人是被烟熏窒息死亡的。

③ 大楼未采取防火分隔措施，甚至 4 600 m^2 的大赌场也没有采取任何防火分隔和挡烟措施。防火墙上开了许多大孔洞，穿过楼板的各种管道缝隙也未堵塞，电梯和楼梯井也没有防火分隔，因而给火灾蔓延形成了条件，烟火通过这些竖井迅速向上蔓延，使得在很短时间内，浓烟笼罩整个大楼，浓烟烈焰翻滚冲上，高出大楼顶约 150 m。

④ 大楼内的消防设施很不完善，仅安装了手动火灾报警装置和消火栓给水系统，只有赌场、地下室、第 26 层安装了自动喷水灭火设备。起火部位的“戴丽”餐厅没有安装自动喷水灭火设备，烧损最为严重；拥有 1 200 个座位的剧场也没有设置消火栓系统；死人最多的第 20～25 层均未安装自动喷水灭火设备。

2) 唐山林西商场火灾

(1) 建筑概况　林西百货大楼是唐山市东矿区商业局下属的企业。商场主营业楼为坐南朝北的 3 层二级耐火等级临街建筑，营业面积为 2 980 m^2，采用框架结构。主楼东端南侧是 237 m^2 的单层家具厅，与主营业厅相通。家具厅南面是正在施工的每层 474 m^2 的两层车房。

(2) 火灾发展情况　1993 年 2 月 14 日 13 时 15 分左右，林西百货商场发生火灾。火灾是由于建筑物改造过程中违章进行电焊溅落的火星引燃的海绵床垫引起的。附近的营业员发现后，找来了一只灭火器，但不会使用，致使未能控制初期火灾。营业员想报警，但大楼的电话被锁住了，只好到附近一家商店打 119 报警，而此时火势已相当大了。

失火时，商场首层的家具营业部正在进行改造。为了在顶棚进行扩建，凿开了多个孔洞，并一边施工一边营业。当天 11 时左右，电焊火花曾引燃了营业部办公桌上的纸盒，被营业员扑灭了。但火情仅过了一个多小时，施工人员再次动用电焊，火星落在一人多高的海绵床垫上，从而引发了这起损失惨重的火灾。

大火延续了三个多小时才基本扑灭。火灾中死亡 81 人，伤 53 人，直接经济损失约 401 万元。

(3) 主要经验教训

① 商场违章装修是引发火灾的直接原因。家具营业厅内存放着大量易燃物品，在这种情况下动用明火必须采取保护措施。施工队在未采取任何保护措施的情况下又让没有电焊技术的民工进行作业，引起了火灾。

② 商场无防火、防烟分区。起火点处堆放 50 余床海绵床垫和 40 余捆化纤地毯，使火灾发展迅速。大楼装修使用大量的木质材料，使营业厅内形成猛烈燃烧，加之楼板上开洞，火灾仅十几分钟就由首层烧到了三层，楼梯间成了蔓延烟火的“烟囱”。

③ 出入口数量不足。火灾中一层的出口被烟火封住，二、三层的人员无法逃出，很快被火灾产生的有毒烟气窒息。

5.1.2 建筑室内装修与火灾危险性

1）室内装修的定义和范围

室内装修是指建筑内部空间的装饰物品或材料之间的相互关系。从建筑防火的角度看，有关国家对建筑室内装修的范围有如下的定义。

美国防火协会的《生命安全法规》第 6 章称，室内装修包括室内墙壁与天花板及室内地板装修。室内墙壁及天花板装修系指建筑物室内暴露出的墙与天花板的表面，包括（但不限于）固定表面，包括可使用于一般装修地面或楼梯踏面与踏步立面的覆盖物。

建筑官员及法规行政国际协会的《建筑法规》规定：室内装修应包括所有壁板、墙板或其他装修材料。不论它们是在结构体上使用，还是用于音响处理、绝缘装饰等类似用途，均应包括在内。

国际建筑管理协会的统一建筑法规称，室内墙壁及天花板装修，应指室内壁板、墙板或其他结构上应用或用于装饰、音响修正、表面绝缘或类似目的的装修。传统类的室内地板装修，如木材、乙烯石棉地砖、油毡及其他弹性地面覆盖物。

从总体上看，建筑室内装修至少包括墙面、地面、顶棚三大基本部分。

根据我国的实际情况，2001 年版《建筑内部装修设计防火规范》（GB 50222—1995），对以下装修材料提出了具体的防火性能要求。

（1）饰面材料：在房间和通道墙壁上的贴面材料；房间和通道的吊顶材料；嵌入吊顶中的导光材料；地面上的饰面材料；以及用于绝缘的饰面材料等。

（2）装饰件：固定或悬吊在墙上的装饰画、雕刻板、凸起造型图案等。

（3）悬挂物件：布置在各部位的挂毯、帘布、幕布等。

（4）活动隔断：可伸缩滑动和自由拆装的隔断。

（5）大型家具：大型的笨重家具，这些家具一般是固定的，如收银台、酒吧柜台等；有些布置在建筑内的轻板结构，如货架、档案柜、展台、讲台等。

（6）装饰织物：窗帘、家具包布、床罩等纺织物品。

2）建筑室内装修的火灾危险性

建筑火灾统计资料表明，许多建筑火灾都是由于其内部装修材料的燃烧引起的。目前，在建筑中为了减轻结构自重，方便建筑内空间的合理划分和室内装饰的美观，大量的使用了可燃易燃的建筑材料和装饰物品，从而加大了建筑中的火灾荷载，增大了建筑火灾的危险性。

建筑室内装修的火灾危险性主要表现在以下几个方面：

（1）建筑发生火灾的概率增大。建筑室内装修采用可燃、易燃材料多、范围大，则火源接触到的机会就多，因而引发火灾的可能性增大。

（2）造成室内轰燃提前发生。室内装修对火灾的影响主要表现在火灾初期，即在轰燃之前，它对初期火灾的发展速度影响很大。

所谓轰燃，是指火灾中在一限定空间内可燃物的表面全部卷入燃烧的瞬间状态。在起火后一定时间内，随着室内火势增大，温度升高，未燃可燃物热分解生成的可燃气体逐渐增多，当可燃气体在室内聚集达到一定浓度，而且室内温度已达到或超过一定值时，就会“轰”的一下，使整个室内空间全面燃烧起来。一般来说，轰燃之前，火灾处于初起阶段，火灾范围小，室内温度较低，是扑灭火灾和人员疏散的有利时机。而一旦发生了轰燃，则火灾进入全面的猛烈燃烧范围阶段，室内人员已无法疏散，火灾已很难扑救。

建筑防火设计的一个重要方面，就是要保证在建筑发生火灾时，设法延长初期火灾的时间，以便有充分的时间疏散人员和物资，等待消防队到达，迅速组织灭火力量扑灭火灾。所以，推迟轰燃的出现时间是防火设计的重要目标之一。

建筑物发生轰燃的时间长短除与建筑物内可燃物品的性质、数量有关外，与建筑物内是否进行装修及装修的材料的关系极大。装修后建筑物内更加封闭，热量不易散发，加之可燃装修材料导热性能差，热容小，易积蓄热量，因此会促使建筑物内温度上升，缩短轰燃前的酝酿时间。根据有关试验，一般建筑物轰燃发生的时间是：用可燃物装修时，为 3 min 以内；当难燃烧材料装修时，为 4～5 min；用不燃烧材料装修时，为 6～8 min；未装修的大于 8 min。室内火灾一旦达到轰燃进入全面、猛烈燃烧阶段，则可燃材料装修就成为火灾蔓延的重要途径，而使火灾蔓延扩大。

(3) 传播火焰，使火势迅速蔓延扩大。建筑一旦发生火灾，可燃、易燃性装修材料在被引燃、发生燃烧的同时，会把火焰传播开来，造成火势迅速蔓延。火势在建筑物内的蔓延可以通过顶棚、墙面和地面的可燃装修材料从房间蔓延到走道，再由走道蔓延到竖向的孔洞、竖井等向上层蔓延。在建筑外部，火势可以通过外墙窗口等引燃上一层的窗帘、窗纱、窗帘盒等可燃装修材料而使火灾蔓延扩大，形成大面积火灾。

(4) 增大了建筑内的火灾荷载。由于室内装修采用的材料，大部分是易燃、可燃的，它不但增大了建筑物内的火灾荷载，使火灾持续时间长，燃烧更加猛烈，而且会出现持续性高温，对建筑结构产生严重危害，也使消防队抢险救火的难度加大。

(5) 室内装修材料燃烧能产生烟雾和有毒气体，使人们的疏散行动、火灾扑救工作难于进行，是造成火灾中人员伤亡的主要原因。

5.1.3 建筑室内装修材料的分类与分级

1) 建筑室内装修材料的分类

建筑物的用途及部位不同，对装修材料燃烧性能的要求也应不同。为了便于对材料的燃烧性能测试和分级，安全合理地根据建筑的规模、用途、场所、部位等选用室内装修材料，按装修材料在室内装修中的使用部位和功能，将其划分为 7 类：顶棚装修材料、墙面装修材料、地面装修材料、隔断装修材料、固定家具、装饰织物（包括窗帘、帷幕、床罩、家具包布等）及其他装饰材料（包括楼梯扶手、挂镜线、踢脚板、窗帘盒、暖气罩等）。

隔断是指不到顶的隔断，到顶的固定隔断装修应与墙面的规定相同。柱面的装修应与墙面的规定相同。兼有空间分隔功能的到顶橱柜应认定为固定家具。

2) 建筑室内装修材料的分级

根据装修材料的不同燃烧性能，可将室内装修材料分为 4 级，见表 5.1。

表 5.1　　装修材料燃烧性能等级

等级	装修材料燃烧性能	等级	装修材料燃烧性能
A	不燃性	B_2	可燃性
B_1	难燃性	B_3	易燃性

装修材料在等级划分时应注意以下几点问题：

(1) 安装在金属龙骨上燃烧性能达到 B_1 级的纸面石膏板、矿棉吸声板，可作为 A 级装修材料使用。

(2) 单位面积质量小于 300 g/m^2的纸质、布质壁纸，当直接粘贴在 A 级基材上时，可作为 B1 级装修材料使用。

(3) 施涂于 A 级基材上的无机装修涂料，可作为 A 级装修材料使用；施涂于 A 级基材上，湿涂覆比小于 1.5 kg/m^2，且涂层干膜厚度不大于 1.0 mm 的有机装修涂料，可作为 B_1 级装修材料使用。

(4) 当使用多层装修材料时，各层装修材料的燃烧性能等级均应符合本规范的规定。复合型装修材料的燃烧性能等级应进行整体检测确定。

5.2 装修防火要求

5.2.1 建筑室内装修防火的基本原则

1) 预防为主，防消结合

为了保障建筑内部装修的消防安全，必须贯彻“预防为主、防消结合”的工作方针，在装修工程中严格执行《建筑内部装修设计防火规范》，积极采用先进的防火技术，做到“防患于未然”，防止和减少建筑物火灾的危害，确保人们生命财产安全。

2) 安全与美观的原则

装修的第一目的就是给人类创造一个美好和温馨的工作、生活环境，因而美观、漂亮是装修设计的基点，不能体现出这一点的装修无疑是失败的。装修设计意图的实现，最终依赖于各种装修材料。然而现代装饰材料有一个共同特点，就是较之传统的建筑材料更具有可燃性和发烟性，因而在实际工作中必须正确处理好装修效果与使用安全之间的矛盾，做到安全第一、美观第二，在满足规范要求的基础上方能考虑美观装饰。自觉购买、使用防火阻燃材料和安全性能较高的电线、电器、电器开关，将火灾隐患消灭在萌芽状态。

3) 从严要求的原则

(1) 重要的建筑比一般建筑要求严，地下建筑比地上建筑要求严，高层建筑比地上建筑要求严，对 100 m 以上的超高层建筑比一般高层建筑要求严。

(2) 建筑物防火的重点部位，如公共活动区、楼梯、疏散走道及危险性大的场所等，其要求比一般建筑部位要求严。

(3) 顶棚的要求严于墙面，墙面的要求严于地面(架空地面与顶棚相同)，悬挂物(如窗帘、幕布等)的要求严于粘贴在基材上的物件。

(4) 固定消防设施比装修效果更重要，不能强调装修效果而影响消防设施的使用功能。

5.2.2 民用建筑室内装修防火的一般要求

建筑室内装修防火设计中，有一些问题具有共性。民用建筑室内装修防火设计应符合下列一般要求。

(1) 建筑内部装修不应擅自减少、改动、拆除、遮挡消防设施、疏散指示标志、安全出口、疏散出口、疏散走道和防火分区、防烟分区等。

(2) 建筑内部消火栓箱门不应被装饰物遮掩，消火栓箱门四周的装修材料颜色应与消火栓箱门的颜色有明显区别或在消火栓箱门表面设置发光标志。

(3) 疏散走道和安全出口的顶棚、墙面不应采用影响人员安全疏散的镜面反光材料。

(4) 地上建筑的水平疏散走道和安全出口的门厅，其顶棚应采用A级装修材料，其他部位应采用不低于B_1级的装修材料；地下民用建筑的疏散走道和安全出口的门厅，其顶棚、墙面和地面均应采用A级装修材料。

(5) 疏散楼梯间和前室的顶棚、墙面和地面均应采用A级装修材料。

(6) 建筑物内设有上下层相连通的中庭、走马廊、开敞楼梯、自动扶梯时，其连通部位的顶棚、墙面应采用A级装修材料，其他部位应采用不低于B_1级的装修材料。

(7) 无窗房间内部装修材料的燃烧性能等级除A级外，应在规定的基础上提高一级。

(8) 消防水泵房、机械加压送风排烟机房、固定灭火系统钢瓶间、配电室、变压器室、发电机房、储油间、通风和空调机房等，其内部所有装修均应采用A级装修材料。

(9) 消防控制室等重要房间，其顶棚和墙面应采用A级装修材料，地面及其他装修应采用不低于B_1级的装修材料。

(10) 建筑物内的厨房，其顶棚、墙面、地面均应采用A级装修材料。

(11) 经常使用明火器具的餐厅、科研试验室，其装修材料的燃烧性能等级除A级外，应在规定的基础上提高一级。

(12) 展览性场所装修设计应符合下列规定：

① 展台材料应采用不低于B_1级的装修材料。

② 在展厅设置电加热设备的餐饮操作区内，与电加热设备贴邻的墙面、操作台均应采用A级装修材料。

③ 展台与卤钨灯等高温照明灯具贴邻部位的材料应采用A级装修材料。

5.2.3 单层、多层民用建筑室内装修防火要求

单层、多层民用建筑室内各部位装修材料的燃烧性能等级，应不低于表5.2的规定。

表5.2 单层、多层民用建筑内部各部位装修材料的燃烧性能等级

序号	建筑物及场所	建筑规模、性质	装修材料燃烧性能等级							
			顶棚	墙面	地面	隔断	固定家具	装饰织物		其他装修装饰材料
								窗帘	帷幕	
1	候机楼的候机大厅、贵宾候机室、售票厅、商店、餐饮场所等	—	A	A	B_1	B_1	B_1	B_1	—	B_1
2	汽车站、火车站、轮船客运站的候车(船)室、餐厅、商场等	建筑面积>10 000 m^2	A	A	B_1	B_1	B_1	B_1	—	B_2
		建筑面积≤10 000 m^2	A	B_1	B_1	B_1	B_1	B_1	—	B_2
3	观众厅、会议厅、多功能厅、等候厅等	每个厅建筑面积>400 m^2	A	A	B_1	B_1	B_1	B_1	B_1	B_1
		每个厅建筑面积≤400 m^2	A	B_1	B_1	B_1	B_2	B_1	B_1	B_2
4	体育馆	>3 000座位	A	A	B_1	B_1	B_1	B_1	B_1	B_2
		≤3 000座位	A	B_1	B_1	B_1	B_2	B_2	B_1	B_2
5	商店的营业厅	每层建筑面积>1 500 m^2或建筑总面积>3 000 m^2	A	B_1	B_1	B_1	B_1	B_1	—	B_2
		每层建筑面积≤1 500 m^2或总建筑面积≤3 000 m^2	A	B_1	B_1	B_1	B_2	B_1	—	—

续表 5.2

序号	建筑物及场所	建筑规模、性质	装修材料燃烧性能等级							
			顶棚	墙面	地面	隔断	固定家具	装饰织物		其他装修装饰材料
								窗帘	帷幕	
6	宾馆、饭店的客房及公共活动用房	设置送风道(管)的集中空气调节系统	A	B_1	B_1	B_1	B_2	B_2	—	B_2
		其他	B_1	B_1	B_2	B_2	B_2	B_2	—	—
7	养老院、托儿所、幼儿园的居住及活动场所	—	A	A	B_1	B_1	B_2	B_1	—	B_2
8	医院的病房区、诊疗区、手术区	—	A	A	B_1	B_1	B_2	B_1	—	B_2
9	教学场所、教学实验场所	—	A	B_1	B_2	B_2	B_2	B_2	B_2	B_2
10	纪念馆、展览馆、博物馆、图书馆、档案馆、资料馆等的公共活动场所	—	A	B_1	B_1	B_1	B_2	B_1	—	B_2
11	存放文物、纪念展览物品、重要图书、档案、资料的场所	—	A	A	B_1	B_1	B_2	B_1	—	B_2
12	歌舞娱乐游艺场所	—	A	B_1	B_1	B_1	B_1	B_1	B_1	B_1
13	A、B级电子信息系统机房及装有重要机器、仪器的房间	—	A	A	B_1	B_1	B_1	B_1	B_1	B_1
14	餐饮场所	营业面积＞100 m²	A	B_1	B_1	B_1	B_2	B_1	—	B_1
		营业面积≤100 m²	B_1	B_1	B_1	B_2	B_2	B_2	—	B_2
15	办公场所	设置送回风道(管)的集中空气调节系统	A	B_1	B_1	B_1	B_2	B_2	—	B_2
		其他	B_1	B_1	B_2	B_2	B_2	—	—	—
16	其他公共场所	—	B_1	B_1	B_2	B_2	B_2	—	—	—
17	住宅	—	B_1	B_1	B_1	B_1	B_2	B_2	—	B_2

单层、多层民用建筑在进行室内装修防火设计时，应注意以下事项：

(1) 除本书 5.2.2 节规定的场所和表 5.2 序号为 11～13 规定的部位外，单层、多层民用建筑内面积小于 100 m² 的房间，当采用耐火极限不低于 2.00 h 的防火隔墙和甲级防火门、窗与其他部位分隔时，其装修材料的燃烧性能等级可在本规范表 5.1.1 的基础上降低一级。

(2) 除本书 5.2.2 节规定的场所和表 5.2 中序号为 11～13 规定的部位外，当单层、多层民用建筑需做内部装修的空间内装有自动灭火系统时，除顶棚外，其内部装修材料的燃烧性能等级可在表 5.2 规定的基础上降低一级；当同时装有火灾自动报警装置和自动灭火系统时，其装修材料的燃烧性能等级可在表 5.2 规定的基础上降低一级。

5.2.4 高层民用建筑室内装修防火要求

高层民用建筑室内各部位装修材料的燃烧性能等级，应不低于表 5.3 的规定。

表 5.3 高层民用建筑内部各部位装修材料的燃烧性能等级

序号	建筑物及场所	建筑规模、性质	装修材料燃烧性能等级									
			顶棚	墙面	地面	隔断	固定家具	装饰织物				其他装修装饰材料
								窗帘	帷幕	床罩	家具包布	
1	候机楼的候机大厅、贵宾候机机室、售票厅、商店、餐饮场所等	—	A	A	B_1	B_1	B_1	B_1	—	—	—	B_1
2	汽车站、火车站、轮船客运站的候车(船)室、商店、餐饮场所等	建筑面积>100 000 m^2	A	A	B_1	B_1	B_1	B_1	—	—	—	B_2
		建筑面积≤100 000 m^2	A	B_1	B_1	B_1	B_1	B_1	—	—	—	B_2
3	观众厅、会议厅、多功能厅、等候厅等	每个厅建筑面积>400 m^2	A	A	B_1	B_1	B_1	B_1	B_1	—	B_1	B_1
		每个厅建筑面积≤400 m^2	A	B_1	B_1	B_1	B_2	B_1	B_1	—	B_1	B_1
4	商店的营业厅	每层建筑面积>1 500 m^2 或总建筑面积>3 000 m^2	A	B_1	B_1	B_1	B_1	B_1	B_1	—	B_2	B_1
		每层建筑面积≤1 500 m^2 或总建筑面积≤3 000 m^2	A	B_1	B_1	B_1	B_1	B_1	B_2	—	B_2	B_2
5	宾馆、饭店的客房及公共活动用房等	一类建筑	A	B_1	B_1	B_1	B_2	B_1	—	B_1	B_2	B_1
		二类建筑	A	B_1	B_1	B_1	B_2	B_2	—	B_2	B_2	B_2
6	养老院、托儿所、幼儿园的居住及活动场所	—	A	A	B_1	B_1	B_2	B_1	—	B_2	B_2	B_1
7	医院的病房区、诊疗区、手术区	—	A	A	B_1	B_1	B_2	B_1	B_1	—	B_2	B_1
8	教学场所、教学实验场所	—	A	B_1	B_2	B_2	B_2	B_1	B_1	—	B_1	B_2
9	纪念馆、展览馆、博物馆、图书馆、档案馆、资料馆等的公众活动场所	一类建筑	A	B_1	B_1	B_1	B_2	B_1	B_1	—	B_1	B_1
		二类建筑	A	B_1	B_1	B_1	B_2	B_1	B_2	—	B_2	B_2
10	存放文物、纪念展览物品、重要图书、档案、资料的场所	—	A	A	B_1	B_1	B_2	B_1	—	—	B_1	B_2
11	歌舞娱乐游艺场所	—	A	B_1	B_1	B_1	B_1	B_1	B_1	B_1	B_1	B_1
12	A、B级电子信息系统机房及装有重要机器、仪器的房间	—	A	A	B_1	B_1	B_1	B_1	B_1	—	B_1	B_1
13	餐饮场所	—	A	B_1	B_1	B_1	B_2	B_1	—	—	B_1	B_2

高层民用建筑在进行室内装修防火设计时，应注意以下事项：

(1) 除本书 5.2.2 节规定的场所和表 5.3 中序号为 10～12 规定的部位外，高层民用建筑的裙房内面积小于 500 m^2 的房间，当设有自动灭火系统，并且采用耐火极限不低于 2.00 h 的防火隔墙和甲级防火门、窗与其他部位分隔时，顶棚、墙面、地面装修材料的燃烧性能等级可在本规范表 5.3 规定的基础上降低一级。

(2) 除本书 5.2.2 节规定的场所和表 5.3 中序号为 10～12 规定的部位外，以及大于 400 m^2 的观众厅、会议厅和 100 m 以上的高层民用建筑外，当设有火灾自动报警装置和自动灭火系统时，除顶棚外，其内部装修材料的燃烧性能等级可在表5.3规定的基础上降低一级。

(3) 电视塔等特殊高层建筑的内部装修，装饰织物应采用不低于B_1级的材料，其他均应采用A级装修材料。

5.2.5 地下民用建筑室内装修防火要求

地下民用建筑室内各部位装修材料的燃烧性能等级，应不低于表5.4中的规定。

表5.4　地下民用建筑室内各部位装修材料燃烧性能等级

序号	建筑物及场所	装修材料燃烧性能等级						
		顶棚	墙面	地面	隔断	固定家具	装饰织物	其他装饰材料
1	观众厅、会议厅、多功能厅、等候厅等，商店的营业厅	A	A	A	B_1	B_1	B_1	B_2
2	宾馆、饭店的客房及公共活动用房等	A	B_1	B_1	B_1	B_1	B_1	B_2
3	医院的诊疗区、手术区	A	A	B_1	B_1	B_1	B_1	B_2
4	教学场所、教学实验场所	A	A	B_1	B_2	B_2	B_1	B_2
5	纪念馆、展览馆、博物馆、图书馆、档案馆、资料馆等的公众活动场所	A	A	B_1	B_1	B_1	B_1	B_1
6	存放文物、纪念展览馆物品、重要图书、档案、资料的场所	A	A	A	A	A	B_1	B_1
7	歌舞娱乐游艺场所	A	A	B_1	B_1	B_1	B_1	B_1
8	A、B级电子信息系统机房及装有重要机器、仪器的房间	A	A	B_1	B_1	B_1	B_1	B_1
9	餐饮场所	A	A	A	B_1	B_1	B_1	B_2
10	办公场所	A	B_1	B_1	B_1	B_1	B_2	B_2
11	其他公共场所	A	B_1	B_1	B_2	B_2	B_2	B_2
12	汽车库、修车库	A	A	B_1	A	A	—	—

注：地下民用建筑系指单层、多层、高层民用建筑的地下部分，单独建造在地下的民用建筑以及平战结合的地下人防工程。

地下民用建筑在进行室内装修防火设计时，应注意：

除本教材5.2.2规定的场所和表5.4中序号为6～8规定的部位外，单独建造的地下民用建筑的地上部分，其门厅、休息室、办公室等内部装修材料的燃烧性能等级可在表5.4的基础上降低一级。

本章小结

本章主要介绍建筑室内装修的定义与范围、建筑室内装修的火灾危险性、建筑室内装修材料的分类与分级，重点介绍了民用建筑室内装修防火的基本原则和一般要求，以及各类建筑(具体包括单层、多层民用建筑，高层民用建筑，地下民用建筑)的室内装修防火要求。

1）建筑室内装修的定义与范围

室内装修是指建筑内部空间的装饰物品或材料之间的相互关系。

从总体上看，建筑室内装修至少包括顶棚、墙面、地面3大基本部分。

2）建筑室内装修材料的分类与分级

按装修材料在室内装修中的使用部位和功能，将其划分为7类，即：顶棚装修材料、墙面装修材料、地面装修材料、隔断装修材料、固定家具、装饰织物及其他装饰材料。

按装修材料的不同燃烧性能，可将室内装修材料分为4级：不燃性（A）、难燃性（B_1）、可燃性（B_2）和易燃性（B_3）。

3）建筑室内装修的要求

建筑室内装修防火设计时，首先应符合《装规》的一般要求，如无窗房间、图书室等；同时，该规范对各类建筑包括单层、多层民用建筑，高层民用建筑，地下民用建筑及工业厂房等的室内装修防火分别作出了要求。

复习思考题

5.1　什么是室内装修？

5.2　建筑室内装修的火灾危险性主要表现在哪几个方面？

5.3　什么是轰燃？

5.4　室内装修材料可分为哪几类？按燃烧性能可分为哪几个级别？

5.5　简述民用建筑室内装修防火的一般要求。

6 建筑灭火器配置

灭火器是火灾扑救中常用的灭火工具之一。在火灾初起之时，由于范围小与火势弱，这时是扑救火灾的最有利时机；同时，正确并及时使用灭火器可以挽回巨大的损失。灭火器一般由筒体、器头和喷嘴等部件组成，借助驱动压力将所充装的灭火剂喷出以达到灭火的目的，因其结构简单、操作方便和轻便灵活，经训练即可掌握其操作方法，广泛配置于工业与民用建筑各种火灾危险性场所，是扑救各类初期火灾的基本消防器材，对减少火灾损失、保护人身与财产的安全有着重要作用。

6.1 概述

6.1.1 灭火器发展

灭火器最早形式可追溯到古代人类用来扑灭火灾的钩、斧、锹与桶之类最简单的器件，以及扑救火灾的简易装水器皿。随着科技进步与火灾科学深入发展，以及人们在灭火实践中的不断认识，灭火器历经以下几个主要的发展阶段：

(1) 1816 年，英国船长、诺福克郡人曼比发明利用充有压缩空气装水圆桶来扑救火灾，这个带压缩空气装水圆桶就是世界上有文字记载的第一个正式与专用的灭火器，其标志着灭火器的诞生。

(2) 19 世纪中叶，法国医生加利埃将碳酸氢钠和水混合装在一个筒内，另将一个盛着硫酸的玻璃瓶置于筒内，扑救火灾时用撞针击破玻璃瓶，使化学物质混合发生化学反应，放出二氧化碳，把水压出筒外灭火，即为现在手提式化学灭火器的原型。

(3) 1905 年，俄国的劳伦特教授在圣彼得堡发明一种泡沫灭火剂，将硫酸铝与碳酸氢钠溶液混合并加入稳定剂，喷出后生成含有二氧化碳的泡沫，浮在燃烧的油、漆或汽油上，能有效地隔绝氧气，窒熄火焰，并逐步发展为目前的泡沫灭火器。

(4) 1909 年，美国的戴维森利用二氧化碳从灭火器内压出四氯化碳，这种液体会立即变成不可燃的较重气体以闷熄火焰，并取得专利。

(5) 此后随着科技的发展及扑救火灾的需要，相继研制出适应不同扑救对象与环境的各类新介质灭火器，如磷酸铵盐干粉灭火器、液态二氧化碳灭火器、空气泡沫灭火器与卤代烷灭火器等，并衍生出不同形式、规格与功能，以满足建筑初起火灾的扑救需要。

6.1.2 灭火器的分类、型号编码、铭牌与配置设计图例

1) 灭火器分类

灭火器发展到现在，为适应扑救火灾的不同性质、场所与环境等因素，灭火器的种类与

品目繁多，一般可以依据灭火剂类型、驱动动力来源与灭火器移动方式来划分。

(1) 按所充装的灭火剂类型分为清水型灭火器、酸碱型灭火器、泡沫型灭火器、干粉灭火器、卤代烷灭火器与二氧化碳灭火器等。

(2) 按驱动灭火器的压力方式分为储气瓶式、贮压式与化学反应式灭火器等。

(3) 按灭火器移动方式分为手提式灭火器、推车式灭火器、背负式灭火器、投掷式灭火器与悬挂式灭火器等。

2) 灭火器型号编码

我国灭火器的型号依据《消防产品型号编制方法》(GA/T 114—2003)编制，由类、组、特征代号以及主要参数 2 部分组成(图 6.1)。其中类、组、特征代号用大写汉语拼音字母表示；主要参数代表灭火器的充装量，用阿拉伯数字表示，阿拉伯数字代表灭火剂质量或容积，一般单位为千克或升。

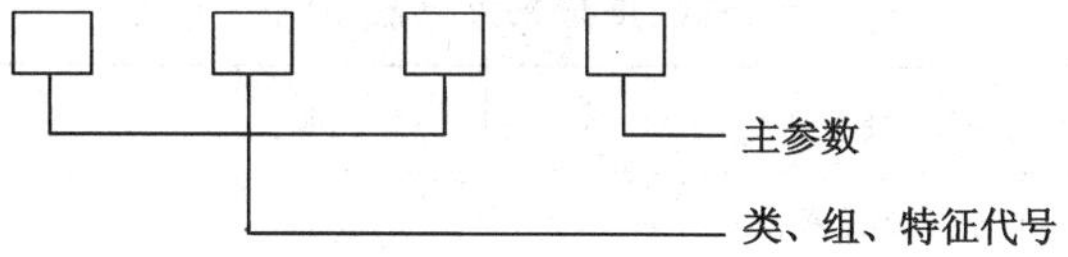

图 6.1 灭火器型号编码结构

(1) 第一字母为类的代码，即灭火器本身的代号，通常用 M 表示。

(2) 第二个字母标志灭火剂的类型，其中 F 代表干粉灭火剂、FL 代表磷铵干粉、T 代表二氧化碳灭火剂、Y 代表卤代烷灭火剂、P 代表泡沫、QP 代表轻水泡沫灭火剂、SQ 代表清水灭火剂。

(3) 第三个字母为各类灭火器结构特征代号，目前我国灭火器主要有手提式(包括手轮式)、推车式、鸭嘴式、舟车式与背负式 5 种，其中型号分别用大写字母 S，T，Z，Z 与 B 表示。

具体的型号编制方法与符号意义见表 6.1。如 MPZ-9，表示为 9L 舟车式泡沫灭火器；MFT-35，表示为 35 kg 推车式干粉灭火器；MF-5，表示为 5 kg 干粉灭火器。

表 6.1 灭火器的型号编制方法与符号意义

类	组	代号	特征	代号含义	主要参数	
					名称	单位
灭火器 M(灭)	水 S(水)	MS MSQ	酸碱 清水，Q(清)	手提式酸碱灭火器 手提式清水灭火器	灭火剂充装量	L
	泡沫 P(泡)	MP MPZ MPT	手提式 舟车式，Z(舟) 推车式，T(推)	手提式泡沫灭火器 舟车式泡沫灭火器 推车式泡沫灭火器		L
	干粉 F(粉)	MF MFB MFT	手提式 背负式，B(背) 推车式，T(推)	手提式干粉灭火器 背负式干粉灭火器 推车式干粉灭火器		kg
	二氧化碳 T(碳)	MT MTZ MTT	手提式 鸭嘴式，Z(嘴) 推车式，T(推)	手提式二氧化碳灭火器 鸭嘴式二氧化碳灭火器 推车式二氧化碳灭火器		kg
	1211 Y(1)	MY MYT	手提式 推车式	手提式 推车式 1211 灭火器		kg

3）灭火器铭牌与配置设计图例

（1）灭火器铭牌　灭火器本体通常为红色，合格灭火器的铭牌通常应包括：灭火器的名称、型号、商标与制造厂名称；灭火级别（灭火类型及能力）；以文字和图形说明灭火器的使用方法；使用范围与温度范围；灭火剂及驱动气体的种类和数量；进行定期检查的说明和检查周期；灭火器使用注意事项、毒性或电击危险的警告；灭火器水压试验压力数值；生产许可证（或批准文件的编号）与出厂年月等。且灭火剂的名称或代号、液化气体的质量或非液化气体在 20 ℃时的工作压力、气瓶质量、气瓶出厂年月与制造厂名称或代号等重要内容要以钢印形式打在灭火器储气瓶的瓶体上。

（2）灭火器配置设计图例　依据《灭规》的规定，建筑灭火器在配置设计时，其图例见表 6.2～表 6.4。

表 6.2　手提式、推车式灭火器图例

序号	图　例	名　称	序号	图　例	名　称
1		手提式灭火器 Portable fire extinguisher	2	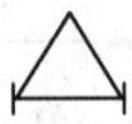	推车式灭火器 wheeled fire extinguisher

表 6.3　灭火剂图例

序号	图　例	名　称	序号	图　例	名　称
1		水 water	5	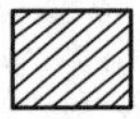	ABC 类干粉 ABCpowder
2		泡沫 Foam	6	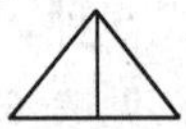	卤代烷 Halon
3		含有添加剂的水 Water with additive	7	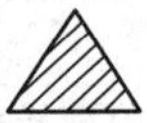	二氧化碳 Carbon dioxide(CO_2)
4		BC 类干粉 BC powder	8	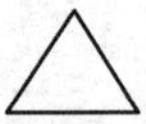	非卤代烷和二氧化碳类气体灭火剂 Extinguishing gas other than Halon or CO_2

表 6.4　几种常见灭火器图例

序号	图　例	名　称	序号	图　例	名　称
1	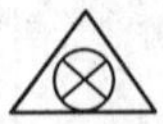	手提式清水灭火器 Water portable extinguisher	3		手提式二氧化碳灭火器 Carbon dioxide portable extinguisher
2	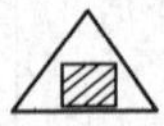	手提式 ABC 类干粉灭火器 ABC powder portable extinguisher	4		推车式 BC 类干粉灭火器 Wheeled BC powder extinguisher

6.1.3　灭火器相关法规与技术标准

灭火器作为初起火灾常见的灭火工具，灭火器质量、可靠性与合理配置等影响到灭火功能发挥。因此，国家对灭火器的制造、质量、配置、验收、维护与报废等制订相应的法规与技术标准，为依法、科学与合理的配置与使用灭火器提供保障。

1）灭火器配置、验收、维护与报废技术标准

这些技术标准主要有《灭规》、《建筑灭火器配置验收及检查规范》(GB 50444—2008)、《建规》、《手提式灭火器检验规则》(GA 90—94)与《1211灭火器报废规定》(GA 402—2002)等；其中《灭规》是灭火器配置、维护与报废的主要技术标准，先后历经多次修订，《建筑灭火器配置验收及检查规范》是灭火器配置验收、检查与维护的主要技术标准。

2）灭火器、灭火剂的性能与可靠性技术标准

这些技术标准主要包括《干粉灭火剂》(GB 4066.1.2—2004)、《低压二氧化碳灭火系统及部件》(GB 19572—2004)、《手提式灭火器》(GB 4351—2005)、《推车式灭火器》(GB 8109—2005)、《二氧化碳灭火剂》(GB 4396—2005)、《水系灭火剂》(GB 17835—2008)、《泡沫灭火剂》(GB 15308—2006)、《二氟一氯一溴甲烷灭火剂》(GB 4065—83)、《灭火剂基本术语》(GA 51—93)、《简易式灭火器》(GA 86—2009)与《灭火器箱》(GA 139—2009)等。

3）有关消防与防火等方面的法规与行业技术标准

这些法规和行业技术标准主要包括宏观性的消防基本法——《中华人民共和国消防法》(2009年修订)，《装规》与《建筑内部装修防火施工及验收规范》等建筑物防火法规与标准，以及《石油天然气工程设计防火规范》(GB 50183—2004)与《人规》等行业防火规范。

6.1.4 基本专业术语

1）灭火器配置场所

灭火器配置场所是指存在可燃的气体、液体与固体等物质，需要配置灭火器的场所。可能是建筑物内的一个房间(某个办公室、会议室与网吧等)，也可以是构筑物所占用的一个区域(可燃物堆场或油罐区等)。

2）计算单元

计算单元是指灭火器配置的计算区域。

3）保护距离

灭火器配置场所内，灭火器设置点到最不利点的直线行走距离称为保护距离。

4）灭火级别

灭火级别表示灭火器能够扑灭不同种类火灾的效能。它由表示灭火效能的数字和灭火种类的字母组成。

6.2 建筑灭火器的选择与设置

灭火器属于常备消防器材，应根据被保护场所的火灾危险性、可燃物料数量、火灾蔓延的速度、扑救难度与设备(或燃料)特点进行灭火器类型(灭火剂)选择，并根据被保护场所的面积与灭火器的灭火级别(保护面积和周长)确定灭火器的型号和数量。

6.2.1 火灾危险等级分类

配置灭火器的工业与民用建筑，其火灾危险等级可划分为：轻危险级、中危险级与严重危险级3个等级。被保护场所的火灾危险等级分类见表6.5～表6.7。

表 6.5　工业建筑场所与火灾危险等级对应关系

危险等级 / 工业建筑	严重危险级	中危险级	轻危险级
厂　房	甲、乙类物品生产场所	丙类物品生产场所	丁、戊类物品生产场所
库　房	甲、乙类物品储存场所	丙类物品储存场所	丁、戊类物品储存场所

表 6.6　民用建筑危险因素与火灾危险等级对应关系

危险因素 / 危险等级	使用性质	人员密集程度	用电用火设备	可燃物数量	火灾蔓延速度	扑救难度
严重危险级	重　要	密　集	多	多	迅　速	大
中危险级	较重要	较密集	较　多	较　多	较迅速	较　大
轻危险级	一　般	不密集	较　少	较　少	较缓慢	较　小

表 6.7　灭火器配置场所危险等级分类表

危险等级	工业建筑	民用建筑
严重危险级	火灾危险性大，可燃物多，起火后蔓延迅速，扑救困难，容易造成重大损失的场所。如闪点＜60 ℃的油品和有机溶剂的提炼、回收、洗涤部位及泵房、灌桶间；液化石油气灌瓶间；化学危险品库房；甲、乙类液体储罐区、桶装库房、堆场等	使用性质重要，人员密集，用电用火多，可燃物多，起火后蔓延迅速，扑救困难，容易造成重大财产损失或人员群死群伤的场所。例如：县级及以上的文物保护单位、档案馆、博物馆的库房、展览室、阅览室；专用电子计算机房；建筑面积在 200 m^2 及以上的公共娱乐场所；超高层建筑和一类高层建筑的写字楼、公寓楼；汽车加油站、加气站等
中危险级	火灾危险性较大，可燃物较多，起火后蔓延较迅速，扑救较难的场所。如闪点≥60℃的油品和有机溶剂的提炼、回收工段及其抽送泵房；木制品、针织品、谷物的加工厂房和库房；柴油、机器油或变压器油灌桶间等	使用性质较重要，人员较密集，用电用火较多，可燃物较多起火后蔓延较迅速，扑救较难的场所。例如：广播电台电视台的会议室、资料室；百货楼、超市、综合商场的库房；体育场(馆)、电影院、剧院、会堂、礼堂的观众厅；二类高层建筑的写字楼、公寓楼；学校教室、教研室等
轻危险级	火灾危险性较小，可燃物较少，起火后蔓延较缓慢，扑救较易的场所。如金属加工厂房；仪表、器械或车辆装配车间；丁、戊类液体储罐区、桶装库房、堆场；非燃烧或难燃烧制品库房，原木堆场等	使用性质一般，人员不密集，用电用火较少，可燃物较少，起火后蔓延较缓慢，扑救较易的场所。例如：普通住宅；旅馆、饭店的客房；未设集中空调、电子计算机、复印机等设备的普通办公室等

6.2.2　灭火器的灭火级别

灭火器的灭火级别，根据《灭规》、《手提式灭火器通用技术条件》和《推车式灭火器性能要求和试验方法》的规定，以扑救 A 类和 B 类火灾能力表示，扑救 C 类和 D 类火灾的能力均不列级别，而仅表示其适用性。灭火器的灭火级别见表 6.8。

表 6.8　　灭火器适用灭火对象、规格与灭火级别

灭火器类型		灭火剂充装量 容积/L	灭火剂充装量 质量/kg	灭火器类型规格代码(型号)	灭火级别及使用对象 A类	B类	C类	D类	E类	ABCE
水型	手提式	3		MS/Q3	1A	×	×	×	×	×
				MS/T3		55B				
		6		MS/Q6	1A	×				
				MS/T6		55B				
		9		MS/Q9	2A	×				
				MS/T9		89B				
	推车式	20		MST20	4A	×	×	×	×	×
		45		MST40	4A	×				
		60		MST60	4A	×				
		125		MST125	6A	×				
泡沫型(化学泡沫)	手提式	3		MP3,MP/AR3	1A	55B	×	×	×	×
		4		MP4,MP/AR4	1A	55B				
		6		MP6,MP/AR6	1A	55B				
		9		MP9,MP/AR9	2A	89B				
	推车式	20		MPT20,MPT/AR20	4A	113B	×	×	×	×
		45		MPT40,MPT/AR40	4A	144B				
		60		MPT60,MPT/AR60	4A	233B				
		125		MPT125,MPT/AR125	6A	297B				
干粉(碳酸氢钠)	手提式		1	MF1	×	21B	O	×	▲	×
			2	MF2		21B				
			3	MF3		34B				
			4	MF4		55B				
			5	MF5		89B				
			6	MF6		89B				
			8	MF8		144B				
			10	MF10		144B				
	推车式		20	MFT20	×	183B	O	×	▲	×
			50	MFT50		297B				
			100	MFT100		297B				
			125	MFT125		297B				

续表 6.8

灭火器类型		灭火剂充装量		灭火器类型规格代码(型号)	灭火级别及使用对象					
		容积/L	质量/kg		A类	B类	C类	D类	E类	ABCE
干粉（磷酸铵盐）	手提式		1	MF/ABC1	1A	21B	O	×	▲	O
			2	MF/ABC2	1A	21B				
			3	MF/ABC3	2A	34B				
			4	MF/ABC4	2A	55B				
			5	MF/ABC5	3A	89B				
			6	MF/ABC6	3A	89B				
			8	MF/ABC8	4A	144B				
			10	MF/ABC10	6A	144B				
	推车式		20	MFT/ABC20	6A	183B	O	×	▲	O
			50	MFT/ABC50	8A	297B				
			100	MFT/ABC100	10A	297B				
			125	MFT/ABC125	10A	297B				
二氧化碳	手提式		2	MT2	×	21B	O	×	O	×
			3	MT3		21B				
			5	MT5		34B				
			7	MT7		55B				
	推车式		10	MTT10	×	55B	O	×	O	×
			20	MTT20		70B				
			30	MTT30		113B				
			50	MTT50		183B				

注：① O 表示“适用对象”；▲表示“精密仪器设备不宜选用”；×表示“不用”。

② D类火灾在我国目前还没有定型的灭火器产品，×表示“不适用”，一般可采用干砂或铸铁屑末来替代。

6.2.3 灭火器的选择

1）选择灭火器应考虑的因素

（1）灭火器配置场所的火灾种类与危险等级。

（2）灭火器的灭火效能和通用性。

（3）灭火剂对保护物品的污损程度，如精密机械、仪器仪表、电子设备、工艺品、图书档案等物品应不被灭火剂污损。

（4）灭火器设置点的环境条件与使用灭火器人员体能，如环境温度、是否易于取用等。

（5）在同一灭火器配置场所，宜选用相同类型和操作方法的灭火器。当同一灭火器配置场所存在不同火灾种类时，应选用通用型灭火器。

（6）在同一灭火器配配置场所，当选用 2 种或 2 种以上类型灭火器时，应采用灭火剂相容的灭火器（灭火剂不相容举例参见《灭规》附录 E）。

2）灭火器的类型选择

(1) A类火灾场所应选择水型灭火器、磷酸铵盐干粉灭火器、泡沫灭火器。

(2) B类火灾场所应选择泡沫灭火器、碳酸氢钠干粉灭火器、磷酸铵盐干粉灭火器、二氧化碳灭火器、灭B类火灾的水型灭火器。极性溶剂的B类火灾场所应选择灭B类火灾的抗溶性灭火器。

(3) C类火灾场所应选择磷酸铵盐干粉灭火器、碳酸氢钠干粉灭火器、二氧化碳灭火器或卤代烷灭火器。

(4) D类火灾场所应选择扑灭金属火灾的专用灭火器。

(5) E类火灾场所应选择磷酸铵盐干粉灭火器、碳酸氢钠干粉灭火器或二氧化碳灭火器。但不得选用装有金属喇叭喷筒的二氧化碳灭火器。

发生不同火灾类型场所灭火器类型的选择，具体可分别参见表6.8与表6.9。

表6.9　　灭火器类型适用性

灭火器类型 / 火灾类别	水型	干粉		泡沫		二氧化碳
		磷酸铵盐干粉	碳酸氢钠干粉	机械泡沫灭火器	抗溶泡沫	
A类	适用；水能冷却并穿透固体燃烧物质而灭火，并可有效防止复燃	适用；粉剂能附着在燃烧物的表面层，起到窒息作用	不适用；碳酸氢钠对固体可燃物无黏附作用，只能控火不能灭火	适用；具有冷却和覆盖燃烧物表面及与空气隔绝的作用		不适用；灭火器喷出的二氧化碳无液滴，全是气体，对A类火灾无效
B类	不适用；水射流冲击油面，会激溅油火，致使火势蔓延，灭火困难	适用；干粉灭火剂能快速窒息火焰，具有中断燃烧过程的连锁反应的化学活性		适用于扑救非极性溶剂和油品火灾，覆盖燃烧物表面，使其与空气隔绝	适用于扑救极性溶剂火灾	适用；二氧化碳靠气体堆积在燃烧物表面，稀释并隔绝空气
C类	不适用；灭火器喷出的细小水流对气体火灾作用很小，基本无效	适用；喷射干粉灭火剂能快速扑灭气体火焰，具有中止燃烧过程的连锁反应的化学活性		不适用；泡沫对可燃液体火灾灭火有效，但扑救可燃气体火灾基本无效		适用；二氧化碳窒息灭火，不留残迹，不污损设备
E类	不适用	适用	适用于带电的B类火灾	不适用		适用于带电的B类火灾

注：① 新型的添加了能灭B类火灾的添加剂的水型灭火器具有B类灭火级别，可灭B类火灾。

② 化学泡沫灭火器已淘汰；目前抗溶泡沫灭火器常用机械泡沫类型灭火器。

③ D类火灾在我国目前还没有定型的灭火器产品，可采用干砂或铸铁屑末替代。

④ 灭火器不得设置在超出其使用温度范围的地点；设置在室外的灭火器，应有防止日晒雨淋的保护措施。

6.2.4 灭火器的配置

1）灭火器的配置基准

灭火器的配置，应依据配置场所的火灾危险等级和灭火器的灭火级别（包括适用对象），确定灭火器的配置基准(即最小配置数量),其最低配置基准见表6.10。

表6.10　灭火器最低配置基准

扑救火的类别	A类火灾			B,C类火灾		
场所危险等级	轻危险级	中危险级	严重危险级	轻危险级	中危险级	严重危险级
单具灭火器最小灭火级别	1A	2A	3A	21B	55B	89B
每A或每B最大保护面积/m^2	100	75	50	1.5	1.0	0.5

注:① D类火灾场所的灭火器最低配置基准应根据金属的种类、物态及其特性等研究确定;E类火灾场所的灭火器最低配置基准不应低于该场所内A类(或B类)火灾的规定。

② 配置灭火器的规格和数量,其灭火器级别值的总和不得小于所需灭火器级别合计值。

灭火器设置点的位置和数量应根据灭火器的最大保护距离确定,应保证最不利点至少在1具灭火器的保护范围内,并符合以下一般性要求:

(1) 一个计算单元内配置的灭火器数量不得少于2具,每个设置点的灭火器数量不宜多于5具。

(2) 住宅楼每层的公共部位建筑面积超过100 m^2 时,应配置一具1 A的手提式灭火器;每增加100 m^2 时,增配1具1 A的手提式灭火器。

2) 灭火器的保护距离

灭火器的保护距离指的是配置场所内任一着火点至最近灭火器设置点的行走距离。

(1) 灭火器的最大保护距离仅受火灾种类、危险等级和灭火器类型(手提式或推车式),而与设置点配置灭火器的规格与数量无关。

(2) 若配置的计算单元为独立计算单元,灭火器的保护距离是指由灭火器设置点到最不利点(距灭火器设置点最远的地点)的直线行走距离,可忽略该计算单元(即一个房间一个灭火器配置场所)内桌椅冰箱等小型家具、家电的影响。

(3) 若配置的计算单元为组合计算单元中灭火器的保护距离,在有隔墙阻挡的情况下,可按从灭火器设置点出发,通过房门中点,到达最不利点的直线行走路线的各段折线长度之和计算。

A,B,C类场所灭火器的最大保护距离见表6.11。

表6.11　灭火器最大保护距离表　单位:m

扑救火的级别	A类			B,C类		
场所的危险等级	轻危险级	中危险级	严重危险级	轻危险级	中危险级	严重危险级
手提式灭火器	25	20	15	15	12	9
推车式灭火器	50	40	30	30	24	18

注:① 设置在E类场所的灭火器,其最大保护距离不应低于该场所内A类或B类火灾的规定。

② D类火灾场所的灭火器其最大保护距离应根据具体情况研究确定。

③ 同一保护场所可设多个设置点。

6.3 建筑灭火器配置设计

6.3.1 灭火器配置场所的计算单元

计算单元即灭火器配置的计算区域，包括独立计算单元与组合计算单元两大类。灭火器配置场所的计算单元应按下列规定划分：

(1) 灭火器配置场所的危险等级和火灾种类均相同的相邻场所，可将一个楼层或一个防火分区作为一个计算单元；如办公楼每层的成排办公室、宾馆每层的成排客房等，就可按层或防火分区将若干个配置场所合并作为一个计算单元配置灭火器。

(2) 灭火器配置场所的危险等级或火灾种类不相同的场所，应分别作为一个计算单元，如建筑物内相邻的化学实验室与电子计算机房等，就可分别单独作为一个计算单元配置灭火器，这时一个配置场所即为一个计算单元。

(3) 同一计算单元不得跨越防火分区与楼层，按楼层和防火分区进行考虑，一方面是为了便于建筑设计和审核人员掌握，另一方面也利于配置设计计算，并且能同其他标准和规范的概念和要求相协调。

6.3.2 灭火器配置场所的保护面积计算

建筑物应按其建筑面积确定灭火器配置场所的保护面积。

可燃物露天堆场、可燃气体储罐，以及甲、乙、丙类液体储罐区，应按堆场、储罐实际占地面积计算。

6.3.3 计算单元所需灭火级别

1) 一般建筑计算单元所需灭火级别

计算单元的最小需配灭火级别应按下式计算：

$$Q=K\frac{S}{U} \tag{6.1}$$

式中 Q——计算单元的最小需配灭火级别(A 或 B)；

S——灭火器配置场所的保护面积，m^2；

U——A 类火灾或 B 类火灾场所单位灭火级别最大保护面积(m^2/A 或 m^2/B)，查表 6.10 确定；

K——修正系数，按表 6.12 的规定取值。

表 6.12　修正系数取值

计算单元	K	计算单元	K
未设室内消火栓系统和灭火系统	1.0	可燃物露天堆场 甲、乙、丙类液体储罐区 可燃气体储罐区	0.3
设有室内消火栓系统	0.9		
设有灭火系统	0.7		
设有室内消火栓系统和灭火系统	0.5		

【例 6.1】 某一严重危险级的 A 类灭火器配置场所，保护面积为 1 000 m^2，且无室内消

火栓和灭火系统，试计算该配置场所所需的灭火级别；并讨论其计算单元如表 6.12 所列其他 3 种情况所需的灭火级别。

【解】 ① 根据题意，查表 6.10 与表 6.12 可知，$U=50\ m^2/A$，$K=1.0$，则：

$$Q=K\frac{S}{U}$$

$$Q_1=1.0\times\frac{1\,000}{50}A=20\ A$$

显然，20 A 就是该配置场所所需的灭火级别。

② 假如该配置场所仅设有室内消火栓，K 取值为 0.9，其所需的灭火级别为：

$$Q_2=0.9\times\frac{1\,000}{50}A=18\ A$$

③ 假如该配置场所仅设有灭火系统，K 取值为 0.7，其所需的灭火级别为：

$$Q_3=0.7\times\frac{1\,000}{50}A=14\ A$$

④ 假如该配置场所设有室内消火栓和灭火系统，K 取值为 0.5，其所需的灭火级别为：

$$Q_4=0.5\times\frac{1\,000}{50}A=10\ A$$

2）特殊建筑计算单元所需灭火级别

歌舞娱乐放映游艺场所、网吧、商场、寺庙以及地下等特殊场所的计算单元的最小需配灭火级别应按下式计算：

$$Q=1.3K\frac{S}{U} \tag{6.2}$$

① 若例 6.1 配置场所为地下建筑物，则该配置场所所需灭火级别为：

$$Q_1=1.3\times\frac{1\,000}{50}A=26\ A$$

② 若该地下配置场所仅设有灭火栓，则该配置场所所需的灭火级别为：

$$Q_2=1.3\times0.9\times\frac{1\,000}{50}A=23.4\ A$$

③ 若该地下配置场所仅设有灭火系统，则该配置场所所需的灭火级别为：

$$Q_3=1.3\times0.7\times\frac{1\,000}{50}A=18.2\ A$$

④ 若该配置场所设有消火栓和灭火系统，则该配置场所所需的灭火级别为：

$$Q_4=1.3\times0.5\times\frac{1\,000}{50}A=13\ A$$

6.3.4 计算单元中每个设置点的灭火级别

计算单元中每个设置点的灭火级别应按下式计算：

$$Q_e=\frac{Q}{N} \tag{6.3}$$

式中 Q_e——计算单元中每个设置点的灭火级别，A 或 B；

N——计算单元中的灭火器设置点的数量，主要依据计算单元尺寸与最大保护距离等因素来综合来考虑。

【例 6.2】 某一计算单元的灭火级别计算值为 20 A，在考虑了保护距离和灭火器实际设置位置的情况后,最终选定了 4 个设置点。试求每一个设置点的灭火级别。

【解】 依据式(6.3)得:

$$Q_e = \frac{20}{4}\ \mathrm{A} = 5\ \mathrm{A}$$

每一个设置点的灭火级别为 5A。

6.3.5 计算单元和设置点实际配置的灭火器的灭火级别

计算单元和设置点实际配置的灭火器的灭火级别均不得小于计算值。例如,算出某一计算单元灭火级别为 20 A,即 $Q=20$ A,则该计算单元实际配置灭火器的 A 类灭火级别(用 Q_t 表示)总和应大于或等于 20 A,即 $Q_t \geqslant 20$ A。若设置点为 4 个,则每个设置点实际配置的 A 类灭火器灭火级别(用 Q_s 表示)不应小于 Q_e(5 A),即 $Q_e \leqslant Q_s$。

另外,灭火器配置的设计与计算应按计算单元进行,灭火器最小需配灭火级别和最少需配数量的计算值应进位取整。

6.3.6 灭火器配置计算基本过程

灭火器配置的设计计算可按下述程序进行:

(1) 确定各灭火器配置场所的火灾种类和危险等级。

(2) 划分计算单元,计算各计算单元的保护面积。

(3) 计算各计算单元的最小需配灭火级别。

(4) 确定各计算单元中的灭火器设置点的位置和数量。

(5) 计算每个灭火器设置点的最小需配灭火级别。

(6) 确定每个设置点灭火器的类型、规格与数量。

(7) 确定每具灭火器的设置方式和要求。

(8) 在工程设计图上用灭火器图例和文字标明灭火器的型号、数量与设置位置。

6.4 建筑灭火器配置工程实例

【例 6.3】 某高校附近某网吧,位于三层楼房的第一层(地面上),建筑物为砖混结构,网吧内置物料主要为大量计算机、沙发与桌椅等,网吧平面尺寸(长:30 m,宽:15 m)如图 6.2 所示,房内的电子计算机等工艺设备的占地面积小于 4 m²,没有安装室内消火栓和灭火系统,为保证火灾初期消防安全,试对该网吧灭火器配置方案进行设计。

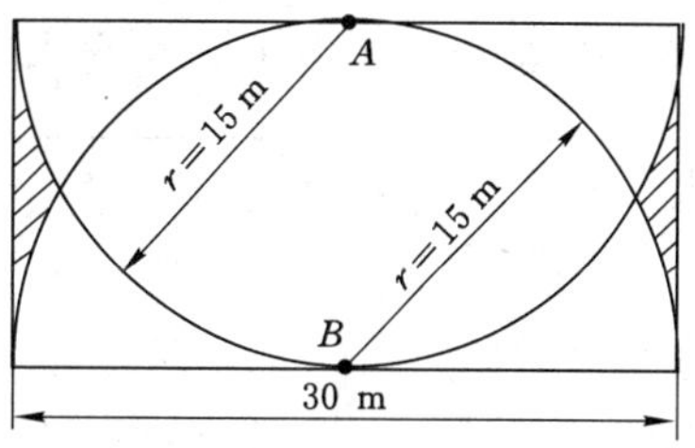

图 6.2 某网吧平面示意图

【解】 1) 确定该灭火器配置场所的危险等级与火灾类型

(1) 确定该灭火器配置场所的危险等级

查阅表 6.7 或《灭规》附录 D,得知该网吧属于严重危险级的民用建筑,则其危险等级为“严重”级。

(2) 确定该灭火器配置场所的火灾种类

该网吧通常使用的物品多为计算机、沙发、桌椅、纸张、电线电缆与电子电器元件等固体可燃物，确认该机房可能发生A类火灾；因存在主机服务器、计算机等用电设备，一旦失火可能不允许或来不及切断总电源，故可确认该机网吧同时存在E类火灾危险。

2）划分灭火器配置场所的计算单元与确定其保护面积

（1）划分灭火器配置场所的计算单元

由于该网吧与毗邻的本层其他用房（小饭店）危险等级不同，使用性质和平面工艺布局也不相同，因此应将网吧作为一个灭火器配置场所的独立计算单元进行灭火器配置设计计算。

（2）计算该单元的保护面积

计算单元的保护面积应按建筑面积计算，则该单元的保护面积为：

$$S=30\times 15\ \mathrm{m}^2=450\ \mathrm{m}^2$$

3）计算单元的需配最低灭火级别

该网吧属地面建筑，扑救初起火灾所需的灭火级别按式（6.2）计算：

已知 $S=450\ \mathrm{m}^2$，查表6.10，得 $U=50\ \mathrm{m}^2/\mathrm{A}$。

将 S 值与 U 值代入式（6.2），可得：

$$Q=1.3\times\frac{450}{50}\mathrm{A}=11.7\ \mathrm{A}$$

4）确定该单元的灭火器设置点数与各点的位置

查表6.11得，该单元手提式灭火器的最大保护距离为15 m，然后运用保护圆简化设计法确定灭火器设置点：

（1）先取长边的两个中点作为两个灭火器设置点，并以其为圆心，以保护距离15 m为半径，画两个保护圆，如图6.2所示。图中的左、右阴影说明存在"死角"，不符合规范关于保护距离的要求。

（2）再取短边的两个中点作为两个灭火器设置点，画两个保护圆，如图6.3所示。图中存在上下两个阴影，说明此方案也不符合规范要求。因该房内有工艺设备，无中柱，房中心点不可能设置灭火器，故应增加灭火器设置点。

（3）取距 N 侧长边10 m的两个长边的各一点 A 和 B，再加 S 侧宽边的中点 C，共3个灭火器设置点，画3个保护圆，如图6.4所示。图中3个保护圆覆盖了该单元的所有区域，无"死角"，符合规范要求，且该3点位置的地面和墙壁上均无工艺设备，故此方案可取。由此确定了该单元 A,B,C 三个灭火器设置点及其位置，故 $N=3$。

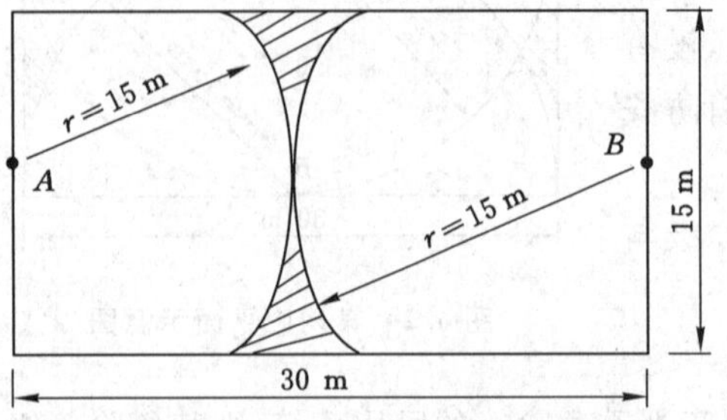

图6.3 灭火器配置保护短边不合格示意图

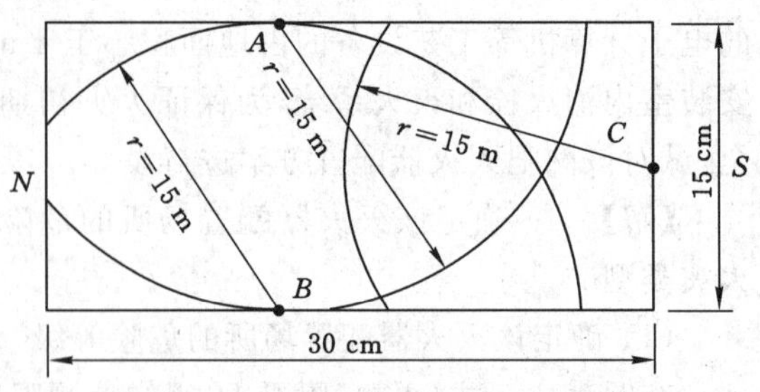

图6.4 灭火器配置保护圆合格示意图

5）计算每个灭火器设置点的最小需配灭火级别

应用式（6.3）进行计算：

$$Q_e=\frac{Q}{N}=\frac{11.7}{3}\text{A}=3.9\ \text{A}$$

6）确定每个设置点灭火器的类型、规格与数量

（1）类型选择

根据网吧的特点和防火设计要求，决定选择手提式磷酸铵盐干粉灭火器。因为磷酸铵盐干粉灭火器内充装的是磷酸铵盐干粉，灭火时以干粉态进行喷射灭火，灭火后在计算机机壳上残留少许残渣，但对带有防护外壳的计算机等污损不大，事后可清除，既能扑灭B类火灾，也能扑灭A类火灾；磷酸铵盐干粉灭火器也适用于扑救E类（带电）火灾，满足要求。

（2）规格与数量的确定

查表6.10得知，每具灭火器最小配置灭火级别（规格）为3 A；再查表6.8得知，MF/ABC5灭火器（即5 kg手提式磷酸铵盐灭火器）的最大灭火级别为3 A。

$$\frac{3.9\text{A}}{3\text{A/具}}=1.3\ \text{具}$$

因为1.3具>1具，基于设计安全原则，进一取整，故取2具。

因此，本设计每个灭火器设置点选配2具5 kg手提式MF/ABC5灭火器，即MF/ABC5×2。整个网吧（独立计算单元）有3个灭火器设置点，则整个网吧需配置6具5 kg手提式MF/ABC5灭火器，即MF/ABC5×6。

（3）验算

① 该单元实际配置的所有灭火器的灭火级别验算如下：

$$Q_t=\sum_{i=1}^{6}Q_i=2\ \text{具}\times 3(\text{点})\times 3\text{A/具}=18A>Q=11.7\ \text{A}$$

符合要求。

② 每个灭火器设置点实际配置的所有灭火器的灭火级别验算如下：

$$Q_s=\sum_{i=1}^{2}Q'_i=2\ \text{具}\times 3\ \text{A}=6\ \text{A}>Q_e=3.9\ \text{A}$$

符合要求。

③ 每具灭火器最小配置规格为3A，符合表6.10。

④ 该单元内配置灭火器总数为6具>2具，符合要求。

⑤ 每个设置点配置灭火器数为2具（1具<2具<5具），符合要求。

7）确定每具灭火器的设置方式和要求

根据网吧的使用性质和工艺要求，灭火器的设置方式应采用嵌入式的墙式灭火器箱，即在A，B，C几个设置点处的内墙壁上预埋3只灭火器箱，将6具MF/ABC5灭火器平均分成3组放入3只箱内，该设置方式具有以下优点：

（1）不影响人员走路、工作及安全疏散。

（2）有利于灭火器防潮、防碰撞及防止随意挪动。

（3）保持网吧布局整齐、美观。

8）在工程设计图上用灭火器图例和文字标明灭火器的型号、数量与设置位置

在设计平面图上的标记见图6.5，可用2种标记法。在建筑施工图或水施工图的设计

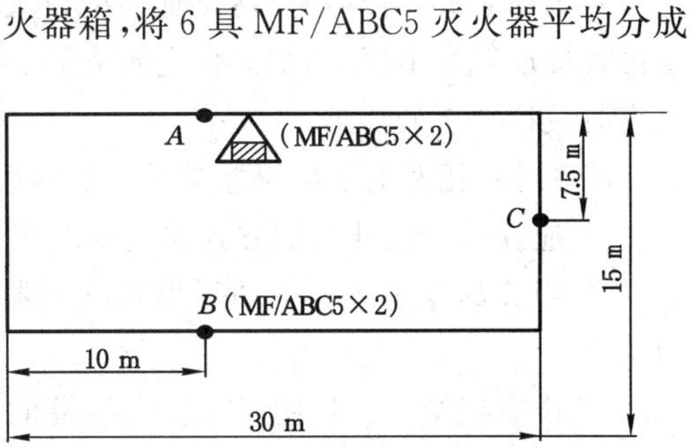

图6.5 平面图上的设计标志

平面图上标明灭火器的类型、规格与数量。

(1) 如 A 点，其中△表示手提式磷酸铵盐灭火器；“MF/ABC5×2”表示 2 具 5 kg MF/ABC 灭火器。

(2) 如 B 点，仅标记 MF/ABC5×2 即可。

若各灭火器设置点配置的灭火器类型、规格与数量均相同，可只标记一点；否则每点均需标记。

6.5 建筑灭火器的安装设置、维护与报废

6.5.1 建筑灭火器的安装设置

1) 灭火器的安装设置的一般要求

灭火器安装设置主要包括灭火器的设置、灭火器箱的设置或安装、手提式灭火器挂钩与托架的安装，以及发光指示标志的安装等内容。依据《灭规》、《建筑灭火器配置验收及检查规范》、建筑灭火器配置设计图以及安装说明来确定灭火器具体安装类型、数量、位置与方式等。

(1) 灭火器应设置在明显和便于取用的地点，且不得影响安全疏散；在有视线障碍的设置点安装设置灭火器时，应在醒目的地方设置指示灭火器位置的发光标志。

(2) 灭火器应设置稳固，其铭牌必须朝外，器头向上，在灭火器箱的箱体正面和灭火器设置点附近的墙面上应设置指示灭火器位置的标志，并宜选用发光标志，便于人员识别和紧急情况下使用。

(3) 手提式灭火器宜设置在挂钩、托架上或灭火器箱内，其顶部离地面高度应小于 1.50 m；底部离地面高度不宜小于 0.08 m。

(4) 灭火器设置点的环境温度要与灭火器的使用温度范围相适应，不宜超出其温度上限与下限使用，避免引起事故或影响灭火效果；灭火器不应设置在潮湿或强腐蚀性的地点，当必须设置时，应采取防湿或防腐蚀措施，如给灭火器套上专用的防护外罩，或选用不锈钢筒体灭火器等；设置在室外的灭火器，应采取防湿、防寒与防晒等相应保护措施。

2) 手提式灭火器的安装设置

(1) 手提式灭火器应设置在灭火器箱内或挂钩、托架上，以防止灭火器被水浸渍、受潮、生锈及被随意挪动或碰翻；对于地面铺设大理石、地板或地毯、环境干燥、洁净的建筑场所，也可直接放置在地面上，如无尘电子车间、电子计算机房、通信机房和宾馆等场所。挂钩、托架安装应符合下列要求：

① 挂钩、托架安装后应能承受一定的静载荷，不应出现松动、脱落、断裂和明显变形。

② 应保证可用徒手的方式便捷地取用设置在挂钩、托架上的手提式灭火器。

③ 当 2 具及 2 具以上的手提式灭火器相邻设置在挂钩、托架上时，应可任意地取用其中 1 具。

④ 设有夹持带的挂钩、托架，夹持带的打开方式应从正面可以看到；当夹持带打开时，灭火器不应掉落。

(2) 灭火器箱不应被遮挡、上锁或拴系。

(3) 灭火器箱的箱门开启应方便灵活，其箱门开启后不得阻挡人员安全疏散，且开门型灭火器箱的箱门开启角度不应小于 175°，翻盖型灭火器箱的翻盖开启角度不应小于 100°；若在开阔、宽敞的空间，不影响取用灭火器和人员疏散的场所，可不必做此要求。

(4) 嵌墙式灭火器箱及挂钩、托架的安装高度应满足手提式灭火器顶部离地面距离不大于 1.50 m，底部离地面距离不小于 0.08 m 的规定。

3) 推车式灭火器的设置

(1) 推车式灭火器宜设置在平坦场地，不得设置在台阶上，在没有外力作用下，推车式灭火器不得自行滑动。

(2) 推车式灭火器的设置和防止自行滑动的固定措施等均不得影响其操作使用和正常行驶移动。

6.5.2 建筑灭火器检查与维护

灭火器的检查与维护应由相关技术人员承担，每次送修的灭火器数量不得超过计算单元配置灭火器总数量的 25%，超出时，应选择相同类型和操作方法的灭火器替代，替代灭火器的灭火级别不应小于原配置灭火器的灭火级别，检查或维修后的灭火器均应按原设置点位置摆放，灭火器的维修、报废工作应由灭火器生产企业或专业维修单位进行。

6.5.3 建筑灭火器报废

灭火器安全与有效使用需要满足一些基本条件，规范对灭火器的报废做了详细规定。

(1) 应报废与淘汰灭火器的类型。这类灭火器主要有：酸碱型灭火器；化学泡沫型灭火器；倒置使用型灭火器；氯溴甲烷与四氯化碳灭火器；国家政策明令淘汰的其他类型灭火器。

(2) 有下列情况之一的灭火器应报废：

① 筒体严重锈蚀，锈蚀面积大于或等于筒体总面积的 1/3，表面有凹坑。

② 筒体明显变形，机械损伤严重。

③ 器头存在裂纹，无泄压机构。

④ 筒体为平底等结构不合理。

⑤ 没有间歇喷射机构的手提式灭火器。

⑥ 没有生产厂名称和出厂年月的灭火器，包括铭牌脱落，或虽有铭牌，但已看不清生产厂名称，或出厂年月钢印无法识别。

⑦ 筒体有锡焊、铜焊或补缀等修补痕迹。

⑧ 被火烧过的。

(3) 超过灭火器使用寿命周期的应该报废，即灭火器出厂时间达到或超过表 6.13 规定的报废期限时应报废。

表 6.13　　灭火器的维修与报废期限

灭火器类型		维修期限	报废期限/a
水基型灭火器	手提式水基型灭火器	出厂期满 3 a； 首次维修以后每满 1 a	6
	推车式水基型灭火器		

续表 6.13

灭火器类型		维修期限	报废期限/a
干粉灭火器	手提式（贮压式）干粉灭火器	出厂期满 5 a； 首次维修以后每满 2 a	10
	手提式（储气瓶式）干粉灭火器		
	推车式（贮压式）干粉灭火器		
	推车式（储气瓶式）干粉灭火器		
洁净气体灭火器	手提式洁净气体灭火器		
	推车式洁净气体灭火器		
二氧化碳灭火器	手提式二氧化碳灭火器		12
	推车式二氧化碳灭火器		

（4）应报废的灭火器或储气瓶，必须在筒身或瓶体上打孔，并且用不干胶贴上“报废”的明显标志，内容应包括：“报废”二字，字体最小为 25 mm×25 mm；报废年、月；维修单位名称；检验员签章等。

（5）灭火器报废后，应按照等效替代的原则进行更换。

本章小结

本章基于建筑灭火器工程配置设计、验收与应用等需要，从建筑灭火器基本常识、设置、配置计算，以及安装、维护与报废等 4 个方面阐述相关内容。

（1）从灭火剂类型、驱动动力来源与移动方式对灭火器进行归类，参考《消防产品型号编制方法》阐述灭火器型号编码规则（类、组、特征代号）与方法，并介绍了灭火器发展、相关法规、铭牌的标志、配置设计图例与专业术语等基础内容。

（2）建筑火灾危险等级划分为轻、中、严重危险级，灭火器的灭火级别以扑救 A 类和 B 类火灾能力表示；灭火器选择应综合考虑火灾种类、危险等级、灭火效能、通用性、对保护对象污损、环境条件与使用人员等因素；灭火器配置最低配置标准要综合考虑配置场所的火灾危险等级、灭火器灭火级别与最大保护距离。

（3）灭火器配置基本步骤：

① 确定各灭火器配置场所的火灾种类和危险等级。

② 划分计算单元，计算各计算单元的保护面积。

③ 计算各计算单元的最小需配灭火级别。

④ 确定各计算单元中的灭火器设置点的位置和数量。

⑤ 计算每个灭火器设置点的最小需配灭火级别。

⑥ 确定每个设置点灭火器的类型、规格与数量。

⑦ 确定每具灭火器的设置方式和要求。

⑧ 在工程设计图上用灭火器图例和文字标明灭火器的型号、数量与设置位置。

（4）依据相关法规标准的规定，结合灭火器配置工程应用实践，系统地阐述了灭火器的安装设置、使用维护与报废相关原则与要求。

复习思考题

6.1 简要阐述灭火器的分类,并说明主要灭火器的功能与使用范围。

6.2 火灾危险等级可以分为几大类?并分析中型加油站与大型影剧院(5 000 个座位以上)的火灾危险等级?

6.3 选择灭火器时一般应该考虑哪些因素?分析高校图书馆灭火器配置时应该选择哪些种类的灭火器?

6.4 建筑灭火器安装设置的主要要求有哪些?

6.5 建筑灭火器日常检查与维护的主要内容有哪些?

6.6 阐述灭火器配置计算的主要程序与内容,并结合某一实例(加油站、图书馆、影剧院、计算机中心、学生宿舍与超市等)来说明。

6.7 哪些类型建筑灭火器应该报废?灭火器报废时有什么要求?

7 消火栓给水系统

以水作为灭火剂的消防给水系统，按灭火设施可分为消火栓灭火系统和自动喷水灭火系统。根据消火栓给水系统的服务对象不同，可分为城市消火栓给水系统、建筑室外消火栓给水系统和建筑室内消火栓给水系统；根据消火栓给水系统加压方式不同还可分为常高压消火栓给水系统、临时高压消火栓给水系统和低压消火栓给水系统；根据生活、生产和消防是否合用，又分为生活、生产和消火栓合用系统及生活、生产和消火栓分设系统。

7.1 概述

7.1.1 消火栓给水系统的组成及形式

消火栓给水系统分为室外消火栓给水系统和室内消火栓给水系统。

室外消火栓给水系统由水源、加压泵站、室外管网和室外消火栓组成。室内消火栓给水系统一般由水源(消防水池及消防给水加压设备)、室内消火栓给水管网(给水干管、立管、横干管、支管等)、室内消火栓(普通单出口消火栓、双出口消火栓、减压稳压消火栓、特殊功能消火栓等)、系统附件(一般阀门、减压阀、泄压阀、多功能水泵控制阀、排气阀、水泵接合器、压力表等)、屋顶水箱及稳压设备组成。具体组成根据相关防火规范设计的系统来决定，如在某种情况下，无屋顶水箱和稳压设备等。

消火栓给水系统的供水形式常根据建筑高度、室外管网压力、流量和室内消防流量、水压等要求，有 4 种形式可供选择，见表 7.1。常见消火栓系统形式见图 7.1。

表 7.1　　消防供水管网的供水形式及适用条件

序号	供水形式简述	适用条件	备注
1	室内外消防给水系统和生产、生活给水系统合并，由室外管网直接供室内外消防用水	室外给水管网可同时满足室内外消防用水及生产、生活用水的水量及水压，为常高压系统，一般为低(多)层建筑采用	
2	室外消防给水系统和生产、生活给水系统合并，室内设消防水池，由加压设备供给室内消防用水	室外消防为低压(室外消火栓栓口处水压从室外设计地面算起不小于 0.1 MPa)制，室外给水管网可满足室外消防用水要求，但不能满足室内消防用水要求。适用于单体高(多)层建筑	
3	室外消防给水系统和生产、生活给水系统合并，且设独立的消防泵房及消防管网，供给小区各单体室内消防用水	室外消防为低压制并可满足室外消防用水要求，但不能满足室内消防用水要求，适用小区内高(多)层建筑，为区域消防给水系统	
4	小区内设置独立的消防泵房及消防管网，统一供给室外消防用水及各单体室内消防用水	室外生产、生活给水管网不能满足室内外消防用水的小区建筑，为区域消防给水系统	

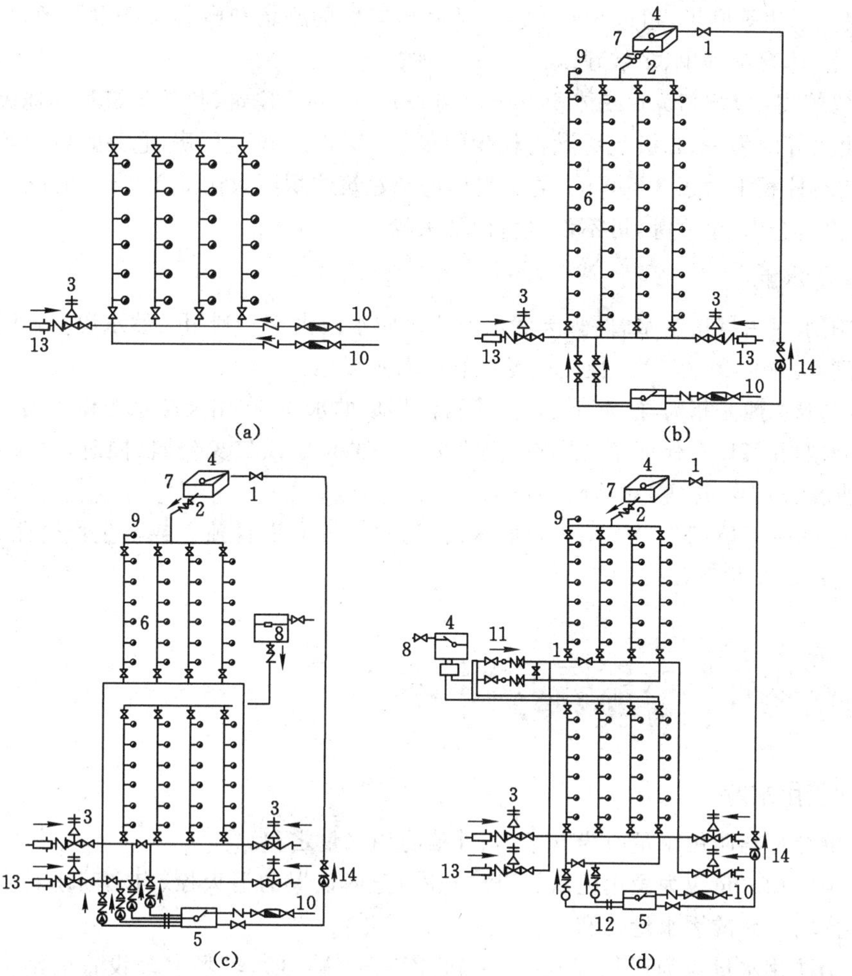

图 7.1 室内消火栓系统示意图

(a) 常高压；(b) 临时高压；(c) 分区并联；(d) 分区串联

1—阀门；2—止回阀；3—安全阀；4—浮球阀；5—水池；6—消火栓；7—高位水箱；8—低位水箱；9—屋顶试验用消火栓；10—来自城市管网；11—高区消防水泵；12—低区消防水泵；13—消防水泵接合器；14—生活水泵

7.1.2 消火栓给水系统设置范围

《建规》对消火栓给水系统设置范围规定如下：

除符合“存有与水接触能引起燃烧爆炸的物品的建筑物和室内没有生产、生活给水管道，室外消防用水取自贮水池且建筑体积小于或等于 5 000 m^3 的其他建筑可不设置室内消火栓”条件外的下列建筑应设置 *DN*65 的室内消火栓：

(1) 建筑占地面积大于 300 m^2 的厂房和仓库。

(2) 高层公共建筑和建筑高度大于 21 m 的住宅建筑。

注：建筑高度不大于 27 m 的住宅建筑，设置室内消火栓系统确有困难时，可只设置干式消防竖管和不带消火栓箱的 *DN*65 的室内消火栓。

(3) 体积大于 5 000 m^3 的车站、码头、机场的候车（船、机）建筑、展览建筑、商店建筑、旅馆建筑、医疗建筑和图书馆建筑等单、多层建筑。

(4) 特等、甲等剧场，超过 800 个座位的其他等级的剧场和电影院等以及超过 1 200 个座位的礼堂、体育馆等单、多层建筑。

(5) 建筑高度大于 15 m 或体积大于 10 000 m^3 的办公建筑、教学建筑和其他民用建筑。

注：耐火等级为一、二级且可燃物较少的单层、多层丁、戊类厂房(仓库)，耐火等级为三、四级，且建筑体积不大于 3 000 m^3 的丁类厂房和建筑体积不大于 5 000 m^3 的戊类厂房(仓库)，以及粮食仓库、金库等，可不设置室内消火栓。

7.1.3 消防水源

消防用水可由城市给水管网、天然水源或消防水池供给。利用天然水源时，其设计枯水流量保证率宜为 90%～97%，且应设置可靠的取水设施。

天然水源一般是指海洋、河流、湖泊等自然形成的水体，在用天然水源作为消防用水时，应考虑枯水期和气候对保证率的影响，应收集相关的水文及气象资料；同时，也应考虑水源水质(如浊度、污染状况等)对消防的影响。

当上述条件不能满足消防用水量要求时，消防系统应设置独立或与生产合用的消防贮水池，其设置要求见第 7.5.2 节。

7.2 消火栓给水系统用水量及水压

7.2.1 消防用水量

建筑的全部消防用水量应为其室内、外消防用水量之和。

室内消防用水量应为民用建筑、厂房(仓库)室内设置的消火栓、自动喷水、泡沫等灭火系统需要同时开启的用水量之和。

室外消防用水量应为民用建筑、厂房(仓库)、储罐(区)、堆场室外设置的消火栓、水喷雾、水幕、泡沫等灭火、冷却系统等需要同时开启的用水量之和。

在计算消防用水量时，应注意关键词“同时开启”，在扑救火灾时，不同的灭火系统作用不同，如高层建筑中的消火栓、自动喷水和水幕系统，应予叠加计算；但有些系统作用是相同的，如高层建筑内自动喷水、大空间智能型主动灭火系统和水喷雾系统，均属于自动喷水灭火系统的范畴。在计算消防用水量时，取用水量较大系统的值就可以了。

消防用水量可按下式计算：

$$Q=(q_1t_1+q_2t_2+\cdots+q_nt_n)\times 3.6 \tag{7.1}$$

式中 Q——消防用水量，m^3；

$q_1,\cdots,q_n$——同时开启的灭火系统的消防用水量，L/s；

$t_1,\cdots,t_n$——同时开启的灭火系统的延续时间，h。

消火栓系统和固定冷却水系统的火灾延续时间不应小于表 7.2 的规定，构筑物的火灾延续时间见《水规》。

1)《水规》建筑物的消防用水量

(1) 室内消火栓用水量　多层民用建筑和工业建筑的火灾能靠一般消防车的供水能力，直接进行灭火。多层民用建筑和工业建筑的室内消火栓用水量应按下列规定经计算确定：

表 7.2　　不同场所的火灾延续时间

建筑			场所与火灾危险性	火灾延续时间/h
建筑物	工业建筑	仓库	甲、乙、丙类仓库	3.0
			丁、戊类仓库	2.0
		厂房	甲、乙、丙类厂房	3.0
			丁、戊类厂房	2.0
	民用建筑	公共建筑	高层建筑中的商业楼、展览楼、综合楼，建筑高度大于 50 m 的财贸金融楼、图书馆、书库、重要的档案楼、科研楼和高级宾馆等	3.0
			其他公共建筑	2.0
		住宅		

① 建筑物内同时设置室内消火栓系统、自动喷水灭火系统、水喷雾灭火系统、泡沫灭火系统或固定消防炮灭火系统时，其室内消防用水量应按需要同时开启的上述系统用水量之和计算；当上述多种消防系统需要同时开启时，室内消火栓用水量可减少 50%，但不得小于 10 L/s。

② 低、多层建筑室内消火栓用水量应根据水枪充实水柱长度和同时使用水枪数量经计算确定，且不应小于表 7.3 的规定。

表 7.3　　建筑物室内消火栓设计流量

建筑物名称			高度 h(m)、层数、体积 V(m)、座位数(n)、火灾危险性		消火栓设计流量/($L\cdot s^{-1}$)	同时使用消防水枪数/支	每根竖管最流量/($L\cdot s^{-1}$)
工业建筑	厂房		$h\leqslant24$	甲、乙、丁、戊	10	2	10
				丙	20	4	15
			$24<h\leqslant50$	乙、丁、戊	25	5	15
				丙	30	6	15
			$h>50$	乙、丁、戊	30	6	15
				丙	40	8	15
	仓库		$h\leqslant24$	甲、乙、丁、戊	10	2	10
				丙	20	4	15
			$h>24$	丁、戊	20	4	15
				丙	40	8	15
民用建筑	单层及多层	科研楼、试验楼	$V\leqslant10\ 000$		10	2	10
			$V>10\ 000$		15	3	10
		车站、码头、机场的候车(船、机)楼的展览建筑(包括博物馆)等	$5\ 000<V\leqslant25\ 000$		10	2	10
			$25\ 000<V\leqslant50\ 000$		15	3	10
			$V>50\ 000$		20	4	15
		剧场、电影院、会堂、礼堂、体育馆等	$800<n\leqslant1\ 200$		10	2	10
			$1\ 200<n\leqslant5\ 000$		15	3	10
			$5\ 000<n\leqslant10\ 000$		20	4	15
			$n>10\ 000$		30	6	15

续表 7.3

<table>
<tr><th colspan="4">建筑物名称</th><th>高度 h(m)、层数、体积 V(m)、座位数(n)、火灾危险性</th><th>消火栓设计流量/(L·s⁻¹)</th><th>同时使用消防水枪数/支</th><th>每根竖管最小流量/(L·s⁻¹)</th></tr>
<tr><td rowspan="11">民用建筑</td><td rowspan="11">单层及多层</td><td colspan="2" rowspan="3">旅馆</td><td>5 000<V≤10 000</td><td>10</td><td>2</td><td>10</td></tr>
<tr><td>10 000<V≤25 000</td><td>15</td><td>3</td><td>10</td></tr>
<tr><td>V>25 000</td><td>20</td><td>4</td><td>15</td></tr>
<tr><td colspan="2" rowspan="3">商店、图书馆、档案馆等</td><td>5 000<V≤10 000</td><td>15</td><td>3</td><td>10</td></tr>
<tr><td>10 000<V≤25 000</td><td>25</td><td>5</td><td>15</td></tr>
<tr><td>V>25 000</td><td>40</td><td>8</td><td>15</td></tr>
<tr><td colspan="2" rowspan="2">病房楼、门诊楼等</td><td>5 000<V≤25 000</td><td>10</td><td>2</td><td>10</td></tr>
<tr><td>V>25 000</td><td>15</td><td>3</td><td>10</td></tr>
<tr><td colspan="2">办公楼、教学楼等其他建筑</td><td>V>10 000</td><td>15</td><td>3</td><td>10</td></tr>
<tr><td colspan="2">住宅</td><td>21<h≤27</td><td>5</td><td>2</td><td>5</td></tr>
<tr><td></td><td></td><td></td><td></td><td></td><td></td></tr>
<tr><td></td><td rowspan="5">高层</td><td rowspan="2">住宅</td><td rowspan="2">普通</td><td>27<h≤54</td><td>10</td><td>2</td><td>10</td></tr>
<tr><td></td><td>h>54</td><td>20</td><td>4</td><td>10</td></tr>
<tr><td></td><td colspan="2">二类公共建筑</td><td>h≤50</td><td>20</td><td>4</td><td>10</td></tr>
<tr><td></td><td colspan="2" rowspan="2">一类公共建筑</td><td>h≤50</td><td>30</td><td>6</td><td>15</td></tr>
<tr><td></td><td>h>50</td><td>40</td><td>8</td><td>15</td></tr>
</table>

注：① 丁、戊类高层厂房(仓库)室内消火栓的用水量可按本表减少 10 L/s，同时使用水枪数量可按本表减少 2 支；

② 当高层民用建筑高度不超过 50 m，室内消火栓用水量超过 20 L/s，且设有自动喷水灭火系统时，其室内、外消防用水量可按本表减少 5 L/s；

③ 消防软管卷盘、轻便消防水龙及多层住宅楼梯间中的干式消防竖管，其消防给水设计流量可不计入室内消防给水设计流量。

③ 水喷雾灭火系统、自动喷水灭火系统及泡沫灭火系统的用水量分别按《雾规》、《喷规》及《低倍泡规》与《高中泡规》的规定确定；固定消防炮灭火系统的用水量应按现行国家标准《固定消防炮灭火系统设计规范》(GB 50338)的有关规定确定。

(2) 室外消防用水量　建筑物室外消火栓用水量不应小于表 7.4 的规定。

表 7.4　　建筑物室外消火栓设计流量　　单位：L/s

<table>
<tr><th rowspan="2">耐火等级</th><th colspan="3" rowspan="2">建筑物名称及类别</th><th colspan="6">建筑体积 V/m</th></tr>
<tr><th>V≤1 500</th><th>1 500<V≤3 000</th><th>3 000<V≤5 000</th><th>5 000<V≤20 000</th><th>20 000<V≤50 000</th><th>V>50 000</th></tr>
<tr><td rowspan="6">一、二级</td><td rowspan="6">工业建筑</td><td rowspan="3">厂房</td><td>甲、乙</td><td colspan="2">15</td><td>20</td><td>25</td><td>30</td><td>35</td></tr>
<tr><td>丙</td><td colspan="2">15</td><td>20</td><td>25</td><td>30</td><td>40</td></tr>
<tr><td>丁、戊</td><td colspan="5">15</td><td>20</td></tr>
<tr><td rowspan="3">仓库</td><td>甲、乙</td><td colspan="2">15</td><td colspan="2">25</td><td colspan="2">—</td></tr>
<tr><td>丙</td><td colspan="2">15</td><td colspan="2">25</td><td>35</td><td>45</td></tr>
<tr><td>丁、戊</td><td colspan="5">15</td><td>20</td></tr>
</table>

续表 7.4

<table>
<tr><th rowspan="2">耐火等级</th><th rowspan="2" colspan="3">建筑物名称及类别</th><th colspan="6">建筑体积 V/m</th></tr>
<tr><th>V≤1 500</th><th>1 500<
V≤3 000</th><th>3 000<
V≤5 000</th><th>5 000<
V≤20 000</th><th>20 000<
V≤50 000</th><th>V>50 000</th></tr>
<tr><td rowspan="5">一、二级</td><td rowspan="3">民用建筑</td><td>住宅</td><td>普通</td><td colspan="6">15</td></tr>
<tr><td rowspan="2">公共建筑</td><td>单层及多层</td><td colspan="3">15</td><td>25</td><td>30</td><td>40</td></tr>
<tr><td>高层</td><td colspan="3">—</td><td>25</td><td>30</td><td>40</td></tr>
<tr><td colspan="3">地下建筑(包括地铁)、平战结合的人防工程</td><td colspan="3">15</td><td>20</td><td>25</td><td>30</td></tr>
<tr><td colspan="3">汽车库、修车库(独立)</td><td colspan="5">15</td><td>20</td></tr>
<tr><td rowspan="3">三级</td><td colspan="2" rowspan="2">工业建筑</td><td>乙、丙</td><td>15</td><td>20</td><td>30</td><td>40</td><td>45</td><td>—</td></tr>
<tr><td>丁、戊</td><td colspan="3">15</td><td>20</td><td>25</td><td>35</td></tr>
<tr><td colspan="3">单层及多层民用建筑</td><td colspan="2">15</td><td>20</td><td>25</td><td>30</td><td>—</td></tr>
<tr><td rowspan="2">四级</td><td colspan="3">丁、戊类工业建筑</td><td colspan="2">15</td><td>20</td><td>25</td><td colspan="2">—</td></tr>
<tr><td colspan="3">单层及多层民用建筑</td><td colspan="2">15</td><td>20</td><td>25</td><td colspan="2">—</td></tr>
</table>

注:① 成组布置的建筑物应按消火栓设计流量较大的相邻两座建筑物的体积之和确定。

② 火车站、码头和机场的中转加房,其室外消火栓设计流量应按相应耐火等级的丙类物品库房确定。

③ 国家级文物保护单位的重点砖木、木结构用建筑物室外消火栓设计流量,按三级耐火等级民用建筑物消火栓设计流量确定。

2) 应注意的问题

城市、居住区的室外消防用水量,堆场、储罐(区)的室外消防用水量;可燃材料堆场、可燃气体储罐(区)的室外消防用水量;甲、乙、丙类液体储罐(区)的室外消防用水量;液化石油气储罐(区)的消防用水量可参见《水规》的规定。

在计算室内外消火栓用水量时应注意以下几点:

(1) 首先根据建筑物名称、用途等确定建筑物性质。应注意商业楼、商住楼、综合楼等一些易混淆的建筑的准确定性,应和建筑专业协商一致。例如,对于一类建筑的商住楼,如果定性为商业楼,其火灾延续时间就不一致。

(2) 应注意室内消火栓用水量可减少的相关规定。

表中所列用水量以“L/s”计,5～40 L/s 不等,该数值用于计算消火栓系统管径、加压设备流量。

(3) 用水量和火灾延续时间的乘积为一次灭火用水量,此数值是确定消防水池有效容积的依据之一。

(4) 表 7.3～表 7.4 中所列用水量为规范允许的最小值。

7.2.2 灭火初期用消防储水量

设置临时高压给水系统的建筑物应设置消防水箱(包括气压水罐、水塔、分区给水系统的分区水箱)。消防水箱应储存 10 min 的消防用水量,用以满足灭火初期用消防储水量要求,消防水箱的设置要求见 7.5.1 节。

设置常高压给水系统并能保证最不利点消火栓和自动喷水灭火系统等的水量和水压的建筑物,或设置干式消防竖管的建筑物,可不设置消防水箱。

7.2.3 室内消防水压要求

室内消火栓栓口压力和消防水栓充实水柱，应符合下列规定：

(1) 消火栓栓口动压力不应大于 0.50 MPa，但当大于 0.70 MPa 时应设置减压装置。

(2) 高层建筑、厂房、库房和室内净空高度超过 8 m 的民用建筑等场所的消火栓栓口动压，不应小于 0.35 MPa，且消防防水枪充实水柱应按 13 m 计算；其他场所的消火栓栓口动压不应小于 0.25 MPa，且消防水枪充实水柱应按 10 m 计算。

7.3 消火栓给水系统设计

7.3.1 消火栓的选用

消火栓是用于消防车取水及连接消防水带和水枪的灭火设施。消火栓根据使用场所可分为室外消火栓和室内消火栓。

室外消火栓分为地上式和地下式 2 类。地上式消火栓应有 1 个直径为 100 mm 和 2 个直径为 65 mm 的栓口；地下式消火栓应有直径为 100 mm 和 65 mm 的栓口各 1 个，并应有明显标志以便利用。图 7.2 所示为常见室外消火栓。

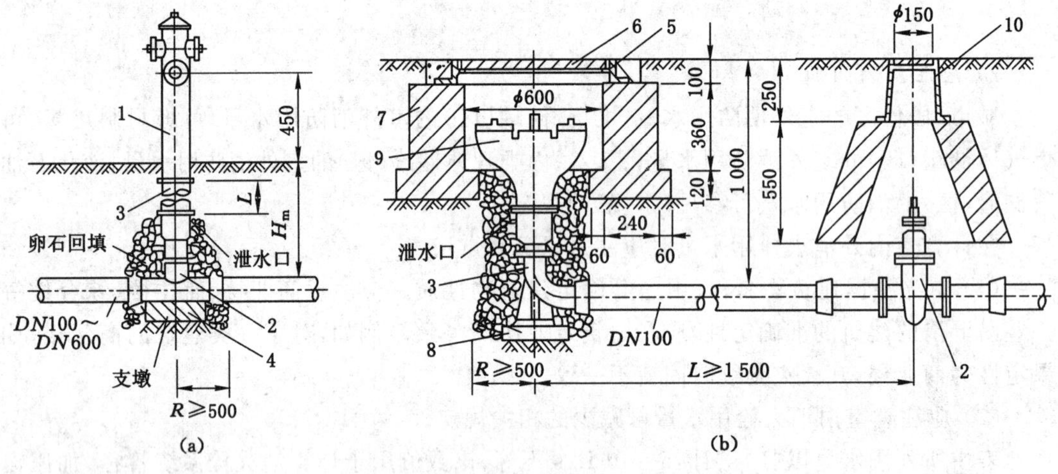

图 7.2 常见室外消火栓

(a) SS100/65 型室外地上式；(b) SA100/65 型室外地下式

1—地上消火栓；2—消火栓三通；3—法兰接管；4—支墩；5—井座；6—井盖；

7——砖砌井室；8—混凝土支墩；9—地下消火栓；10—闸阀套筒

室内消火栓是由水枪、水带、消防龙头组成，设于有玻璃门的室内消火栓箱中，如图 7.3 所示。

(1) 水枪　水枪是灭火的主要工具，其作用在于收缩水流，增加流速，产生击灭火焰的充实水柱，水枪喷口直径有 13，16，19 mm，多用不锈蚀材料制作，如铜、铝合金及尼龙塑料等。

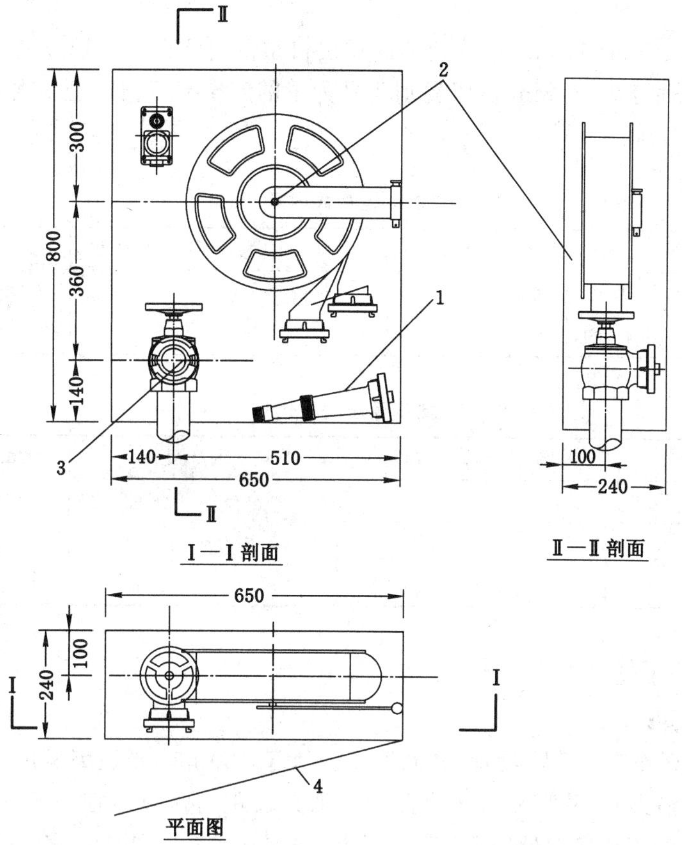

图 7.3 甲型单栓室内消火栓箱

1—水枪；2—消防水带卷盘；3—消火栓龙头（消火栓）；4—消火栓箱门

（2）水带　水带为引水的软管，以麻线等材料织成，可衬橡胶里。水带常用直径 50 mm 和 65 mm，两端分别与水枪及消火栓连接。

（3）消火栓龙头　消防龙头用以控制水带中水流的阀门，装设在消防立管上，一般为铜制成，口径分别为 50 mm 和 65 mm，如图 7.4 所示。

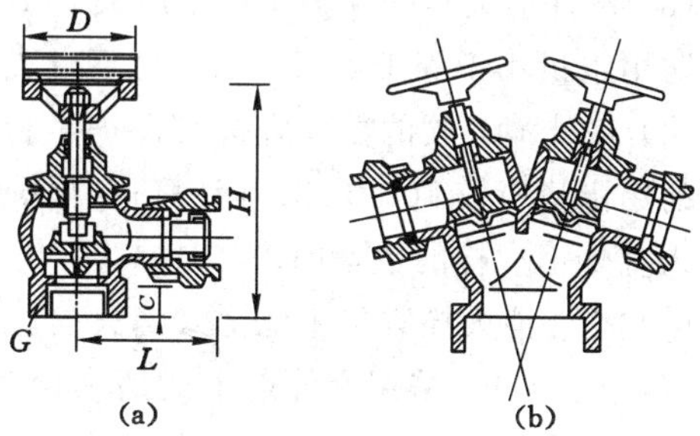

图 7.4 消火栓

(a) 单出口；(b) 双出口

室内消火栓型号表示方法为：

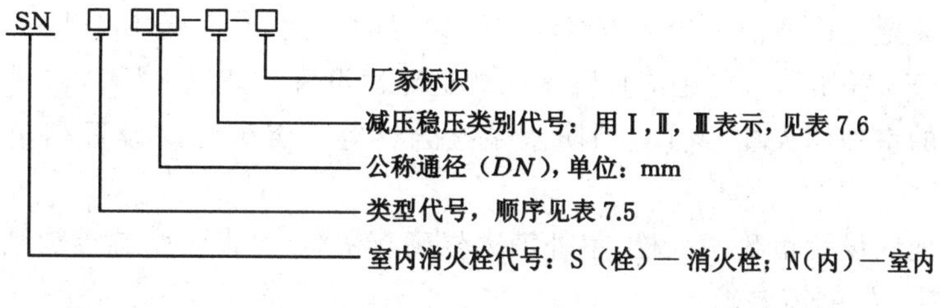

标记示例：

示例1：公称通径为50 mm的直角单阀单出口型室内消火栓型号可表示为SN50。

示例2：公称通径为65 mm稳压类别代号为Ⅰ的旋转减压稳压型室内消火栓型号可表示为SNZW65-Ⅰ。

表7.5 消火栓形式代号

形式	出口数量		栓阀数量		普通直角出口型	减压稳压型	旋转型	减压型	45°出口型
	单出口	双出口	单阀	双阀					
代号	不标注	S	不标注	S	不标注	W	Z	J	A

表7.6 减压稳压类别代号

减压稳压类别代号	进口水压力 p_1/MPa	出口水压力 p_2/MPa	体积流量 $Q/(L\cdot s^{-1})$
Ⅰ	0.4～0.8	0.25～0.35	>5.0
Ⅱ	0.4～1.2		
Ⅲ	0.4～1.6		

7.3.2 消火栓的布置

1) 室外消火栓布置

(1) 室外消火栓应沿道路设置，其间距不应大于120 m。当道路宽度大于60 m时，宜在道路两边设置消火栓，并宜靠近十字路口。消火栓距离路边不宜小于0.5 m，不应大于2 m，并距离建筑外墙或房屋外墙不宜小于5 m，高层建筑距离外墙不宜大于40 m。

(2) 甲、乙、丙类液体储罐区和液化烃罐罐区等构筑物的室外消火栓应设置在防火堤或防护墙外，数量应根据每个罐壁设计流量经计算确定。距离罐壁15 m范围内的消火栓，不应计算在该罐可使用的数量内。

(3) 室外消火栓的保护半径不应大于150 m；在市政消火栓保护半径150 m以内，当室外消防用水量小于等于15 L/s时，可不设置室外消火栓。

(4) 室外消火栓的数量应按其保护半径和室外消防设计流量经计算确定，每个室外消火栓的用水量应按10～15 L/s计算；与保护对象的距离在5～40 m范围内的市政消火栓，可计入室外消火栓的数量内。

(5) 室外消火栓宜采用地上式消火栓。地上式消火栓应有1个*DN*150或*DN*100和2个*DN*65的栓口。采用室外地下式消火栓时，应有*DN*100和*DN*65的栓口各1个。寒冷地区设置的室外消火栓应有保温措施。

(6) 停车场的室外消火栓宜沿停车场周边设置，且距离最近一排汽车不宜小于7 m，距离加油站或油库不宜小于15 m。

(7) 工艺装置区内的消火栓应设置在工艺装置的周围，其间距不应大于60 m。当工艺装置区宽度大于120 m时，宜在该装置区内的道路边设置室外消火栓。

(8) 建筑的室外消火栓、阀门、消防水泵接合器等设置地点应设置相应的永久性固定标志。

(9) 寒冷地区设置市政消火栓、室外消火栓确有困难，可设置水鹤等为消防车加水的设施，其保护范围可根据需要确定。

2）室内消火栓布置

室内消火栓的布置应符合下列规定：

(1) 设置室内消火栓的建筑物，包括设备层在内的各层均应设置消火栓。

(2) 当住宅采用干式消防竖管时应符合下列规定：

① 住宅干式消防竖管宜设置在楼梯间休息平台，且仅应配置消火栓栓口。

② 干式消防竖管应设置消防车供水的接口。

③ 消防车接口应设置在首层便于消防车接近和安全的地点。

④ 竖管顶端应设置自动排气阀。

(3) 消防电梯间前室内应设置消火栓，应计入布置范围内的消火栓总数内。

(4) 室内消火栓应设置在楼梯间、走道等位置明显且易于操作的部位。消火栓栓口离地面或操作基面高度宜为 1.1 m，其出水方向宜向下或与设置消火栓的墙面成 90°角；栓口与消火栓箱内边缘的距离不应影响消防水带的连接。

(5) 冷库内的消火栓应设置在常温穿堂或楼梯间内。

(6) 室内消火栓宜按行走距离计算其布置间距，并应符合下列规定：

① 消火栓按 2 支消防水枪的 2 股充实水柱布置的高层建筑、高架仓库、甲乙类工业厂房等场所，消火栓的布置间距不应大于 30 m。

② 消火栓按 1 支消防水枪的一股充实水柱布置的建筑物，消火栓的布置间距不应大于 50 m。

(7) 同一座建筑物内应采用统一规格的消火栓、水枪和水带。每条水带的长度不应大于 25 m。高层建筑消火栓的栓口直径应为 65 mm，水枪喷嘴口径不应小于 19 mm。

(8) 设有室内消火栓的建筑，应在屋顶设一个装有压力显示装置的试验和检查用消火栓，采暖地区可设在顶层出口处或水箱间内。

3）水枪充实水柱的长度

为使消防水枪射出的充实水柱能射及火源和防止火焰热辐射烤伤消防人员，充实水柱应有一定长度。在火场扑灭火灾，水枪的上倾角一般不宜超过 45°，在最不利情况下，也不能超过 60°。若上倾角太大，着火物下落时会伤及灭火人员(图 7.5)。

若按 45°计算，则充实水柱长度为：

$$S_k=\frac{H_1-H_2}{\sin 45^\circ}=1.41(H_1-H_2) \tag{7.2}$$

式中 S_k——水枪充实水柱的长度，m；

H_1——室内最高着火点离地面高度，m；

H_2——从一水枪喷嘴至地面高度，m，一般取 1 m。

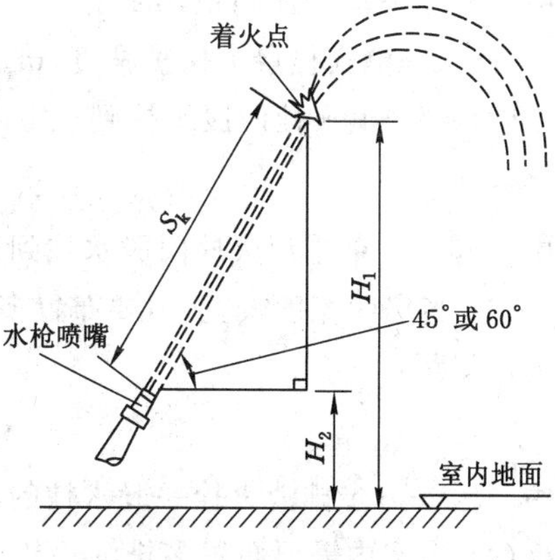

图 7.5 倾斜射角 S_k

4）消火栓的布置间距

消火栓布置间距应由计算确定，但规范给出了 30 m 和 50 m 两个限值，布置间距应根据建筑物的具体情况而定，并应保证表 7.3 中所规定的水柱股数同时达到室内任何地点。

计算间距，应首先计算出消火栓的保护半径：

水枪的上倾角一般按 45°计算，消火栓的保护半径可按下式计算：

$$R=0.8L+L_s=0.8L+S_k\cos 45^\circ \tag{7.3}$$

式中　R——消火栓保护半径，m；

L——水带长度，m，考虑到水带的转弯曲折，应乘以折减系数 0.8；

L_s——水枪充实水柱在平面上的投影长度，m。

布置间距由图 7.6 确定，间距计算如下。

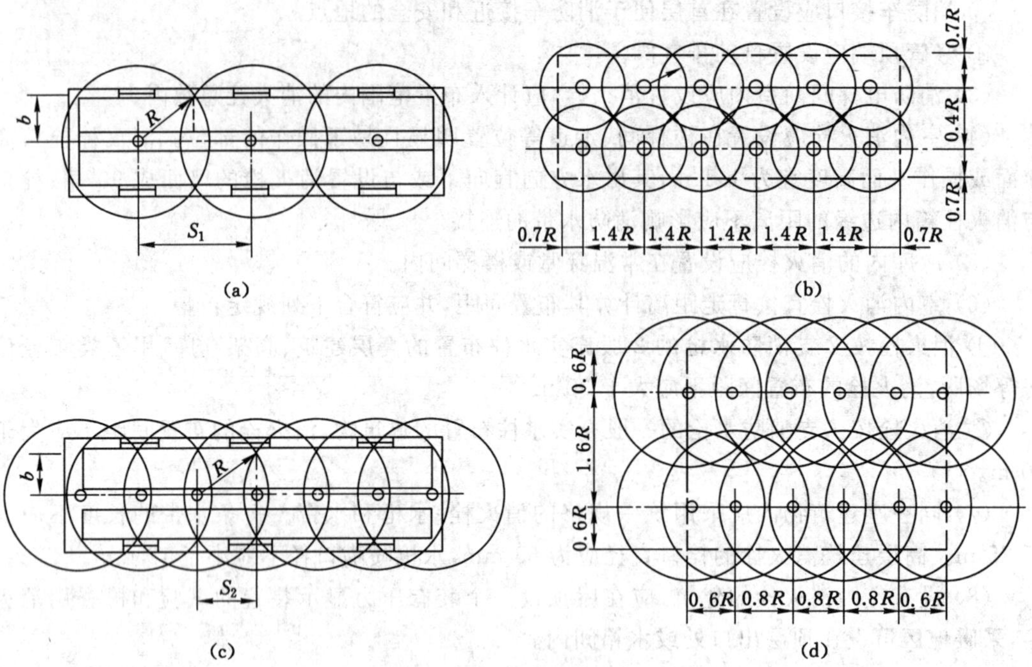

图 7.6　消火栓布置间距

(a) 单排一股水柱到达室内任何部位；(b) 多排一股水柱到达室内任何部位；
(c) 单排两股水柱到达室内任何部位；(d) 多排两股水柱到达任何部位

(1) 单排消火栓一股水柱到达室内任何部位的间距：

$$S_1=2\sqrt{R^2-b^2} \tag{7.4}$$

式中　S_1——消火栓间距，m；

b——消火栓最大保护宽度，m。

(2) 单排消火栓两股水柱到达室内任何部位的间距：

$$S_2=\sqrt{R^2-b^2} \tag{7.5}$$

式中　S_2——单排消火栓两股水柱到达时的间距，m。

(3) 当房间宽度较宽，需要布置多排消火栓，且要求有一股水柱达到室内任何部位时的消火栓间距：

$$S_3=\sqrt{2}R=1.41R \tag{7.6}$$

式中　S_3——多排消火栓一股水柱的消火栓间距，m。

(4) 当室内需要布置多排消火栓，要求有两股水柱达到室内任何部位时的消火栓间距按图 7.6(d)布置。

(5) 消火栓布置注意事项：

① 应注意房间分隔对间距的影响。

② 有条件时应尽量靠柱、墙布置。

5）消火栓栓口处所需水压计算

消火栓栓口处所需水压，应按下式计算：

$$H_{xh}=H_d+H_q+H_{sk}=A_dL_dq_{xh}^2+\frac{q_{xh}^2}{B}+H_{sk} \tag{7.7}$$

式中 H_{xh}——消火栓栓口处所需水压，mH_2O；

H_d——消防水带的水头损失，mH_2O；

H_q——水枪喷嘴造成一定长度的充实水柱所需水压，mH_2O，按表 7.7 采用；

H_{sk}——消火栓栓口水头损失，mH_2O，宜取 2 mH_2O；

A_d——水带的比阻，按表 7.8 采用；

L_d——水带长度，m；

q_{xh}——消火栓射流出水量，L/s，按表 7.7 采用；

B——水流特性系数，按表 7.9 采用。

表 7.7　　直流水枪充实水柱技术数据

充实水柱/m	不同喷嘴口径的压力和流量					
	13 mm		16 mm		19 mm	
	H_q/mH_2O	$q_{xh}/(L\cdot s^{-1})$	H_q/mH_2O	$q_{xh}/(L\cdot s^{-1})$	H_q/mH_2O	$q_{xh}/(L\cdot s^{-1})$
7	9.6	1.8	9.2	2.7	9.0	3.8
8	11.2	2.0	10.5	2.9	10.5	4.1
9	13	2.1	12.5	3.1	12	4.3
10	15	2.3	14	3.3	13.5	4.6
11	17	2.4	16	3.5	15	4.9
12	19	2.6	17.5	3.8	17	5.2
12.5	21.5	2.7	19.5	4.0	18.5	5.4
13	24	2.9	22	4.2	20.5	5.7

表 7.8　　水带比阻 A_d 值

水带口径/mm	帆布的、麻织的水带	衬胶的水带
50	0.015 01	0.006 77
65	0.004 30	0.001 72

表 7.9　　水流特性系数 B 值

喷嘴直径/mm	9	13	16	19
B 值	0.079	0.346	0.793	1.577

【例 7.1】 一水枪口径为 19 mm，要求充实水柱 13 m，25 m 长衬胶水龙带口径 65 mm，求其消火栓口处所需水压。

【解】 $H_{xh}=H_d+H_q+H_{sk}=A_dL_dq_{xh}^2+\frac{q_{xh}^2}{B}+2$

查表 7.7，充实水柱 13 m 时，$H_q=20.5\ mH_2O$，$q_{xh}=5.7\ L/s$；

查表 7.8，长 25 m，口径 65 mm 衬胶水龙带比阻值 $A_d=0.001\ 72$，计算 $H_d=1.4\ mH_2O$；

故 $H_{xh}=(1.4+20.5+2.0)\ mH_2O=23.9\ mH_2O$。

7.3.3 消火栓给水管网设计

1）室外消火栓给水管网设计

（1）室外消火栓系统分类

① 高压和临时高压的室外消火栓系统的供水压力应能保证用水总量达到最大且水枪在任何建筑物的最高处时，水枪的充实水柱仍不小于 10 m。水压计算应采用喷水口径 19 mm的水枪和直径 65 mm、长度 120 m 的有衬里消防水带参数，每支水枪的计算流量不应小于 5 L/s。

② 低压给水系统室外消火栓主要供给消防车用于室外扑救火灾或由消防车加压后经水泵接合器向室内供水。低压系统室外消火栓栓口处水压从室外设计地面算起不应小于 0.1 MPa。

（2）室外消防给水管道设计注意事项

① 室外消火栓给水管道的设计流速不宜大于 2.5 m/s，管径不应小于 $DN100$。

② 建筑物室外宜采用低压消防给水系统，室外消火栓应由市政给水管网直接供水，同时采用两路消防供水。除建筑高度超过 54 m 的住宅外，室外消火栓设计流量≤20 L/s 时可采用一路消防供水。

③ 向环状管网输水的进水管不应少于 2 条，当其中一条发生故障时，其余的输水管仍能满足消防给水设计流量。

④ 环状管道应采用阀门分成若干独立段，每段内室外消火栓的数量不宜超过 5 个。

⑤ 室外消防给水管道设计的其他要求应符合《室外给水设计规范》(GB 50013—2014)的有关规定。

2）室内消火栓给水管网系统设计及竖向分区

（1）常高压和临时高压消防给水系统

① 常高压消防给水系统。发生火灾时，消防水源的压力可以满足最不利点消火栓的充实水柱、无需开启消防给水泵而直接灭火的系统为常高压消防给水系统，如高位水池、水塔或高压的市政水等。

② 临时高压消防给水系统。平时消防给水系统不能满足最不利点消火栓的充实水柱，消防时必须开启消防给水泵以满足系统灭火所需水压的系统为临时高压消防给水系统。

（2）管道布置要求

① 室内消防管网应布置成环状，向其供水的输水干管不应少于 2 条，其中一条发生故障时，其他输水干管仍然满足消防给水系统设计流量；在室内消防管不能形成环状网时，可利用室外给水管网与进水管形成环状网，如图 7.7 所示。

高层建筑室内消火栓给水环状管网的进水管和区域高压或临时高压给水系统的引入管不应少于2根，当其中一根发生故障时，其余的进水管或引入管应能保证消防用水量和水压的要求。

② 室内消防管道应根据系统设计流量、流速和压力等计算确定，但竖管不应小于 $DN100$。

③ 多层建筑的室内消防给水系统宜与生活、生产给水系统分开设置，高层建筑的室内消防给水系统应与生活、生产给水系统分开设置。

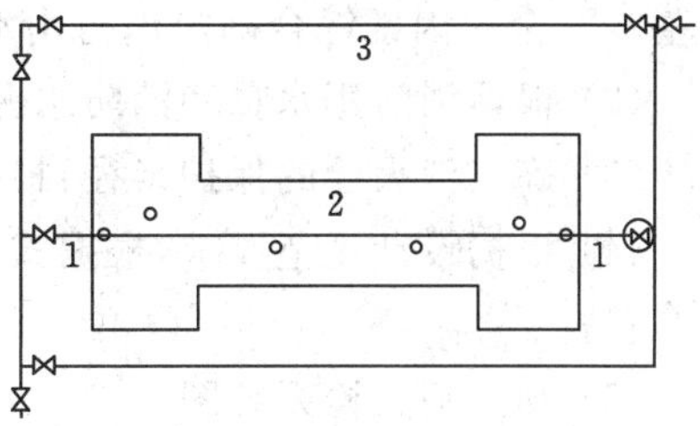

图 7.7 进水管与室外给水管网连成环状

1—进户管；2—室内管道；3—室外给水管网

④ 多层建筑室内消火栓给水管网宜与自动喷水灭火系统的管网分开设置；当合用消防泵时，供水管路应在报警阀前分开设置。

高层建筑室内消火栓给水系统应与自动喷水灭火系统分开设置。当确有困难时，可合用消防给水泵，但必须在报警阀之前分开。

(3) 阀门设置要求

① 室内消火栓给水管道检修时应保证其余消火栓可以满足灭火要求。室内消防给水管道为环状管网时，应采用阀门分成若干独立段。高层建筑应保证检修管道时关闭停用的竖管不超过1根，当竖管超过4根时，可关闭不相邻的2根；高层建筑裙房及多层建筑室内消防给水管道应采用阀门分成若干独立段，室内消防给水管道上阀门的布置应保证检修管道时关闭的竖管不超过1根，但设置的竖管超过3根时，可关闭2根。阀门应常开，并应有明显的启闭标志或信号。

② 室内消防环状管网上阀门的设置，除满足上述相关要求外，还应符合下述原则设置：应在每根立管上下两端与供水干管相连处设置阀门；水平环状管网干管宜按防火分区设置阀门，且阀门间同层消火栓的数量不超过5个(不含两端设有阀门的立管上连接的消火栓)；任何情况下关闭阀门应使每个防火分区至少有1个消火栓能正常使用。

消防给水立管最高点处宜设置自动排气阀。

7.4 消火栓给水系统水力计算

7.4.1 消防管道计算流量

消防管道计算流量按如下原则确定：

(1) 室内消火栓管网的水力计算宜把消火栓管网简化为枝状管网计算；消火栓支管计算流量应为每支水枪最小流量。

(2) 室内消火栓给水系统的竖管流量应根据管道布置及阀门要求的规定最大可关闭竖管数量时，剩余一组最不利的竖管，并由这一组竖管平均分摊消火栓用水量，但每支水枪最小流量和每根计算竖管的流量不应小于表7.3中规定的竖管最小流量。

(3) 室内消火栓给水系统横干管的流量应为表7.3中规定的消火栓用水量。

7.4.2 消火栓管网水力计算

1) 消火栓管网水力计算步骤

(1) 根据火场的用水量统计资料、消防设备的供水能力、建筑物的重要性和保证建筑物的基本安全等因素综合确定消防用水量。

(2) 根据消防用水量和消防水源设计原则确定消防水源,计算消防水池。

(3) 确定消火栓的保护半径:根据式(7.3)计算消火栓的保护半径。

(4) 根据设计规范要求,根据式(7.4)～式(7.6)确定消火栓保护半径,进行消火栓管道的布置。

(5) 画出消火栓系统图。

(6) 根据“最不利点计算流量分配”要求,依据表 7.3 选定包括最不利消火栓在内的消防竖管进行水力计算。

(7) 根据式(7.7)计算消火栓出口压力。

(8) 对计算简图进行编号,依次计算各节点编号的压力和节点间的流量直至水泵的出水口。

(9) 室内消火栓给水系统横干管的流量(根据表 7.3 中规定的消火栓用水量)即为消火栓系统的流量,室内消火栓给水系统所需水压即为水泵扬程。

(10) 水箱的设置高度。

(11) 余压消耗采用减压孔板。

(12) 增压设备的选定。

2) 消火栓管网水头损失计算方法

消防管网水头损失计算方法与给水管网的计算相同,不同是消防立管的直径上下保持不变,计算水头损失需依据相应管道设计流量进行计算。

沿程水头损失计算公式如下:

$$h=iL \tag{7.8}$$

$$i=0.0000107v^2 d_j^{-1.3} \tag{7.9}$$

式中 h——为沿程水头损失,MPa;

i——管道单位长度的水头损失,MPa/m;

L——管道长度,m;

d_j——管道的计算内径,m,取值应按管内径减 1 mm 确定;

v——管内水的平均流速,m/s,消火栓给水管道的设计流速不宜大于 2.5 m/s。

管道单位长度的水头损失也可采用下式计算:

$$i=105C_h^{-1.85} d_j^{-4.87} q_g^{1.85} \tag{7.10}$$

式中 i——管道单位长度的水头损失,kPa/m;

q_g——管道设计流量,m^3/s;

105——系数;

C_h——海澄-威廉系数,镀锌钢管的为 100,铜管、不锈钢管为 130,氯化聚氯乙烯(CPVC)为 140。

局部水头损失的计算:

消火栓给水管道局部水头损失可按沿程水头损失的 20%计,也可采用当量长度计算法计算。局部水头损失也应采用式(7.8)计算,i 为同管径同流量下的水力阻力系数,管道长度为管件的当量长度。各种管件和阀门的当量长度见表 7.10。表 7.10 的三通、四通当量长度是侧向流,当直通流时其当量长度是侧向流的 1/5。

表 7.10　　管件和阀门的当量长度　　单位:m

管件名称	管件直径 DN/mm											
	25	32	40	50	65	80	100	125	150	200	250	300
45°弯头	0.3	0.3	0.6	0.6	0.9	0.9	1.2	1.5	2.1	2.7	3.3	4.0
90°弯头	0.6	0.9	1.2	1.5	1.8	2.1	3.1	3.7	4.3	5.5	5.5	8.2
三通或四通	1.5	1.8	2.4	3.1	3.7	4.6	6.1	7.6	9.2	10.7	15.3	18.3
蝶阀	—	—	—	1.8	2.1	3.1	3.7	2.7	3.1	3.7	5.8	6.4
闸阀	—	—	—	0.3	0.3	0.3	0.6	0.6	0.9	1.2	1.5	1.8
止回阀	1.5	2.1	2.7	3.4	4.3	4.9	6.7	8.3	9.8	13.7	16.8	19.8
异径弯头	32	40	50	70	80	100	125	150	200	—	—	—
	25	32	40	50	70	80	100	125	150	—	—	—
	0.2	0.3	0.3	0.5	0.6	0.8	1.1	1.3	1.6	—	—	—
U形过滤器	12.3	15.4	18.5	24.5	30.8	36.8	49	61.2	73.5	98	122.5	—
Y形过滤器	11.2	14	16.8	22.4	28	33.6	46.2	57.4	68.6	91	113.4	—

注:① 当异径接头的出口直径不变而入口直径提高 1 级时,其当量长度应增大 0.5 倍;提高 2 级或 2 级以上时,当量长度应增加 1.0 倍。

② 表中当量长度是在海澄威廉系数 $C=120$ 的条件下测得,当选择的管材不同时,当量长度应根据下列系数作调整:$C=100,k_1=0.713$;$C=120,k_1=1.0$;$C=130,k_1=1.16$;$C=140,k_1=1.33$;$C=150,k_1=1.51$。

7.4.3 临时高压消防给水系统屋顶消防水箱高度的确定

设置临时高压给水系统的建筑物应设置屋顶消防水箱。消防水箱的设置高度可按下式进行计算:

$$H \geqslant 100H_{xh}+0.1H_g \tag{7.11}$$

式中 H——水箱与最不利消火栓之间的垂直高度差,m;

H_{xh}——最不利消火栓所需的最低工作压力,MPa;

H_g——由水箱出口至最不利消火栓的管道全部损失,kPa。

7.4.4 消防水泵计算

1) 消防泵额定流量的确定

建筑消防给水系统设计流量由室外消火栓系统、室内消火栓系统、自动喷水灭火系统、泡沫灭火系统、水喷雾灭火系统、固定消防炮灭火系统、固定冷却系统等同时作用的消防给水系统的设计流量组成,并应符合下列规定:

(1) 当一个消防给水系统担负 2 幢或 2 幢以上建(构)筑物时,其设计流量应为其中一幢设计流量最大者。

(2) 同时开启的各种消防给水系统的设计流量应按同一保护对象所需要的室外消火栓、室内消火栓系统和自动喷水灭火系统、水喷雾灭火系统、消防炮灭火系统、泡沫灭火系统等确定,当建(构)筑物中有不同的消防对象时,应分别计算,取其中的最大者。

(3) 当消防给水系统与生活、生产给水系统合用时,系统设计流量应为消防给水系统设计流量与生活、生产最大时流量之和。

消防水泵的流量和工作泵的台数有关,其计算公式为:

$$Q_p=\frac{Q_x}{N} \tag{7.12}$$

式中 Q_p——消防水泵流量,L/s;

Q_x——消火栓用水量,L/s;

N——消防工作泵台数。

2) 消防泵额定扬程的确定

消防泵的扬程应满足各种灭火系统的压力要求,通常根据各系统最不利点灭火设备所需水压值确定。其计算公式如下:

$$H = (1.05 \sim 1.10) \times \left(\sum h + Z + p_0\right) \tag{7.13}$$

式中 H——水泵扬程或系统入口的供水压力,MPa。

1.05~1.10——安全系数,一般根据供水管网大小来确定。当系统管网小时,取1.05;当系统管网大时,取1.10。

$\sum h$——管道沿程和局部的水头损失的累计值,MPa。

Z——最不利点处消防用水设备与消防水池的最低水位或水泵直接从市政管网吸水时吸水管水平中心线之间的高程差,m。当该值高于最不利点处消防用水设备时,Z应取负值,MPa。

p_0——最不利点处灭火设备的工作压力,MPa。

7.5 消火栓给水系统供水及安全设施

7.5.1 消防水箱的设置

建筑中的消防水箱主要有3种:高位水箱、减压水箱和转输水箱。在此仅介绍高位水箱。

1) 设置场所

除常高压消防给水系统和设置干式消防竖管的给水系统外,所有建筑均应设置高位水箱。

2) 有效容积和设置高度

(1) 一类高层公共建筑不应小于36 m^3,但当建筑高度大于100 m时不应小于50 m^3,当建筑高度大于150 m时不应小于100 m^3。

(2) 多层公共建筑、二类高层公共建筑和一类高层居住建筑不应小于18 m^3,当一类住宅建筑高度超过100 m时不应小于36 m。

(3) 二类高层住宅不应小于12 m^3。

(4) 建筑高度大于21 m的多层住宅建筑不应小于6 m^3。

(5) 工业建筑室内消防给水设计流量当小于等于25 L/s时不应小于12 m^3,大于25 L/s时不应小于18 m^3。

(6) 总建筑面积大于10 000 m^2且小于30 000 m^2的商店建筑不应小于36 m^3,总建筑面积大于30 000 m^2的商店不应小于50 m^3。当与本条第1款规定不一致时,应取其较大值。

3) 高位消防水箱设置时最不利点处静水压力

高位消防水箱的设置位置应高于其所服务的水灭火设施,且最低有效水位应满足水灭火设施最不利点处的静水压力，并应按下列规定确定：

(1) 一类高层公共建筑，不应低于 0.1 MPa，但当建筑高度超过 100 m 时，不应低 0.15 MPa。

(2) 高层住宅、二类高层公共建筑、多层公共建筑，不应低于 0.07 MPa，多层住宅不宜低于 0.07 MPa。

(3) 工业建筑不应低于 0.1 MPa，当建筑体积小于 20 000 m^3 时，不宜 0.07 MPa。

(4) 自动喷水灭火系统等自动喷水灭火系统应根据喷头灭火需求压力确定，但最小不应小于 0.1 MPa。

4) 高位水箱设置注意事项

重力自流的消防水箱应设置在建筑的最高部位；消防水箱应储存 10 min 的消防用水量。设有高位消防水箱的消防给水系统，当其设增压设施时应符合下列规定：增压水泵的出水量，对消火栓给水系统不应大于 5 L/s；对自动喷水灭火系统不应大于 1 L/s；气压水罐的调节水容量宜为 450 L。

(1) 高位水箱材质可采用钢筋混凝土、热浸镀锌钢板，也可采用不锈钢水箱等建造。

(2) 高位水箱应设在通风良好并防冻的水箱间，水箱和墙壁的间距为：有管道侧净距不小于 1.0 m，无管道侧净距不小于 0.7 m，上方净空不小于 0.8 m，下方净空不小于 0.6 m。

(3) 进水管径不应小于 *DN*32 同时应满足 8 h 充水要求，进水管宜设置液位阀或浮球阀。进水管进水高度应高于溢流管位置，若为淹没出流，则应采取防倒流措施。

(4) 出水管应满足设计流量要求并不应小于 *DN*100，其上应设止回阀防止消防加压水进入水箱，止回阀阻力不应影响水箱出水最低压力，出水管口应高于水箱底板（50～100 mm）。

(5) 溢流管和放空管应间接排水。

(6) 水箱所有与外界相通的孔洞及管道均需防虫。

(7) 不推荐消防高位水箱和其他水箱合用，若合用，则应防止消防用水不被挪作他用。

7.5.2 消防水池的设置

1) 设置消防水池的条件

如前所述，符合下列情况之一者，应设消防水池：

(1) 当生产、生活用水量达到最大时，市政给水管网或引入管不能满足室内、外消防用水量时。

(2) 当采用一路消防供水或只有一条引入管，且室外消火栓设计流量大于 20 L/s 或建筑高度大于 50 m 时。

(3) 市政消防给水设计流量小于建筑的消防给水设计流量时。

2) 消防水池设计

(1) 当室外给水管网能保证室外消防用水量时，消防水池的有效容量应满足在火灾延续时间内室内消防用水量的要求。当室外给水管网不能保证室外消防用水量时，消防水池的有效容量应满足在火灾延续时间内室内消防用水量与室外消防用水量不足部分之和的要求。

(2) 补水量应经计算确定，当消防水池有两路补水管时，其有效容积可以减去火灾延续时间内补充的水量，补充水量应按进水量较小的补水管计算。当室外给水管网无资料时，补水量可按水池补水管（管径小的）管径在流速为 1 m/s 时的流量计算，且补水管的设计流速不宜大于 2.5 m/s。

(3) 消防水池的补水时间不宜超过 48 h。消防水池进水管管径应经计算确定，且不应小于 $DN100$。

(4) 消防水池的总蓄水有效容积大于 500 m^3 时，宜设 2 个能独立使用的消防水池，并应设置满足最低有效水位的连通管；但当大于 1 000 m^3 时，应设置能独立使用的两座消防水池，每座消防水池应设置独立的出水管，并应设置满足最低有效水位的连通管。

(5) 消防水池应与生活水池分开设置，但小区室外消防给水宜与小区给水水池合用。合用水池应有保证消防水不被动用的技术措施，如图 7.8 所示。

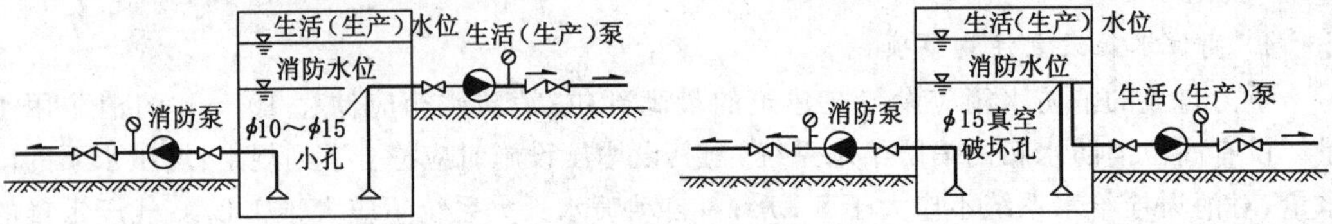

图 7.8　合用水池保证消防水不被动用的技术措施

(6) 在寒冷地区的室外消防水池应有防冻措施，消防水池必须有盖板，盖板上应覆土保温；人孔和取水口设双层保温井盖。

3) 消防水池有效容积计算

消防水池的容积分为有效容积和无效容积，其总容积为有效容积与无效容积之和。其中消防水池的有效容积为：

$$V_a = \sum Q_{pj} t_i - Q_b T_b \tag{7.14}$$

式中　V_a——消防水池的有效容积，m^3；

Q_{pj}——建筑物内各种水消防灭火的设计流量，m^3/h；

t_i——建筑物内各种水消防灭火的火灾延续时间，h，见表 7.2；

Q_b——在火灾延续设计内可连续补充的水量，m^3/h；

T_b——民用建筑物内各种水消防灭火的火灾延续时间的最大值，h。

4) 消防水池(箱)的有效水深

消防水池(箱)的有效水深是设计最高水位至消防水池(箱)最低有效水位之间的距离。消防水池(箱)最低有效水位是消防水泵吸水喇叭口或出水管喇叭口以上 0.6 m 水位，当消防水泵吸水管或消防水箱出水管上设置防止旋流器时，最低有效水位为防止旋流器顶部以上 0.15 m，如图 7.9 所示。

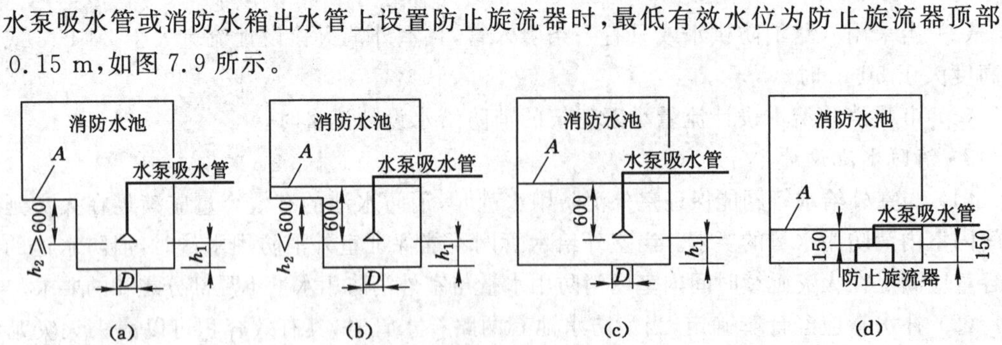

图 7.9　消防水池最低水位

A—消防水池最低水位线；D—吸水管喇叭口直径；

h_1—喇叭口底到吸水井底的距离；h_2—喇叭口底到池底的距离

7.5.3 消防水泵的设置

1）消防泵的选择

（1）临时高压消防给水系统的消防水泵应采用一用一备或多用一备，但工作泵不应大于 3 台；备用消防泵的工作能力不应小于其中最大一台消防工作泵的供水能力。建筑高度小于 54 m 的住宅，室外消防给水设计流量≤25 L/s 的建筑，室内消防给水设计流量≤10 L/s 的建筑，可不设置备用泵。

（2）当为多用一备时，应考虑多台消防泵并联时，流量叠加对消防泵出口压力的影响。

（3）选择消防泵时，其水泵性能曲线应平滑无驼峰，消防泵零流量时的压力不应超过系统设计额定压力的 140%且不宜小于设计额定压力的 120%；当水泵流量为额定流量的 150%时，此时消防泵的压力不应低于额定压力的 65%。

（4）消防泵电机轴功率应满足水泵流量扬程曲线上任一点的工作要求。

2）泵房管道系统设计要求

（1）一组消防泵的吸水管不应少于 2 条，当其中一条损坏或检修时，其余吸水管应仍能通过全部水量。几种消防泵吸水管的布置如图 7.10 所示。

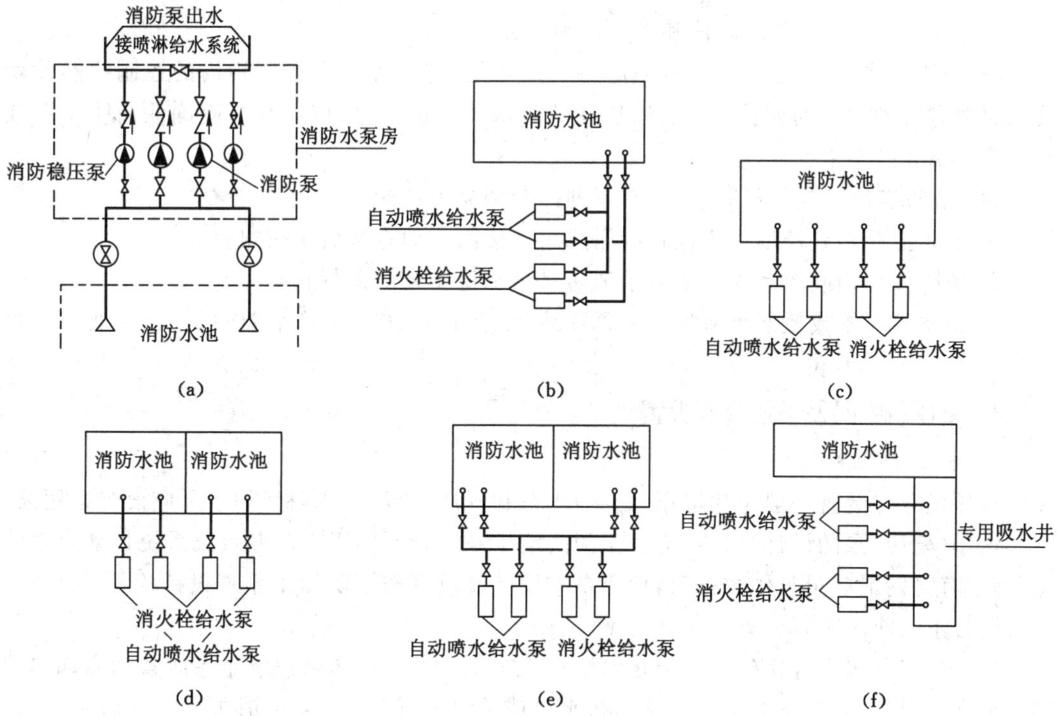

图 7.10 消防泵吸水管的布置

（2）消防泵房应设不少于 2 条的供水管与环状管网连接，当其中一条出水管检修时，其余的出水管应仍能供应全部用水量。

（3）消防水泵的吸水管上应设置明杆闸阀或带自锁装置的蝶阀，但当设置暗杆阀门时应设有开启刻度和标志；当管径超过 *DN*300 时，宜设置电动阀门。

（4）消防水泵的出水管上应设止回阀、明杆闸阀；当采用蝶阀时，应带有自锁装置；当管径大于 *DN*300 时，宜设置电动阀门。

(5) 当市政给水管网能满足消防时用水量要求，且市政部门同意消防泵可从市政环状干管直接吸水时，消防泵应直接从室外给水管网吸水。

消防泵直接从室外管网吸水时，消防泵扬程应按室外管网的最低水压计算，并以室外管网的最高水压校核水泵的工作情况，但应保证室外给水管网压力不低于 0.1 MPa(从地面算起)。

(6) 消防泵吸水管的流速可采用 1～1.2 m/s(＜DN250)或 1.2～1.6 m/s(≥DN250)。水泵出水管的流速可采用 1.5～2.0 m/s。

(7) 消防泵出水管的止回阀前应装设试验和检查用压力表和 DN65 的放水阀门；或在消防水泵房内应统一设置检测消防水泵供水能力的压力表和流量计。压力表的量程宜为消防泵额定压力的 3 倍，流量计的最大量程应不小于消防泵额定流量的 1.75 倍。

(8) 消防给水系统宜考虑设置防止系统超压的技术措施，如泄压阀等。

3) 消防水泵的控制与启停

(1) 消防水泵应由消防水泵出水干管上设置的压力开关、高位消防水箱出水管上的流量开关，或报警阀压力开关等开关信号应能直接自动启动消防水泵。消防水泵房内的压力开关宜引入消防水泵控制柜内。

(2) 消防水泵应能手动启停和自动启动。

(3) 消防水泵控制柜应设置机械应急启泵功能，并应保证在控制柜内的控制线路发生故障时由有管理权限的人员在紧急时启动消防水泵。机械应急启动时，应确保消防水泵在报警 5.0 min 内正常工作。

(4) 消防控制室或值班室，应具有下列控制和显示功能：

① 消防控制柜或控制盘应设置专用线路连接的手动直接启泵按扭。

② 消防控制柜或控制盘应能显示消防水泵和稳压泵的运行状态。

③ 消防控制柜或控制盘应能显示消防水池、高位消防水箱等水源的高水位、低水位报警信号，以及正常水位。

7.5.4 增压(稳压)及减压装置设置

1) 增压(稳压)装置

增压(稳压)装置一般包括增压(稳压)水泵和气压水罐，增压(稳压)水泵应设置备用泵。

增压(稳压)泵的设计流量不应小于消防给水系统管网的正常泄漏量或系统自动启动流量，当没有管网泄漏量具体数据时，稳压泵的设计流量宜按消防给水系统设计流量的 1%～3%计，且不宜小于 1 L/s。

增压(稳压)泵设计工作压力应足够维持系统正常的工作压力以满足系统自动启动和管网充满水的要求，并应符合大于屋顶消防水箱或分区水箱静压，大于消防泵自动启泵压力，当消防泵从市政管网直接吸水时大于市政给水管网的最高压力，大于系统最高最远处水消防设施的静扬程 0.15 MPa 的压力要求。

设置增压(稳压)泵的临时高压消防给水系统应设置防止稳压泵频繁启停的技术措施，当采用气压水罐时，其调节容积应根据稳压泵启泵次数不大于 15 次/h 计算确定，但有效储水容积不宜小于 150 L。稳压泵应由消防给水管网或气压水罐上设置的稳压泵自动启停泵压力开关或压力变送器控制。

2) 气压水罐

当屋顶消防水箱的高度不能满足要求，可采用稳压气压水罐稳压；当建筑物无法设置屋顶消防水箱或设置屋顶消防水箱不经济，且消防给水系统采用可靠双电源，或电泵与柴油机泵互为备用时，消防给水系统可采用稳压气压水罐稳压。

稳压气压水罐的调节容量不小于 450 L，稳压水容积不小于 50 L，最低工作压力应为最不利点所需的压力，工作压力比宜为 0.5～0.9。设计可选用《消防增压稳压设备选用与安装》(98S205)。

3) 减压装置

(1) 系统减压

① 减压阀减压。在进行竖向分区时，下部分区需进行减压，一般可采用减压阀减压。减压阀通常有可调式减压阀和比例式减压阀 2 种，减压阀前应设过滤器，阀前后均应设置压力表。可调式减压阀前后最大压差不应大于 0.40 MPa；比例式减压阀的减压比不宜大于3∶1。

因减压阀样本中所示的压力一般均为静压；当阀门启动后，其阀后动压应按下式计算：

$$p_2' = p_2 - \Delta p \tag{7.15}$$

式中 p_2'——阀后动压力，MPa；

p_2——阀后静水压力，MPa；

Δp——水流通过减压阀的水头损失，MPa，由厂家提供。

比例式减压阀可按下式计算：

$$p_2 = p_1/\alpha \tag{7.16}$$

式中 p_1——阀前静水压力，MPa；

α——减压比。

$$p_2' = \beta \times p_2 \tag{7.17}$$

式中 β——动压系数，宜为 0.8～0.9，由厂家提供。当管道公称直径＞$DN50$ 时，宜采用上限值；当管道公称直径≤$DN50$ 时，宜采用下限值。

② 水箱减压。在一些超高层建筑中，也有采用在避难层设置减压水箱进行系统减压的做法。

(2) 消火栓减压　消火栓栓口压力超过 0.50 MPa 时，水枪后坐力使得消火栓难以操作，故需进行减压。可在消火栓栓口处加设不锈钢减压孔板或采用减压稳压消火栓，消除消火栓栓口处的剩余水头。减压稳压消火栓可减动压和静压，而孔板则只能减动压。

减压孔板应设置在消火栓出水口处，其水头损失可按下式计算：

$$H_k = 1.06\left[\frac{1.75\beta^{-2}(1.1-\beta^2)}{1.175-\beta^2} - 1\right]^2 \frac{v^2}{2g} \tag{7.18}$$

式中 H_k——消火栓与孔板组合水头损失(0.010 MPa)，可参照表 7.11 取值；

β——相对孔径，$\beta = d/D$；

d——孔板孔径，mm；

D——消火栓管内径，mm，应根据产品确定，无资料时 $DN65$ 宜按管内径 68 mm 计算；

v——减压孔板后管道内水的平均流速，m/s，$v = \frac{4q_x}{\pi D^2} \times 10^3$；

q_x——水流通过孔板流量，L/s；

g——重力加速度，$g = 9.8\ m/s^2$。

表 7.11　消火栓栓口处安装孔板组合水头损失值 H_k

孔板孔径/mm	消火栓型号	体积流量/(L·s^{-1})	H_k/MPa
12	SN50	2.5	0.657 6
14			0.345 6
16			0.196 6
18			0.118 5
20			0.076 0
22			0.048 7
24			0.032 6
16	SN65	5.0	0.836 1
18			0.511 3
20			0.327 6
22			0.218 0
24			0.149 5
26			0.105 0
28			0.075 3
30			0.054 9
32			0.040 6

7.5.5　消防水泵接合器

水泵接合器是消防车向建筑内管网送水的接口设备。当建筑遇特大火灾,消防水量供水不足时或消防泵发生故障时,须用消防车取消火栓或贮水池的水,通过水泵接合器来补充建筑中灭火水量。每个接合器的供水量为 10～15 L/s 计算。水泵接合器间距不宜小于 20 m,以便供水。水泵接合器的类型有地上式、地下式及墙壁式 3 种,如图 7.11 所示。

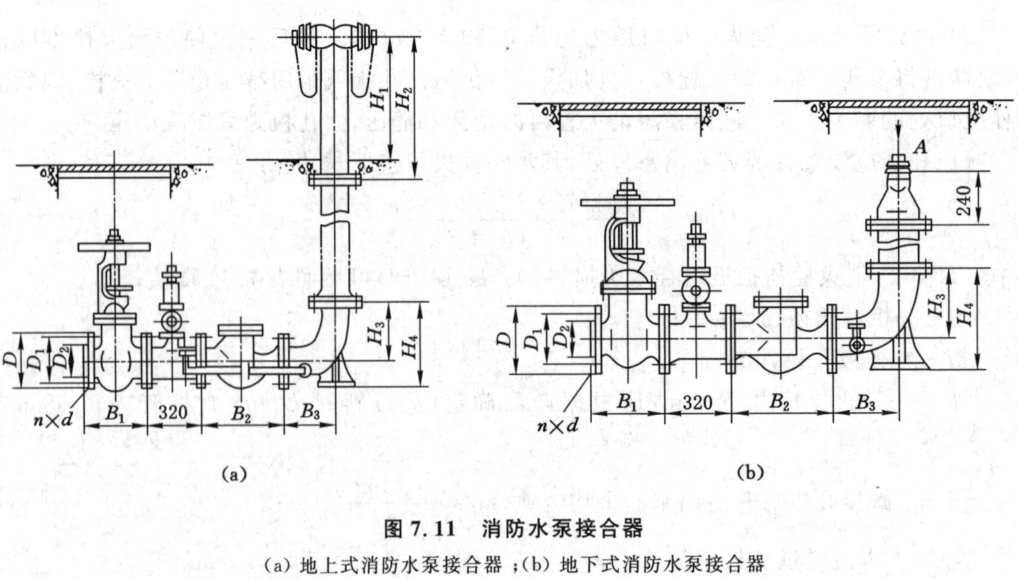

图 7.11　消防水泵接合器

(a) 地上式消防水泵接合器 ;(b) 地下式消防水泵接合器

水泵接合器设置的一般要求:

① 消火栓系统：高层民用建筑、超过 4 层的厂房和库房、设有消防管网的住宅、超过 5 层的其他非高层民用建筑、人防工程(消防用水总量大于 10 L/s)、4 层以上多层汽车库和地下汽车库，以及城市市政隧道。

② 自动喷水灭火系统、水喷雾灭火系统、泡沫灭火系统和固定消防灭火系统等水灭火系统，均应设置消防水泵接合器。

③ 消防水泵接合器是消防给水系统的一个辅助水源，由消防车供水。

④ 消防水泵接合器的数量应按室内消防用水量经计算确定，且不宜少于 2 个。

⑤ 水泵接合器宜分散布置，且应设在室外便于消防车使用和接近的地点。水泵接合器距人防工程出入口不宜小于 5 m，距离室外消火栓或消防水池取水口的距离宜为 15～40 m。

⑥ 水泵接合器宜采用地上式，当采用地下式水泵接合器时，应有明显标志。当采用墙壁式水泵接合器时，其中心高度距室外地坪为 700 mm，接合器上部墙面不宜是玻璃窗或玻璃幕墙等易破碎材料，当必须在该位置设置水泵接合器时，其上部应有有效遮挡保护措施。

⑦ 当室内消火栓系统和自动喷水灭火系统或不同消防分区的水泵接合器设置在一起时，应有明显的标志加以区分。

本章小结

本章结合《水规》、《建规》等的相关规定，对建筑室内外消火栓给水系统及其适用范围，给水系统形式及设置，消火栓系统图式，适用场所，系统用水量及水压要求，消火栓给水系统设计原则和方法，消火栓给水系统水力计算，系统供水及安全设备选型计算等进行了详细介绍，以方便学生对消火栓系统设计的相关基础理论、基本公式、基本方法的掌握。

复习思考题

7.1 消火栓系统的主要组成部分有哪些？分别起到什么作用？

7.2 消火栓系统用水量如何确定，消火栓口压力与系统所需压力有何区别？如何计算？

7.3 消防水池、消防水箱的作用分别是什么？如何计算确定其有效容积？

7.4 消防水泵的流量和扬程如何确定？

7.5 什么是消火栓充实水柱和保护半径？如何计算？

7.6 高层建筑消火栓系统设计要求是什么？与多层建筑消火栓系统设计差别是什么？

7.7 阐述消火栓系统水力计算方法，是否还有其他计算方法？

7.8 消火栓系统管道设计流量是如何确定？

7.9 什么时候需要设置消防增压泵？其流量、扬程如何确定？

8 自动喷水灭火系统

自动喷水灭火系统是指由洒水喷头、报警阀组、水流报警装置(水流指示器或压力开关)等组件以及管道、供水设施组成的自动灭火系统。自动喷水灭火系统是一种在发生火灾时,能自动打开喷头喷水灭火并同时发出火警信号的消防灭火设施,系统在火灾发生后能通过各种方式自动启动,并能同时通过加压设备将水送入管网维持喷头洒水灭火一定时间。该系统是当今世界上公认的最为有效、应用最广泛的自救灭火设施,具有安全可靠、经济实用、灭火成功率高等优点。自动喷水灭火系统扑灭初期火灾的效率在96%以上。

8.1 系统设置原则及场所

8.1.1 系统设计原则

(1) 自动喷水灭火系统应在人员密集、不易疏散、外部增援灭火与救生较困难、性质重要或火灾危险性较大的场所中设置。

(2) 自动喷水灭火系统不适用于存在较多下列物品的场所:

① 遇水发生爆炸或加速燃烧的物品。

② 遇水发生剧烈化学反应或产生有毒有害物质的物品。

③ 遇水将导致喷溅或沸溢的液体。

(3) 自动喷水灭火系统的系统选型,应根据设置场所的火灾特点或环境条件确定,露天场所不宜采用闭式系统。

(4) 自动喷水灭火系统的设计原则应符合下列规定:

① 闭式喷头或启动系统的火灾探测器,应能有效探测初期火灾。

② 湿式系统、干式系统应在开放一只喷头后自动启动;预作用系统、雨淋系统应在火灾自动报警系统报警后自动启动。

③ 作用面积内开放的喷头,应在规定时间内按设计选定的强度持续喷水。

④ 喷头洒水时,应均匀分布,且不应受阻挡。

8.1.2 设置场所和危险等级的划分

1)《建规》规定的工业建筑与多层民用建筑的设置场所

下列场所应设置自动灭火系统,除不宜用水保护或灭火者以及《建规》另有规定者外,宜采用自动喷水灭火系统:

(1) 不小于50 000纱锭的棉纺厂的开包、清花车间;不小于5 000纱锭的麻纺厂的分级、梳麻车间；火柴厂的烤梗、筛选部位；泡沫塑料厂的预发、成型、切片、压花部位；占地面积大于 1 500 m^2 的木器厂房；占地面积超过 1 500 m^2 或总建筑面积大于 3 000 m^2 的单层、多层制鞋、制衣、玩具及电子等厂房；高层乙、丙类厂房；飞机发动机试验台的准备部位；建筑面积大于 500 m^2 的丙类地下或半地下厂房。

(2) 每座占地面积大于 1 000 m^2 的棉、毛、丝、麻、化纤、毛皮及其制品的仓库；每座占地面积大于 600 m^2 的火柴仓库；邮政楼中建筑面积大于 500 m^2 的空邮袋库；总建筑面积大于 500 m^2 的可燃物品地下仓库；可燃、难燃物品的高架仓库和高层仓库。

(3) 特等、甲等剧场超过 1 500 个座位的其他等级的剧场；超过 2 000 个座位的会堂或礼堂；超过 3 000 个座位的体育馆；超过 5 000 人的体育场的室内人员休息室与器材间等。

(4) 任一楼层建筑面积超过 1 500 m^2 或总建筑面积大于 3 000 m^2 的展览建筑、商店、旅馆建筑，以及医院中同样建筑规模的病房楼、门诊楼、手术部；总建筑面积大于 500 m^2 的地下或半地下商店。

(5) 设置有送回风道(管)的集中空气调节系统且总建筑面积大于 3 000 m^2 的办公楼等。

(6) 设置在地下、半地下或地上 4 层及 4 层以上，以及设置在建筑的首层、二层和三层且任一层建筑面积大于 300 m^2 的地上歌舞娱乐放映游艺场所(游泳场所除外)。

(7) 藏书量超过 50 万册的图书馆。

《建规》还对宜设置水幕系统，应设置雨淋喷水灭火系统部位进行了规定。

2)《建规》规定的高层建筑的设置场所

(1) 建筑高度超过 100 m 的高层建筑及其裙房，除游泳池、溜冰场、建筑面积小于 5.0 m^2 的卫生间、不设集中空调且户门为甲级防火门的住宅的户内用房和不宜用水扑救的部位外，均应设自动喷水灭火系统。

(2) 建筑高度不超过 100 m 的一类高层建筑及其裙房，除游泳池、溜冰场、建筑面积小于 5.00 m^2 的卫生间、普通住宅、设集中空调的住宅的户内用房和不宜用水扑救的部位外，均应设自动喷水灭火系统。

(3) 二类高层公共建筑的公共活动用房、走道、办公室和旅馆的客房、自动扶梯底部、可燃物品库房等部位应设自动喷水灭火系统。

(4) 高层建筑中的歌舞娱乐放映游艺场所、空调机房、公共餐厅、公共厨房，以及经常有人停留或可燃物较多的地下室、半地下室房间等，应设自动喷水灭火系统。

(5) 燃油、燃气的锅炉房、柴油发电机房宜设自动喷水灭火系统。

(6) 超过 800 个座位的剧院、礼堂，其舞台口宜设防火幕或水幕分隔。

3) 危险等级的划分

设置场所的火灾危险等级，应根据其用途、容纳物品的火灾荷载及室内空间条件等因素，在分析火灾特点和热气流驱动喷头开放及喷水到位的难易程度后确定。

《喷规》将有关设置场所火灾危险性等级划分为轻危险级、中危险级(Ⅰ，Ⅱ级)、严重危险级(Ⅰ，Ⅱ级)和仓库危险级(Ⅰ，Ⅱ，Ⅲ级)。设置场所火灾危险等级举例见表 8.1。

表 8.1　　设置场所火灾危险等级举例

火灾危险等级		设置场所举例
轻危险级		建筑高度为 24 m 及以下的旅馆、办公楼；仅在走道设置闭式系统的建筑等
中危险级	Ⅰ级	1. 高层民用建筑：旅馆、办公楼、综合楼、邮政楼、金融电信楼、指挥调度楼、广播电视楼(塔)等； 2. 公共建筑(含单、多、高层)：医院、疗养院，图书馆(书库除外)、档案馆、展览馆(厅)，影剧院、音乐厅和礼堂(舞台除外)及其他娱乐场所，火车站和飞机场及码头的建筑，总建筑面积小于 5 000 m^2 的商场、总建筑面积小于 1 000 m^2 的地下商场等； 3. 文化遗产建筑：木结构古建筑、国家文物保护单位等； 4. 工业建筑：食品、家用电器、玻璃制品等工厂的备料与生产车间等；冷藏库、钢屋架等建筑构件
	Ⅱ级	1. 民用建筑：书库、舞台(葡萄架除外)、汽车停车场、总建筑面积 5 000 m^2 及以上的商场、总建筑面积 1 000 m^2及以上的地下商场、净空高度不超过 8 m、物品高度不超过 3.5 m 的自选商场等； 2. 工业建筑：棉毛麻丝及化纤的纺织、织物及制品、木材木器及胶合板、谷物加工、烟草及制品、饮用酒(啤酒除外)、皮革及制品、造纸及纸制品、制药等工厂的备料与生产车间
严重危险级	Ⅰ级	印刷厂、酒精制品、可燃液体制品等工厂的备料与车间、净空高度不超过 8 m、物品高度超过 3.5 m 的自选商场等
	Ⅱ级	易燃液体喷雾操作区域、固体易燃物品、可燃的气溶胶制品、溶剂清洗、喷涂、油漆、沥青制品等； 工厂的备料及生产车间、摄影棚、舞台"葡萄架"下部
仓库危险级	Ⅰ级	食品、烟酒；木箱、纸箱包装的不燃难燃物品等
	Ⅱ级	木材、纸、皮革、谷物及制品、棉毛麻丝化纤及制品、家用电器、电缆、B 组塑料与橡胶及其制品、钢塑混合材料制品、各种塑料瓶盒包装的不燃物品及各类物品混杂储存的仓库等
	Ⅲ级	A 组塑料与橡胶及其制品，沥青制品等

注：A 组及 B 组的类型参见《喷规》。

8.2　系统类型与选择

8.2.1　系统分类

自动喷水灭火系统按喷头的开启形式可分为闭式喷头系统和开式喷头系统；按照系统的组成与技术特点可分为湿式系统、干式系统、干湿两用系统、预作用系统和雨淋系统等；从对保护对象的功能又可分为暴露防护型(水幕或冷却等)和控灭火型；从喷头的喷水水滴大小又可分为喷水型和喷雾型。喷水型又可分为传统型(普通型)喷头和洒水型喷头、大水滴型喷头和早期抑制快速响应型喷头(Early Suppression Fast-Response Sprinklers，ESFR)等；喷雾型又可分为(螺旋型、撞击型)水喷雾喷头和超细水喷雾型等；还可分为泡沫系统和泡沫喷淋联用系统。

自动喷水灭火系统从对保护对象的保护方式分，可分为局部系统和全淹没系统；从设计安装方式上分，可分为预制系统和非预制系统等。

采用闭式洒水喷头的湿式系统、干湿系统、预作用系统、自动喷水-泡沫联用系统，称为闭式系统。水喷雾、雨淋系统与水幕系统采用开式喷头，称为开式系统。水幕系统与雨淋系统的组成虽然很相似，但水幕系统不是灭火设施，而是防火设施。水喷雾系统的组成同样和雨淋系统极为相似，两者虽采用的喷头不同，但在灭火机理与保护对象方面，两者存在着性质上的不同。因此，水喷雾系统不属于自动喷水灭火系统范畴，是另外一种类型的固定式自动灭火系统。

8.2.2 湿式自动喷水灭火系统

湿式自动喷水灭火系统是充满水的管道系统上安装有自动喷水闭式喷头，并至少与一个自动给水装置相连，当喷头受到来自火灾释放的热量驱动打开后，立即喷水灭火。或者是准工作状态时管道内充满有压水的自动喷水灭火系统。

系统采用湿式报警阀，报警阀的前后管道内均充满压力水。该系统包括闭式喷头、水流指示器、湿式报警阀组、控制阀和至少一套自动供水系统，以及消防水泵接合器等组成。自动供水系统是指自动喷水灭火系统动作时水能自动满足系统设计的需水量，即通常指的满足系统供水压力和水量的城市自来水、高位水塔（水箱）、气压水罐、水力自动控制的消防给水泵等。

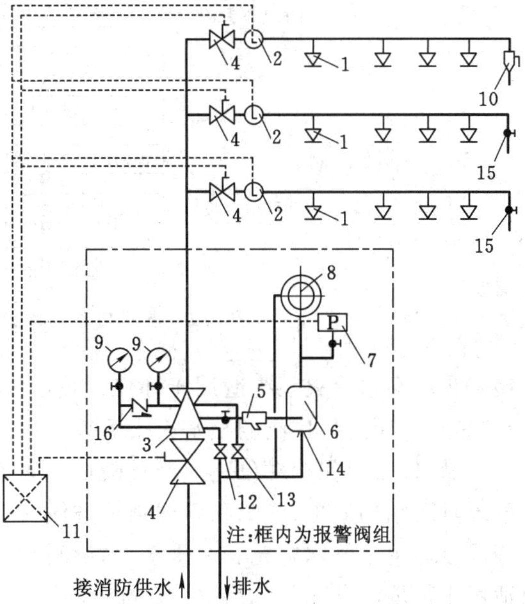

图 8.1 湿式自动喷水灭火系统示意图

湿式自动喷水灭火系统示意图如图 8.1 所示，主要组件及用途见表 8.2，其工作原理如图 8.2 所示。

表 8.2 湿式系统主要组件及用途

编号	名 称	用 途	编号	名 称	用 途
1	闭式喷头	火灾发生时，开启出水灭火	9	压力表	分别显示报警阀上、下部的水压
2	水流指示器	水流动时，输出电信号，指示火灾发生的区域	10	末端试水装置	试验末端水压及系统联动功能
3	湿式报警阀	系统控制阀，开启时可输出报警水流信号	11	火灾报警控制器	接收报警信号并发出控制指令
4	信号阀	供水控制阀，阀门关闭时输出电信号	12	泄水阀	系统检修时排空放水
5	过滤器	过滤水中的杂质	13	试验阀	试验报警阀功能及警铃报警功能
6	延迟器	延迟报警时间，克服水压变化引起的误报警	14	节流器	节流排水，与延迟器共同工作
7	压力开关	报警阀开启时，发出电信号	15	试水阀	分区放水及试验系统联动功能
8	水力警铃	报警阀开启时，发出音响信号	16	止回阀	单向补水，防止压力变化引起报警阀误动作

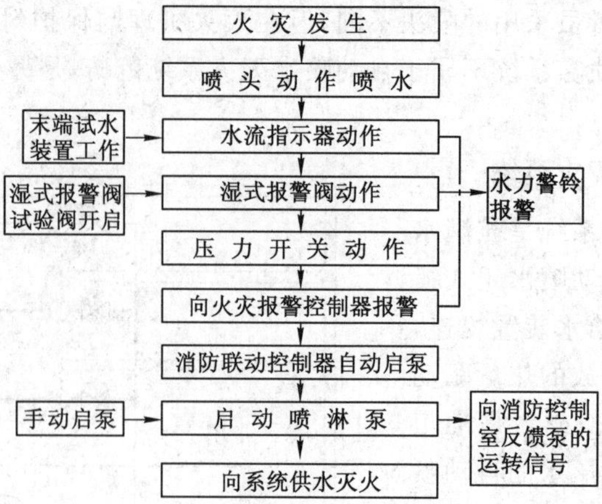

图 8.2　湿式自动喷水灭火系统工作原理

湿式自动喷水灭火系统适用于环境温度在 4 ℃$<t<$70 ℃的场所，适用任何形式的闭式喷头，是目前用途最广泛的喷水灭火系统，但不能用于扑救遇水爆炸、加速燃烧、剧烈化学反应的物品，以及对保护对象造成严重破坏的火灾。

系统具有结构简单、施工和管理维护方便、使用可靠、灭火速度快、控火效率高，应用范围广等优点。由于管网中充满有压水，当渗漏时会损毁建筑装饰和影响建筑的使用，以及系统只适用于环境温度 4 ℃$<t<$70 ℃的建筑物等缺点。

系统设置要求如下：

(1) 湿式自动喷水灭火系统中，一个报警阀控制的喷头数不宜大于 800 只。

(2) 对于中、轻危险等级场所，一个报警阀在同一层的保护面积限制为不大于 5 000 m^2。

(3) 在宾馆、公共娱乐场所等保护生命安全的场所，一个报警阀在任何一层的控制的喷头数不宜大于 200 只。

(4) 湿式自动喷水灭火系统适用于各种形式的闭式喷头。

(5) 应根据环境温度选择合适的喷头，喷头公称动作温度宜高于环境最高温度 30 ℃。

(6) 自动喷水湿式灭火系统工作压力不应大于 1.2 MPa。

(7) 报警阀与水流指示器前应安装信号阀，此阀必须保持常开，阀门关闭时宜有信号送往消防控制室。

(8) 报警阀组责任区段管道的最高点应设排气阀，最低点应设泄水阀。

(9) 湿式自动喷水灭火系统是指由火灾报警控制器联动控制的湿式系统。

8.2.3　干式自动喷水灭火系统

干式自动喷水灭火系统是干式报警阀后充满有压空气或氮气的管道系统上安装有自动喷水闭式喷头，当喷头受到来自火灾释放的热量作用打开后，喷头首先喷射管道中的气体，排出气体后，有压水通过管道到达喷头喷水灭火。该系统也称为准工作状态时报警阀后配水管道内充满用于启动系统的有压气体的闭式自动喷水灭火系统。干式自动喷水灭火系统是报警阀后充满压力气体的灭火系统，系统由闭式喷头、管道、干式报警阀组和供水设施、补气装置等组成。

干式自动喷水灭火系统见图 8.3，主要组件及用途见表 8.3，其工作原理见图 8.4，系统充气原理见图 8.5。

表 8.3　　干式系统主要组件及用途

编号	名　称	用　途	编号	名　称	用　途
1	闭式喷头	火灾发生时，开启出水灭火	13	试验阀	试验报警阀功能及警铃报警功能
2	水流指示器	水流动时，输出电信号，指示火灾发生的区域	14	自动滴水球阀	排出系统微渗的水，接通大气密封干式阀阀瓣
3	干式报警阀	系统控制阀，开启时可输出报警水流信号	15	加速器	加速开启干式报警阀
4	信号阀	供水控制阀，阀门关闭时输出电信号	16	抗洪装置	防止报警阀开启时水进入加速器
5	过滤器	过滤水或气中的杂质	17	空压机	供给系统压缩空气
6	压力开关	报警阀开启时，发出电信号	18	安全阀	防止系统超压
7	压力开关	上限控制系统补气，下限控制系统排气进水	19	试水阀	分区放水试验及试验系统联动功能
8	水力警铃	报警阀开启时，发出音响信号	20	注水口	向报警阀内注水以密封阀瓣
9	压力表	显示水压或气压	21	快速排气阀	报警阀开后系统排气
10	末端试水装置	试验末端水压及系统联动功能	22	电动阀	平时关闭，报警阀开后，开启控制排气
11	火灾报警控制器	接收报警信号并发出控制指令	23	止回阀	控制补气方向，防止水进入补气系统
12	泄水阀	系统检修时排空放水			

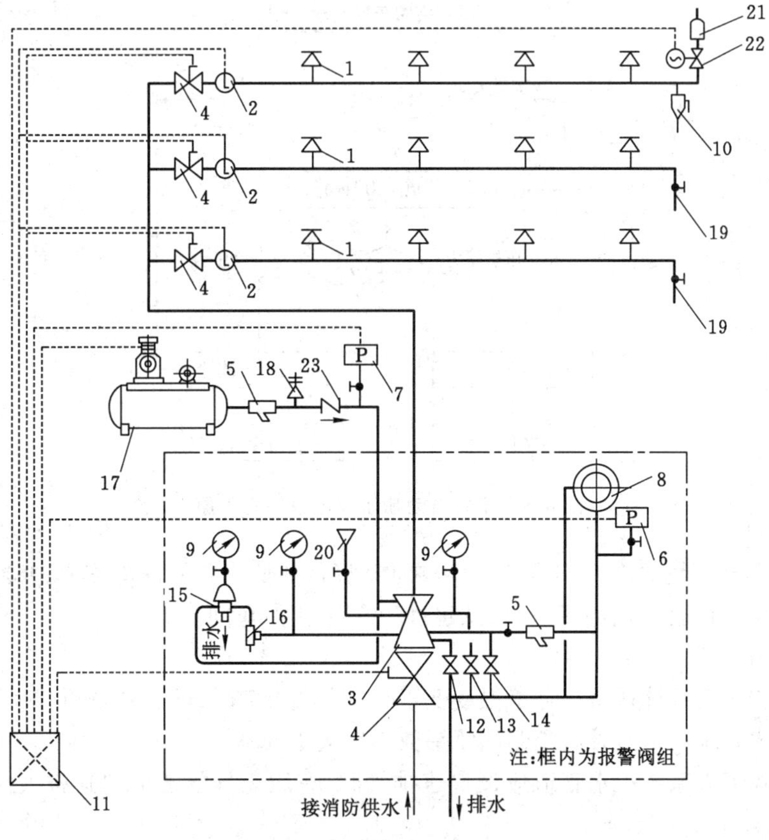

图 8.3　干式自动喷水灭火系统示意图

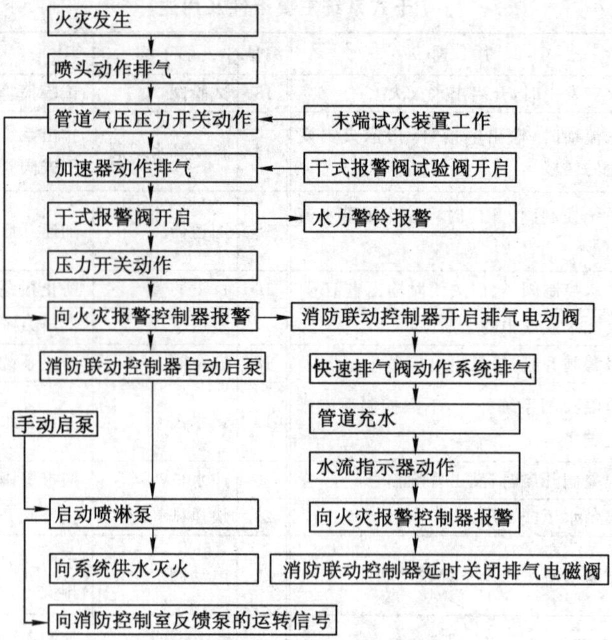

图 8.4　干式自动喷水灭火系统工作原理

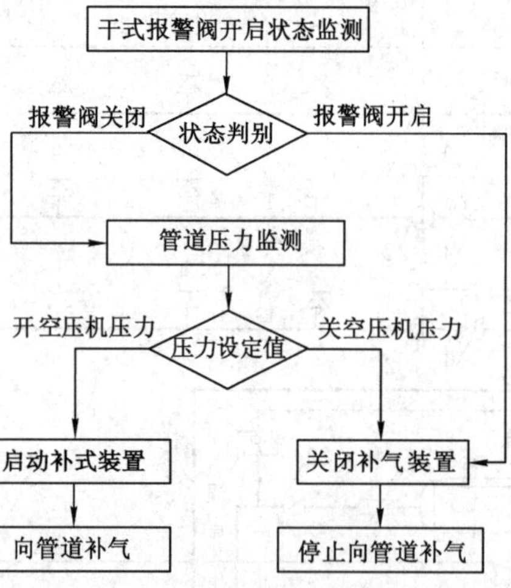

图 8.5　干式自动喷水灭火系统充气原理

系统适用于环境温度 $t<4$ ℃与>70 ℃的场所，如低于 4 ℃的冷冻库、寒冷地区不采暖的房间等火灾危险性不高的场所，以及超过70 ℃的生产车间。

系统设置要求如下：

(1) 干式灭火系统适用于环境温度低于4 ℃或高于 70 ℃的特殊场所。

(2) 干式系统一个报警阀控制的喷头数不宜大于 500 只。

(3) 干式灭火系统配水管道应设快速排气阀，有压充气管道的快速排气阀入口前应设电动阀。

(4) 自动喷水干式灭火系统管道宜用内涂塑钢管。

(5) 报警阀与水流指示器前应安装信号蝶阀,此阀门必须保持常开,阀门关闭时宜有信号送往消防控制室。

(6) 干式系统的配水管道充水时间不宜大于 1 min。

(7) 喷头选择要求。干式系统对喷头安装有严格要求,安装普通喷头时只能向上安装,安装专用干式喷头时可允许向下安装。早期抑制快速响应喷头(ESFR)型喷头和快速反应喷头不得应用于干式系统。

(8) 空压机:空压机的供气能力应在 30 min 内使系统报警阀后管道内的气压达到设计要求。

(9) 系统管道气压:干式阀是一个比例阀,气侧与水侧的面积比为 4∶1～8∶1,这样气侧与水侧的气压与水压之比为 1∶4～1∶8。因各生产厂家的比例不尽相同,设计时应注明。

表 8.4　　干系统报警阀后管道系统最大允许容积

危险等级	轻危险	中危Ⅰ	中危Ⅱ	严重Ⅰ	严重Ⅱ	仓库Ⅰ	仓库Ⅱ	仓库Ⅲ
喷水强度/($L \cdot m^{-2} \cdot min^{-1}$)	4	6	8	12	16	12	16	20
系统作用面积/m^2	208	208	208	338	338	360	390	338
设计流量/($L \cdot s^{-1}$)	13.9	20.8	27.73	67.7	90.13	52	104	112.67
系统管道容积/L	832	1 248	1 664	4 056	5 408	3 120	6 240	6 760

注:干式系统的作用面积为规范规定作用面积的 1.3 倍;为简便起见,设计流量是系统作用面积与喷水强度的乘积。

8.2.4 预作用式自动喷水灭火系统

预作用自动喷水灭火系统在准工作状态时预作用报警阀后配水管道不充水,配套设置的火灾自动报警系统自动联锁或远程控制、手动启动预作用报警阀后,配水管道充水转换为湿式自动喷水灭火系统。

预作用自动喷水灭火系统由火灾自动报警系统自动启动。戒备状态时,报警阀后配水管道不充水,因此可消除误喷和管道漏水现象,也可在低温或高温环境中使用,可在不允许误喷和管道漏水等怕水渍损失的场所替代湿式系统。与湿式、干式两种系统的不同之处在于,预作用自动喷水灭火系统采用配置雨淋阀的预作用报警阀组,并配套设置火灾自动报警系统,由其探火报警和联动雨淋报警阀组。

预作用系统由火灾探测系统、闭式喷头、水流指示器、预作用阀组以及管道和供水设施等组成(图 8.6),主要组件及用途见表 8.5,其工作原理见图 8.7。

系统适用于严禁管道漏水、严禁系统误喷的场所,替代干式系统的场所。

系统的优点:同时具备干式喷水灭火系统和湿式喷水灭火系统的特点:克服了干式喷水灭火系统控火灭火率低,湿式系统容易产生水渍的缺陷,可以代替干式系统提高灭火速度。也可代替湿式系统,用于管道和喷头易于被损坏而产生喷水和漏水,造成严重水渍的场所。

系统的缺点:管道、喷头安装要求高、投资大。因为系统受火灾自动报警联动系统控制,所以较之干式系统复杂,同时对使用维护人员要求较高。

系统设置要求：

(1) 预作用系统适用于下列场所：系统处于准工作状态时，严禁管道漏水；严禁系统误喷；替代干式系统。

(2) 预作用系统一个报警阀控制的喷头数不宜大于 800 只。

(3) 由火灾自动报警系统和充气管道上设置的压力开关开启预作用装置的预作用系统，其配水管道充水时间不宜大于 1 min；雨淋系统和仅由火灾自动报警系统联动开启预作用装置的预作用系统，其配水管道充水时间不宜大于 2 min。

(4) 对于阀后为空管的预作用系统可以直接采用雨淋阀作为预作用报警阀，对于充气的预作用系统同时还应采取加湿式报警阀、止回阀等防止气体渗漏的措施。

(5) 预作用系统当需利用有压气体检测管道严密性时，配水管道内气压值宜为 0.035～0.05 MPa。充气前应先注入少量的清水封闭预作用阀口，以防漏气；当管道充水时，应停止气泵运行。

(6) 火灾探测器的选择应与保护区内燃烧物的燃烧特性相适应，还应采取防误报的措施。预作用系统常用的探测器有：感温探测器、感烟探测器和感光探测器。

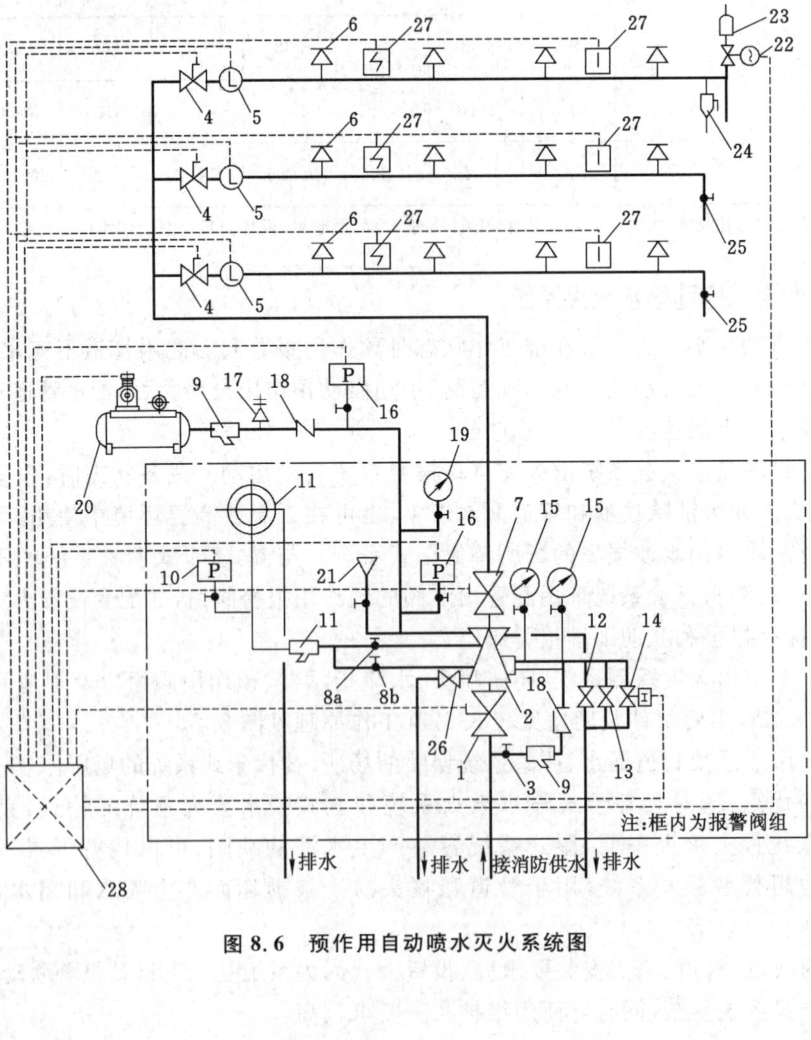

图 8.6　预作用自动喷水灭火系统图

表 8.5 预作用系统主要组件及用途

编号	名称	用途	编号	名称	用途
1	信号阀	供水控制阀，阀门关闭时输出电信号	15	压力表	显示水压
2	预作用报警阀	控制系统进水，开启时可输出报警水流信号	16	压力开关	低气压报警，控制空压机启停
3	控制腔供水阀	平时常开，关闭时切断控制腔供水	17	安全阀	防止系统超压
4	信号阀	区域检修控制阀，关闭时输出电信号	18	止回阀	防止水倒流
5	水流指示器	水流动作时，输出电信号，指示火灾发生的区域	19	压力表	显示系统气压
6	闭式喷头	火灾发生时，开启出水灭火	20	空压机	供给系统压缩空气
7	试验信号阀	检修调试用阀，平时常开，关闭时输出电信号	21	注水口	向报警阀内注水以密封阀瓣
8a	水力警铃控制阀	切断水力警铃声，平时常开	22	电动阀	电动控制开启排气阀
8b	水力警铃测试阀	手动打开后，可在雨淋阀关闭状态下试验警铃	23	自动排气阀	快速排气功能
9	过滤器	过滤水中或气体中的杂质	24	末端试水装置	试验水压及系统联动功能
10	压力开关	报警阀开启时输出电信号	25	试水阀	分区放水试验，试验系统联动功能
11	水力警铃	报警阀开启时发出音响信号	26	泄水阀	系统排空放水
12	试验放水阀	系统调试或功能试验时打开	27	火灾探测器	感知火灾，自动报警
13	手动开启阀	手动开启预作用阀	28	火灾报警控制器	接收报警信号并发出控制指令
14	电磁阀	电动开启预作用阀			

(7) 系统应能排尽报警阀后管道内的水，但雨淋报警阀后应有少许密封用水。

(8) 联锁的预作用系统阀后管道可不充气，当系统要求检漏时，应为充气系统。

8.2.5 雨淋系统及其他灭火系统

雨淋系统是由火灾自动报警系统或传动管控制，自动开启雨淋报警阀和启动供水泵后，向开式洒水喷头供水的自动喷水灭火系统，亦称为开式系统。

雨淋系统采用开式洒水喷头，由雨淋阀控制喷水范围，由配套的火灾自动报警系统或传动管系统监测火灾并自动启动雨淋阀。雨淋阀开启后，其阀后连接的所有开式洒水喷头同

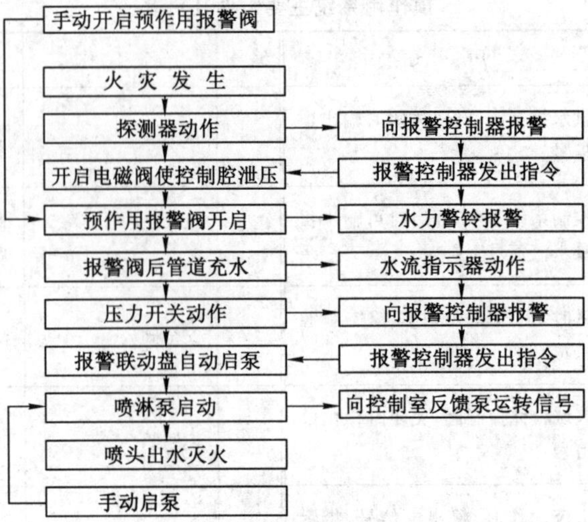

图 8.7 预作用自动喷水灭火系统工作原理

时喷水，因此雨淋系统适用于火灾水平蔓延速度快、闭式喷头开放后喷水不能及时有效地覆盖起火范围的高度危险场所，以及因净空超过现行《喷规》中相关高度规定且必须迅速扑救初期火灾、闭式喷头不能及时动作的场所。

雨淋系统应有自动控制、手动控制和现场应急操作装置。

应用范围：火灾的水平蔓延速度快、闭式喷头的开放不能及时使喷水有效覆盖着火区域的场所或部位；内容容纳物品的顶部与顶板或吊顶的净距大，发生火灾时，能驱动火灾自动报警系统，而不易迅速驱动喷头开放的场所或部位；严重Ⅱ级场所。优点：出水量大，灭火及时。

关于雨淋系统更详细的介绍以及其他灭火系统，如水幕系统、自动喷水-泡沫联用灭火系统等请参考有关资料。

8.3 系统主要组件选型

8.3.1 喷头的选用

1）喷头

自动喷水灭火系统的喷头可分为闭式喷头、开式喷头和特殊喷头，其分类和名称见表 8.6。

表 8.6　各类喷头的分类和名称

<table>
<tr><th>喷头分类</th><th colspan="3">名　称</th></tr>
<tr><td rowspan="9">闭式喷头</td><td rowspan="9">玻璃球洒水喷头
易熔元件洒水喷头(Y)</td><td colspan="2">下垂型洒水喷头(ZSTX)</td></tr>
<tr><td colspan="2">直立型洒水喷头(ZSTZ)</td></tr>
<tr><td rowspan="2">边墙型洒水喷头(ZSTB)</td><td>水平边墙型洒水喷头</td></tr>
<tr><td>直立边墙型洒水喷头</td></tr>
<tr><td colspan="2">普通型洒水喷头(ZSTP)</td></tr>
<tr><td colspan="2">干式下垂型洒水喷头(ZSTG)</td></tr>
<tr><td rowspan="3">吊顶型洒水喷头(ZSTD)</td><td>平齐型洒水喷头</td></tr>
<tr><td>半隐蔽型洒水喷头</td></tr>
<tr><td>隐蔽型洒水喷头</td></tr>
<tr><td rowspan="4">开式喷头</td><td rowspan="2">开式洒水喷头(ZSTK)</td><td colspan="2">直立型开式洒水喷头</td></tr>
<tr><td colspan="2">下垂型开式洒水喷头</td></tr>
<tr><td colspan="3">水幕喷头(ZSTM)</td></tr>
<tr><td colspan="3">喷雾喷头(ZSTW)</td></tr>
<tr><td rowspan="4">特殊喷头</td><td colspan="3">自动启闭洒水喷头(ZSTQ)</td></tr>
<tr><td colspan="3">快速反应洒水喷头(ZSTY)</td></tr>
<tr><td colspan="3">扩大覆盖面洒水喷头(ZSTF)</td></tr>
<tr><td colspan="3">大水滴洒水喷头(ZSTS)</td></tr>
</table>

注：表中第1,2个字母表示系统代号，如“Z”代表“自动灭火设备”、“S”代表“喷水系统”；第三个字母表示类别代号，如T(头)表示喷头；第4个字母表示特征代号，表示各种产品结构、用途或安装等主要特征。表中所列各种易熔元件洒水喷头在原产品型号尾部加大写汉语拼音字母“Y”(易)，以便和各种玻璃球洒水喷头相区别。

闭式喷头的喷口由感温元件组成的释放机构封闭，当温度达到喷头公称动作的温度范围时，感温元件动作，释放机构脱落，喷头开启。闭式喷头具有感温自动开启的功能，并按照规定的水量和形状洒水，主要在湿式系统、干式系统和预作用系统中使用，有时也可作为火灾探测器使用。闭式喷头在自动喷水灭火系统中担负着探测火灾、启动系统和喷水灭火的任务，它是系统中的关键组件。

开式喷头包括开式洒水喷头、水幕喷头、水雾喷头。也就是说，用感温、感光、感烟等火灾探测器控制雨淋阀和供水泵的开启，当为雨淋系统时(即安装开式喷头)，系统用于大面积保护区域；当为水幕系统时(即安装水幕喷头)，系统形成水墙、水帘或冷却防火卷帘。

特殊喷头是为满足特殊灭火要求的喷头主要包括：自动启闭喷头、快速反应喷头、扩大覆盖面喷头、大水滴洒水喷头等。

喷头的种类很多，按热敏元件可分为：玻璃球洒水喷头、易熔元件洒水喷头两类；按热敏性能(响应时间)可分为标准响应型、快速响应型两类。按安装方式可分为：下垂型(下喷水)、直立型(上喷水)、普通型(上、下喷通用)、边墙直立型、边墙水平型、吊顶型6类。

各类喷头大样如图8.8所示。

2) *喷头选择的一般原则*

(1) 在无吊顶的场所应采用直立型喷头，在有吊顶的场所应采用下垂型喷头或吊顶型喷头；轻危险等级、中危险Ⅰ级居住(住宅和宾馆)和办公场所可采用边墙型喷头。

(2) 快速响应喷头是指响应时间指数(RTI)不大于50 $(m\cdot s)^{0.5}$的闭式洒水喷头，下列场所宜采用快速响应喷头：公共娱乐场所、中庭环廊、医院、疗养院的病房及治疗区域；老年、

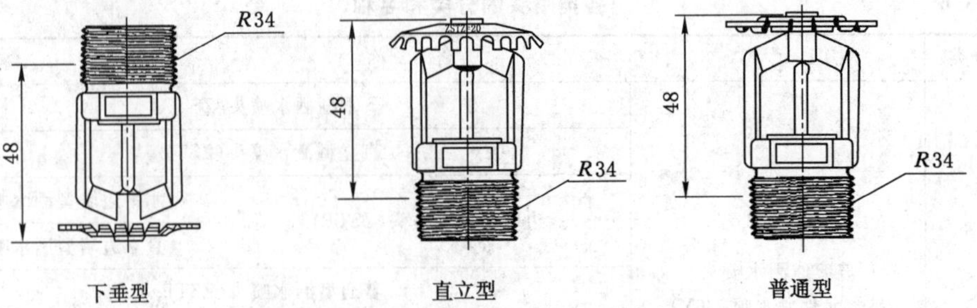

(a) ZST-20系列标准、快速响应玻璃球洒水喷头

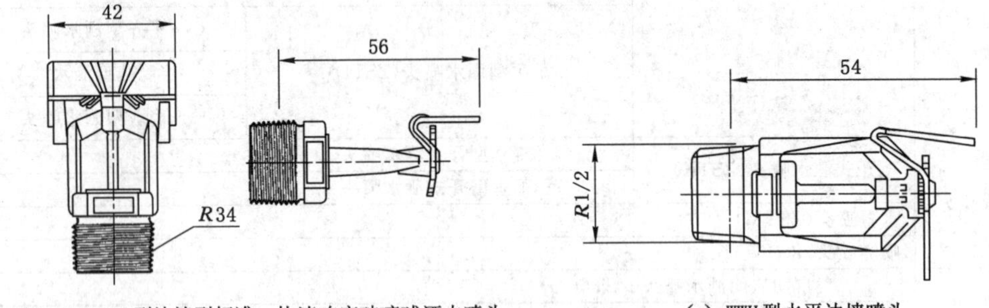

(b) ZSTB-20型边墙型标准，快速响应玻璃球洒水喷头　　(c) WWH型水平边墙喷头

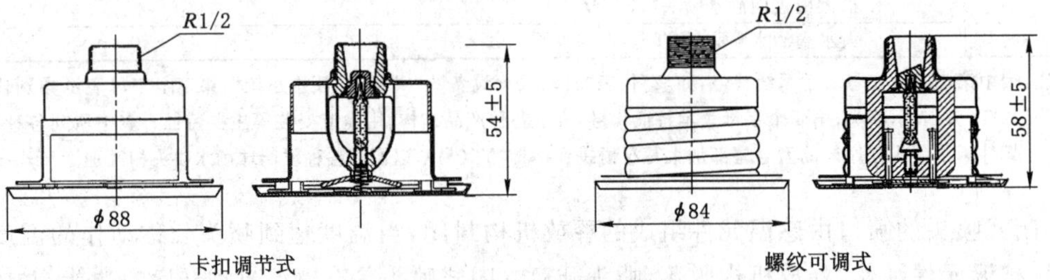

(d) ZSTD-15系列吊顶隐蔽型喷头

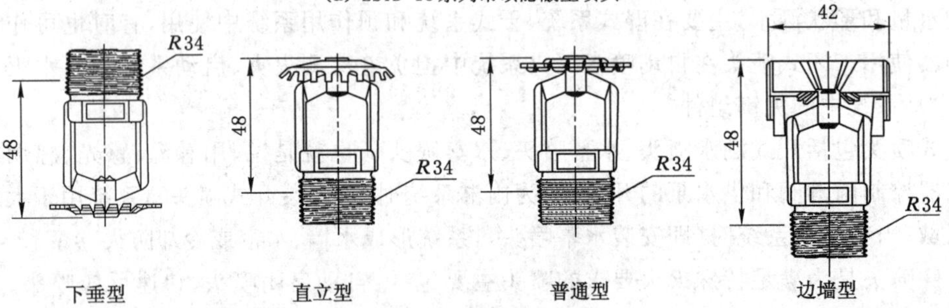

(e) ZSTK-20系列开式喷头

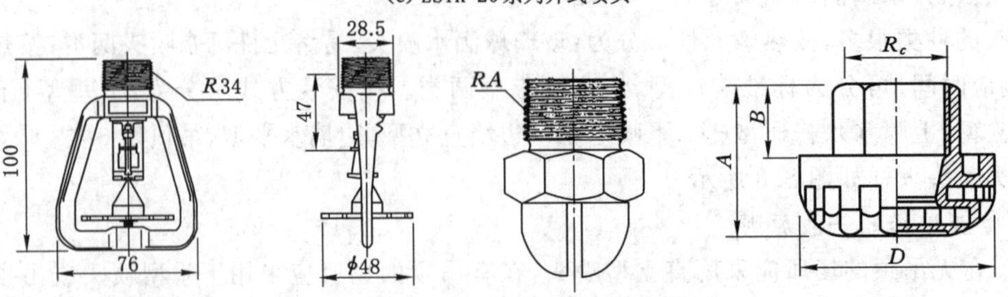

(f) ESFR早期灭火快速响应洒水喷头　(g) ZSTM型水幕喷头　(h) 雨淋喷头

图 8.8　各类喷头大样图

少儿、残疾人的集体活动场所；超出水泵接合器供水高度的楼层；地下的商业及仓储用房等。

(3) 严重危险等级场所不应采用快速响应喷头。

(4) 仓库危险场所应采用经过专门认证的快速响应喷头，如 ESFR 喷头，其 RTI≤$28\pm8(m\cdot s)^{0.5}$。ESFR 喷头是保护高堆垛与高货架仓库的大流量特种洒水喷头，是高危险度的仓库专用喷头，不应用于大空间等非仓库场所，但货架内置喷头宜采用快速响应喷头。

(5) 采用标准喷头时，当保护场所的喷水强度不小于 12 L/(min·m^2)或者经计算喷头的工作压力大于 0.15 MPa 时，宜采用流量系数较大的喷头。

(6) 扩展覆盖面喷头仅用于天花板或吊顶平滑无障碍物的轻危险等级或中危险 I 级的场所，其喷水强度要求见 8.4 节，且保护面积和间距应经过国家有关机构认证。

(7) 闭式喷头，其公称动作温度宜高于环境最高温度 30 ℃。

① 在有些不易接受热量的部位可采用温度等级较低的喷头，如 57 ℃喷头。

② 在局部温度较高的部位，可采用温度等级较高的喷头，喷头温度等级见表 8.7。

表 8.7　喷头温度等级

天花板温度/℃	喷头温度/℃	喷头温度等级	易熔金属颜色	玻璃球颜色
38	57～77	普　通	无色或黑色	橙色或红色
66	79～107	中　温	白　色	黄色或绿色
107	121～149	高　温	蓝　色	蓝　色
149	163～191	特高温	红　色	紫　色
191	204～246	特特高温	绿　色	黑　色
246	260～302	超高温	橙　色	黑　色
329	343	超高温	橙　色	黑　色

8.3.2 报警阀组的选用

自动喷水灭火系统应设置报警阀组，具体分为湿式报警阀组、干式报警阀组、雨淋报警阀组和预作用报警阀组。

1) 湿式报警阀组

湿式报警阀组(简称湿式阀组)是只允许水单方向流入喷水系统并在规定流量下报警并启动消防泵的一种单向阀组。湿式阀组(充水式报警阀组)适用于在湿式自动喷水灭火系统立管上安装，主要由报警阀、水力警铃、压力开关、延迟器、控制阀等组成。

2) 干式报警阀组

干式报警阀组是一种用于闭式干式自动喷水灭火系统的供水控制阀。它使得喷淋系统可以被安装在建筑物内有低温冰冻威胁的环境之中。该报警阀组的原理是利用管道中的气压抵住阀内的水压，使喷水管网始终保持干管状态。当喷头开启，管网系统内空气压力迅速降低，干式阀便自动开启，于是水流过报警阀进入喷水管网，同时部分水流通过报警阀的环形槽进入信号设施进行报警。干式报警阀组主要由报警阀、水力警铃、压力开关、空压机、安全阀、控制阀等组成。

对干式报警阀后系统充装的空气压力应按干式阀产品说明书确定，维持在符合该产品技术要求内，或者按干式阀在该系统中的计算开启气压值加 0.14 MPa 确定。计算开启气压应以系统最高供水压力为依据。系统的最大气压不应超过 0.40 MPa。

3）预作用报警阀组

预作用报警阀组应用在闭式管网系统中，预作用阀组主要由雨淋阀和湿式阀上、下串接而成，其动作原理与雨淋阀相类似。平时靠供水压力为锁定机构提供动力，把阀瓣扣住。探测器或探测喷头动作后，锁定机构上作用的供水压力迅速降低，从而使阀瓣脱扣、开启，供水进入消防管网。预作用报警阀组主要由预作用阀、水力警铃、压力开关、空压机、控制阀、启动装置等组成。

8.3.3 其他系统组件的选用

1）水流指示器

水流指示器是用于自动喷水灭火系统中将水流信号转换成电信号的一种报警装置。水流指示器动作，发出信号，传达出的信息首先是水流正在通过它，消防供水系统进入了工作状态，在向该水流指示器控制的管网供水，并经喷头喷出；其次是该控制区域发生了火灾(不讨论误喷情况)。其类型有叶片式、阀板式等，目前世界上应用得最广泛的是叶片式水流指示器。

工作原理：在消防时，闭式喷头破裂喷水，管道中的水流动，冲击叶片向水流方向偏移倾斜，动作杆挤压超小型开关，延时电路接通，延时器开始计时，到达设定时间时，叶片仍向水流方向偏转无法回位，电触点闭合，给出电接点信号；当水流停止时，叶片和动作杆复位，超小型开关触电断开，电接点信号消除。

水流指示器的最大工作压力为 1.2 MPa。在管路中水流速度为 4.5 m/s 条件下，水流指示器水力摩擦阻力产生的局部压力损失不超过 0.02 MPa。

2）末端试水装置

每个报警阀组控制的最不利点喷头处，应设末端试水装置；其他防火分区、楼层的最不利点喷头处，均应设直径为 25 mm 的试水阀。末端试水装置和试水阀应设置在便于操作的位置。湿式、干式的预作用系统应设置末端试水装置。有传导管系统的雨淋和预作用系统应在先导管系统上设置末端试水装置。

末端试水装置的作用主要如下：

(1) 检验系统的可靠性。测试系统能否在开放一只喷头的最不利条件下可靠报警并正常启动。测试的内容包括：水流指示器、报警阀、压力开关、水力警铃的动作是否正常，配水管道是否畅通，最不利点处的喷头压力等。

(2) 测试干式系统和预作用系统充水的时间。对于干式系统，从末端试水装置完全开启到有水流出所用时间不宜大于 1 min。对于预作用系统，从火灾探测器启动到末端试水装置出水，所用时间不宜大于 2 min。

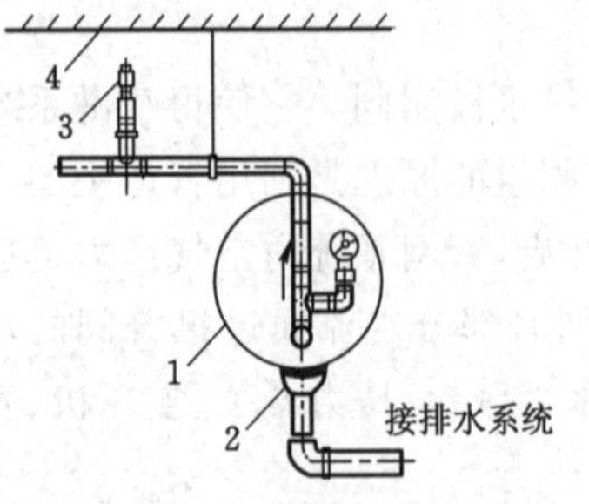

图 8.9 末端试水装置

1—末端试水装置；2—排水漏斗；3—喷头；4—顶板

末端试水装置由试水阀、压力表、试水接头组成，试水接头出水口的流量系数应等同于同楼层或防火分区内的最小流量系数喷头，末端试水装置的出水应采取孔口出流的方式排入排水管道，如图 8.9 所示。

3）火灾探测器

火灾探测器接到火灾信号后，通过电气自控装置进行报警或启动消防设备。火灾探测器系统由电气自控专业设计，具体参见第 13 章。

8.4 自动喷水灭火系统设计

8.4.1 系统设计参数

1）一般原则

自动喷水灭火系统的设计主要是保证足够的水及时到达着火部位，并均匀布水，使水起到冷却降温，达到灭火的目的。

自动喷水灭火系统是一种局部应用系统，只有水喷洒到燃烧表面或直接预淋湿可燃物，才能起到控灭火的功能。实际火灾中，烟气作为热量的载体把热量传递给喷头，使喷头热敏元件动作，导致喷头喷水。由于烟羽流的运动使水在下落过程中产生漂移和汽化，从而产生水的损失，而灭火是以到达燃烧表面的水才有效，因而存在实际喷水强度和灭火所需喷水强度，当实际喷水强度大于灭火所需喷水强度时才能灭火。一般火灾荷载大，发烟量大，空间高度高喷水损失就大，即灭火所需喷水强度就大；由于障碍物的遮挡，实际到达可燃物表面火灾的有效水量减少，而需增加喷水强度也是这个原因。

根据不同的工程特点提出最合理的系统选型和设计参数，使自动喷水灭火系统能真正达到灭火保证率 96%以上的效果。通常规范提供的设计参数是根据危险等级的划分而确定的设计参数，所以工程技术人员正确判断危险等级是最重要的。

2）设计参数

系统设计参数就是确定设计供水量，供水量是由喷水强度和作用面积来确定，而水压是保证系统供水量和均匀布水的一个辅助设计参数。

自动喷水灭火系统设计参数是依据被保护场所危险等级（设置场所火灾危险性等级举例见表 8.1）的划分而确定，一般场所危险等级越危险，所需水量越大。设计参数是自动喷水灭火系统工程设计的基础，工程技术人员应在“规范”的基础上，通过分析所涉及的不同场所，根据自动喷水灭火的理论，提出合理的工程设计参数。

《喷规》、《水规》以及《全国民用建筑工程设计技术措施/给水排水》（2009 年版）中规定：

（1）民用建筑和工业厂房的自动喷水灭火系统设计参数应不低于表 8.8 的规定。

表 8.8　民用建筑和厂房采用湿式系统的设计基本参数

火灾危险等级		最大净空高度/m	喷水强度/(L·min^{-1}·m^{-2})	作用面积/m^2
轻危险级		$h\leqslant 8$	4	160
中危险级	Ⅰ级		6	
	Ⅱ级		8	
严重危险级	Ⅰ级		12	260
	Ⅱ级		16	

注：系统最大利点处洒水喷头的工作压力不应低于 0.05 MPa。

（2）非仓库类高大净空场所设置自动喷水灭火系统时，湿式系统的设计基本参数不应低于表 8.9 的规定。

表 8.9　　民用建筑和厂房高大空间场所采用湿式系统的设计基本参数

适用场所		最大净空高度/m	喷水强度/$(L \cdot min^{-1} \cdot m^{-2})$	作用面积/m^2	喷头间距/m
民用建筑	中庭、体育馆、航站楼等	$8 < h \leqslant 12$	12	160	$1.8 \leqslant S \leqslant 3.0$
		$12 < h \leqslant 18$	15		
	影剧院、音乐厅、会展中心等	$8 < h \leqslant 12$	15		
		$12 < h \leqslant 18$	20		
厂房	制衣制鞋、玩具、木器、电子生产车间等	$8 < h \leqslant 12$	15		
	棉纺厂、麻纺厂、泡沫塑料生产车间等		20		

注：① 表中未列入的场所，应根据本表规定场所的火灾危险性类比确定。

② 当民用建筑高大空间场所的最大净空高度为 12 m$< h \leqslant$18 m 时，应采用非仓库型特殊应用喷头。

(3) 除规范另有规定外，自动喷水灭火系统的持续喷水时间应按火灾延续时间不小于 1 h 确定。

(4) 仅在走道设置洒水喷头的闭式系统，其作用面积应按最大疏散距离所对应的走道面积确定。

(5) 干式系统的喷水强度应按表 8.8 的规定值确定，系统作用面积应按对应值的 1.3 倍确定。

(6) 预作用系统的设计要求应符合下列规定：

① 系统的喷水强度应按表 8.8 的规定值确定；

② 当系统采用仅由火灾自动报警系统直接控制预作用装置时，系统的作用面积应按表 8.8 的规定值确定；

③ 当系统采用由火灾自动报警系统和充气管道上设置的压力开关控制预作用装置时，系统的作用面积应按表 8.8 规定值的 1.3 倍确定。

(7) 装设网格、栅板类通透性吊顶的场所，系统的喷水强度应按表 8.8 规定值的 1.3 倍确定，且喷头布置应符合相关要求。

8.4.2 喷头布置的一般规定

1) 布置原则

喷头的水平布置间距应根据不同的火灾危险等级及设计参数确定。布置形式可采用正方形、矩形、菱形的布置方式。喷头布置的一般原则是：

(1) 满足喷头的水力特性和布水特性的要求，喷头的布置应不超出其最大保护面积。

(2) 喷头布置应设在顶板或吊顶下易于接触到火灾热气流并有利于均匀喷洒水量的位置，应防止障碍物屏障热气流和破坏洒水分布。

(3) 喷头的布置应均匀洒水和满足设计喷水强度的要求。

(4) 喷头的布置应不超出其最大保护面积以及喷头最大和最小间距。最大面积一般由规范或认证确定，而最小面积一般由最低工作压力和最小间距确定。

2) 直立、下垂型标准喷头

(1) 直立型、下垂型喷头的布置，包括同一根配水支管上喷头的间距及相邻配水支管的间距，应根据系统的喷水强度、喷头的流量系数和工作压力确定，并不应大于表 8.10 的规定，且不宜小于 1.8 m。

表 8.10　同一根配水支管上喷头的间距及相邻配水支管的间距

喷水强度 /(L·min^{-1}·m^{-2})	正方形布置的边长 /m	矩形或平行四边形布置的长边边长/m	一只喷头的最大保护面积/m^2	喷头与端墙的最大距离/m
4	4.4	4.5	20.0	2.2
6	3.6	4.0	12.5	1.8
8	3.4	3.6	11.5	1.7
≥12	3.0	3.6	9.0	1.5

注:① 仅在走道设置单排喷头的闭式系统,其喷头间距应按走道地面不留漏喷空白点确定;
② 喷水强度大于 8 L/(min·m^2)时,宜采用流量系数 $K>80$ 的喷头;
③ 货架内置喷头的间距 2～3 m。

(2) 直立、下垂型标准喷头溅水盘与顶板的距离,不应小于 75 mm,且不应大于 150 mm(吊顶型、吊顶下安装的喷头除外)。当有障碍物时,应按照满足喷头与障碍物的距离要求,但喷头距顶板的最大距离不应大于 550 mm。

(3) 直立型喷头的安装,其框架臂应与配水支管的方向一致,其他直立型喷头也应符合该规定。如图 8.10 所示。

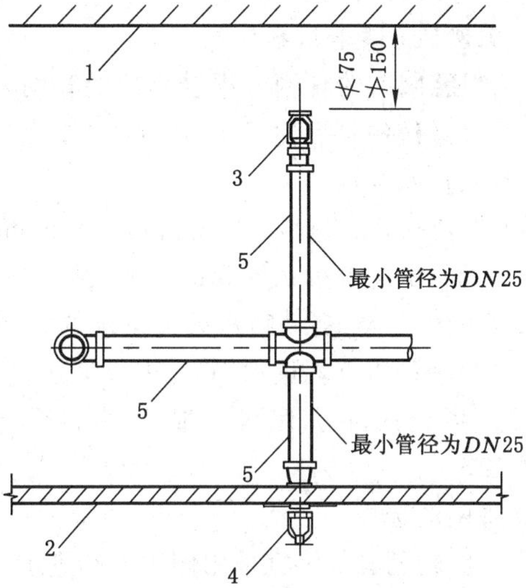

图 8.10　直立、下垂型标准喷头的布置
1—顶板;2—吊顶;3—直立型喷头;
4—下垂型喷头;5—管道

3) 标准边墙型喷头

(1) 标准边墙型喷头的保护跨度和间距见表 8.11。

(2) 直立边墙型喷头,其溅水盘与顶板的距离为 100～150 mm,与背墙的距离为 50～100 mm。

水平式边墙型喷头溅水盘与顶板的距离为 150～300 mm,如图 8.11 所示。

表 8.11　边墙型标准喷头的最大保护跨度与间距　单位:m

设置场所危险等级	轻级	中Ⅰ级
配水支管上喷头的最大间距/m	3.6	3.0
单排喷头的最大保护跨度/m	3.6	3.0
两排相对喷头的最大保护跨度/m	7.2	6.0

注:两排相对喷头应交错布置;室内跨度大于两排相对喷头的最大保护跨度时,应在两排相对喷头中间增设一排喷头。

4) 喷头与障碍物的距离

具体见有关规范。

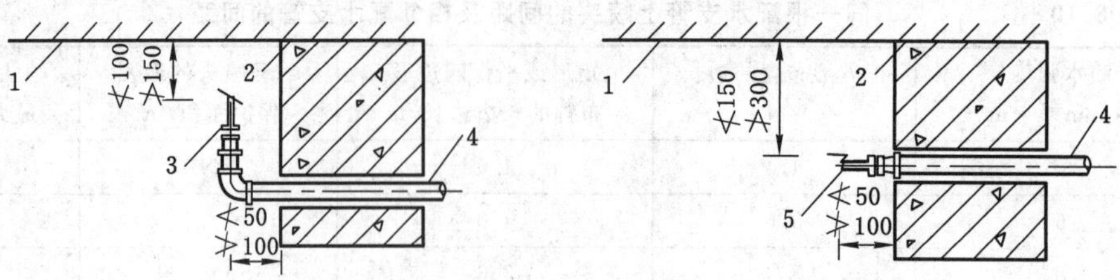

图 8.11　边墙型标准喷头的布置

(a) 直立边墙型喷头；(b) 水平式边墙型喷头

1—顶板；2—背墙；3—直立型喷头；4—管道；5—水平型喷头

8.4.3　自动喷水灭火系统管网

1) 管网的分类和选择

(1) 报警阀前的管网　报警阀前的管网可分为环状管网和枝状管网，采用环状管网的目的是提高系统的可靠性。当自动喷水灭火系统中设有两个及以上报警阀组时，报警阀组前宜设环状供水管道。

(2) 报警阀后的管网　报警阀后的管网可分为枝状管网、环状管网和格栅状管网，采用环状管网的目的是减少系统管道的水头损失和使系统布水更均匀，同时降低系统造价。

① 管网的分类：自动喷水灭火系统的管网分为枝状管网、环状管网和格栅状管网。枝状管网又分为侧边末端进水、侧边中央进水、中央末端进水和中央中心进水 4 种形式。自动喷水灭火系统的环状管网一般为一个环，当多环时为格栅状管网，管网的几种形式见图 8.12。

② 管网的选择：

a. 一般轻危险等级宜采用侧边末端进水、侧边中央进水。

b. 中危险等级宜采用中央末端进水和中央中心进水以及环状管网，对于民用建筑为提高净空高度可采用环状管网，配水干管的管径应经水力计算确定，一般为 $DN80 \sim DN100$。

c. 严重危险等级和仓库危险等级宜采用环状管网和格栅状管网。

d. 湿式系统可采用任何形式的管网，但干式、预作用系统不应采用格栅状管网。

2) 管道系统

(1) 报警阀和配水管道的工作压力不应大于 1.2 MPa，并不应设置其他用水设施。

(2) 配水管道应采用内外壁热镀锌钢管且符合现行国家或行业标准，也可采用经认证的涂覆其他防腐材料的钢管、铜管、不锈钢管等。当报警阀入口前管道采用不防腐的钢管时，应在该段管道的末端设置过滤器。

(3) 镀锌钢管应采用沟槽式连接件(卡箍)、丝扣、卡压或法兰连接。报警阀前采用内壁不防腐钢管时，可焊接连接。铜管、不锈钢管应采用配套的支架、吊架。除镀锌钢管外，其他管道的水头损失取值应按检测或生产厂提供的数据确定。

(4) 系统中直径不小于 100 mm 的管道，应分段采用法兰或沟槽式连接件(卡箍)连接。水平管道上法兰间的管道长度不宜大于 20 m；立管上法兰间的距离，不应跨越 3 个及以上楼层。净空高度大于 8 m 的场所内，立管上应有法兰。

(5) 配水管两侧每根配水支管控制的标准喷头数，轻、中危险级场所不应超过 8 只。在吊顶下安装喷头的配水支管，上下侧均不应超过 8 只；严重危险级及仓库危险级场所不应超

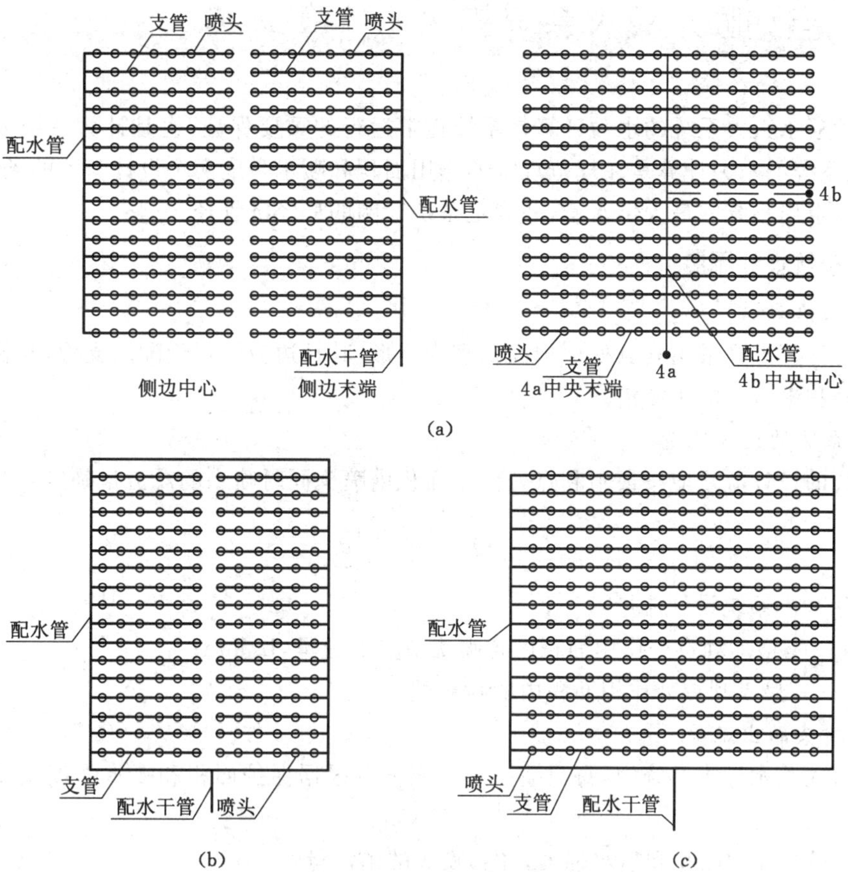

图 8.12 管网的几种布置形式

(a) 支状管；(b) 环状管网；(c) 格栅状管网

过 6 只。

(6) 配水管道的布置，应使配水管入口的压力均衡，管道的直径应经水力计算确定。轻、中危险级场所中各配水管入口的压力均不宜大于 0.40 MPa。轻、中危险级场所中配水支管、配水管控制的标准喷头数不宜超过表 8.12 的规定，本表仅用于系统的控制喷头数量，不应作为系统设计管网管径用。

表 8.12　　轻、中危险等级系统中配水支管、配水管控制的标准喷头数

公称直径/mm	控制的标准喷头数/只		公称直径/mm	控制的标准喷头数/只	
	轻级	中级		轻级	中级
25	1	1	65	18	12
32	3	3	80	48	32
40	5	4	100	—	64
50	10	8			

(7) 短立管及末端试水装置的连接管，其管径不应小于 25 mm。

8.5 自动喷水灭火系统的水力计算

自动喷水灭火系统的水力计算是系统正常运行的重要保证，也是计算系统需水量的最佳方法、系统的水力计算是在规范规定的作用面积和喷水强度两个设计参数的条件下，通过水力计算求出系统的最大供水量，并确定系统管网的最经济管径。

8.5.1 系统设计流量

1）保护面积

水力计算选择最不利点处保护面积宜为矩形，其长边应平行于配水支管，其长度不宜小于作用面积平方根的 1.2 倍。

2）系统的设计流量

系统的设计流量应按最不利点处作用面积内喷头同时喷水的总流量确定：

$$Q_s = \frac{1}{60}\sum_{i=1}^{n} q_i \tag{8.1}$$

式中 Q_s——系统设计流量，L/s；

q_i——最不利点处作用面积内各喷头节点的流量，L/min；

n——最不利点处作用面积内的喷头数。

3）喷头的出流量

在自动喷水灭火系统中，每只喷头的出流量可根据保护面积和喷水强度及喷头作用压力求出。

（1）根据保护面积和喷水强度，计算喷头的出流量

$$q = DA_s \tag{8.2}$$

式中 q——喷头的出流量，L/min；

D——相应危险等级的设计喷水强度，L/(min・m^2)；

A_s——喷头的保护面积，m^2。

（2）根据喷头作用压力，计算喷头的出流量

$$q = K(10p_s)^{\frac{1}{2}} \tag{8.3}$$

式中 q——喷头的出流量，L/min；

K——喷头的流量特性系数；

p_s——喷头出口处的压力，MPa。

4）系统设计流量的计算

应保证任意作用面积内的平均喷水强度不低于表 8.8、表8.9和《喷规》中的规定值。最不利点处作用面积内任意 4 只喷头围合范围内的平均喷水强度，轻危险级、中危险级不应低于表 8.8 规定的 85%；严重危险级和仓库危险级不应低于表 8.8、表 8.9 以及《喷规》中的规定值。

5）设置货架内置喷头的仓库

顶板下喷头与货架内喷头应分别计算设计流量，并按其设计流量之和确定系统的设计流量。

6）建筑物内设有不同类型的系统或有不同危险等级的场所

该系统的设计流量，应按其设计流量的最大值确定。

7）建筑物内同时设有自动喷水灭火系统和水幕系统

当建筑物内同时设有自动喷水灭火系统和水幕系统时，系统的设计流量应按同时启用的自动喷水灭火系统和水幕系统的用水量计算，并取两者之和中的最大值。

8）其他

设置自动喷水灭火系统的建筑物，同时应设置室内消火栓。消火栓和自动喷水灭火系统的用水总流量应按同时使用计算。

8.5.2 管道水力计算

1）水压和流速的规定

(1) 水压　系统中喷头的工作压力应根据喷头的保护面积和喷水强度经计算确定，且不应小于喷头最小工作压力 0.05 MPa，部分喷头在最大保护面积和表 8.8 规定的喷水强度下的工作压力见表 8.13。轻危险级、中危险级场所中各配水管入口听压力均不宜大于0.4 MPa。

表 8.13　喷头的流量系数与工作压力

喷水强度/($L \cdot min^{-1} \cdot m^{-2}$)	标准喷头的最大保护面积/m^2	喷头流量系数	喷头工作压力/MPa
4	20	80	0.1
6	12.5		0.088
8	11.5		0.132
10	9		0.1275
12	9	115	0.088
16	9		0.157
20	9	155	0.135

(2) 流速　管道内的水流速度宜采用经济流速，必要时可以超过 5 m/s，但不应大于 10 m/s。

2）管道沿程水头损失和局部水头损失

参见 7.4.2 节。

3）水泵扬程或系统入口的供水压力

水泵扬程或系统入口的供水压力应按下式计算：

$$H = \sum h + p_0 + Z \tag{8.4}$$

式中　H——水泵扬程或系统入口的供水压力，MPa；

$\sum h$——管道沿程和局部水头损失的累计值，MPa，湿式报警阀取值 0.04 MPa 或按检测数据确定、水流指示器取值 0.02 MPa、雨淋阀取值 0.07 MPa；

p_0——最不利点处喷头的工作压力，MPa；

Z——最不利点处喷头与消防水池的最低水位或系统入口管水平中心线裼 高程差，当系统入口管或消防水池最低水位高于最不利点处喷头时，Z 应取负值，MPa。

8.5.3 水力计算步骤及内容

1）设计计算的步骤

(1) 判断保护对象的性质、划分危险等级和选择系统。

(2) 确定保护面积和喷水强度。

(3) 确定喷头的形式和保护面积。

(4) 确定保护面积内的喷头数。

(5) 确定保护面积的形状。

(6) 确定最不利点喷头的压力和流量。

(7) 计算第一根配水支管上各喷头流量、支管各管段的水头损失以及支管流量和压力，并计算出相同支管的流量系数。

(8) 根据支管流量系数计算出配水干管各支管的流量和各管段的流量、水头损失，并计算出作用面积内的流量、压力和作用面积流量系数。

(9) 计算系统供水压力或水泵扬程(包括水泵的选择等)以及灭火剂用量的计算等。

(10) 确定系统水源和减压措施。

2) 保护面积内的喷头数量和保护面积形状

(1) 标准喷头的最大和最小保护面积的确定　喷头最大保护面积一般在《喷规》中有严格的规定，见表 8.8 和表 8.9。喷头最小保护面积的计算方法是通过规范规定的喷头最小工作压力来确定。为保证喷水强度，因此喷头最低工作压力时，不同危险等级所对应的保护面积为最小压力下最大保护面积，我国规范规定喷头最小工作压力为 0.05 MPa，据此计算出各危险等级的标准喷头在允许最小压力下的保护面积，见表 8.14。

表 8.14　各危险等级的标准喷头在允许最小压力下的保护面积

危险性等级	轻	中Ⅰ	中Ⅱ	严重Ⅰ，Ⅱ；仓库Ⅰ，Ⅱ，Ⅲ
标准喷头最小保护面积/m^2	14.14	9.43	7.07	5.76

(2) 作用面积内喷头数的确定　作用面积内的喷头数确定根据下列公式计算：

$$N=A/A_s \tag{8.5}$$

式中　N——作用面积内的喷头的数量，个；

A——相应危险等级的作用面积，m^2；

A_s——喷头保护面积，m^2。

根据被保护场所危险等级的确定，根据表 8.8 和表 8.9 确定设计作用面积 A 的大小，根据表 8.13 及《喷规》中的规定确定喷头的保护面积 A_s，求出各种危险等级下喷头的基本数量，见表 8.15。

表 8.15　作用面积内采用标准喷头的最大保护面积时的喷头数量

危险性等级	作用面积/m^2	标准喷头的最大保护面积/m^2	作用面积内计算喷头的数量/个	
			计算数量	取整数数量
轻	160	20	8	8
中Ⅰ	160	12.5	12.8	13
中Ⅱ	160	11.5	13.9	14
严重Ⅰ，Ⅱ	260	9	28.9	29
仓库Ⅰ	200	9	22.2	23
仓库Ⅱ	200	9	33.3	34
仓库Ⅲ	260	9	28.9	29

在实际工程中，可根据喷头最大和允许最小压力下喷头最大保护面积之间的任一值选取喷头合适的保护面积，确定作用面积内喷头的数量，这是比较经济的。

(3) 作用面积形状的确定　作用面积的形状是根据最不利作用面积的形状来确定的，水力计算选定的最不利作用面积宜为矩形，其长边应平行于配水支管，且不宜小于作用面积平方根的1.2倍。

标准喷头的最大保护面积的长宽由表8.10确定，作用面积的长边的计算公式如下：

$$L_{min}=1.2A^{0.5} \tag{8.6}$$

式中　L_{min}——作用面积长边的最小长度，m；

A——作用面积，m^2。

作用面积的短边的计算公式如下：

$$B=A/L \tag{8.7}$$

式中　B——作用面积的短边，m；

L——经计算确定的作用面积长边值，m。

为便于喷头安装以及与吊顶能协调一致，喷头的布置通常与建筑物的柱网有着密切的关系，设计者应明确建筑结构特点及柱网布置。通常建筑物的柱网与梁的布置有多种形式，如主次梁、井字梁和密肋梁等，在喷头布置时也应考虑梁的形式。但对于平滑吊顶的空间可不考虑梁对喷头的影响，仅考虑柱子灯具等对喷头布置的影响，通常这样的场所是商场和大开间的办公室等。

(4) 最不利作用面积的位置　最不利作用面积通常在水力条件最不利处，即系统供水量最大的最远端，在工程实践中应根据具体建筑物的平面情况，选择不同的平面布置，如图8.12所示。

3) 作用面积内第一个喷头出流量和压力等参数的确定

(1) 第一个喷头出流量　根据危险等级从表8.8及表8.13中查得相应危险等级的设计喷水强度D和喷头的保护面积A_s，从而确定喷头的出流量和最不利点喷头的压力。喷头的出流量q由式(8.2)求出，对于中危险Ⅰ级，喷水强度为6 L/(min·m^2)，喷头的保护面积A_s=12.5 m^2，则中危险Ⅰ级对于标准喷头一个喷头的出流量为：

$$q=DA_s=6\ \text{L/(min}\cdot\text{m}^2)\times 12.5\ \text{m}^2=75\ \text{L/min}=1.25\ \text{L/s}$$

(2) 第一个喷头工作压力　第一个喷头的工作压力应按式(8.2)求出第一个喷头的出流量后，根据式(8.3)求出第一个喷头的工作压力为p_s。

因第一个喷头最大保护面积时的出流量为75 L/min，标准喷头的流量系数K=80，则第一个喷头的工作压力p_s为：

$$p_s=(q/K)^2/10=(75/80)^2/10\ \text{MPa}=0.087\ 891\ \text{MPa}=8.8\ \text{mH}_2\text{O}$$

(3) 各种危险等级第一个喷头出流量和工作压力的计算　根据以上的计算方法可以计算其他危险等级作用面积内第一个喷头出流量和工作压力。对严重危险Ⅱ级，喷水强度为16 L/(min·m^2)，第一个喷头的作用面积为9 m^2，则标准喷头的参数如下：

$$q=16\ \text{L/(min}\cdot\text{m}^2)\times 9\ \text{m}^2=144\ \text{L/min}$$

$$p_s=(q/K)^2/10=(144/80)^2/10\ \text{MPa}=0.324\ \text{MPa}\approx 32.4\ \text{mH}_2\text{O}$$

由此可见，严重危险Ⅱ级的场所采用标准喷头作用面积内第一个喷头工作压力为0.324 MPa，第一个喷头的工作压力是相当大的。远大于《喷规》规定的喷头工作压力为0.1 MPa，这种情况下应采用K系数大的喷头。各种危险场所的标准喷头在最大保护面积的情况下，第一个喷头的出流量和工作压力设计参数见表 8.13。由此可见，喷头工作压力为 0.10 MPa 仅适用中、轻危险场所。而对于严重危险和仓库危险场所，应采用更高的喷头工作压力。

总之，水力计算时应根据不同危险场所不同的喷水强度和喷头的保护面积求出作用面积内第一个喷头的出流量和工作压力，为下一步计算做准备。一般来说，第一个喷头的最小工作压力应根据喷头布置的实际保护面积和设计选定的喷水强度来求出，这样通常比较经济。

4) 喷头和支管折算流量系数的计算

为便于自动喷水灭火系统管网的水力计算，我们引入喷头和支管流量折算系数的概念。喷头折算流量系数是因喷头与配水支管之间的短立管有长有短，当短立管产生的水头损失不可忽略，或者其高差产生的水压不可忽视时，为便于计算支管各喷头的出流量而引入的系数，以便顺利求出支管各喷头的流量。

支管流量折算系数是把一根计算喷头数量已定的支管，通过计算求出流量和压力，然后把这支管作为一个复合喷头，根据流量和压力求出折算流量系数，然后求出不同压力下支管的流量，从而顺利地求出作用面积内的流量和压力。下面将举例说明喷头和支管折算流量系数的求法。

(1) 喷头折算流量系数的计算　喷头安装形式往往因其对喷头出水影响不大，在实际工程中忽略喷头短立管对喷头出水量的影响，但对于安装方式对喷头出水不利的情况，则必须考虑短立管对喷头处流量的影响。

喷头折算流量系数公式如下式：

$$k_s = q/[10(p_s + h_s + Z_s)]^{\frac{1}{2}} \tag{8.8}$$

式中　k_s——喷头折算流量系数。

q——作用面积内第一只喷头的出流量，L/min。

p_s——作用面积内第一只喷头的工作压力，MPa。

h_s——喷头短立管的水头损失，MPa。

Z_s——喷头短立管的几何高差而产生的水压，MPa；当喷头在配水支管的上面时，Z_s 为正值，当喷头在配水支管的下面时，Z_s 为负值。

(2) 支管折算流量系数的计算　支管折算流量系数的计算公式如下：

$$k_z = Q_z/(10p_z)^{\frac{1}{2}} \tag{8.9}$$

式中　k_z——支管折算流量系数；

Q_z——支管流量，L/min；

p_z——支管与配水干管管道连接处的压力，MPa。

根据支管喷头计算数量计算求得的支管流量 Q_z 和支管与配水干管管道连接处的压力 p_z，再通过式(8.9)求出支管折算流量系数。

(3) 例题　一个柱距 6.6 m×6.6 m 的地下车库，按中危险级Ⅱ级考虑自动喷水灭火系统设计。次梁为十字梁，考虑到次梁的遮挡，设计确定每个柱网内均匀布置 4 只喷头，每只喷头保护面积 $A_s = 3.3\ m \times 3.3\ m = 10.89\ m^2$，喷水强度取 $D = 8\ L/(min \cdot m^2)$，则第一只喷头的设计流量为：

$$q = 8\ L/(min \cdot m^2) \times 10.89\ m^2 = 87.12\ L/min$$

第一只喷头的工作压力为：

$$p_s=(q/K)^2/10=(87.12/80)^2/10\ \text{MPa}=0.119\ \text{MPa}\approx0.12\ \text{MPa}$$

喷头的安装形式为直立型上喷，立管的长度为 0.8 m，喷头与支管之间有 2 个管件，一个是 $DN25\times DN15$ 的大小头，一个侧出口为 $DN25$ 的三通。

则有 $q=87.12$ L/min，$p_s=0.12$ MPa，$Z_s=0.008$ MPa，$DN25\times DN15$ 的大小头的当量长度取为 0.2 m，一个侧出口为 $DN25$ 的三通当量长度取为 1.5 m(参见 7.4.2 节)，管道长度为 0.8，则 $L=(0.2+1.5+0.8)$ m$=2.5$ m。

根据式(7.10)求管道阻力，$i=0.011\ 3$ MPa/m，$h_s=iL=0.011\ 3\times2.5$ MPa$=0.028\ 25$ MPa。

则喷头短立管与配水支管连接处的压力为$(0.12+0.008+0.028\ 25)$ MPa$=0.156\ 3$ MPa。

根据式(8.8)求出喷头折算流量系数 k_s 为：

$$k_s=q/[10(p_s+h_s+Z_s)]^{1/2}=87.12/[10\times(0.12+0.008+0.0283)]^{1/2}=69.7$$

则喷头的折算流量系数为 69.7。

5) 作用面积内的设计流量、压力和流量折算系数

把支管作为一只复合喷头，依据上一节中得到的支管折算流量系数，重复计算步骤，求出作用面积内的设计流量和压力。把作用面积内的喷头作为一只更大的复合喷头——作用面积复合喷头，则根据式(8.9)求出作用面积内流量折算系数。

根据最不利作用面积内的流量折算系数来校核其他作用面积因层高不同或者压力不同而产生流量的不同，以便进行减压计算，同时用于校核所选水泵是否满足系统最不利作用面积处的流量。

6) 管网总阻力损失计算

依据作用面积内的设计流量和式(7.11)～式(7.12)依次计算各管段阻力损失，直至水泵出口或系统入口，得出管路系统总阻力损失，以此作为自动喷水水泵扬程的设计选用依据。

8.6 自动喷水灭火系统的供水设施

8.6.1 一般规定

自动喷水灭火系统水源及相关设施的设置要求，参见 7.5.2 节。

自动喷水灭火系统的水泵的设置要求，参见 7.5.3 节和 7.5.4 节。

水泵接合器的设置要求，参见 7.5.5 节。

8.6.2 消防水箱

采用临时高压给水系统的自动喷水灭火系统，应设高位消防水箱，其储水量应符合现行有关国家标准的规定。消防水箱的供水，应满足系统最不利点处喷头的最低工作压力和喷水强度。

消防水箱的出水管应符合下列规定：

(1) 应设止回阀，并应与报警阀入口前管道连接。

(2) 管径不应小于 100 mm。

消防水箱的设置要求,参见 7.5.1 节。

8.6.3 操作与控制

自动喷水灭火系统操作与控制要求如下:

(1) 湿式系统、干式系统应由消防水泵出水干管上设置的压力开关、高位消防水箱出水管上的流量开关和报警阀组压力开关直接自动启动消防水泵。

(2) 预作用系统应由火灾自动报警系统、消防水泵出水干管上设置的压力开关、高位消防水箱出水管上的流量开关和报警阀组压力开关直接自动启动消防水泵。

(3) 消防水泵除具有自动控制启动方式外,还应具备下列启动方式:

① 消防控制室(盘)远程控制;

② 消防水泵房现场应急操作。

(4) 快速排气阀入口前的电动阀,应在启动供水泵的同时开启。

(5) 消防控制室(盘)应能显示水流指示器、压力开关、信号阀、水泵、消防水池及水箱水位、有压气体管道气压,电源和备用动力等是否处于正常状态的反馈信号,并应能控制水泵、电磁阀、电动阀等的操作。

本章小结

自动喷水灭火系统是当今世界上公认的最为有效的自救灭火设施,是应用最广泛、用量最大的自动灭火系统。本章结合设计规范中的相关规定,阐述了各种系统特点、喷头布置、系统设计参数、系统组件性能和系统管道设计,介绍了水力计算方法,为学生准确掌握自动喷水灭火系统的设计理论和方法提供了基础。

复习思考题

8.1 自动喷水灭火系统有哪些组件、配件和设施?

8.2 自动喷水闭式系统与雨淋系统的区别是什么?

8.3 简述预作用系统的动作过程?

8.4 湿式系统、干式系统及预作用系统分别使用的场所是什么?

8.5 闭式系统喷头的动作温度如何确定?

8.6 自动喷水灭火系统的管材及连接方式如何确定?

8.7 自动喷水灭火系统报警阀组有哪几类?设置阀组应注意哪些问题?

8.8 画出湿式自动喷水灭火系统的系统简图,列出其主要设备,并说明其动作过程。

8.9 在湿式自动喷水灭火系统设计过程中,喷头的选择应注意哪些问题?

8.10 简述自动喷水灭火系统水力计算过程,结合实际工程说明各步骤是如何计算的。

9 水喷雾灭火系统

随着科学技术的不断发展，洁净化灭火一直是火灾防治技术人员追求的目标。于是，水喷雾灭火技术正越来越多地受到人们的重视。

水喷雾灭火系统是由水源、供水设备、管道、雨淋阀组、过滤器和水雾喷头等元件组成，向保护对象喷射水雾以达到灭火或防护冷却效果的灭火系统。自1995年国家标准《水喷雾灭火系统设计规范》(GB 50219—95)(以下简称《雾规》)颁布实施以来，水喷雾灭火技术在我国的应用逐步推广。其中，以石油、石化、冶金、电力等行业中的油浸变压器、可燃液体、气体储罐、电缆隧道等场所应用更为普及。水喷雾(特别是细喷雾)灭火系统(尤其是作为哈龙和 CO_2 系统的替代物)已在全球产生了很大的影响。

9.1 水喷雾的灭火机理及适用范围

水喷雾能较好地解决部分电气设备、化工设备及受热易燥设备(容易干燥的设备)的火灾扑灭问题。它以其经济、高效和无害等优越性能可部分地代替气体灭火装置。水喷雾的雾滴并没有改变水的化学性质，而只是改变了水的物理状态，却发挥了优于普通水流的灭火作用。

9.1.1 水喷雾的概念

美国消防协会(NFPA)把水喷雾定义为“在水雾喷嘴的最低工作压力下，水滴流量加权累积容积分布的 $Dv_{0.99}$ 小于 1 000 μm 的水射流”。其中，$Dv_{0.99}$ 是用体积法来度量液滴大小的一种方法，表示在所有的喷雾中，液滴直径小于 1 000 μm 的体积分数为 99%。从该定义可以看出，水喷雾系统的耗水量比传统喷水灭火系统的耗水量要少得多，它是利用可进入火焰区域的小水滴来灭火的。

9.1.2 水喷雾灭火机理与灭火作用

1) 灭火机理

水喷雾灭火机理可归纳为以下4个方面：冷却、窒息、乳化和稀释作用。其中冷却和窒息是起决定作用的，而对于油类火灾，乳化对灭火有特殊的作用。

(1) 表面冷却　相同体积的水以水雾滴形态喷出时比直射流形态喷出时的表面积要大几百倍，当水雾滴喷射到燃烧表面时，因换热面积大而会吸收大量的热量迅速汽化，使燃烧物质表面温度迅速降到物质热分解所需要的温度以下，使热分解中断，燃烧终止。相同体积水形成喷雾的表面积越大，其灭火效果越好；同时闪点越高，与喷雾用水两者之间温差越大，冷却效果亦越好。

(2) 窒息　雾状水滴与火焰接触后，水滴迅速蒸发形成蒸汽，体积急剧膨胀(1 kg 水可转化为1 700 L水蒸汽),使保护面积扩大,最大限度地排除火场空气,使燃烧物周围空气中的氧含量迅速降低。一般情况下,空气中含有30%(体积分数)以上的蒸汽,燃烧就会停止。

(3) 乳化　它只适用于不溶于水的可燃液体,当水雾滴喷射到正在燃烧的液体(重质石油产品)表面时,由于水雾滴的冲击,在液体表层造成搅拌作用,形成一层乳化层,它的不燃性降低了燃烧液体的蒸发速度,促使燃烧停止。

(4) 稀释　对于水溶性液体火灾,可利用稀释液体使液体的燃烧速度降低而较易扑灭。

以上4种作用在水雾喷射到燃烧物质表面时通常以几种作用同时发生,水喷雾灭火系统不仅在扑灭固体可燃物火灾中提高了水的灭火效率,同时由于它细小水雾滴的形式,具有不会造成液体火飞溅和电气绝缘度高的特点。

2) 水雾的灭火作用

(1) 控制火势　水雾对于轻质石油产品不能达到灭火效果,但能起到冷却、降温、控制火势蔓延和发展的作用。国外曾用直径为100 μm的水滴对3 000 m^3 的汽油储罐进行灭火试验。结果表明,虽然最后没能将火完全熄灭,但汽油罐的火势大为降低。

(2) 防止燃烧扩大　当发生火灾时,将附近的设备用水雾保护起来,可防止燃烧区域扩大。

(3) 防火　易燃和可燃的装置和设备用水雾保护,可降低周围温度,起到防火作用。

9.1.3 水喷雾灭火的适用范围

目前,有关水喷雾灭火系统设计、施工、验收与维护管理的标准规范是经2014年修订后的《雾规》(GB 50219—2014),于2015年8月1日开始施行。此外,我国现行国家标准《建规》(GB 50016—2014)、《石油天然气工程设计防火规范》(GB 50183—2004)、《石油化工企业设计耿火规范》(GB 50160—2008)、《火电发电厂与变电站设计防火规范》(GB 50229—2006)、《酒厂设计防火规范》(GB 50694—2011)等有关规范均对应设置水喷雾灭火系统的场所做了明确规定,为水喷雾灭火系统的应用提供了依据。目前,水喷雾灭火系统的保护对象已经涵盖了电力、冶金、石油化工等工业设施、设备,特别是近年来在酿酒行业得到了极其广泛的应用。具体可以归纳总结为:

1) 水雾灭火适用于

(1) 固体物质火灾、丙类液体火灾、饮料酒火灾和电气火灾的扑救。

(2) 可燃气体和甲、乙、丙类液体的生产、储存装置或装卸设施的防护冷却。

2) 水雾灭火不适用于

(1) 遇水能发生化学反应造成燃烧、爆炸的火灾。

(2) 水雾会对保护对象造成明显损害的火灾。

9.2 水喷雾灭火系统的组成及动作原理

水喷雾系统是用专门的水喷雾喷头将水流分解为细小的水雾滴来灭火,使水的利用率得到最大限度发挥。在灭火过程中,细小的水雾滴可以完全汽化,大量吸收燃烧物的热量。1 kg的水可吸收4 504 kJ的热量。由此可见,水雾滴与燃烧物接触,会通过物理作用和化学反应,从燃烧物中吸收大量的热,迫使燃烧物表面温度迅速降到燃点以下获得最佳冷却效果。与此同时,由于水雾滴汽化为水蒸气,根据1 kg的水汽化膨胀产生1 680倍的蒸汽,从而排挤和阻止空气进入燃烧，降低了燃烧区内氧气含量。一般情况下，当空气中的蒸汽含量达到35％时，燃烧就会停止，由此将造成良好的窒息环境条件。当用于扑救不溶于水的可燃液体发生火灾时，由于水雾的冲击作用，在可燃烧液体表面形成一层由“油色水”和非水溶性液体混合组成的乳状物表面。由于乳化层是不燃烧的，当乳化层覆盖可燃液体表面时，会使可燃液体难以燃烧；当用于扑救可溶于水的可燃液体火灾时，由于水与水溶性可燃液体混合后，可降低它的浓度，产生稀释冲淡效果，因而降低了可燃物的蒸发速度和燃烧区内可燃液体的浓度，使燃烧强度减弱。

9.2.1 水喷雾灭火系统组成

水喷雾灭火系统的组成与雨淋自动灭火系统相似，主要由水源、供水设备、供水管道、雨淋阀组、过滤器、火灾探测自动控制系统和水喷雾喷头等组成。水喷雾灭火系统的控制有自动控制、手动控制和应急控制3种启动方式。水喷雾灭火系统组成如图9.1所示。

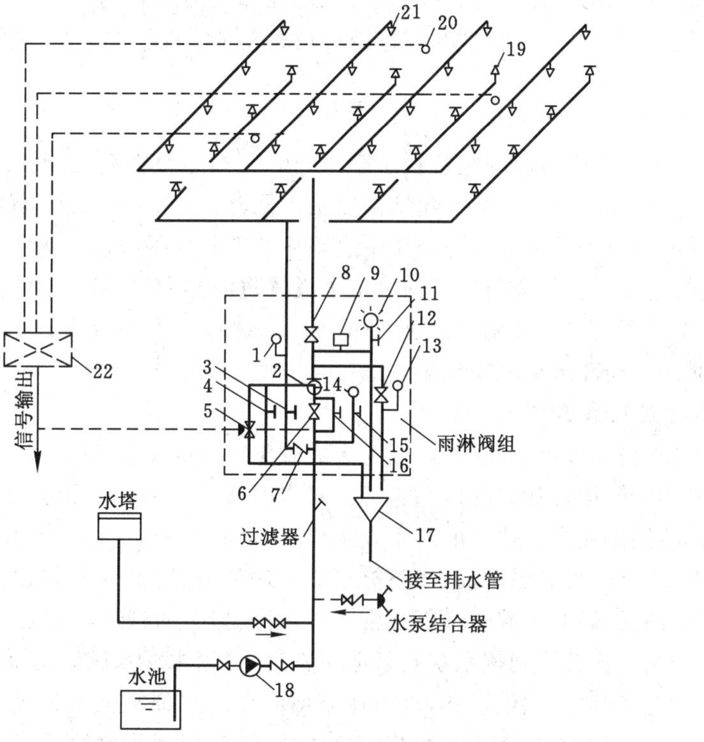

图9.1 水喷雾灭火系统组件

1—压力表；2—雨淋阀；3—截止阀；4—手动阀；5—电磁阀；6—闸阀；7—止回阀；8—闸阀；9—压力开关；10—水力警铃；11—报警截止阀；12—泄放试验阀；13—泄放试验管；14—供水压力表；15—表前阀；16—排水阀；17—排水漏斗；18—水喷雾泵；19—闭式喷头；20—火灾探测器；21—水雾喷头；22—火灾报警控制器

1）水雾喷头

水雾喷头的特点是，在一定的水压下，利用离心或撞击原理将水分解成细小水滴以锥形均匀喷出，并覆盖在相应射程范围内的保护对象外表面上。根据《雾规》规定：水雾喷头的工作压力，当用于灭火时不应小于0.35 MPa，当用于防护冷却时不应小于0.20 MPa，但对于甲B、乙、丙类液体储罐不应小于0.15 MPa。由于水喷雾的灭火效率与水雾滴的直径有很大关系，雾滴直径越小，火场温度和氧气浓度下降的时间就越短，对灭火越有利，并能大大提高水的利用率和灭火效率。因而，只有采用水雾喷头，才能达到水滴雾化的目的，并能使喷出的水雾滴粒径小于 1 mm。水喷雾灭火系统的性能主要取决于水的雾化质量好坏，而水的雾化质量则与喷头的性能和加工精度有关。由此可见，水雾喷头是水喷雾自动灭火系统中的关键组件。水雾喷头的选型要符合以下基本要求：① 离心雾化型水雾喷头，用于扑救电气火灾，为防止喷头堵塞，喷头应带柱状过滤网；② 防腐型水雾喷头，用于腐蚀环境中；③ 室内粉尘场所设置的水雾喷头应带防尘冒，室外设置的水雾喷头宜带防尘冒。

2）雨淋阀组

每个水喷雾灭火系统都设有消防专用的雨淋阀组，雨淋阀组是由雨淋阀、电磁阀、压力开关、水力警铃、压力表以及配套的通用阀门所组成。雨淋阀是一种消防专用的水力快开阀，一旦开启会使水流在瞬间达到额定状态。常用的雨淋阀结构是采用隔膜式或杆阀瓣式，它们的共同特点是火灾结束以后，只要向探测管网中重新充压力水，该阀即自动关闭。雨淋阀组具有 5 种启动方式，即电动、气动、水动、遥控和就地应急，它们可任意组合而且还具备系统自检功能、动作信号反馈功能、动作警铃报警功能、水源供应能力检测功能和系统防护复位功能。

3）过滤器

水喷雾灭火系统中喷出的是粒径小于 1 mm 的细小水雾滴，这就要求系统供向水雾喷头的水中不能含有较大的杂质，以免堵塞喷头。同时，为了保证雨淋阀的严密性和电磁阀的防堵要求，供向这两个系统组件的介质中也不应含有较大的杂质。为了达到这些要求，就必须在系统主管道和通向每个防护区的管道上设置过滤器和过滤冲洗接头。过滤器的滤网孔径应不大于水雾喷头最小水流孔道通径的 1/2。这种滤网不仅可以保证水雾喷头不被堵塞，而且过滤网的局部水头损失较小。

4）供水管道及供水水源

对于水喷雾自动灭火系统而言，因为火灾发生时间的不确定性，所以必须有可靠的供水保障，而且要为系统设置独立的供水管道。对水喷雾灭火系统的取水设施要采取措施，以免被杂物堵塞，特别是在寒冷地区的给水设施要采取防冻措施。由于水喷雾系统具有工作压力高、流量大、灭火时喷雾强度高、水喷雾喷头易堵塞等特点，对管材也提出了很高的要求。为了过滤器后的雨淋阀、水雾喷头能正常工作，过滤器后的管道应采用内外镀锌钢管。水喷雾系统的水源则直接关系到该系统是否能正常运行，当水源水压波动，特别是当水源停水后再来水时，会使雨淋阀产生误操作，从而造成不必要的水渍损失。另外，如果水源提供的水量和水压不足时，就会影响水喷雾系统的喷洒效果，难以起到水雾隔离冷却、防止火灾蔓延的作用，所以一定要保证系统水源的工作可靠性。根据实际情况，水喷雾系统的水源可以是市政给水管网、工厂消防管网或消防水池。

9.2.2 水喷雾灭火系统的控制

水喷雾灭火系统的关键技术之一是对它的控制方式。一般以自动控制方式为主，以其他方式为辅。手动控制是指人为的远距离操作的控制方式。应急控制是指一旦发生火灾可就地启动与雨淋阀相连的手动快开阀，使系统运作。

自动控制有 3 种方式：第一种为水力控制，即通过湿式先导管的闭式喷头受热破裂喷水，雨淋阀的控制膜室压力下降，使得雨淋阀打开；第二种为气控，即通过干式先导管的闭式喷头受热破裂排气，雨淋阀的控制膜室内的水被排走，控制膜室压力下降，使得雨淋阀打开；第三种为电气控制，即在保护区内设置的火灾自动报警系统发出火灾信号，使雨淋阀组上的电磁阀打开，雨淋阀的控制膜室内的压力下降，使得雨淋阀打开。水喷雾灭火系统工作原理如图 9.2 所示。

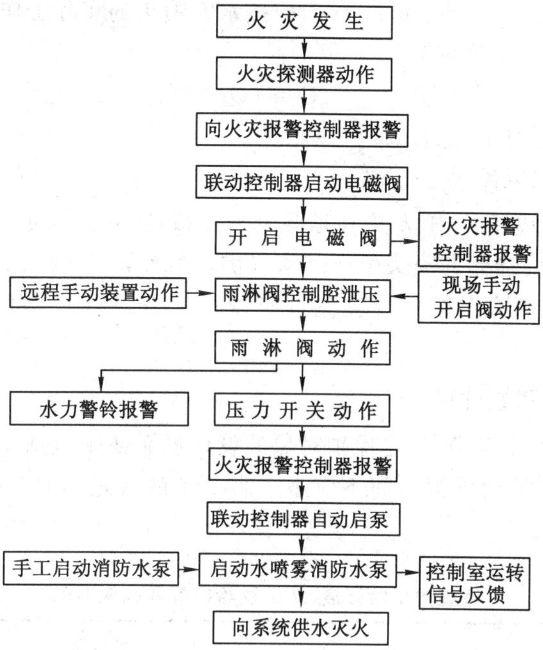

图 9.2 水喷雾灭火系统基本工作原理

9.3 水喷雾灭火系统的基本设计参数

确定了水喷雾灭火系统的适用范围与类型后，就需要进行系统水力、喷雾强度、用水量等基本设计参数的确定。

9.3.1 水雾喷头系统水力计算

1）水雾喷头的流量计算公式

$$q=k\sqrt{10p} \tag{9.1}$$

式中 q——水雾喷头的流量，L/min；

p——水雾喷头的工作压力，MPa；

k——水雾喷头的流量系数，由生产厂提供。

2）保护对象的水雾喷头计算数量公式

$$N=\frac{SW}{q} \tag{9.2}$$

式中 N——保护对象的水雾喷头的计算数量；

S——保护对象的保护面积，m^2；

W——保护对象的设计喷雾强度，L/(min·m^2)。

3）系统的计算流量公式

$$Q_j=\frac{1}{60}\sum_{i=1}^{n}q_i \tag{9.3}$$

式中 Q_j——系统的计算流量，L/s；

n——系统启动后同时喷雾的水雾喷头的数量；

q_i——水雾喷头的实际流量，L/min，应按水雾喷头的实际工作压力 p_i，MPa 计算。

4）系统的设计流量计算公式

$$Q_s = kQ_j \tag{9.4}$$

式中 Q_s——系统的设计流量，L/s；

k——安全系数，不应小于 1.05。

由上述公式得知，式(9.1)中 k 及 p 是两个未知数，需要先假定一个数据。一般我们选 $p \geqslant 0.35$ MPa，k 值则由选择的喷头生产厂家提供。另外，当采用雨淋阀控制同时喷雾的水雾喷头数量时，水喷雾灭火系统的计算流量应按系统中同时喷雾的水雾喷头最大用水量确定。

9.3.2 喷雾强度与用水量计算

如前所述，式(9.2)中参数 W 是保护对象的设计喷雾强度，它取决于保护对象的燃烧性能，系统的供给强度和持续供给时间不应小于表 9.1 的规定，响应时间不应大于表 9.1 的规定。

表 9.1 系统的供给强度、持续供给时间和响应时间

<table>
<tr><th>防护目的</th><th colspan="4">保护对象</th><th>供给强度/(L·min⁻¹·m⁻²)</th><th>持续供给时间/h</th><th>响应时间/s</th></tr>
<tr><td rowspan="8">灭火</td><td colspan="4">固体物质火灾</td><td>15</td><td>1</td><td>60</td></tr>
<tr><td colspan="4">输送机皮带</td><td>10</td><td>1</td><td>60</td></tr>
<tr><td rowspan="3">液体</td><td colspan="3">闪点 60～120 ℃的液体</td><td>20</td><td rowspan="3">0.5</td><td rowspan="3">60</td></tr>
<tr><td colspan="3">闪点高于 120 ℃的液体</td><td>13</td></tr>
<tr><td colspan="3">饮料酒</td><td>20</td></tr>
<tr><td rowspan="3">电气</td><td colspan="3">油浸式电力变压器、油断路器</td><td>20</td><td rowspan="3">0.4</td><td rowspan="3">60</td></tr>
<tr><td colspan="3">油浸式电力变压器的集油坑</td><td>6</td></tr>
<tr><td colspan="3">电缆</td><td>13</td></tr>
<tr><td rowspan="11">防护冷却</td><td colspan="4">甲、乙类液体及可燃气体生产、储存、装卸设施</td><td>9</td><td>6</td><td>120</td></tr>
<tr><td colspan="4">液化石油气灌瓶间、瓶库</td><td>9</td><td>6</td><td>60</td></tr>
<tr><td rowspan="6">液化烃或类似液体储灌</td><td colspan="3">全压力、半冷冻式储灌</td><td>9</td><td rowspan="6">6</td><td rowspan="6">120</td></tr>
<tr><td colspan="3">液氨储灌</td><td>6</td></tr>
<tr><td rowspan="4">全冷冻式储灌</td><td rowspan="2">单、双容罐</td><td>罐壁</td><td>2.5</td></tr>
<tr><td>罐顶</td><td>4</td></tr>
<tr><td rowspan="2">全容罐</td><td>罐顶泵平台、管道进出口等局部危险部位</td><td>20</td></tr>
<tr><td>管带</td><td>10</td></tr>
<tr><td rowspan="3">甲、乙、丙类液储罐</td><td colspan="3">固定顶罐</td><td>2.5</td><td rowspan="3">直径大于 20 m的固定顶罐为 6h，其他为 4h</td><td rowspan="3">300</td></tr>
<tr><td colspan="3">浮顶罐</td><td>2.0</td></tr>
<tr><td colspan="3">相邻罐</td><td>2.0</td></tr>
</table>

从表 9.1 不难看出，用于灭火的喷雾强度要大于防护冷却的喷雾强度；而持续喷雾的时间则恰恰相反，用于灭火的时间一般仅为 0.4～1 h，用于防护冷却的时间却为 4～6 h，所以，在计算总用水量时，要充分考虑水喷雾灭火系统持续喷雾时间内所需用的用水量，而且，《雾规》关于给水系统的一般规定中已明确说明，这部分水量应有独立的消防给水管网供水，计算消防水池容量时也要将这部分水量加进去，而不能占用自动喷淋系统或消火栓系统的储水量，这一点许多设计都忽略了。个别设计更为简单，仅从自动喷淋管网引出一条支管出来即可，这是规范不允许的。

水雾灭火用水量，又称为水雾灭火供给强度，即每平方米的燃烧面积上每分钟供给了多少升水(根据不同灭火对象而异)。一般情况下，储备水量为灭火用水量的 4.5 倍，则灭火用水量为：

$$Q=4.5Q_s \tag{9.5}$$

9.3.3 系统压力确定

灭火时，水雾喷头的工作压力不应小于 0.35 MPa。一般来说，水雾喷头均须在一定工作压力下才能使出水形成雾化状态。对水雾喷头而言，工作压力越高，其出水的雾化效果越好，而在相同的喷雾强度下，雾化效果好有助于提高灭火效率。

系统中水喷雾消防泵扬程为：

$$H=h_1+h_2+h_3 \tag{9.6}$$

式中 h_1——最不利点水雾的实际工作压力(0.35 MPa)；

h_2——系统管道沿程水头损失及局部水头损失之和，MPa；

h_3——最不利点水雾喷头与系统管道入口或消防水池最低水位之间的高程差，MPa。

9.3.4 水喷雾泵的配置

加压设备的选择以式(9.4)、式(9.5)计算出的系统设计流量与计算流量为依据，泵配置是否合理通常考虑以下方法：

1) 采用独立消防泵

此方法从理论上讲很理想，但这种设计既增加了设备投资，又占用了建筑使用面积，对建设方来讲是不经济的，在实际设计中很少采用。

2) 与建筑内的消防泵(即喷淋泵)共用

对于柴油发电机房、离心机室、重油泵房等独立的防火系统，根据《建规》规定，建筑内同一时间的火灾发生次数按一次考虑，水喷雾系统和喷淋系统不需要同时启动，在喷淋泵的流量和扬程满足水喷雾系统的压力和扬程的前提下，水喷雾消防泵可和喷淋消防泵共用。

9.4 水喷雾灭火系统设计

水喷雾灭火系统的设计在国家规范中给出了基本的框架，在此我们根据自己的经验再进行总结，如图 9.3 所示。

9.4.1 保护面积确定

水喷雾灭火系统的保护面积与保护部位的设备、可燃物性质以及周围环境有关。水喷雾应保证保护部位的设备的平面和立面均得到保护，喷出的水雾应直接射向燃烧面和

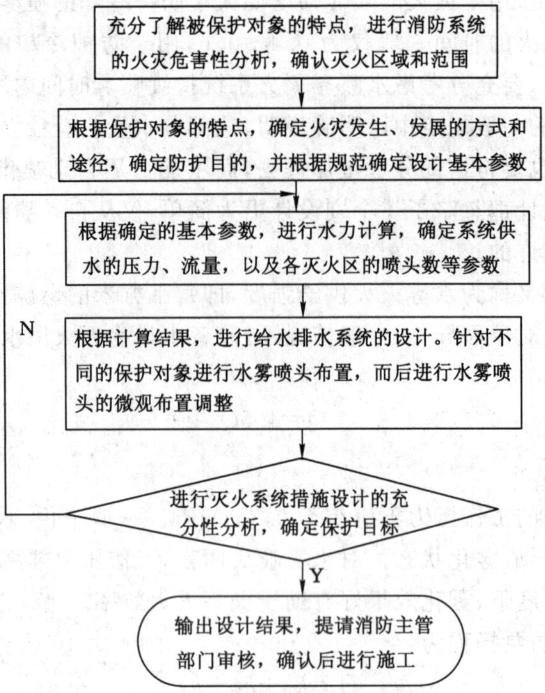

图 9.3　水喷雾灭火系统流程

需要冷却的任何部位。水雾应直接射向保护对象表面且不应出现空白点。保护房间的水喷雾灭火系统，应保证整个房间均得到保护，并应阻止火焰通过门、窗、孔、洞向其他房间蔓延。水喷雾灭火系统的保护面积应根据上述情况，按其保护对象的外表面面积由计算确定。

9.4.2　喷头的选型、布置原则与安装

安装喷头时，应根据设备规模、保护物性质、灭火或冷却要求，选用相应粒径的水雾喷头。在布置喷头时，应使水雾直接喷向燃烧物质表面或需要冷却保护的表面。当设备尺寸特殊或有碍水雾到达的障碍物时，在水雾不能到达的部位增设小口径喷头，以加强灭火或冷却效果。当采用水喷雾灭火系统扑救或冷却电气设备时，水雾喷头、管道与电气设备带电（裸露）部分的安全净距应符合现行有关标准的规定。

1）喷头选型

一般来说，不同的喷头有不同的流量系数 k，不同的厂家生产的喷头 k 值也不完全相同。因此，根据喷头的流量计算公式，选定了喷头后，就可查出 k 值，喷头流量随之确定。若选取喷头的 k 值较大时，单个喷头的 q 值就大，保护对象的喷头个数就少，若保护对象的保护面积小，喷头数过少，当喷头数为 1 时，不利于喷头的布置，系统的灭火效果就不理想。相反，若喷头的 k 值较小，单个喷头的 q 值就小，保护对象的喷头个数就多。这样既增加了系统的投资，又不利于喷头的布置，因为喷头的布置有间距要求，间距太小不利于灭火，故喷头的选择应结合保护对象的具体情况酌定。

2）喷头的“宏观布置”原则

所谓“宏观布置”，是指根据包容被保护对象的最小规则形体的三视图进行全面包络，以

实现主体喷头布置的过程。具体布置过程如下：

(1) 详细确定被保护对象的图纸资料，并规整为最小规则形体的三视图，一般包括上视图、前视图、侧视图以及局部视图等，以便进行水雾喷头的宏观布置。

(2) 确定喷头布置的导引线(即喷头距被保护对象的一致性包络线)用于确定喷头布置位置的依据。其中导引线距被保护物的外表面距离小于喷头的有效射程，对于许多保护对象采用 0.9 m 的距离均是可行的。导引线的采用在很大程度上可以保护喷头及供水管道设计的一致性。

(3) 沿平面图中的导引线在被保护对象的顶部和侧面展开喷头的布置，其中进行喷头布置时要充分了解喷头喷雾的外轮廓线形状，确保在包络情况下尽可能减少喷雾损失。

(4) 在前视图和侧视图上可以确定喷头安装的高度和角度。一般根据保护对象外形尺寸，使喷头布置满足覆盖顶部和侧面的要求。

(5) 针对已布置的喷头确认喷头距被保护对象外表面的距离，以满足喷雾有效射程的要求。

(6) 全面布置喷头和调整喷头位置，以保证所有喷头全面覆盖被保护物的最小规则形体外表面。

(7) 全面检查由于被保护对象不规则形状造成有水雾喷射不到的位置，并进行喷头的微观布置，保证喷雾的全面包络效果。

3) 喷头的布置结构

水喷雾灭火系统中，水喷雾喷头的布置结构不同于自动水喷淋系统，也不同于全淹没型气体灭火系统。水喷雾灭火系统实际上是一个局部喷雾保护系统，喷雾喷头是要布置在被保护物的周围，它是一个立体结构，主要用于某一个容易发生火灾或需冷却的设备(装置)，如变压器、发动机、储油罐等。一旦设备或装置发生火灾事故，布置在周围的水雾喷头立即自动喷射出水雾，将被保护物笼罩在水雾中，从而达到窒息、冷却、乳化、稀释的效果，将初起火灾扑灭。例如，大型变压器由于设备较高，可能喷头要布置两三层，有的部件(如油枕)局部凸起较高，还要另设一两个局部喷头保护，如图 9.4 所示。

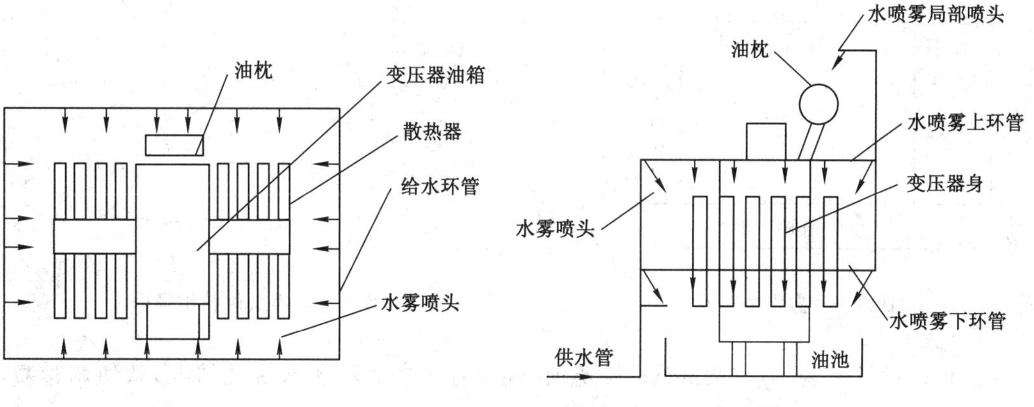

图 9.4 油浸式变压器水喷雾系统喷头布置

(a) 俯瞰布置；(b) 侧视布置

4）影响水雾喷头布置的因素

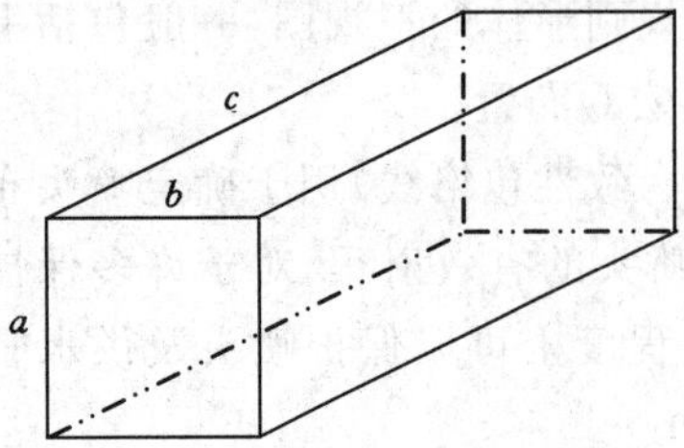

图 9.5 虚拟保护物体积

(1) 保护表面积的计算　如前所述，保护面积是指被保护物的表面积，它的大小决定了设计喷雾强度和设计流量，也决定了喷头个数的多少。图 9.5 所示为虚拟保护物体积，它的表面积 S 应计算为：

$$S=2ab+2ac+bc \tag{9.7}$$

(2) 雾化角和保护半径的确定　所谓雾化角(θ)，是指水雾喷头喷出的水雾形成围绕喷头轴心线扩展的圆锥体的顶角。由于各个厂家生产的水喷雾喷头型号不一，所取系数 k 值不一样，雾化角、保护半径(R)、保护的面积都不一样。因此，在设计时首先要确定按哪个厂家的喷头产品为设计依据，然后统筹考虑雾化角、保护半径、保护面积等参数，距离远的要选择保护半径大的，雾化角大的才能合理布置。图 9.6 所示为雾化角合理布置示意图。

选择喷头时，要充分考虑喷雾头雾化角的大小，要将被保护物以及可能出现火灾的部位完全覆盖。水雾喷头的平面布置方式可为矩形或菱形。当按矩形布置时，水雾喷头之间的距离不应大于 1.4 倍水雾喷头的水雾锥底圆半径；当按菱形布置时，水雾喷头之间的距离不应大于 1.7 倍水雾喷头的水雾锥底圆半径。由图 9.7 可知，对于不同的布置结构，其圆心间距是不同的。水雾锥底圆半径应按下式计算：

$$R=B\tan\frac{\theta}{2} \tag{9.8}$$

式中　R——水雾锥底圆半径，m；

B——水雾喷头的喷口与保护对象之间的距离，m；

θ——水雾喷头的雾化角，(°)，θ 的取值范围为 30°，45°，60°，90°，120°。

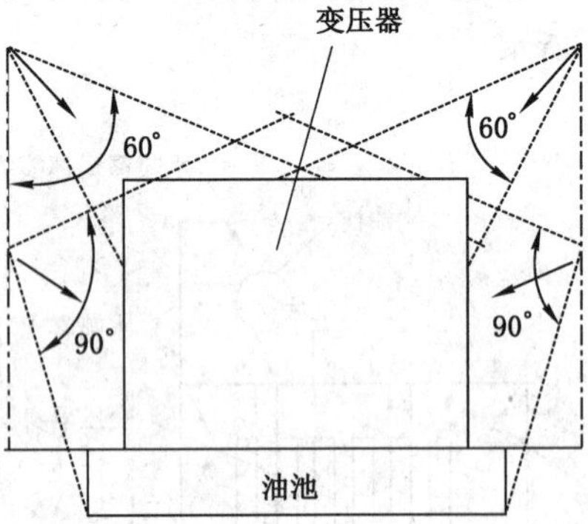

图 9.6 雾化角布置

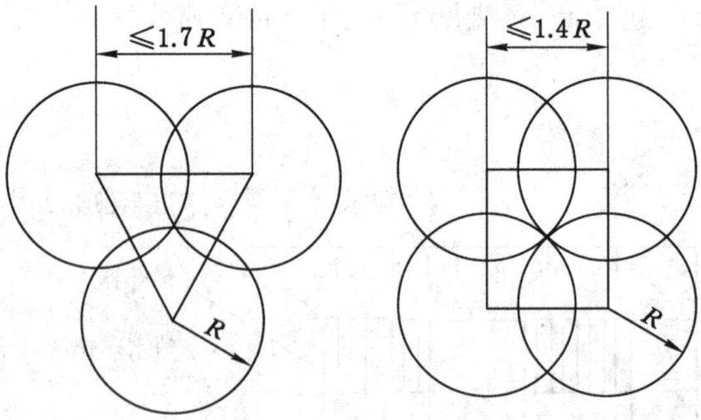

图 9.7 喷头保护半径

工程按设计安装后，在调试试验喷雾时，还要仔细检查喷雾头雾化情况，致使调整喷雾头安装方位及角度，必要时还需更换不同雾化角的喷头。

(3) 水雾喷头与带电元件的间距　在设计带电设备采用水喷雾灭火系统时，保证系统设施与带电体安全距离的问题十分重要，要严格执行相关电器规范要求，不然会造成安全事故。为此，可能会增多一些喷头或变更喷头产品型号。

9.4.3 管道布置及减压

水喷雾灭火系统管道应避开爆炸部位。管道应安装牢固，防止晃动。配水管、水平干管应有一定坡度，坡向供水管，以便排净管内积水。控制阀、过滤器、报警阀应安装在便于日常检查和火场使用效果较好的地方。

管道减压一般采用圆缺型孔板，减压孔板的圆缺孔应位于管道底部，减压孔板前水平直管段的长度不应小于该段管道公称直径的 2 倍。管道采用节流管时，节流管内水的流速不应大于 20 m/s，长度不宜小于 1.0 m，其公称直径宜按表 9.2 的规定确定。

表 9.2　节流管公称直径　　单位：mm

管道	节流管			管道	节流管		
50	40	32	25	125	100	80	65
65	50	40	32	150	125	100	80
80	65	50	40	200	150	125	100
100	80	65	50	250	200	150	125

9.5 水喷雾灭火系统设计实例

保护对象为某一电缆隧道，长 102 m，单侧布置 7 层电缆桥架，桥架宽 0.6 m，隧道宽 1.7 m，高 2.4 m，电缆桥高 2.2 m，喷头与电缆桥架的距离为 0.9 m，如图 9.8 所示。

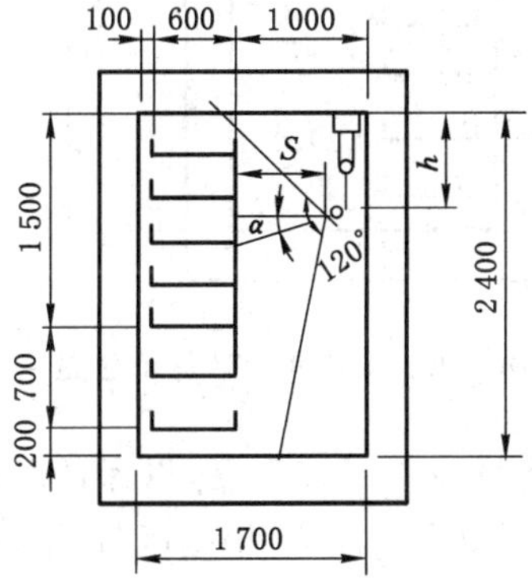

图 9.8　电缆隧道剖面

9.5.1 基本设计步骤

(1) 确定保护对象，选定设计参数。

(2) 根据保护对象的特性，选定喷头喷雾角度。

(3) 在选定喷头喷雾角度的情况下，结合现场具体情况，根据安装高度与安装角度的关系确定安装喷头的高度和角度。

(4) 利用"面积包络法"计算喷头间距。

(5) 根据电缆隧道的长度和喷头间距，计算喷头的需用数量。

(6) 根据保护面积、设计参数，计算设计消防用水量。

(7) 根据消防用水量和喷头数量计算喷头流量，查厂家样本确定喷头的型号。

(8) 流量及喷雾强度的复核计算。

9.5.2 设计参数的确定

根据表 9.1 确定设计参数：设计喷雾强度 $W=13\ \mathrm{L/(min\cdot m^2)}$，持续喷雾时间 $t=0.4\ \mathrm{h}$。

9.5.3 水雾喷头喷雾角度的确定

从图 9.8 可知，电缆桥架的高度 H 和喷头距电缆桥架的距离 S 决定了水雾喷头的喷雾角度θ。如果S值固定,H值越大,则应选取大喷雾角度的喷头;反之,选取小喷雾角度的喷头,如果H值固定,S值越大,则喷头雾锥半径大,可以选用小角度的喷头,否则应选取大角度的水雾喷头。H值和S值可根据工程的实际情况确定,同时也确定了水雾喷头的喷雾角度。例如:$H=2.2$ m,$S=0.9$ m,根据《雾规》的相关规定,应选取$\theta=120°$的喷头。

9.5.4 喷头的安装高度与角度

从图9.8可知,喷头的安装高度h决定了其安装角度α(喷头轴线与水平方向的夹角)。当喷头安装的位置低,即h值大时,实现全包络电缆桥架时喷头需要相对水平的安装位置,即α值小;反之α值大。喷头的安装高度一方面不能影响到电缆隧道中检修人员的通行,并能保证必要的检修维护空间;另一方面要保证保护对象的最远处在喷头的有效射程内。因此,喷头安装高度的最小值可通过直角三角形的三边关系算出,计算简图如图9.9所示。当采用120°喷雾角度的喷头时,其有效射程为2.2 m,要想保证距喷头最远处保护对象的距离B在有效射程以内,则$B^2 \leqslant S^2+(2.4\ \text{m}-0.2\ \text{m}-h)^2$。$S=0.9$ m,则$h \geqslant 0.2$ m,即只有喷头安装高度大于0.2 m时才可能保证最不利点处于雾锥的有效射程内。

对于安装角度的确定,也可将其转换为三角函数问题,计算简图如图9.10所示。设喷头安装角度与水平方向的夹角为α,则$\tan(\theta/2-\alpha)=h/S$,考虑到工程实际安装的方便,安装高度$h=0.4$ m,$S=0.9$ m,$\theta=120°$,则$\alpha \leqslant 36°$。

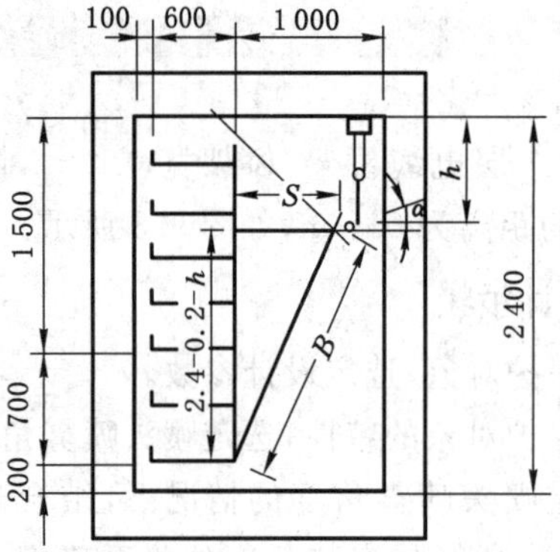

图9.9 喷头安装高度确定示意图

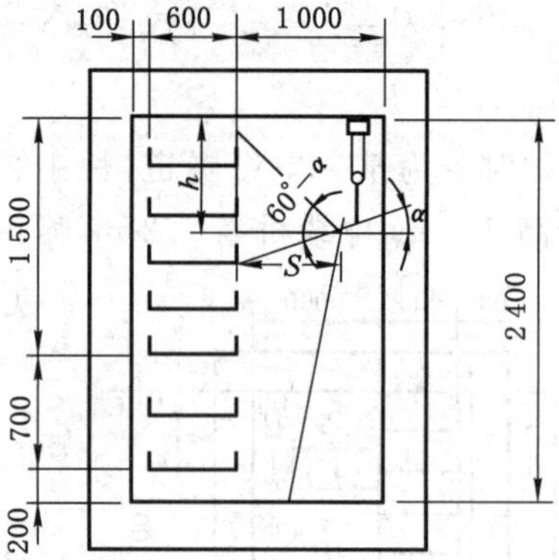

图9.10 喷头安装角度计算示意图

还应注意的是,在保证保护对象全包络的前提下,应尽量减小安装角度,以保证水雾最大限度的全部喷射到保护对象上,所以还应计算安装的最小角度。同样,根据函数关系可以得知,$\tan(\theta/2+\alpha) \geqslant (H-h)/S$,得$\alpha \geqslant 3°$,本工程中选取的安装角度为20°。

9.5.5 喷头间距的确定

喷头的布置应保证整个电缆隧道中的每个部位均包络在水雾之中,因此采用"面积包络法"进行计算。如图9.11所示,计算公式如下:

$$R^2=(L/2)^2+(H/2)^2 \tag{9.9}$$

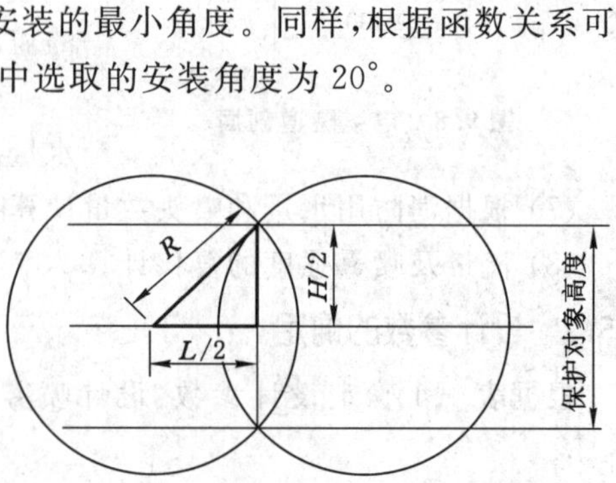

图9.11 水雾喷头间距计算示意图

从图9.11可知,为了保证全包络保护对象,相邻的两只喷头喷出的水雾有部分重叠,由于水雾喷射方向不同,且在有效射程内具有一定的动量，重叠水雾雾滴的碰撞使这部分水雾失去动能而下落，不能有效喷射到保护对象上。因此，喷头间距的设置应同时满足全部包络保护对象和最小水雾重叠两个条件。通常设计中，设计人员取以喷头至保护对象的水平距离 S 为射程形成的雾锥半径作为形成保护面积的半径进行喷头间距的计算。这样水平距离最短，形成的雾锥半径最小，以此半径为设计基础，完全可以满足全包络的要求。本工程中 $R=1.4$ m，$H=2.2$ m，根据式(9.9)可得：$L=1.73$ m。

9.5.6 喷头的选择

由式(9.9)计算出喷头间距 $L=1.73$ m，已知电缆桥架长 102 m，则水雾喷头的个数 $n=$ 电缆隧道长度/喷头间距 $=102/1.7=60$。又：保护面积 $S=(1.9+0.6\times2)$ m $\times 102$ m $=316.2$ m^2，喷雾强度为 $W=13$ L/(min·m^2)，故灭火所需总水量 $Q=316.2\times13$ L/min $=4\ 110.6$ L/min，则喷头的流量 $q=\dfrac{4\ 110.6}{60}$ L/min $=68.51$ L/min。

根据喷头流量并结合厂家样本选择水雾喷头，进行喷雾强度校核。建议选用大流量的喷头，因为如果选择小流量的喷头，需用通过增加喷头个数来保证喷雾强度，这就意味着要减小喷头的间距。根据以上分析可知，在喷头喷雾角度一定的情况下，减小喷头间距就意味着相邻两只喷头间重叠部分增多，水雾干扰会影响灭火效率。

9.6 水喷雾灭火系统技术展望

9.6.1 代替卤代烷灭火系统的技术性探讨

卤代烷又叫作哈龙，它灭火效果好，毒性低，是近几十年应用最广泛的气体灭火剂。但从 20 世纪 70 年代起，发现它对臭氧层有严重的破坏作用。现已完全禁止安装使用卤代烷气体灭火系统。

水喷雾灭火系统比自动喷水灭火系统效率更高，这不仅因为其喷出的是雾状水，而且是由于其主要用于保护火灾危险性大、扑救难度高的专用设备，保护对象较具体。自动喷水灭火系统仅适用于 A 类固体火灾，而水喷雾灭火系统还适用于 B 类液体火灾和 C 类气体火灾及电气火灾，它不仅能像自动喷水灭火系统一样灭火，而且还可用于控制火势和防护冷却。因此，使用低廉的水喷雾灭火系统替代卤代烷灭火系统成为可能。水喷雾灭火系统代替气体灭火系统，必须解决以下主要技术问题：

1）电气设备损坏和人员伤害

当带电设备遇到水时，由于水具有导电性：一方面，容易引起设备电气短路，损坏设备；另一方面，又可能对现场人员造成人身伤害；同时，电流还可能穿过水雾，从水雾喷头沿供水管路传播。因此，当水喷雾灭火系统用于保护电气设备时，系统动作前必须首先切断电源。

2）减少水渍损失

发生火灾时，水喷雾灭火系统开启灭火后，应尽量减少雾珠对保护物的浸渍损失，以便日后修复。设计中可采用高速水雾喷头或特制的细雾喷头。

3）误动作问题

设有气体灭火系统的场所，一般不允许出现水渍现象，当使用水喷雾灭火系统时，首先应解决系统的误动作问题。设计中可采用干式控制系统或预作用控制系统等。

9.6.2 当前水喷雾灭火系统存在的问题

水喷雾灭火系统虽然具有许多优点，但不能用于扑救遇水发生化学反应或造成燃烧、爆炸物体的火灾。在许多实际工程中，由于设计和使用不当的原因，使水喷雾灭火系统没有发挥其应有灭火效果，限制了水喷雾灭火系统的使用。这主要表现在以下几个方面：

1）水喷雾表现为水喷淋现象

许多设置水喷雾灭火系统的场所正是水喷淋的禁区，水喷雾要求喷出的是雾状水，但目前一些水喷雾系统因喷头选材、水压设计、管理使用不当等原因，水雾喷头喷出的不是雾化水、雾状水，而是粒径大于1 mm的水滴。水喷淋现象导致灭火系统不仅不能扑救液体和电气火灾，反而造成火势蔓延，这一点必须认真对待。

2）水喷雾设计、施工经验缺乏

由于《水喷雾灭火系统规范》等出台较晚，加上规范本身很多问题尚不明确，比如喷头是对整个房间还是只对所保护设备进行喷雾，对其他地方进行冷却保护，以及水喷雾灭火系统的合理动作程序问题等。

3）系统维护管理有待进一步加强

水喷雾喷头孔径微小，由于水中杂质、管道系统的锈蚀等原因造成过滤网、喷头堵塞，所以必须定期检测、清洗维护。

本章小结

本章在详尽阐述了水喷雾灭火的机理及其适用范围的基础上，介绍了水喷雾灭火系统的组成、动作原理、主要零部件的构造特征，以及水喷雾灭火系统的控制；以《建规》、《喷规》等相关标准为依据，对系统的水力、设计流量、喷雾强度与持续时间、工作压力及消防水泵等工作参数进行了推导与说明；从保护面积、喷头的选择、布置与安装、管道布置与减压等方面对水喷雾系统设计流程进行了阐述说明；通过设计实例，进一步理清了设计的基本步骤与相关注意事项，为读者的相关设计提供了指导意义。

复习思考题

9.1 水喷雾灭火系统与自动喷淋水系统在灭火机理上有何本质区别？

9.2 什么雾锥角？如何计算喷头的有效保护面积？

9.3 水喷雾灭火系统的主要组件是什么？

9.4 喷头的选择与安装有什么原则与注意事项？

9.5 水喷雾与细水雾有何区别？

9.6 通过对本章的学习，你认为水喷雾灭火系统在民用建筑中的应用存在哪些问题？

10 泡沫灭火系统

泡沫灭火系统采用泡沫液作为灭火介质，主要用于扑救非水溶性可燃液体和一般固体火灾，如商品油库、煤矿、大型飞机库等。目前，该系统在国内外已经得到了广泛的应用。实践证明，该系统具有安全可靠、经济效率高的特点，是行之有效的灭火方法之一。尤其是对B类火灾的扑救更显示出它的优越性，是目前油品火灾的基本扑救方式。在我国的石油化工企业、商品油库等工程，基本上都采用了泡沫灭火系统。随着高、中倍数泡沫灭火系统的出现，它的使用范围更为广泛。现在，在煤矿、大型飞机库、地下工程、汽车库、各类仓库等场所也已采用。由于泡沫灭火剂本身具有环保性，因此泡沫灭火系统的应用会越来越广泛。

10.1 泡沫灭火剂简介

泡沫灭火剂是把泡沫剂的水溶液与空气或二氧化碳混溶，通过化学反应或机械方法产生泡沫进行灭火的药剂。由于泡沫比可燃液体轻，因此它悬浮在液体表面。悬浮的泡沫形成一种水质的空气隔离层，阻止燃料蒸发，这样就起到了抑制和阻止燃烧的作用。如果液体的表面被泡沫淹没，那么燃料蒸汽会被完全抑制，燃烧就会熄灭。

泡沫灭火剂作为一种洁净的“绿色消防产品”，被联合国环境署首推为替代卤代烷灭火剂的第一位替代物。从科学的角度来说，一个真正的绿色环保型泡沫灭火剂必须满足两个条件：一是本身无毒、无刺激性；二是可以完全被水解或被生物降解，而降解最终产物不进入人类食物链或完全无毒。

10.1.1 泡沫灭火原理

泡沫灭火剂的相对密度范围在0.001～0.5，远小于一般可燃、易燃液体的相对密度。灭火泡沫还具有一定的流动性、黏滞性、持久性和抗烧性，可以漂浮或黏附在易燃或可燃液体（或可燃固体，如设备）的表面，或充满某一空间，形成致密的泡沫覆盖层，从而达到灭火效果。其灭火原理包括：

1）隔绝作用（覆盖作用）

泡沫在燃烧物表面形成的泡沫覆盖层，可使燃烧物表面与空气隔绝，遮断火焰对燃烧物的热辐射，阻止燃烧或热解挥发，使可燃气体难以进入燃烧区。

2）冷却作用

泡沫本身及从泡沫中析出的水具有冷却作用，这种作用在低倍数泡沫中较为明显。

3）稀释作用

泡沫受热产生的蒸气能稀释燃烧区的氧气浓度，使氧气浓度降低到可燃物燃烧所需的最低氧浓度以下。

4）阻止热挥发

泡沫层遮断火焰对燃烧物表面的热辐射，降低可燃液体的蒸发速度或可燃固体的热分解速度，使可燃气体难以进入燃烧区。

10.1.2 泡沫灭火剂的分类

按生成机理的不同，可将泡沫灭火剂分为化学泡沫灭火剂和空气泡沫灭火剂。

1）化学泡沫灭火剂

由 2 种药剂的水溶液通过化学反应产生的泡沫称为化学泡沫，这 2 种药剂统称为化学泡沫灭火剂。化学泡沫灭火剂由发泡剂、泡沫稳定剂和其他添加剂组成。化学泡沫由于配制复杂且价格较高，因此近年来很少使用。

2）空气泡沫灭火剂

空气泡沫是由含有表面活性剂的水溶液在泡沫产生器中通过机械作用而产生的，所以空气泡沫灭火剂也称为机械泡沫灭火剂。泡沫中所含的气体为空气。

空气泡沫灭火剂按发泡倍数可分为低倍数（<20 倍）泡沫灭火剂、中倍数（21～200 倍）泡沫灭火剂和高倍数（201～1 000 倍）泡沫灭火剂。

（1）高倍数泡沫灭火剂　20 世纪 60 年代，高倍数泡沫及其应用技术在英国、美国、瑞典、日本等国家得到了迅速发展。它以合成表面活性剂为基料，通过高倍数泡沫产生器生成，其发泡倍数高达 200～1 000 倍，通过大量泡沫迅速充满被保护的区域和空间，隔离燃烧所需的氧（空气）而实施灭火。此外，高倍数泡沫还有冷却和阻止火场中热传导的功能。我国自 20 世纪 70 年代先后开发出淡水型、海水型、耐烟耐温型高倍数泡沫系列产品，并研制出相应的地上和地下建筑火灾固定式灭火系统，逐步实现了应用技术的标准化、系列化。

高倍数泡沫的气泡直径一般在 10 mm 以上。由于它的体积膨胀大，再加上高倍数泡沫产生器的发泡量大（大型的可在 1 min 内产生 1 000 m^3 以上泡沫），泡沫可以迅速充满着火空间，覆盖燃烧物，使燃烧物与空气隔绝；泡沫受热后产生的大量水蒸气吸热，使燃烧区温度急剧下降，并稀释空气中的含氧量，阻止火场的热传导、热对流和热辐射，防止火势蔓延。因此，高倍数泡沫灭火技术具有混合液供给强度小、泡沫供给量大、灭火迅速、安全可靠、水渍损失少、灭火后现场处理简单等特点。

由于高倍数泡沫的密度小，又具有较好的流动性，所以在产生泡沫的气流作用下，通过管道可以输送到一定的高度或较远的地方去灭火。

由于油罐着火时，其上空的上升气流升力很大，而泡沫的密度却很小，不能覆盖到油面上，所以不能用高倍数泡沫灭火剂扑救油罐火灾，但对室内储存的少量水溶性可燃液体火灾，有时也可用全淹没的方法来扑灭。

在使用高倍数泡沫灭火时，要注意进入高倍数泡沫产生器的气体不得含有燃烧过的气体、烟尘和酸性气体，以免破坏泡沫。

（2）中倍数泡沫灭火剂　中倍数泡沫灭火剂按用途分为普通泡沫灭火剂、抗溶泡沫灭火剂。

① 普通泡沫灭火剂。具体包括蛋白泡沫灭火剂、氟蛋白泡沫灭火剂和水成膜泡沫灭火剂。

a. 蛋白泡沫灭火剂是以动物性蛋白或植物性蛋白的水解浓缩液为基料，加入适量的稳定剂、防腐剂、防冻剂等添加剂而制成的，也称为蛋白泡沫灭火液或蛋白浓缩液。蛋白泡沫是一种有机泡沫，它是泡沫液与水混合后通过一个混合室喷射出来而得到的，泡沫液主要是由水解蛋白质和金属盐混合而成的。动物的蹄、角粉和水解的羽毛颗粒都可作为生成蛋白泡沫的原料，这种灭火剂喷射到燃料表面不会形成水成膜。

目前，蛋白泡沫灭火剂是我国石油化工消防中应用最广泛的灭火剂之一。它所产生的空气泡沫相对密度低（一般在 0.1～0.5），流动性能好，抗烧性强，又不易被冲散，能迅速在非水溶性液体表面形成覆盖层，迅速将火扑灭。由于蛋白泡沫能黏附在垂直的表面上，因而也可以扑救一般固体物质的火灾。目前，蛋白泡沫灭火剂主要用于扑灭油类火灾。但是，使用蛋白泡沫灭火剂扑灭原油、重油储罐火灾时，要注意可能引起的油沫沸溢或喷溅。

b. 含有氟碳表面活性剂的蛋白泡沫灭火剂，称为氟蛋白泡沫灭火剂。这类灭火剂主要是在蛋白泡沫中加入氟碳表面活性剂，不同等级性能的产品可以由使用不同比例的水解蛋白质和氟化表面活性剂来获得。而氟蛋白泡沫通常具有良好的燃料覆盖性能和化学干粉灭火剂亲和性，它与蛋白泡沫灭火剂的灭火原理基本相同。但是，由于氟碳表面活性剂的作用，在氟蛋白泡沫与燃料表面的交界处存在着一个由氟碳表面活性剂定向排列形成的吸附层，抑制燃料蒸发，使氟蛋白泡沫具有更优异的流动性和灭火性能。因此，与蛋白泡沫相比，它能更快速地控制火势。

氟蛋白泡沫灭火剂主要用于扑救各种非水溶性可燃、易燃液体和一些可燃固体火灾，广泛用于扑救大型储罐（液下喷射）、散装仓库、输送中转装置、生产加工装置、油码头及飞机火灾等。其使用方法、储存要求与蛋白泡沫相同。适用于油罐液下喷射扑灭大面积油类火灾及飞机坠落火灾。

c. 水成膜泡沫灭火剂是一种能够在液体燃料表面形成一层抑制可燃液体蒸发的水膜的泡沫灭火剂。这类灭火剂是由亲氟性烃类泡沫与高氟表面活性剂化合而成的。与水混合后，溶液得到最佳的表面和界面相互作用特性，使产生的水质膜能在燃料表面迅速扩散。这种灭火剂产生的泡沫像其他泡沫一样，以隔离蒸气的方式熄灭火焰。

水成膜泡沫灭火剂又称为“轻水”泡沫灭火剂或氟化学泡沫灭火剂，是国际上 20 世纪 60 年代发展起来的一种新型高效泡沫灭火剂。水成膜泡沫液在灭火过程中其泡沫层析出的水分能在燃料表面形成一层水膜，从而使空气与燃料完全隔离，此水膜能有效地降低燃料表面的温度。水成膜泡沫液依靠水膜及泡沫的双重作用，在燃料表面具有卓越的流动性，从而快速控制火势，有效扑灭火灾，同时它还具有较长时间的封闭性和抗烧能力。

国内一般使用的混合比为 6%（国外也有用 3% 的），适用于通用的低倍数泡沫灭火设备，主要用于扑救一般非水溶性可燃、易燃液体的火灾，且能迅速地控制火灾的蔓延，还能与干粉灭火剂联用。也可采用液下喷射方法扑救油罐火灾，在扑救因飞机坠毁、设备爆裂而造成的流淌液体火灾时，效果也很好。由于水成膜泡沫的 25% 析水时间仅为蛋白泡沫或氟蛋白泡沫的 1/2 左右，因而泡沫不够稳定，消失较快；而且对油面的封闭时间和阻回燃时间也短，所以在防止复燃与隔离热液面的性能方面不如蛋白泡沫和氟蛋白泡沫。此外，水成膜泡沫如遇已呈炙热状态的油罐壁时，极易被罐壁的高温破坏，失去水分，变成极薄的骨架。这时，除了需用水冷却罐壁外，还要喷射大量新鲜泡沫。

② 抗溶性泡沫灭火剂是一类适用于扑救水溶性可燃液体火灾的泡沫灭火剂。水溶性可燃液体（如醇、醋、醚、醛、有机酸、氨等），由于它们的分子极性较强，能大量吸收泡沫中的水分，使泡沫很快破坏而不起灭火作用，所以不能用蛋白泡沫灭火剂、氟蛋白泡沫灭火剂和水成膜泡沫灭火剂来扑救此类液体火灾，而必须用抗溶性泡沫灭火剂来扑救。

抗溶性泡沫灭火剂在产生泡沫时,能析出有机酸金属皂,在泡沫层上面形成连续的固体薄膜。这层薄膜能持久地覆盖在溶剂液面上,从而起到灭火的作用。

抗溶性泡沫扑救液体火灾的原理与普通泡沫相同,即通过泡沫层隔绝空气,抑制蒸发和冷却作用灭火。不同的是,抗溶性泡沫能抵抗水溶性液体对泡沫的强烈脱水作用而在液面上形成一个稳定的泡沫层。

抗溶泡沫灭火剂主要有以下 5 种类型:

a. 以水解蛋白为基料,添加有机金属盐制成的金属皂型抗溶性灭火剂,目前已淘汰。

b. 以水解蛋白或合成表面活性剂为发泡剂,添加海藻酸盐类天然高分子化合物而制成的高分子型抗溶性泡沫灭火剂。

c. 由氟碳表面活性剂、烃类表面活性剂和触变性多糖制成的触变型抗溶性泡沫灭火剂,又称为凝胶型抗溶泡沫灭火剂。

d. 以蛋白泡沫液添加特制的氟碳表面活性剂和多种金属盐制成的氟蛋白型抗溶性泡沫灭火剂。

e. 以聚硅氧烷表面活性剂为基料制成的抗溶性泡沫灭火剂。

(3) 低倍数泡沫灭火剂　扑灭烃类燃料火灾通常采用低倍数泡沫灭火剂。低倍数泡沫灭火剂的灭火作用主要是冷却作用和隔绝作用。这两种灭火作用不一定总是同时产生,而且作用程度也不相同,至于何种作用起主要作用,常常取决于火灾发生的条件。

泡沫的冷却作用是靠泡沫本身及从泡沫中析出的水产生的。

用泡沫扑救固体物质的阴燃火灾(如木材、纸张、纺织品等)以及扑救能形成受热层的石油和液体(适合作燃料的液体)火灾时,泡沫的冷却作用占优势。

当重油和次重油发生燃烧时,温度达到 200～300 ℃,上层的热油会以 5～20 cm/h 的速度往下面油层移动,这时使用泡沫灭火剂主要是利用其冷却被加热的油层而达到灭火的目的。由于泡沫形成泡沫层,它能阻止氧气进入火焰区,达到隔绝空气从而达到灭火的目的。

10.2 泡沫灭火系统的分类及主要组件

10.2.1 泡沫灭火系统的分类

泡沫灭火系统有多种类型:根据泡沫灭火剂发泡倍数不同,分为低倍数泡沫灭火系统、中倍数泡沫灭火系统、高倍数泡沫灭火系统;根据其喷射方式不同,分为液上、液下喷射半液下喷射,半液下喷射;根据设备与管道的安装方式不同,分为固定式、半固定式、移动式;根据灭火范围不同,又可分为全淹没式、局部应用式。

系统形式的选择,应根据保护对象的规模、火灾危险性、总体布置、扑救难易程度、消防站的设置情况等因素综合确定。

1) 低倍数泡沫灭火系统

(1) 固定式泡沫灭火系统　固定式泡沫灭火系统由固定的泡沫液消防泵、泡沫液储罐、比例混合器、泡沫混合液的输送管道及泡沫产生装置等组成,并与给水系统连成一体。当发生火灾时,先启动消防泵,打开相关阀门,该系统即可实施灭火。

低倍数泡沫灭火系统的主要特点为:可随时启动,立即进行灭火;系统自动化程度高、操作简便、安全可靠;系统对保养和维修要求高。油罐爆炸时,可能使罐上安装的固定消防设备遭破坏，因此一般要另配一套移动式泡沫灭火设施。

《石油化工企业设计防火规范》(GB 50160—2008)规定，下列场所应采用固定式泡沫灭火系统：

① 甲、乙类和闪点小于或等于 90 ℃的丙类可燃液体的固定顶罐及浮盘为易熔材料的内浮顶罐：单罐容积大于或等于 10 000 m^3 的非水溶性可燃液体储罐；单罐容积大于或等于 500 m^3 的水溶性可燃液体储罐。

② 甲、乙类和闪点大于或等于 90 ℃的丙类可燃液体的浮顶罐及浮盘为非易熔材料的内浮顶罐：单罐容积大于或等于 50 000 m^3 的非水溶性可燃液体储罐。

③ 移动消防设施不能进行有效保护的可燃液体储罐。

《石油库设计规范》(GB 50074—2014)规定：单罐容量大于 1 000 m^3 的油罐应采用固定式泡沫灭火系统。固定式泡沫灭火系统的泡沫喷射方式可采用液上喷射方式(图 10.1)和液下喷射方式(图 10.2)。

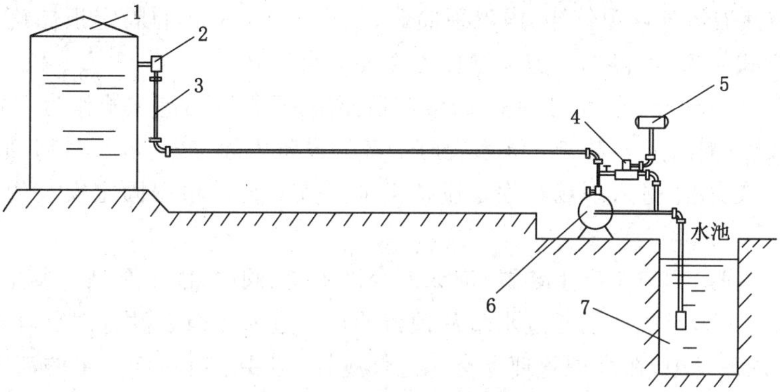

图 10.1 固定式液上喷射泡沫灭火系统

1—油罐；2—泡沫产生器；3—泡沫混合液管道；4—比例混合器；5—泡沫液罐；6—泡沫混合液泵；7—水池

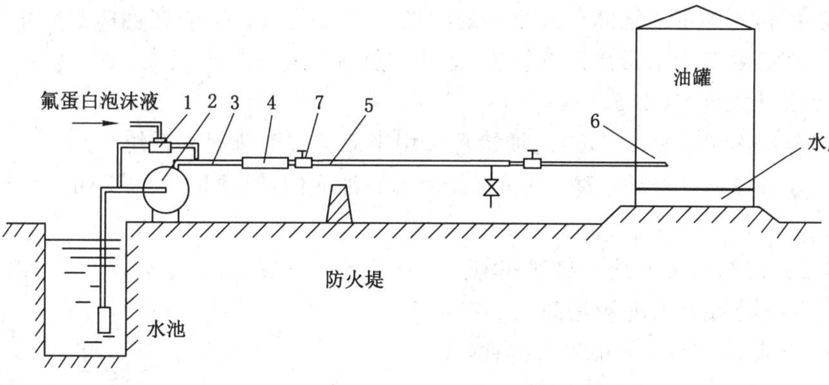

图 10.2 固定式液下喷射泡沫灭火系统

1—环泵式比例混合器；2—泡沫混合液泵；3—泡沫混合液管道；4—液下喷射泡沫产生器；5—泡沫管道；6—泡沫注入管；7—背压调节阀

a. 液上喷射泡沫灭火系统。该系统是目前国内采用最广泛的一种形式，通过实践证明，其灭火效果良好。其泡沫产生器安装于油罐壁的上部，喷射出的泡沫覆盖住整个燃烧的液面进行灭火。系统可以采用普通蛋白泡沫灭火剂、氟蛋白泡沫灭火剂或其他泡沫灭火剂。

与液下喷射泡沫灭火系统相比，液上式造价较低，并且泡沫不易遭受油品的污染。其缺点是，当油罐发生爆炸时，泡沫混合液管道及泡沫产生器易被拉坏，造成火灾失控。

b. 液下喷射泡沫灭火系统。该系统产生的泡沫由泡沫喷射口从油罐底部喷入，经过油层上升到燃烧的液面，扩散覆盖整个液面进行灭火。由于泡沫是从罐底升到燃烧液面的，因此泡沫没有受到热气流、热辐射和热罐高温的破坏，同时泡沫产生的浮力使罐内油品上升，表层油达到冷却，从而使灭火更容易些。系统应采用氟蛋白泡沫灭火剂或水成膜泡沫灭火剂，泡沫产生器采用高背压式，安装于防火堤外。

《泡规》规定，储罐区泡沫灭火系统的选择应符合下列规定：

① 非水溶性甲、乙、丙类液体固定顶储罐，应选用液上喷射、液下喷射半液喷射系统；

② 水溶性甲、乙、丙类液体和其他对普通泡沫有破坏作用的甲、乙、丙类液体固定顶储罐，应选用液上喷射系统或半液下喷射系统；

③ 外浮顶和内浮顶储罐应选用液上喷射系统；

④ 非水溶性液体外浮顶储罐、内浮顶储罐、直径大于 18 m 的固定顶储罐及水溶性甲、乙、丙类液体立式储罐，不得选用泡沫炮作为主要灭火设施；

⑤ 高度大于 7 m 或直径大于 9 m 的固定顶储罐，不得选用泡沫枪作为主要灭火设施。

(2) 半固定式泡沫灭火系统　该系统有一部分设备为固定式，可及时启动，另一部分是不固定的，发生火灾时，进入现场与固定设备组成灭火系统。根据固定安装的设备不同，有 2 种形式：

一种是设有固定的泡沫产生装置、泡沫混合液管道、阀门、固定泵站。发生火灾时，泡沫混合液由泡沫消防车或机动泵通过水带从预留的接口进入。由于没有固定设备的泡沫混合液泵和泡沫液罐等设施，在维护管理上有一定优越性，但要求有一定数量的消防车及专职消防人员，这个条件一般单位难以具备。

另一种为设有固定的泡沫消防泵站和相应的管道。灭火时，通过水带将移动的泡沫产生装置(如泡沫枪)与固定的管道相连，组成灭火系统。在罐区一般不用这种形式作为主要的灭火方式，而作为固定式泡沫灭火系统的辅助和备用手段。一般在泡沫混合液管道上留出接口，以便在必要时用水带接泡沫管枪、泡沫钩管等设备来扑灭火灾。

《石油库设计规范》(GB 50074—2014)规定：

① 单罐容量不大于 1 000 m^3 的油罐可采用半固定式泡沫灭火系统。

② 当企业有较强的机动消防力量时，其附属石油库的油罐可采用半固定式或移动式泡沫灭火系统。

(3) 移动式泡沫灭火系统　移动式泡沫灭火系统一般由水源(室外消火栓、消防水池或天然水源)、泡沫消防车或机动消防泵、移动式泡沫产生装置、水带、泡沫枪、比例混合器等组成。当发生火灾时，所有移动设施进入现场通过管道、水带连接组成灭火系统，如图 10.3 所示。

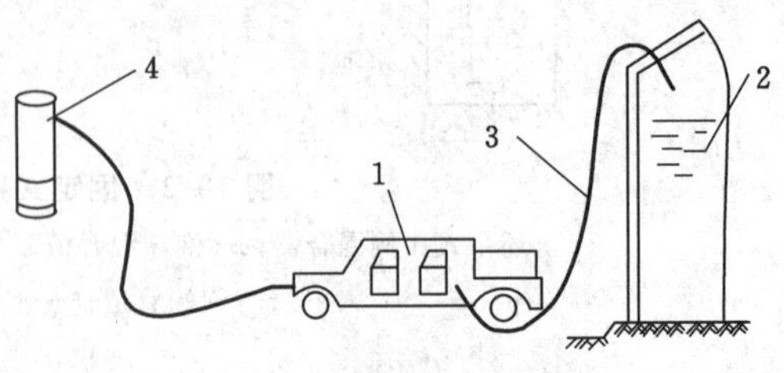

图 10.3　移动式泡沫灭火系统

1—泡沫消防车；2—油罐；3—泡沫钩管；4—地上式消火栓

该系统在火灾后铺设，不会遭到初期燃烧爆炸的破坏，使用起来机动灵活，但采用移动式泡沫灭火设备时往往由于受风力等的影响，泡沫的损失量大，所以需要供给的泡沫量较大，而且系统操作比较复杂，受外界因素的影响较大，扑救火灾的速度不如固定和半固定系统。

《石油化工企业设计防火规范》(GB 50160—2008)规定，下列场所可采用移动式泡沫灭火系统：

① 罐壁高度小于 7 m 或容积等于或小于 200 m^3 的非水溶性可燃液体储罐。

② 润滑油储罐。

③ 可燃液体地面流淌火灾、油池火灾。

《石油库设计规范》(GB 50074—2014)规定：

① 卧式油罐、覆土油罐、丙 B 类润滑油罐和容量不大于 200 m^3 的地上油罐，可采用移动式泡沫灭火系统。

② 当企业有较强的机动消防力量时，其附属石油库的油罐可采用半固定式或移动式泡沫灭火系统。

此外，移动式泡沫灭火设备还可作为固定式、半固定式灭火系统的辅助灭火设施。

(4) 泡沫—水喷淋系统　该系统一般由泡沫泵站、泡沫混合液管道、阀门、泡沫喷头及自动报警等装置组成，适用于扑救或控制甲、乙、丙类液体的泄漏火灾，阻止火灾的进一步扩大，其系统如图 10.4 所示。一般来说，它有如下 3 种作用：

① 对保护的物体有冷却作用。

② 对着火的物体(或设备)附近其他设施有降低热辐射的作用。

③ 对着火设备流散到地面的甲、乙、丙类液体的初期火灾能起到扑救或控制作用。

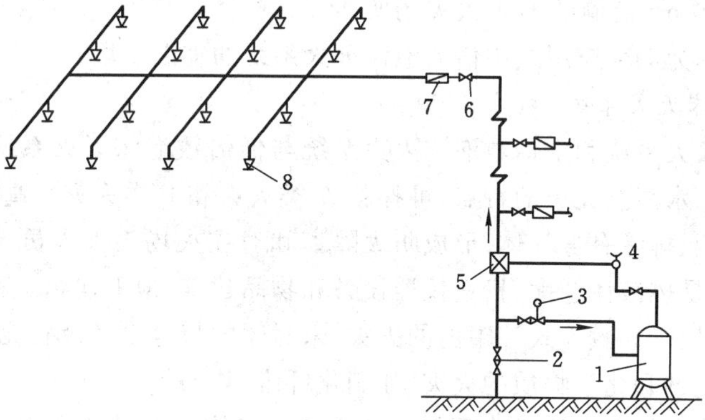

图 10.4　固定式泡沫—水喷淋系统

1—泡沫液储罐；2—报警阀；3—电磁阀；4—泡沫液储罐调节阀；
5—比例混合器；6—信号阀；7—水流指示器；8—闭式喷头

泡沫—水喷淋系统具备灭火、冷却双功效，可有效防止灭火后因保护场所内高温物体引起可燃液体复燃，且系统造价又不会明显增加。目前，泡沫—水喷淋系统已成为液体火灾场所的重要灭火系统之一。

泡沫—水喷淋系统通常的工作次序是先喷泡沫灭火，然后喷水冷却。依据自动喷水灭火系统的分类方式，泡沫—水喷淋系统可分为雨淋系统和闭式系统两大类。其中闭式系统又可进一步细分为预作系统、干式系统 、湿式系统三种形式。

《泡规》规定，泡沫—水喷淋系统可用于下列场所：

① 具有非水溶性液体泄漏火灾危险的室内场所；

② 存放量不超过 25 L/m^2 或超过 25 L/m^2 但有缓冲物的水溶性液体室内场所。

2）中倍数泡沫灭火系统

该系统一般用于控制或扑灭易燃、可燃液体、固体表面火灾及固体深位阴燃火灾。其稳定性较低倍数泡沫灭火系统差，在一定程度上会受风的影响，抗复燃能力较低，使用时需要增强供给的强度。中倍数泡沫灭火系统能扑救立式钢制储罐内火灾。

(1) 局部应用式中倍数泡沫灭火系统　该系统一般由固定的泡沫发生器、比例混合器、泡沫混合液泵、水池、泡沫液储罐、管道过滤器、阀门、管道及其附件等组成。该系统一般分为固定式和半固定式。

当用于扑灭油罐内火灾时，其流程基本上与低倍数泡沫灭火系统相似；而当用于其他的防护区时，与局部应用式高倍数泡沫灭火系统相似。

《泡规》规定，局部应用系统可用于下列场所：

① 四周不完全封闭的A类场所；

② 限定位置的流散B类场所；

③ 固定位置面积不大于100 m^2 的流淌B类火灾场所。

(2) 移动式中倍数泡沫灭火系统　该系统一般由水罐消防车或手抬机动泵、比例混合器或泡沫消防车、手提式或车载式泡沫发生器、泡沫液桶、水带及其附件等组成。

《泡规》规定，移动式系统可用于下列场所：

① 发生火灾的部位难以确定或人员难以接近的较小火灾场所；

② 流散的B类火灾场所；

③ 不超过100 m^2 流淌的B类火灾场所。

该系统也可作为局部应用式中倍数泡沫灭火系统的辅助手段。

3）高倍数泡沫灭火系统

高倍数泡沫灭火系统和中倍数泡沫灭火系统与低倍数泡沫灭火系统相比，具有发泡倍数高、灭火速度快、水渍损失小的特点，可扑救A类火灾和B类火灾。高倍数泡沫具有绝热性能好、无毒、消烟、排除有毒气体、形成防火隔离和对在火场灭火人员无害的优点，可设置在固体物资仓库、易燃液体仓库、贵重仪器设备和物品建筑、地下建筑工程、有火灾危险的工业厂房等，但不能用于扑救立式油罐内的火灾、未封闭的带电设备及在无空气的环境中仍能迅速氧化的强氧化剂和化学物质的火灾（如硝化纤维、炸药等）。

(1) 全淹没式高倍数泡沫灭火系统　该系统是将泡沫充满整个需要保护的空间，也就是将高倍数泡沫按规定的高度充满被保护区域，并将泡沫保持到所需要的时间。在保护区域内的高倍数泡沫以全淹没的方式封闭火灾区域，阻止连续燃烧所必需的新鲜空气接近火焰，使其窒息、冷却，达到控制和扑灭火灾的目的。

该系统一般采用固定式，一般由水泵、泡沫液泵、储水设备、泡沫液储罐、比例混合器、压力开关、管道过滤器、控制箱、泡沫产生器、导泡筒、固定管道及阀门、附件等组成。如果配上火灾自动探测器、报警装置、控制装置，即可组成自动控制全淹没式高倍数泡沫灭火系统，如图10.5所示。

《泡规》规定，全淹没系统可用于下列场所：

① 封闭空间场所；

② 设有阻止泡沫流失的固定围墙或其他围挡设施的场所。

(2) 局部应用式高倍数泡沫灭火系统　这种系统主要用于大范围内的局部场所，一般有如下形式：

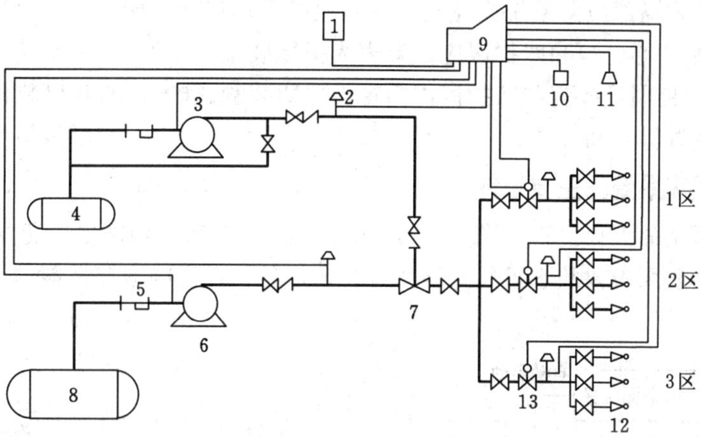

图 10.5 自动控制全淹没灭火系统

1—手动控制器；2—压力开关；3—泡沫液泵；4—泡沫液储罐；5—过滤器；6—水泵；7—比例混合器；8—储水罐；9—自动控制箱；10—探测器；11—报警器；12—高倍数泡沫产生器；13—电磁阀

① 固定式：组件与自动控制等要求均与全淹没式高倍数泡沫灭火系统相同。

② 半固定式：一般由泡沫产生器、压力开关、导泡筒、控制箱、管道过滤器、阀门、比例混合器、水罐消防车或泡沫消防车、管道、水带及附件等设备组成。

《泡规》规定，局部应用式可用于下列场所：

① 四周不完全封闭的 A 类火灾与 B 类火灾；

② 天然气液化站与接收站的集液池或储罐围堰区。

（3）移动式高倍数泡沫灭火系统　该系统的灭火原理与全淹没式和局部应用式相同，只是设备可以移动。它也采用“淹没方式”扑灭火灾，所以在任何火灾场所扑救火灾之前，都要求火灾场所应有固定的或临时的用不燃、难燃材料设置的、能阻止泡沫流失的围挡措施，使高倍数泡沫能迅速形成覆盖层，淹没

防护区，扑救和控制火灾。该系统使用灵活、方便，而且可以作为固定式灭火系统的补充设施，一般由手提式泡沫产生器或车载式泡沫产生器、比例混合器、泡沫液桶、水带、导泡筒、分水器、消防车或手抬机动泵等组成，如图 10.6 所示。

《泡规》规定，移动式系统可用于下列场所：

① 发生火灾的部位难以确定或人员难以接近的火灾场所；

② 流淌的 B 类火灾场所；

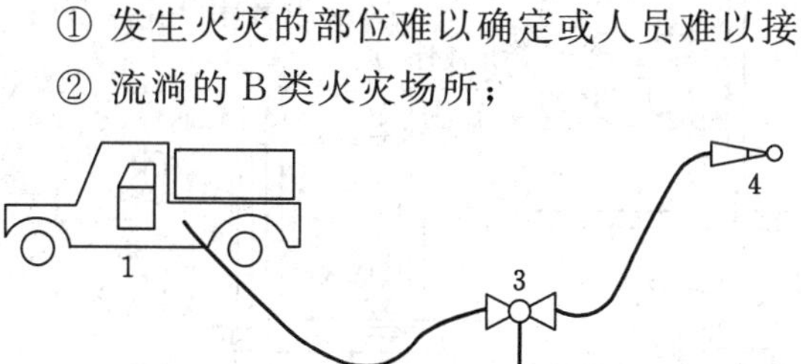

图 10.6 移动式灭火系统

1—消防车；2—水带；3—PHF 型负压比例混合器；4—高倍数泡沫发生器；5—高倍数泡沫液桶

③ 发生火灾时需要排烟、降温或排除有害气体的封闭空间。

（4）探测、报警与控制　全淹没系统或固定式局部应用系统应设置火灾自动报警系统，并应符合下列规定：

① 全淹没式系统应同时具备自动、手动和应急机械手动启动功能；

② 自动控制的固定式局部应用系统应同时具备手动和应急机械手动启动功能；

手动控制的固定式局部应急系统尚应具备应急机械手动启动功能；

③ 消防控制中心(室)和防护区应设置声光报警装置；

④ 消防自动控制设备宜与防护区内门窗的关闭装置、排气口的开启装置，以及生产、照明电源的切断装置等联动。

10.2.2 泡沫灭火系统的主要组件

泡沫灭火系统的灭火过程如图10.7所示。消防泵应有火场断电时仍能正常运转的备用发电设备。消防泵吸取的水可以是淡水、海水，严禁使用影响泡沫性能的工厂企业排出的废污水。

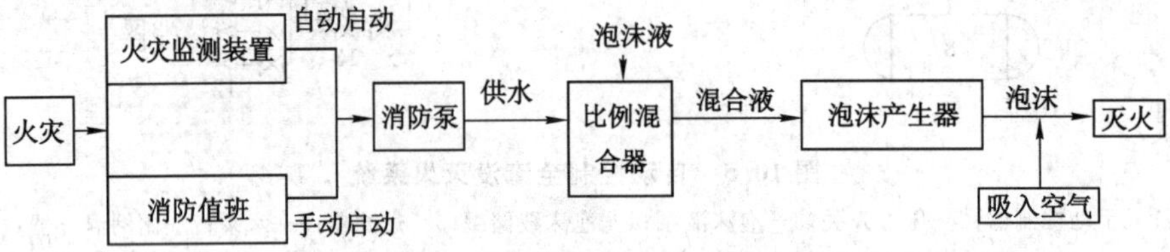

图10.7 泡沫灭火系统灭火过程图

1) 泡沫比例混合器

泡沫比例混合器是泡沫灭火系统的主要设备之一，它的作用是将水与泡沫液按一定比例自动混合，形成泡沫混合液。目前我国生产的泡沫比例混合器按混合方式不同分为负压比例混合器和正压比例混合器。负压类的有环泵式泡沫比例混合器和管线式泡沫比例混合器；正压类的有压力式比例混合器和平衡压力式比例混合器。

(1) 环泵式泡沫比例混合器　它固定于泡沫混合液泵的压水管与吸水管之间的旁通管路上，形成环状管路的比例混合器，如图10.8所示。当水泵吸水时，由于吸、压水管间形成的压差，根据水射器原理，泡沫液按比例被吸入进入水泵的吸水管与水混合，形成泡沫混合液后被送至泡沫产生器。

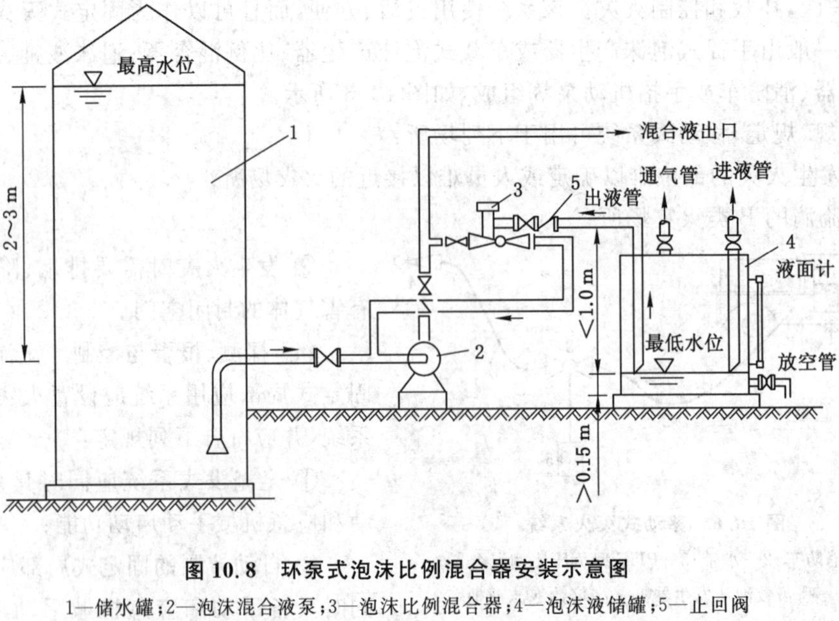

图10.8 环泵式泡沫比例混合器安装示意图

1—储水罐；2—泡沫混合液泵；3—泡沫比例混合器；4—泡沫液储罐；5—止回阀

当采用环泵式比例混合器时,应符合下列规定。

① 出口背压宜为零或负压,当进口压力为 0.7～0.9 MPa 时,其出口背压可为 0.02～0.03 MPa。

② 吸液口不应高于泡沫液储罐最低液面 1 m;

③ 比例混合器的出口背压大于零时,吸液管上应有防止水倒流入泡沫液储罐的措施;

④ 应设有不少于 1 个的备用量。

(2) 管线式泡沫比例混合器　它一般串联于消防管道或消防水带间,如图 10.9 所示。当消防水泵吸水时,依靠压力出水在喉管处形成的喷射作用将泡沫液按比例吸入,与水形成泡沫混合液,输送至泡沫产生器。管线式泡沫比例混合器适用于半固定式和移动式泡沫灭火系统,可在低、中、高倍数泡沫灭火系统中采用。这种比例混合器具有构造简单、使用方便的优点,但由于通过比例混合器时压降太大,因此使用受到一定的限制。

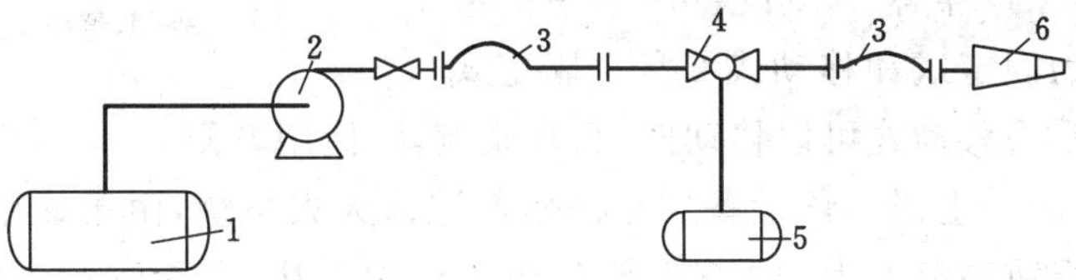

图 10.9　管线式比例混合器安装示意图

1—储水罐;2—水泵;3—水带;4—负压比例混合器;5—泡沫液储罐;6—泡沫产生器

(3) 压力式比例混合器　压力式比例混合器一般安装于泡沫液储罐上,如图 10.10 所示。当压力水进入储罐,靠水压将泡沫混合液直接压入比例混合器的低压区,与水按比例混合后输送到泡沫产生器。

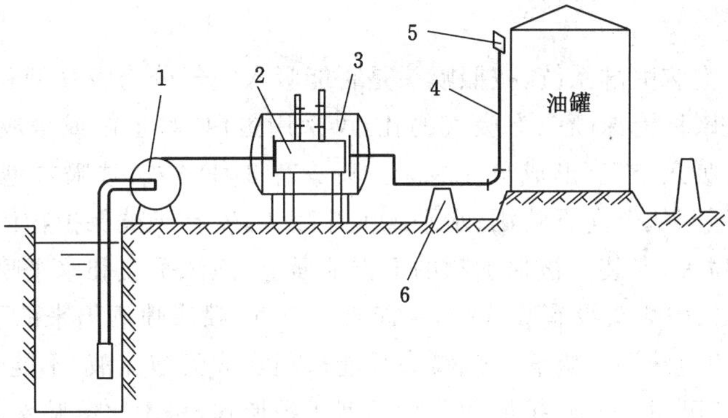

图 10.10　储罐式压力比例混合器安装示意图

1—水泵;2—压力比例混合器;3—泡沫液储罐;4—泡沫混合液管;5—泡沫产生器;6—防火堤

(4) 平衡压力式比例混合器　安装于消防水泵的压力管上,将泡沫液泵和水泵输送的泡沫液和水自动调制混合,形成混合液后送往泡沫产生器,如图 10.11 所示。

当采用平衡式比例混合装置时,应符合下列规定:

① 平衡阀的泡沫液进口压力应大于水进口的压力,且其压差应满足产品的使用要求;

② 比例混合器的泡沫液进口管道上应设置单向阀;

③ 泡沫液管道上应设置冲洗及放空设施。

2）空气泡沫产生器

空气泡沫产生器是泡沫灭火系统中产生空气泡沫的设备。根据泡沫灭火系统的要求，应采用不同形式的泡沫产生器。

(1) 低倍数泡沫产生器

① 液上喷射空气泡沫产生器。该设备固定安装于油罐及各类烃类液体储存容器的器壁上部。根据安装方式的不同，分为立式和横式2种。

② 液下喷射空气泡沫产生器。该设备用于液下喷射灭火系统。由于液下喷射灭火系统的泡沫液是从罐底压入，因此必须克服管道阻力和储罐内油层的静压，又称为高背压泡沫产生器。

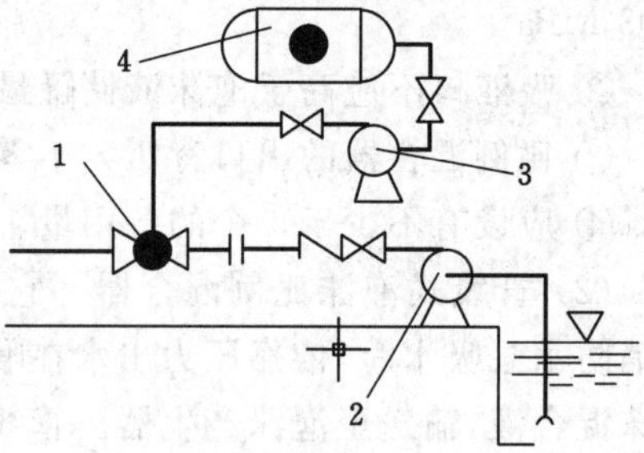

图10.11　平衡压力式比例混合流程图

1—比例混合器；2—水泵；
3—泡沫液泵；4—泡沫液储罐

(2) 中倍数泡沫产生器　该设备用于中倍数泡沫灭火系统，分为固定式和移动式2种。固定式固定安装于油罐壁上；移动式可以移动使用，其质量轻，使用方便。

(3) 高倍数泡沫产生器　该设备用于高倍数泡沫灭火系统，由于该系统要求的泡沫倍数较大，如果仅靠高速高流产生的真空将空气吸入产生泡沫，是无法达到的，因此需要转动风扇鼓风产生泡沫。根据驱动方式的不同，高倍数泡沫产生器分为电动式和水轮式2种。

电动式采用电动机驱动电扇叶轮旋转鼓风发泡，其发泡倍数大，一般在600倍以上，发泡量范围为200～2 000 m^3/min，因此可用于固定式灭火系统中保护容积较大的区域。水轮式是由压力水驱动水轮机转动，带动风扇叶轮旋转鼓风发泡，其发泡倍数较低，一般为200～800倍，发泡量范围40～400 m^3/min。它的使用范围广，产品根据各型号特点可用于固定式或移动式高倍数泡沫灭火系统。

3）泡沫喷头

泡沫喷头用于泡沫喷淋系统，按照喷头是否能吸入空气分为吸气型和非吸气型。

(1) 吸气型　该种泡沫喷头有吸气的孔，可采用蛋白、氟蛋白或水成膜泡沫液，通过泡沫喷头上的吸气孔吸入空气，形成空气泡沫。喷头有3种形式：顶喷式泡沫喷头，安装于被保护物体的上部，泡沫从上向下喷洒；水平式泡沫喷头，安装于被保护物体的侧面，泡沫水平喷洒；弹射式泡沫喷头，安装于被保护物的下方地面上，泡沫垂直和水平喷洒。

(2) 非吸气型　该喷头没有吸气孔，不能吸入空气，喷头喷洒出来的不是具有一定倍数的泡沫，而是雾状的泡沫混合液滴。该喷头只能采用水成膜泡沫液，不能用蛋白和氟蛋白泡沫液，其类型有旋流型、撞击型、扩散型及喷洒型4种形式，可由水雾喷头替代。该喷头一般不安装在地面上，而是悬挂(也可侧挂)安装。

4）泡沫液储罐

泡沫液储罐用于储存泡沫液。储罐用于压力式泡沫比例混合流程时，泡沫液储罐应选用压力储罐，其上应设安全阀、排渣孔、进料孔、人孔和取样孔；当用于其他泡沫比例混合流程时，泡沫液储罐应选用常压储罐。泡沫液储罐有卧式、立式圆柱形储罐。

泡沫液储罐宜采用耐腐蚀材料制作，若为钢罐，其内壁应做防腐处理。泡沫液储罐的容积由计算确定。应满足一次灭火所需要的泡沫液量。

5）空气泡沫枪

它是移动式泡沫灭火系统的重要组件，俗称泡沫管枪，是一种轻便的消防器材。它的管牙与水带相接,供水和泡沫液混合后便可用来产生和喷射空气泡沫。其构造如图 10.12 所示;其性能见表 10.1。

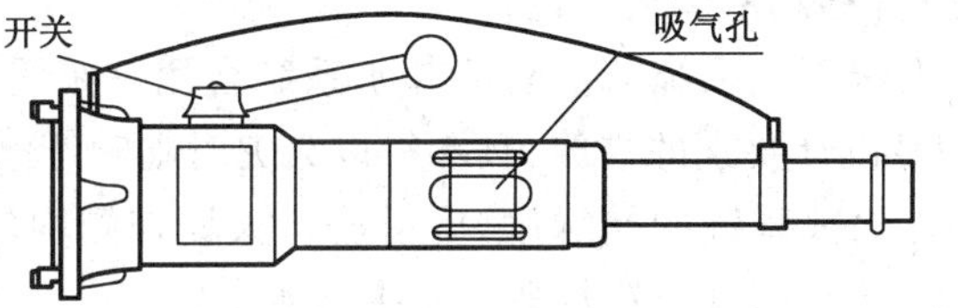

图 10.12 泡沫管枪

表 10.1　空气泡沫枪主要性能参数

型　号	工作压力/MPa	泡沫混合液流量/(L·s⁻¹)	水流量/(L·s⁻¹)	泡沫液流量/(L·s⁻¹)	泡沫流量/(L·s⁻¹)	射程/m
PQ4	0.7	4	3.76	0.24	25	≥24
PQ8	0.7	8	7.52	0.48	50	≥28
PQ16	0.7	16	15.04	0.96	100	≥32

当采用吸管吸泡沫液时,则应迅速装好吸管,并检查密封是否良好,然后将吸管一端插入泡沫液桶中;不采用吸管吸泡沫液时,水泵上需配备比例混合器,按规定比例送入空气泡沫混合液。

10.3 泡沫灭火系统设计计算

10.3.1 低倍数泡沫灭火系统设计计算

1) 一般规定

低倍数泡沫灭火系统目前在我国主要用来扑救油罐火灾。在一个罐区内各个罐储存的物品不一样,而且储罐的形式也不同,有拱顶罐、外浮顶罐、内浮顶罐;采用的灭火方式也不同,主要有液上喷射、液下喷射、半液下喷射。不同的储存物品、不同的储罐、不同的灭火方式所采用的泡沫液供给强度和供给时间是不相同的,因此:

(1) 泡沫灭火系统扑救储罐区一次火灾的泡沫混合液设计用量,应按罐内用量、该罐辅助泡沫枪用量、管道剩余量三者之和最大的储罐确定。

(2) 设置固定式泡沫灭火系统的储罐区,应在其防火堤外设置用于扑救液体流散火灾的辅助泡沫枪,其数量及其泡沫混合液连续供给时间,不应小于表 10.2 的规定。每支辅助泡沫枪的泡沫混合液流量不应小于 240 L/min。

表 10.2　泡沫枪数量和连续供给时间

储罐直径/m	配备泡沫枪数/支	连续供给时间/min	储罐直径/m	配备泡沫枪数/支	连续供给时间/min
≤10	1	10	>30,且≤40	2	30
>10,且≤20	1	20	>40	3	30
>20,且≤30	2	20			

(3) 采用固定式泡沫灭火系统时,除设置固定式泡沫灭火设备外,同时还应设置泡沫钩管、泡沫枪和泡沫消防车等移动泡沫灭火设备。

(4) 储罐区固定式泡沫灭火系统与消防冷却水系统合用一组消防给水泵时,应有保障泡沫混合液供给强度满足设计要求的措施,且不得以火灾时临时调整的方式来保障。

(5) 采用固定式泡沫灭火系统的储罐区,应沿着防火堤外侧均匀布置泡沫消火栓。泡沫消火栓的间距不应大于 60 m,且设置数量不宜少于 4 个。

2) 设计计算

低倍数泡沫灭火系统按其不同的灭火方式有不同的设计要求和计算方法。这里以液上喷射泡沫灭火系统为例进行介绍。

(1) 泡沫混合液的流量计算

① 扑救储罐所需的泡沫混合液流量 Q_1:

$$Q_1 = FI \tag{10.1}$$

式中 F——储罐的保护面积,m^2;

I——泡沫混合液供给强度,$L/(min \cdot m^2)$。

《泡规》规定,固定顶储罐固定式、半固定式液上喷射泡沫灭火系统的泡沫混合液供给强度及连续供给时间,应符合下列规定:

非水溶性的甲、乙、丙类液体,不应小于表 10.3 的规定。

表 10.3 泡沫混合液供给强度和连续供给时间

泡沫液种类	供给强度 /($L \cdot min^{-1} \cdot m^{-2}$)	连连续供给时间/min	
		甲、乙类液体	丙类液体
蛋　白	6.0	40	30
氟蛋白、水成膜、成膜氟蛋白	5.0	45	30

注:① 如果采用大于表中规定的混合液供给强度,混合液连续供给时间可按相应的比例缩短,但不得小于表中规定时间的 80%。

② 沸点低于 45℃的非水溶性液体,设置泡沫灭火系统的适用性及其泡沫混合液体给强度,应由试验确定。

水溶性的甲、乙、丙类液体,不应小于表 10.4 的规定。

表 10.4 泡沫混合液供给强度和连续供给时间

液体类别		供给强度/($L \cdot min^{-1} \cdot m^{-2}$)	连续供给时间/min
水溶性	丙酮、并丙醇、甲基异丁酮	12	30
	甲醇、乙醇、丁酮、丙烯腈、醋酸乙酯	12	25

注:表中未列出的水溶性液体,其泡沫混合液供给强度和连续供给时间由试验确定。

储罐配置的泡沫产生器个数 n_1 为:

$$n_1 = \frac{Q_1}{q_1} \tag{10.2}$$

式中 q_1——每个泡沫发产生器的流量,L/min,由厂家提供。

当设计的泡沫产生器工作压力为 0.5 MPa 时,则可采用它的额定流量。若工作压力不足 0.5MPa(一般允许在 0.3～0.6 MPa),则它的流量应按下式计算:

$$q_1 = k_1 \sqrt{p} \tag{10.3}$$

式中 k_1——泡沫产生器流量特性系数，制造厂家提供；

p——泡沫产生器进口压力，MPa。

同时，采用的泡沫产生器个数不得小于表 10.5 的规定。

表 10.5　泡沫产生器设置数量

储罐直径/m	泡沫发生器设置数量/个	储罐直径/m	泡沫发生器设置数量/个
≤10	1	>25，且≤30	3
>10，且≤25	2	>30，且≤35	4

注：对于直径大于 35 m 且小于 50 m 的储罐，其横截面积每增加 300 m^2，应至少增加 1 个泡沫产生器。

当每个储罐所需的泡沫产生器数量超过 1 个时，宜选用同规格的泡沫产生器，且应沿着罐周均匀布置。储有水溶性甲、乙、丙类液体的固定顶储罐应设置泡沫缓冲装置。

根据实际采用的泡沫产生器数量 n_1，可求出储罐设计供给的泡沫液的流量 Q_{1s}，即：

$$Q_{1s} = n_1 q_1 \tag{10.4}$$

② 扑救流散液体火灾所需的泡沫混合液流量 Q_2：

$$Q_2 = n_2 q_2 \tag{10.5}$$

式中 n_2——配备的泡沫枪支数，见表 10.2；

q_2——每支泡沫枪的泡沫混合液流量，查产品样本可知。

系统所需的泡沫混合液流量为：

$$Q = Q_{1s} + Q_2 \tag{10.6}$$

(2) 泡沫液总储量的计算

① 泡沫混合液总量 W：

$$W = W_1 + W_2 + W_G \tag{10.7}$$

W_1 为扑救储罐火灾所需的泡沫混合液用量，即

$$W_1 = Q_{1s} t_1 \times \frac{1}{1\ 000} \tag{10.8}$$

式中 t_1——储罐的泡沫液混合液连续供给时间，不小于表 10.3 的规定。

W_2 为扑救流散火灾的泡沫混合液用量，即

$$W_2 = Q_2 t_2 \times \frac{1}{1\ 000} \tag{10.9}$$

式中 t_2——扑救流散火灾的泡沫连续供给时间，min，不小于表 10.2 的规定。

W_G 为充满管道所需的泡沫液用量，即

$$W_G = \frac{\pi d^2}{4} L \tag{10.10}$$

式中 d——泡沫混合液输送管道内径，m；

L——泡沫混合液输送管道长度，m。

② 泡沫液的总储存量 W_P：

$$W_P = Wb \times 100\% \tag{10.11}$$

式中 b——采用的泡沫液混合比，目前一般多用 6%的混合比。

若扑救流散液体火灾使用其他方式，如用泡沫消防车、储罐式压力比例混合器等方式来

解决,则泡沫液储罐的储存量可不考虑该部分的量。

根据上述计算的泡沫液储存量,可以确定泡沫液储罐的大小。泡沫液储罐的容积要略大于总的泡沫液储存量,使其留有一定的净空容积。

(3) 水池的容量计算　若只设泡沫消防泵房,对消防冷却水量另有考虑(如由外部管网供水,或另建消防水泵房等)时,则可按配制泡沫混合液所用的水量来确定水池容量:

$$W_S = W(1-b) \tag{10.12}$$

式中　W_S——配制泡沫混合液所需的水量,m^3;

W——泡沫混合液总储存量,m^3;

b——采用的泡沫液混合比,目前一般用6%的混合比为多。

若消防水泵与泡沫混合液泵共用一个泵房,合建贮水池,则水池的容量为:

$$W_q = W_S + W_Z + W_L \tag{10.13}$$

式中　W_q——合建水池的总容量,m^3;

W_Z——着火油罐的冷却用水量,m^3;

W_L——邻近油罐的冷却用水量,m^3,可查阅有关规范。

(4) 泡沫比例混合器的确定　根据计算得出的泡沫混合液流量 Q,查阅比例混合器产品样本,确定其个数。比例混合器应有备用,备用量可按25%考虑,但不少于1个。

(5) 泡沫混合液管道的计算及设置要求　根据泡沫混合液流量 Q 确定泡沫混合液管道的管径 D,其管道的设计流速不应大于3 m/s。管道的水力计算按现行的国家标准《喷规》的要求计算。管道设置要符合表10.6的规定。

表10.6　泡沫混合液管径选择参考数据

泡沫产生器型号	$Q/(L \cdot s^{-1})$	D/mm	泡沫产生器型号	$Q/(L \cdot s^{-1})$	D/mm
PC4	4	65	PC16	16	100
PC8	8	80	PC24	24	150

储罐上泡沫混合液管道的设置应符合下列规定:

① 固定顶储罐、浅盘式和浮盘采用易熔材料制作的内浮顶储罐,每个泡沫产生器应用独立的混合液管道引至防火堤外。

② 罐壁顶部设置泡沫喷射口的外浮顶储罐和单双盘式内浮顶储罐的泡沫产生器,可每2个一组在泡沫混合液立管下端合用一根管道引至防火堤外。当3个或3个以上泡沫产生器在泡沫混合液立管下端合用一根管道引至防火堤外时,宜在每个泡沫混合液立管上设控制阀。半固定式泡沫灭火系统引出防火堤外的每根泡沫混合液管道所需的混合液流量不应大于一辆消防车的供给量。

③ 连接泡沫产生器的泡沫混合液立管应用管卡固定在罐壁上,其间距不宜大于3 m,泡沫混合液的立管下端应设锈渣清扫口。对于外浮顶储罐泡沫喷射口浮顶上设置方式,当泡沫混合液管道从储罐内通过时,应采用具有重复扭转运动轨迹的耐压软管,并不得与浮顶支承相碰撞,且应相距储罐底部的伴热管0.5 m以上。

④ 外浮顶储罐的梯子平台上设置带闷盖的管牙接口,此接口用管道沿罐壁引至防火堤外距地面0.7 m处,且应设置相应的管牙接口。管牙接口的位置应尽量靠近消防管道,以便于操作,如图10.13所示,管牙接口的数量可参考表10.7选用。

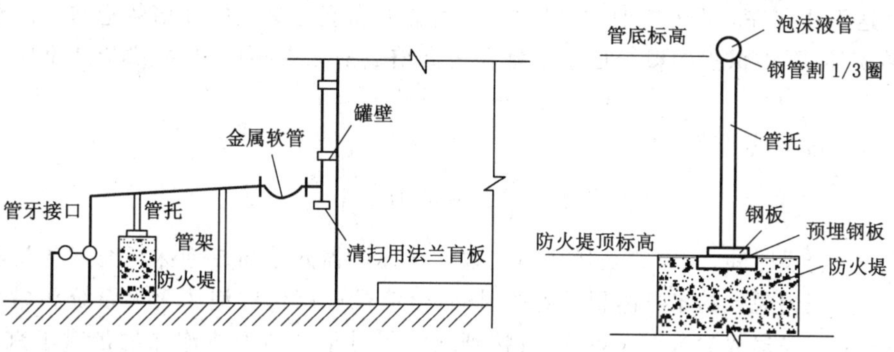

图 10.13 泡沫混合器管线敷设

表 10.7 管牙接口数量

泡沫混合液管径/mm	80	100	150
*DN*65 管牙接口设置数量/个	1	2	3

⑤ 除立管外，其他泡沫混合液管道不得设置在罐壁上；

防火堤内泡沫混合液管道的设置应符合下列规定：

① 地上泡沫混合液水平管道，应敷设在管墩或管架上，但不应与管墩、管架固定。与罐壁上的泡沫混合液立管之间宜用金属软管连接。

② 埋地管道距离地面的深度应大于 0.3 m，与罐壁上的泡沫混合液立管之间应用金属软管或金属转向接头连接。

③ 泡沫混合液的管道应有 3‰坡度坡向防火堤。

(6) 泵的选择

根据系统所需的泡沫混合液流量 Q 与总压力选择相应的泵。系统所需的泡沫混合流量按式(10.6)计算。当采用环泵式比例混合器时，泵的流量应为 $1.1Q$。泵的扬程为：

$$H = h_0 + 0.01\left(\sum h + h_z\right) \tag{10.14}$$

式中 h_0——最不利的泡沫产生器的工作压力，MPa；

$\sum h$—— 泵的输送混合液管道的沿程水头损失和局部水头损失之和，m；

h_z——最不利泡沫产生器与吸水池最低水位的高程差，m；

0.01——单位换算，按 10 mH_2O=1 kgf/cm^2≈0.1 MPa 计。

泵的扬程还须按泡沫枪的要求进行核算。

10.3.2 高倍数泡沫灭火系统设计计算

当 A 类火灾单独使用高倍数泡沫灭火系统时，淹没体积的保持时间应大于 60 min；若高倍数泡沫灭火与自动喷水灭火系统联合使用时，淹没体积的保持时间应大于 30 min。

1) 泡沫混合液流量 Q_h 的计算

高倍数泡沫灭火系统是按供给速率进行计算的。防护区内高倍数泡沫的供给速率是指因高倍数泡沫破裂、析液、燃烧、干燥表面的浸润等原因引起泡沫消失以及封闭空间的泡沫漏损，在淹没时间内充满淹没体积所需的泡沫喷放强度；也可以说是防护区内全部高倍数泡沫发生器在单位时间内喷放高倍数泡沫的总体积。泡沫供给速率的计算原则是在火灾产生的危害到达不能允许的程度之前，被保护的空间应充满规定深度的高倍数泡沫。由于泡沫胶黏不易流动，在被保护的整个面积上堆积的高倍数泡沫未必均匀，故供给速率应当有富余量。

(1) 泡沫最小供给速率 R

$$R=\left(\frac{V}{T}+R_S\right)C_N C_L \tag{10.15}$$

式中 T——淹没时间，min；它是指从高倍数泡沫发生器开始喷放泡沫至充满各类防护区域内规定的淹没体积所需的时间，全淹没式高倍数泡沫灭火系统和局部应用式高倍数泡沫灭火系统，自接到火灾信号至开始喷放泡沫的延时不宜超过 1 min，泡沫淹没时间不宜超过表 10.8 的规定。水溶性液体的淹没时间应由试验确定，移动式高倍数泡沫灭火系统的淹没时间应根据现场情况确定。

C_N——泡沫破裂补偿系数，宜取 1.15。

C_L——泡沫泄露补偿系数，宜取 1.05～1.21。

R_S——喷水造成的泡沫破泡率，m^3/min。

V——淹没体积，m^3，即

$$V=SH-V_g \tag{10.16}$$

式中 S——防护区地面面积，m^2。

H——泡沫掩没深度，m(当用于扑救 A 类火灾时，泡沫淹没深度不应小于最高保护对象的 1.1 倍，且应高于最高保护对象最高点 0.6 m 以上；当用于扑救 B 类火灾时，汽油、煤油、柴油或苯类火灾的泡沫淹没深度应高于起火部位 2 m；其他类火灾淹没深度应由试验确定)。

V_g——固定的机器设备等不燃烧物体所占的体积，m^3。

表 10.8　淹没时间　单位：min

可燃物	高倍数泡沫灭火系统单独使用	高倍数泡沫灭火系统与自动喷水灭火系统联合使用
闪点不超过 40 ℃的非水溶性液体	2	3
闪点超过 40 ℃的非水溶性液体	3	4
发泡橡胶、发泡塑料、成卷的织物或皱纹纸等低密度可燃物	3	4
成卷的纸、压制牛皮纸、涂料纸、纸板箱(袋)、纤维圆筒、橡胶轮胎等高密度可燃物	5	7

当高倍数泡沫灭火系统与自动喷水灭火系统联合使用时，则：

$$R_S=L_S Q_Y \tag{10.17}$$

式中 L_S——泡沫破泡率与水喷头排放速率之比，应取 0.074 8 m^3/min；

Q_Y——预计动作的最大水喷头数目总流量。

当高倍数泡沫灭火系统单独使用时，$R_S=0$。

按式(10.15)计算所得的泡沫供给速率是计算的最小值，实际泡沫供给速率应大于计算值。移动式高倍数泡沫灭火系统与消防车在火灾现场扑救时，因火场形势千变万化，故公式中的各种计算参数难以确定，此公式仅用于估算供给速率使用。

(2) 确定泡沫发生器台数 N

$$N = \frac{R}{r} \tag{10.18}$$

式中 N——防护区泡沫发生器设置的计算数量；

r——每台泡沫发生器在设定的平均进口压力下的发泡量，m^3/min，查样本可知。实际选用发生器的台数应大于计算值。

(3) 防护区的泡沫液流量 Q_h

$$Q_h = N_{实} q_h \tag{10.19}$$

式中 q_h——每台泡沫发生器在设定的平均进口压力下泡沫混合液流量，L/min；

$N_{实}$——实际采用的泡沫发生器台数。

控制液化石油气和液化天然气的流淌火灾应符合下列规定：

① 宜采用发泡倍数为 300～500 倍的泡沫发生器。

② 泡沫混合液的供给强度应大于 7.2 $L/(min \cdot m^2)$。

2) 泡沫液总储存量计算

(1) 防护区发泡用泡沫液流量 Q_P

$$Q_P = KQ_h \tag{10.20}$$

式中 K——混合比，根据所采用的泡沫液型号确定。

(2) 泡沫液储存量 W_P

$$W_P = Q_P t \tag{10.21}$$

式中 t——泡沫液和水的连续供给时间，min，见表 10.9。

表 10.9　连续供给时间　　单位：min

系统名称	连续供给时间	
	扑救 A 类火灾	扑救 B 类火灾
全淹没式	>25	>15
局部应用式	>12	>12

注：当局部应用式高倍数泡沫灭火系统用于控制液化石油气和液化天然气流淌火灾时，系统泡沫液和水的连续供应时间应超过 40 min。

当采用移动式高倍数泡沫灭火系统时，其泡沫液的储备量应按下列要求进行：

① 当移动式高倍数泡沫发生器与消防车配套使用，在火灾现场独立地扑灭火灾时，每套系统的泡沫液储存量不宜小于 0.5 t。若一辆消防车配用几套高倍效泡沫发生装置，则泡沫液储存量需按几套计算。

② 当该系统与全淹没式或局部应用式高倍数泡沫灭火系统配合使用时，则在全淹没式或局部应用式系统的泡沫液储存量上增加 5%～10%。

③ 当用于扑救煤矿火灾时，每个矿山救护大队应储存大于 2 t 的泡沫液。

当采用固定式泡沫灭火系统时，根据算得的泡沫液储存量确定泡沫液储罐的大小。泡沫液储罐容量应有一定的富余量。

3) 水量计算

(1) 防护区发泡用水流量 Q_S

$$Q_S = Q_h(1-K) \tag{10.22}$$

（2）储水量 W_S

$$W_S = Q_S t \tag{10.23}$$

选用储水设备时，其有效容积应超过计算水量的1.15倍。配制泡沫混合液的水温宜为5～38 ℃。

4）比例混合器的确定

根据设计流量和比例混合器的进口压力查产品样本，确定其数量。比例混合器的进口压力由泡沫发生器的设定进口压力、管路损失、比例混合器的压力损失及两者的高程差计算得到，但不得超过允许的进口压力范围，否则应调整管网。

5）管道计算及设置要求

（1）泡沫液、水和泡沫混合液在主管道内的流速不宜超过5 m/s；在支管道内流速不超过10 m/s。

（2）系统管道的工作压力不超过1.2 MPa。

（3）管材的选择要求

① 高倍数泡沫发生器前的管道过滤器与每台高倍数泡沫发生器之间连接的管道应选用不锈钢管。

② 干式管道系统（它在无火警时，发生器经比例混合器到水泵、泡沫液泵的这段系统中全部是无液体介质的管路，也就是平时为空管路）的管道可采用镀锌钢管，并应配备清洗管道装置。干式水平管道最低点应设排液阀，坡向排液阀的管道坡度不得小于3‰。

③ 湿式管道系统（它是在发生器前较近处的管路上设置一个液压球阀或电动阀，该阀到发生器之间的管道为干式管道，而液压球阀或电动阀至比例混合器到水泵之间有液体存在，该系统灭火较迅速）的管道可采用不锈钢管或内、外部进行防腐处理的碳素钢管。在寒冷季节有冰冻地区应采取防冻设施。

（4）当防护区的管道采用法兰连接时，其垫片应采用石棉橡胶垫片。

（5）管道上的操作阀门应设在防护区以外。

6）泵的选择

（1）消防水泵　根据算得的流量和扬程，选择水泵。水泵应设备用泵，宜采用自灌式引水。

移动式高倍数泡沫灭火系统的供水压力可根据泡沫发生器和负压比例混合器的进口工作压力及比例混合器和水带的压力损失确定。

（2）泡沫液输送泵　在采用正压类的比例混合器系统中，一般采用泵输送泡沫液至比例混合器。根据所需的泡沫流量以及根据比例混合器的泡沫液进口压力的要求和泡沫液输送管道与吸液管的水头损失及最低液位与比例混合器之间的高程差，求得所需泵的扬程，选择泡沫液输送泵。该泵宜采用耐腐蚀泵，并应有备用泵，宜采用自灌式引液。

本章小结

泡沫灭火系统采用泡沫液作为灭火剂，主要用于扑救非水溶性可燃液体和一般固体火灾，如商品油库、煤矿、大型飞机等。系统具有安全可靠、灭火效率高等特点。本章简要介绍了泡沫灭火剂、泡沫灭火系统的分类及主要组件、泡沫灭火系统的设计计算3部分内容。

1）泡沫灭火剂

泡沫灭火剂的比重远远小于一般可燃、易燃液体的比重。泡沫还具有一定的流动性、黏滞性、持久性和抗烧性。其灭火原理有隔绝作用（覆盖作用）、冷却作用、稀释作用、阻止热挥发作用等。

泡沫灭火剂按生成机理可分为化学泡沫灭火剂和空气泡沫灭火剂。空气泡沫是由含有表面活性剂的水溶液在泡沫发生器中通过机械作用而产生的，泡沫中所含的气体为空气，又称为机械泡沫灭火剂。空气泡沫灭火剂按发泡倍数可分为低倍数（＜20倍）泡沫灭火剂、中倍数（21～200倍）泡沫灭火剂和高倍数（201～1 000倍）泡沫灭火剂。

2）泡沫灭火系统的分类及主要组件

泡沫灭火系统有多种类型：根据泡沫灭火剂发泡倍数不同，分为低倍数泡沫灭火系统、中倍数泡沫灭火系统、高倍数泡沫灭火系统；根据喷射方式不同，分为液上、液下喷射；根据设备与管道的安装方式不同，分为固定式、半固定式、移动式；根据灭火范围不同，又可分为全淹没式、局部应用式。

3）泡沫灭火系统的设计计算

在这里主要介绍了常用的低倍数泡沫灭火系统与高倍数泡沫灭火系统的设计方法。计算程序大致包括：泡沫混合液的流量计算、泡沫液总储存量的计算、水池的容量计算、泡沫比例混合器的确定、泡沫混合液管道的计算及设置要求、泵的选择等。

复习思考题

10.1 简述泡沫灭火剂的分类情况。

10.2 简述泡沫灭火剂的灭火原理。

10.3 介绍常用的泡沫喷头的类型。

10.4 介绍常用的泡沫比例混合器的类型。

10.5 简述泡沫灭火系统的分类情况。

10.6 简述全淹没式高倍数泡沫灭火系统的组成及工作原理。

10.7 阐述低倍数泡沫灭火系统泡沫液的流量和总储存量以及水池的容积如何计算。

11 气体灭火系统

固定喷水灭火系统是世界上最为广泛的灭火系统，发展历史悠久，但它的使用往往具有一定的局限性，不适于扑救可燃气体、电器火灾以及档案库、通信广播机房、微机房等忌水设备或场所的火灾。气体灭火系统由此应运而生。

11.1 气体灭火系统简介

以气体作为灭火介质的灭火系统统称为气体灭火系统。灭火剂可以由一种气体组成，也可以由多种气体组成。灭火剂按是否液化分为液化气体灭火剂和非液化灭火剂。气体灭火系统的适用范围是由气体灭火剂的灭火性质决定的。

1947 年美国首先试制成功了两种高效低毒的卤代烷 1301 和 1211，这两种灭火剂不导电、挥发快、无残留物、清洁安全。由于这两种灭火剂毒性较低，所以曾是应用最广泛的气体灭火系统。但由于其对大气臭氧层有较大破坏作用，目前已经被淘汰。

另一种传统的灭火介质是二氧化碳（CO_2）。CO_2 对 A 类固体表面火灾及部分深位火灾具有较好的灭火性能，加上 CO_2 来源广泛、价格低廉、电绝缘性高、清洁无污渍，在国内外很早就被广泛地应用。由于 CO_2 对人体有窒息作用，所以 CO_2 灭火系统，只能用于无人场所。

自 1987 年以来，我国在气体方面相继颁布了《卤代烷 1211 灭火系统设计规范》、《卤代烷 1301 灭火系统设计规范》、《二氧化碳灭火系统设计规范》（GB 50193—93，2010 年版）和《气体灭火系统施工验收规范》（2010 年版）。这些规范的颁布，使我国在 20 世纪 80 年代开始在使用气体灭火系统时有了设计及施工验收依据。从那时起，气体灭火系统得到了普遍应用和迅速发展，它被广泛应用于计算机房、通信机房、图书馆、档案馆等场所。

近年来，我国多次出台有关气体灭火系统的设计及使用规范，并不断完善：

2000 年公安部消防局发布了《关于督促单位落实灭火器配置和定期检查维护职责确保有效扑救初起火灾的通知》（公消〔2000〕423 号文）。

2001 年公安部消防局下发了《关于进一步加强哈龙替代品及其替代技术管理的通知》（公消〔2001〕217 号文）。

2002 年公安部发布了国家公共安全行业标准《气体灭火系统及零部件性能要求和试验方法》（GA 400—2002）。

2006 年颁布了《气体灭火系统设计规范》（GB 50370—2005），以下简称《气规》）。

2007 年颁布了《气体灭火系统施工及验收规范》（GB 50263—2007）。

11.1.1 气体灭火系统分类

1) 按灭火剂品种分类

(1) 二氧化碳灭火系统　以二氧化碳作为灭火介质。由于二氧化碳主要通过窒息作用灭火，灭火剂用量较大，相应的系统规模大、投资大、灭火时的毒性危害大。另外，二氧化碳会产生温室效应，对环境有影响。

(2) IG541 灭火系统　以氮气、氩气、二氧化碳三种惰性气体的混合物作为灭火介质，通过窒息作用灭火，也存在系统规模大、投资大的缺点。由于其组分均来自于自然，是一种无毒、无色、无味、惰性及不导电的纯"绿色"压缩气体，又称为洁净气体灭火系统。

洁净气体的名称与组分如表 11.1 所列。

表 11.1　洁净气体名称与组分表

名称	N_2	Ar	CO_2
IG100	100%	0	0
IG01	0	100%	0
IG55	50%	50%	0
IG541	52%	40%	8%

(3) 七氟丙烷灭火系统　以七氟丙烷作为灭火介质，通过化学作用灭火。具有清洁、毒性小、使用期长、喷射性能好、灭火效果好等优点，可用于保护经常有人工作的场所。

2) 按气体灭火剂输送压力的来源及形式分类

(1) 内贮压式气体灭火系统　灭火剂在瓶组内用驱动气体(一般为 N_2)进行加压储存，系统动作时灭火剂依靠瓶内的充压气体进行输送的系统，如常见的七氟丙烷、六氟丙烷灭火系统。

(2) 外贮压式气体灭火系统　系统动作时灭火剂由专设的充压气体(一般为 N_2)瓶组按设计压力对其进行充压的系统，如外贮压式七氟丙烷灭火系统(曾称为备压式七氟丙烷灭火系统)。

(3) 自压式气体灭火系统　灭火剂无需充压而是依靠其自身饱和蒸汽压力进行输送的灭火系统，如三氟甲烷、IG-541、IG-100、IG-55、IG-01、二氧化碳灭火系统等。

3) 按灭火剂储存压力分类

(1) 高压系统　灭火剂储存压力为 15 MPa 和 20 MPa 的气体灭火系统，如 IG-541、IG-100、IG-55、IG-01 灭火系统等。

(2) 中低压系统　灭火剂储存压力为 2.1(低压 CO_2)，2.5，4.2，5.6，5.7 MPa(高压 CO_2)的气体灭火系统，如七氟丙烷、三氟甲烷、六氟丙烷、CO_2 灭火系统等。

因为高压 CO_2 灭火系统是指灭火剂在常温下加压液化储存(20 ℃时储存压力为 5.7 MPa)的 CO_2 灭火系统，低压 CO_2 灭火系统是指灭火剂在－18～－20 ℃低温下液态储存(－18 ℃时储存压力为 2.1 MPa)的 CO_2 灭火系统，所以两者均属于中低压气体灭火系统范围。

4) 按灭火方式分类

(1) 全淹没灭火系统　喷头均匀布置在保护房间的顶部，喷射的灭火剂能在封闭空间内迅速形成浓度比较均匀的灭火剂气体与空气的混合气体，如图 11.1 所示。该系统对防护房间提供整体保护。

(2) 局部应用灭火系统　喷头均匀布置在保护对象的四周，将灭火剂直接而集中地喷射到保护对象上，在其周围局部范围内建立起局部的灭火剂气体浓度保护层，如图 11.2 所示。该系统保护某一局部的区域或设备。

5) 按管网的布置方式分类

(1) 组合分配灭火系统　用一套灭火剂储存装置同时保护多个场所的气体灭火系统称为组合分配系统。组合分配系统是通过选择阀的控制，实现灭火剂释放到着火的保护区。如图 11.3 所示。该系统适用于多个不会同时着火的相邻保护区或保护对象的保护，具有同时保护但不能同时灭火的特点。

(2) 单元独立灭火系统　为确保万无一失，每个保护区各自设置气体灭火系统保护，称为单元独立灭火系统，如图 11.4 所示。很明显，采用单元独立灭火系统可提高其安全可靠性能，但投资较大。

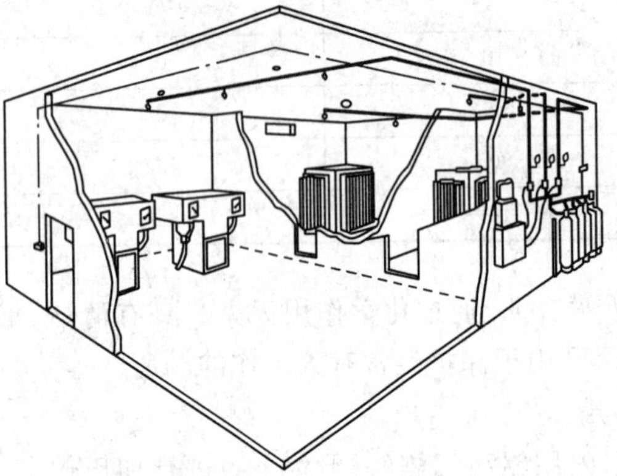

图 11.1　全淹没气体灭火系统示意图

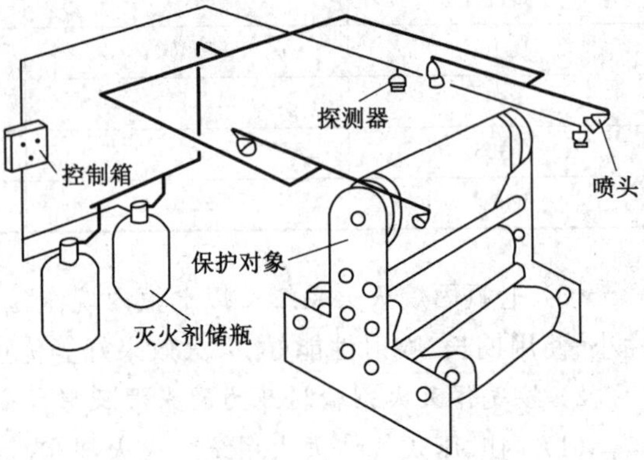

图 11.2　局部应用气体灭火系统示意图

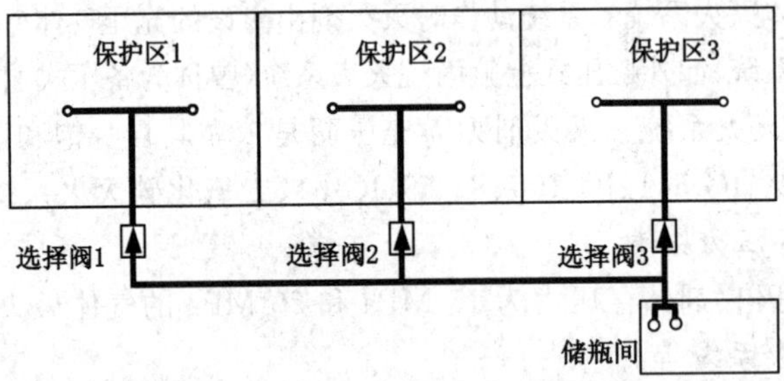

图 11.3　组合分配灭火系统示意图

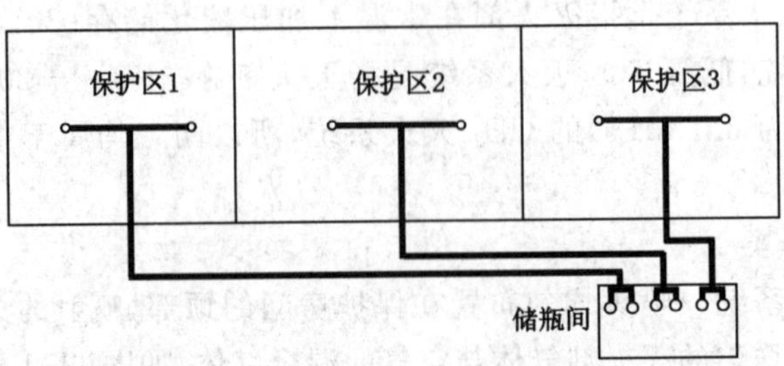

图 11.4　单元独立灭火系统示意图

(3) 无管网灭火系统　将灭火剂储存容器、控制和释放部件等组合在一起的小型、轻便灭火系统。这种系统没有管网或仅有一段短管，因此称为无管网灭火系统，如图 11.5 所示。这种系统多放置在防护区内，亦可放置在防护区的墙外，通过短管将喷头伸进防护区。

11.1.2 几种灭火剂的特点及灭火原理

1) CO_2 灭火剂

CO_2 灭火系统是成熟的传统灭火技术，它不属于严格意义上的卤代烷替代品。由于它会对地球产生温室效应，喷放时对人有窒息毒害作用，所以原则上也不能算是完全意义上的洁净气体灭火剂。CO_2 的灭火机理为物理窒息和部分冷却作用，是通过向一个封闭空间喷入大量的 CO_2 气体后，将空气中氧的含量由正常的 21%降低到 15%以下，从而达到窒息中止燃烧的目的。二氧化碳对绝大多数物质没有破坏作用，不导电，灭火迅速彻底，灭火后能很快散逸，不留痕迹，不污损物品，成本较低，无毒害物质产生。然而，CO_2 的这种窒息作用对人体有致命危害，其最小设计灭火浓度(34%)大大超过了人的致死浓度，危险性极大，故在经常有人的场所不宜使用。如须使用，在气体释放前，人员必须迅速撤离现场。

CO_2 灭火系统适用于扑救 A、B、C 类、电气设备火灾和棉花、织物、纸张等部分固体物质的深位火灾，以及石蜡、沥青等可溶化的固体火灾。可用于全淹没灭火系统，也是唯一可用于局部应用灭火系统的气体灭火剂。与其他几种纯天然气体灭火剂相比，它的灭火效能最好。缺点是灭火设计浓度较高，灭火剂用量较多，储瓶间或储罐间需要面积较大，对地球环境会产生温室效应，喷放时对人有窒息毒害作用，不适宜用于经常有人工作或停留的场所。在释放过程中因为有固态 CO_2(干冰)存在，会使防护区温度急剧下降，可能会对精密仪器和精密设备造成一定的影响。

2) 七氟丙烷

七氟丙烷不导电，在常温下可加压液化，在常温条件下能全部挥发。灭火后无残留物。可用于扑救 A、B、C 类火灾和电气设备火灾。可用于保护经常有人的场所。

七氟丙烷气体灭火剂中不含有溴、氯等元素，灭火后不破坏臭氧层，其臭氧耗损潜能值(ODP)为零，是一种清洁型灭火剂。七氟丙烷气体灭火剂的温室效应潜能值 GWP 为 0.6，但大多数人认为与汽车、生活和电厂排出的二氧化碳相比，其在灭火过程所产生温室效应可以忽略不计。七氟丙烷在大气中存留时间为 31～40 a，对大气破坏的永久性程度为 42，这是一大缺陷，英美等国已将其列入受控使用计划之列，不宜作长期哈龙替代物。

3) 三氟甲烷

三氟甲烷无色、无味、低毒、不导电，对大气臭氧层的损耗潜能值(ODP)为零。灭火速度快，灭火效能高，喷射后无残留物，对设备无污损，电绝缘性能好。可用于扑救 A、B、C 类火灾和电气设备火灾，也适用于保护经常有人的场所。与七氟丙烷相比，三氟甲烷具有在严寒、酷热环境下都能使用的特点及价格优势。

4) 烟烙尽灭火剂(IG-541)

烟烙尽灭火系统的灭火机理与 CO_2 一样，也是把药剂喷放到封闭空间内，降低氧的浓度，窒息燃烧扑灭火灾。与传统的 CO_2 灭火系统最大的不同在于，烟烙尽灭火剂掺入了合适比例的气体混合物，气体中的二氧化碳可以刺激人体呼吸的速度，提高人体对氧气的有效利用率，使得人们在缺氧的气氛中能呼吸，它实际上增强了人吸收氧气的能力。通常状况下，房间内空气中 O_2 含量为 21%，CO_2 的含量约为 1%。当喷入烟烙尽灭火剂之后，其房间内氧气的浓度降至约 12.5%，而 CO_2 的浓度则上升至 2%～5%，通过人本身更深更快的呼吸来补偿环境中 O_2 浓度的降低。这样，甚至在 O_2 浓度降到 10%的情况下，在烟烙尽环境中，人的大脑得到的血液含氧量与人在正常空气中得到的血液含氧量是一样的，对未及时撤离的人来说是没有危害的。因此，烟烙尽气体可以用于自动喷放的全淹没灭火系统中，保护经常有人停留的工作场所。

烟烙尽灭火系统的环保特性也同样明显，因其不存在温室效应，对臭氧层无破坏，更不会产生长久影响大气寿命的化学物质，是一种真正意义上的"零污染"。烟烙尽气体均取自大自然，又回归大自然，是一种环境因素可打满分的"绿色"产品。

烟烙尽灭火系统的另一个特点是，与很多灭火剂不同，烟烙尽混合气体在喷放时不产生雾，人们可以清楚地看到紧急出口，并且不象化学类药剂那样，烟烙尽气体完全无毒，不会引起心脏的过敏反应，甚至于与火焰接触时，也不会产生有毒或有腐蚀性的分解物。

保护财产是烟烙尽气体表现突出的另一方面。除对人体安全外，烟烙尽气体喷放时不会引起室内温度骤然减低，也不会产生腐蚀性分解物，因而不会对敏感的电子设备造成任何影响。烟烙尽以气体状态储存，当其喷放于保护区时不会凝结空气中的水蒸气，同时也不会导致电器设备表面产生静电积累。由于烟烙尽气体喷放时，降低了室内空气的湿度，从而也降低了空气的导电性。烟烙尽气体的另外一个性质是该气体密度与空气相差不大(与空气的密度比为 1.1∶1)，所以当它与空气均匀混合后，可较长时间停留在保护区内，以确保灭火效果。

总之，对环境、人的生命和财产，烟烙尽灭火系统都是一个良好的选择。

烟烙尽气体灭火系统可以应用在环境温度在 0～54 ℃的场所，其最小设计浓度为 37.5%，最大设计浓度为 42.8%，烟烙尽气体应用全淹没气体灭火方式，可以设计成独立管网系统或组合分配系统。由于其在储存钢瓶内即为气态，所以可以保护较远的保护区，即使保护区在钢瓶间的上方较远处也不影响其保护距离。当保护区内同时有吊顶、地板或一个大房间内有几个其它小的保护区时，都可通过合理布置喷头并通过水力计算来保证所有空间达到完全一致的设计浓度。

11.2 气体灭火系统的使用范围

11.2.1 气体灭火系统适用火灾类型

1) 适用类型

根据《气规》规定，气体灭火系统适用于扑救的火灾为：

(1) 电气火灾。

(2) 固体表面火灾。

(3) 液体火灾。

(4) 灭火前能切断气源的气体火灾。

(5) 除电缆隧道(夹层、井)及自备发电机房外，K 型和其他型热气溶胶预制灭火系统不得用于其他电气火灾。

以上是从广义角度规定的，具体来说，气体灭火的适用场所应是指不适宜用水保护或灭火的场所或对象，如电器和电子设备、通信设备、易燃可燃的液体和气体、贵重物品和财产存放场所。

2）不适用类型

气体灭火系统不适用于扑救的火灾类型有：

(1) 硝化纤维、硝酸钠等氧化剂或含氧化剂的化学制品火灾。

(2) 钾、镁、钠、钛、锆、铀等活泼金属火灾。

(3) 氢化钾、氢化钠等金属氢化物火灾。

(4) 过氧化氢、联氨等能自行分解的化学物质火灾。

(5) 可燃固体物质的深位火灾。

(6) 热气溶胶预制灭火系统不应设置在人员密集场所、有爆炸危险性的场所及有超净要求的场所，K型及其他类型热气溶胶预制灭火系统不得用于电子计算机房、通信机房等场所。

11.2.2 建筑使用范围

《建规》规定，下列场所应设置自动灭火系统，并宜采用气体灭火系统：

(1) 国家、省级或人口超过100万的城市广播电视发射塔内的微波机房，分米波机房、米波机房、变配电室和不间断电源(UPS)室。

(2) 国际电信局、大区中心、省中心和一万路以上的地区中心内的长途程控交换机房、控制室和信令转接点室；

(3) 两万线以上的市话汇接局和六万门以上的市话端局内的程控交换机房、控制室和信令转接点室；

(4) 中央及省级公安、防灾和网局级及以上的电力等调度指挥中心内的通信机房和控制室；

(5) A、B级电子信息系统机房内的主机房和基本工作间的已记录磁(纸)介质库；

(6) 中央和省级广播电视中心内建筑面积不小于120 m^2 的音像制品库房；

(7) 国家、省级或藏书量超过100万册的图书馆内的特藏库；中央和省级档案馆内的珍藏库和非纸质档案库；大、中型博物馆内的珍品库心；一级纸娟文物的陈列室；

(8) 其他特殊重要设备室。

注：① 第(1)、(4)、(5)、(8)款规定的部位，可采用细水雾灭火系统。

② 当有备用主机和备用已记录磁(纸)介质，且设置在不同建筑内或同一建筑内的不同防火分区内时，第(5)款规定的部位可采用预作用自动喷水灭火系统。

11.2.3 典型应用场所

气体灭火系统主要用于保护一些重点或要害部位，见表11.2。一个防护区是否需要设置气体灭火系统，应根据保护区的具体情况对各种灭火设施进行全面比较后确定。通常可遵循以下几项原则：

(1) 防护区要求使用不会污染被保护物的“洁净”灭火剂。

(2) 防护区有电气火灾危险，要求使用不导电的灭火剂。

(3) 防护区内有贵重的设备和物品，要求使用灭火速度快、高效、性能可靠的灭火剂。

(4) 防护区内不宜或难于使用其他类型的灭火剂。

表 11.2 气体灭火系统典型应用场所

防火对象分类	典型场所
带电设备室	发电机房、变压器室、电池室、变配电室、电器室、UPS电源室等
通信设备室	通信机房、无线机房、电话交换机房、磁力办公桌室、电传室、电话交换台、通信调整机房、数据印刷室、电子计算机房等
机械设备室	电梯机械室、空调机械室、燃油锅炉房、热源机械室、泵房、制冷机房、冷温水机房等
加工作业室	光学安装室、喷漆工作室、金属加工室、发货室、包装室、印刷室、描图室、制造设备室、焊接室、腐蚀室、切割室等
图书馆、博物馆	书库、资料室、文件库、图书室、病历室、美术品保管库、重要文物保管库、阅览室等
广播、电视设施	电视实况转播室、播音室、照明控制室、遥控中心、调整室、控制室、音响器材室、广播器材室、放映室、转播室、调光室、VTR等
航空管控中心	管制室、电力控制室、操作室、控制室、动力计器室、中央管理室
仓　库	框架式仓库、冷冻库、冷藏室、保冷库、包装仓库、纸库、烟草库、皮毛库、纺织品库、收藏室等
研究实验室	实验室、技师房、研究室、开发室、分析室、试验室、杀菌室、电波暗室、病理室、CT室、X光室等
通用保护场所	锅炉房、焚烧室、燃料泵房、供暖机械室、水蒸气汽轮机室、燃气汽轮机、铸造室、干燥室、城市管道煤气站、集中加油设备、LPG家具室
室内储藏室	室内油罐储藏所、室内油罐室、地下油罐竖井等
电缆室	EPS(传动轴)、共用电缆槽、电缆井、电缆沟、地下竖井、FDM室、局内互通电缆室等
影像品保管室	胶片保管室、录像带室、影碟库房等
停车场与汽车库	自动式平地停车场、机械式立体车库、斜坡式、车道式停车场等
展览馆、档案馆	展览大厅、资料存储室、珍品暂存库、档案资料室、档案库等
汽车修配厂	汽车修配车间、汽车研究室、汽车收藏室等
印刷行业场所	印刷机房、转动机房、制版室、成品仓库、装订间等
金融业、保险业	计算机房、管理监控中心、业务档案室、金库、账库等
舰　船	机舱、货舱、作战指挥室

11.2.4 几种气体灭火系统使用范围简介

对于棉毛、织物、纸张等固体物质的深位火灾，只能采用二氧化碳灭火系统。

CO_2 是唯一可用于局部应用系统的气体灭火剂。局部应用系统就是采用专门的喷嘴，使 CO_2 能直接、集中地喷射到正在燃烧的物体上。要求喷放的 CO_2 能穿透火焰，并在燃烧物的表面达到一定的供给强度，延续一定的时间，使燃烧熄灭。

局部应用灭火系统只能用于扑救不需要封闭空间条件的具体保护对象的表面火灾，如钢厂轧机生产线、印刷机、电站、烘干设备、浸渍油槽、汽车厂喷漆生产线等工部工位的局部保护，不能扑灭深位火灾。

目前常用的各种气体灭火系统都适用于扑救液体火灾(B类火灾)，二氧化碳、三氟甲烷还适用于扑救石蜡、沥青等可熔化的固体火灾。但对于IG-541灭火系统，由于其灭火效能相对较低，在高压喷放时可能导致可燃易燃液体飞溅及汽化，有造成火势蔓延扩大的危险，故一般不提倡将其用于扑救主燃料为液体的火灾。

对于气体火灾，无论选择哪一种气体灭火系统，均要求在灭火剂喷放前能切断气源供给，即在设计时应关注并提醒燃气专业设计人员在燃气管道上设置紧急事故自动切断装置。采取这一措施的主要目的是为了防止可燃气体积聚引起爆炸，其次是为了防止可燃助燃气体不断逸出冲淡灭火剂浓度，影响灭火。

11.3 系统组件及其设计要求

气体灭火系统主要由灭火剂储存装置、启动及分配装置、喷头(喷嘴)、各种管道、监控装置、称重装置、储瓶间等组成，如图 11.5 所示。

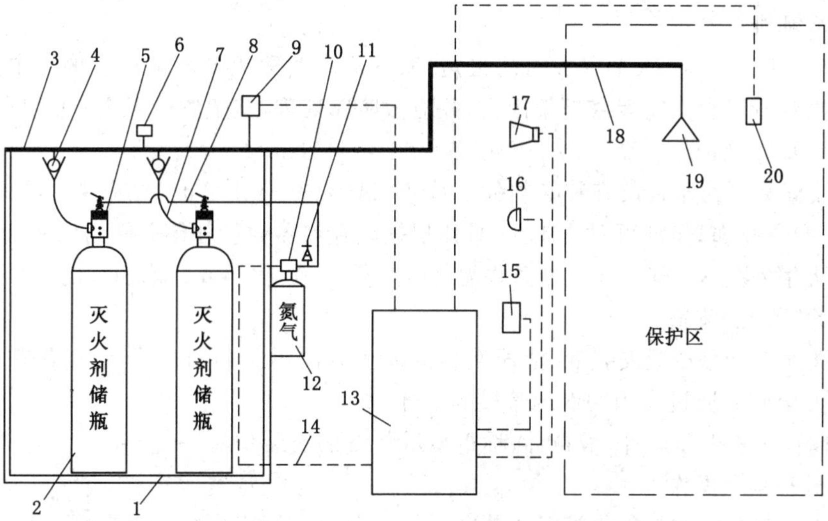

图 11.5　气体灭火系统组成示意图

1—灭火剂储瓶框架；2—灭火剂储瓶；3—集流管；4—液流单向阀；5—瓶头阀；
6—安全阀；7—高压软管；8—启动管路；9—压力信号器；10—启动阀；
11—低压安全泄漏阀；12—启动钢瓶；13—火灾自动报警气体灭火控制器；
14—控制线路；15—手动启动控制盒；16—放气灯；17—声光报警器；
18—灭火剂输送管道；19—喷嘴；20—火灾探测器

根据《气体灭火系统施工及验收规范》(GB 50263—2007)，系统组件的外观质量应符合下列规定：

(1) 系统组件无碰撞变形及其他机械性损伤。

(2) 组件外露非机械加工表面保护涂层完好。

(3) 组件所有外露接口均设有防护堵、盖，且封闭良好，接口螺纹和法兰密封面无损伤。

(4) 铭牌清晰、牢固、方向正确。

(5) 同一规格的灭火剂储存容器，其高度差不宜超过 20 mm。

(6) 同一规格的驱动气体储存容器，其高度差不宜超过 10 mm。

11.3.1 储存装置设计要求

1）灭火剂储存装置

灭火剂储存装置在储存灭火剂的同时，又是系统工作的动力源，为系统正常工作提供足够的压力，对系统能否正常工作影响很大。储存装置由储存容器（钢瓶）、容器阀（瓶头阀）、单向阀（液流）、安全泄压阀、高压排放软管和集流管等组成。储存装置应安装在环境温度0～50 ℃范围内。储存容器上应有压力指示器。

储存装置设计要求：

（1）储存容器宜涂红色油漆，上应设有耐久固定的金属标牌，正面应标明每个储存容器的编号、灭火剂充装量、充装日期、储存压力等内容，以便于进行验收、检查和维护。

（2）储存装置的储存容器与其他组件的公称工作压力，不应小于在最高环境温度下所承受的工作压力。

（3）同一防护区的灭火剂储存容器，其尺寸大小、灭火剂充装量和充装压力应相同，以便相互替换和维护管理。

（4）因贮压较高，灭火剂释放时间极短，系统启动时灭火剂液流产生的冲击力很大，储存容器和集流管必须用支架或框架固定，并应做防腐处理，支架的设置应考虑到便于单个储存容器的称重和维护。

（5）储存装置的布置及安装必须便于检查、试验、补充和维护，并确保尽量减少中断保护的时间，可单排布置，亦可双排布置，具体根据储存容器数量和储瓶间的面积大小确定。

（6）储存装置不应安装在气候条件恶劣或易受机械、化学或其他伤害的场所，否则应加强保护或设置围护装置。

（7）灭火剂储存装置安装后，泄压装置的泄压方向不应朝向操作面。低压二氧化碳灭火系统的安全阀应通过专用的泄压管接到室外。

（8）储存装置上压力计、液位计、称重显示装置的安装位置应便于人员观察和操作。

（9）连接储存容器与集流管间的单向阀的流向指示箭头应指向介质流动方向。

（10）储存容器间宜靠近防护区，其出口应直通室外或疏散通道。

2）容器阀

容器阀是指安装在灭火剂储存容器出口的控制阀门，其作用是平时用来封存灭火剂，火灾时自动或手动开启释放灭火剂。容器阀有电动型、气动型、机械型和电引爆型4类，其开启是一次性的，打开后不能关闭，需要重新更换膜片或重新支撑后才能关闭。

容器阀上都安装有导液管，以保证液态灭火剂的喷出，如图11.6所示。

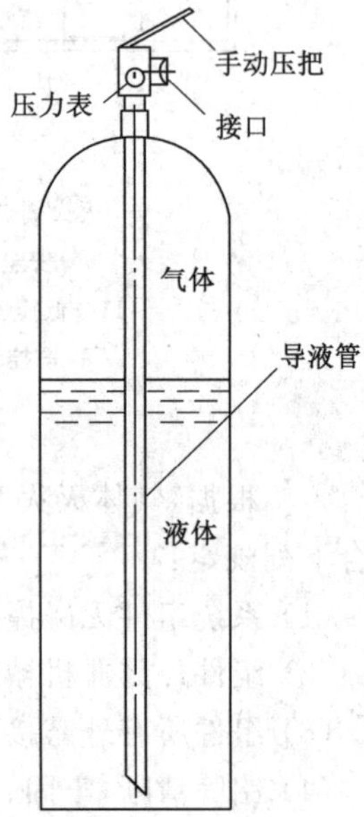

图11.6 容器阀及导液管示意图

3）集流管

集流管是将若干储瓶同时开启施放出的灭火剂汇集起来，然后通过分配管道输送至保护空间，如图11.7所示。

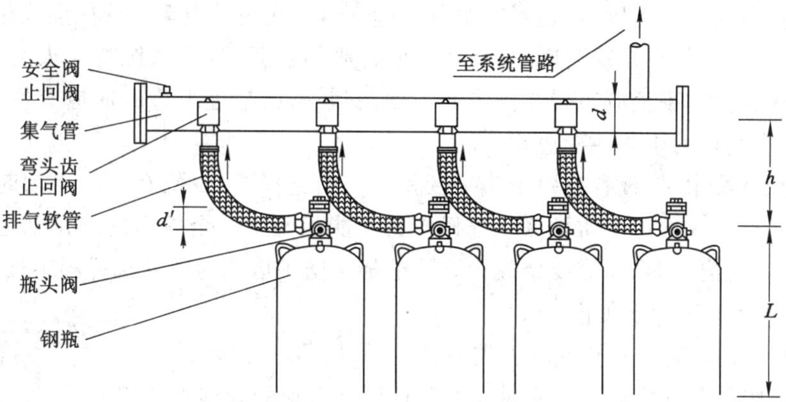

图 11.7 集流管示意图

集流管应符合下列规定：

(1) 集流管工作压力不小于最高环境温度时的储存容器内的压力。集流管上应有安全泄压装置，可采用安全阀或泄压膜片，泄压时不应造成人身伤害，尽量用管道将泄出物排至安全地带。

(2) 集流管上的泄压装置的泄压方向不应朝向操作面。

(3) 集流管外表面宜涂红色油漆。

(4) 安装集流管前应检查内腔，确保清洁。

4) 单向阀

单向阀是用来控制介质流向的。当气体灭火系统较大，灭火剂储存容器较多时，应成组布置。这种情况下，每个储存容器都应设有单向阀，防止灭火剂回流到空瓶或从卸下的储瓶接口处泄露灭火剂。

单向阀应符合下列规定：

(1) 启动气体管路中根据需要设置必要的单向阀，用以控制启动气瓶放出的高压气体开启相应的阀门。

(2) 单向阀可设置在连接软管的前边或后边。

5) 连接软管

为了便于储存容器的安装和维护，减缓释放灭火剂时对管网系统的冲击力，一般在单向阀与容器阀或单向阀与集流管之间采用软管连接。

连接软管应为钢丝编织的耐压胶管，两端装有接头组成连接软管组。

11.3.2 启动分配装置设计要求

1) 启动气瓶

启动气瓶容积较小，通过其上的瓶头阀实现自动启动，瓶头阀为电动型或电引爆型，由火灾自动报警系统控制开启。

启动气瓶充有高压氮气，用以打开灭火剂储存容器上的容器阀及相应的选择阀。组合分配系统和灭火剂储存容器较多的单元独立系统，多采用这种设置启动气瓶启动系统的方式。

2) 选择阀

选择阀的启动方式有电动式和气动式两种。电动式一般是利用电磁铁通电时产生的吸力或推力打开阀门。气动式则是利用压缩气体推动汽缸中的活塞打开阀门。压缩气体可以利用贮存容器中灭火剂的压力,也可采用其他的气源。无论是电动式或气动式选择阀,均设有手动操作机构,以便在自动启动失灵时,仍能将阀门打开,保证系统将灭火剂输送到需要灭火的防护区。操作手柄应布置在操作面一侧,安装高度超过 1.7 m 时应有便于操作的措施,其附近应有固定的永久性标志牌。

组合分配系统中,应设置与每个防护区相对应的选择阀,以便在系统启动时,能够将灭火剂输送到需要灭火的那个防护区。选择阀的功能相当于一个常闭的二位二通阀,平时处于关闭状态,系统启动时,与需要释放灭火剂的那个防护区相对应的选择阀则被打开。

选择阀的设计应符合以下要求:

(1) 选择阀的位置应靠近储存容器且便于手动操作。

(2) 选择阀的公称直径应与所对应的防护区主管道的公称直径相等。

(3) 选择阀上应设有标明其所保护防护区的金属标牌。

3) 启动气体管路

输送启动气体管路多采用铜管,系统所选用的铜管应符合有关国家现行标准中对“拉制铜管”和“挤制铜管”的规定。

11.3.3 喷头设计要求

喷头是将灭火剂以特定的射流形式喷出,并促使其迅速气化,在保护空间内达到灭火浓度。

1) 喷头的类型

由于各种灭火剂的喷射性能不同,所应用的喷头结构形式有所不同,各类系统都有相应的喷头形式,不能相互代替。如图 11.8 所示,其构造即适应二氧化碳灭火剂的气化,并有一定的喷射范围,不能用于其他灭火系统,也不能用作局部应用二氧化碳灭火系统喷头。

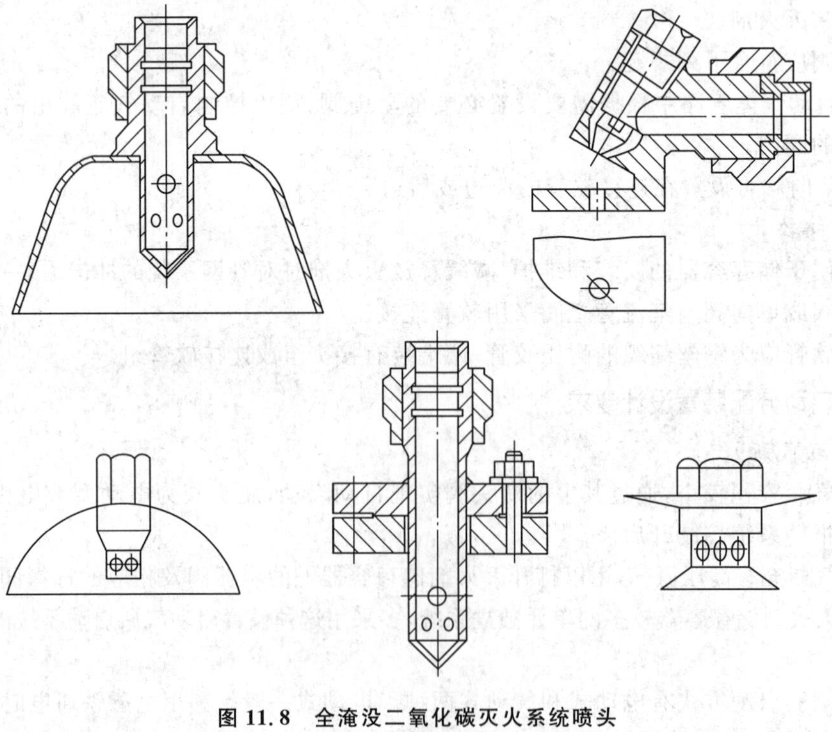

图 11.8 全淹没二氧化碳灭火系统喷头

2）喷头的选型及布置要求

（1）喷头在选型时应考虑

① 应用高度与封闭空间的高度相适应。

② 宜满足保护面积的要求。

③ 喷嘴流量特性与分配的平均设计流量相适应。

④ 雾化性能尽量好。

（2）喷头在布置时应考虑

① 喷头应有型号、规格的永久性标识。设置在有粉尘、油雾等防护区的喷头，应有防护装置。

② 喷头的布置应满足喷放后气体灭火剂在防护区内均匀分布的要求。当保护对象属可燃液体时，喷头射流方向不应朝向液体表 面。

③ 喷头宜贴近防护区顶面安装，距顶面的最大距离不宜大于 0.5 m。

④ 局部应用二氧化碳灭火系统采用面积法设计时，喷头宜等距布置，架空型喷头宜垂直于保护对象的表面，其瞄准点（喷头射流的轴中心）应是喷头保护面积的中心。当确需非垂直布置时，喷头的安装角不应小于 45°，其瞄准点应偏向喷头安装位置的一方。

根据《气规》规定，喷头的保护高度和保护半径应符合下列规定：

最大保护高度不宜大于 6.5 m；最小保护高度不应小于 0.3 m；喷头安装高度小于 1.5 m时，保护半径不宜大于 4.5 m；喷头安装高度不小于 1.5 m 时，保护半径不应大于7.5 m。

11.3.4 管道设计要求

对于有管网气体灭火系统，管道是将储存容器释放出的灭火剂输送到保护场所，经喷头喷出实施灭火。

由于气体灭火系统工作压力较高，因此输送灭火剂的管道及管道连接件应能承受较高的压力。鉴于气体灭火系统的特点，系统的管网一般不是很大，但对管道材料、施工安装要求较高。

管道及管道附件应符合下列规定：

（1）输送气体灭火剂的管道应采用无缝钢管。其质量应符合《输送流体用无缝钢管》（GB/T 8163）、《高压锅炉用无缝钢管》（GB 5310）等的规定。无缝钢管内外应进行防腐处理，防腐处理宜采用符合环保要求的方式。

（2）输送气体灭火剂的管道安装在腐蚀性较大的环境里，宜采用不锈钢管。其质量应符合现行国家标准《流体输送用不锈钢无缝钢管》（GB/T 14976）的规定。

（3）输送启动气体的管道，宜采用铜管，其质量应符合现行国家标准《拉制铜管》（GB 1527）的规定。

（4）管道的连接，当公称直径小于或等于 80 mm 时，宜采用螺纹连接；大于 80 mm 时，宜采用法兰连接。钢制管道附件应内外防腐处理，防腐处理宜采用符合环保要求的方式。使用在腐蚀性较大的环境里，应采用不锈钢的管道附件。

（5）系统组件与管道的公称工作压力，不应小于在最高环境温度下所承受的工作压力。

（6）阀门之间的封闭管段应设置泄压装置。在设置安全卸荷装置时，应考虑到万一卸荷时，喷射物不会伤人或不会使人处于危险境地。如有必要的话，应该用管道将释放物输送到对人员无危险的地方。另外，在通向每个防护区的主管道上应设压力信号器或流量信号器。

(7) 设置在有爆炸危险的可燃气体、蒸汽或粉尘场所内的气体灭火系统,其管网应设防静电接地装置。管道系统的对地电阻不大于 100 Ω,管道上每对法兰或其他接头间的电阻值应不大于 0.03 Ω,如果大于 0.03 Ω,则应用金属线跨接使其不大于此电阻值。因为当释放液化气体时,不接地的导体可能产生静电荷,而通过导体可能向其他物体放电,产生足够量的电火花,在有爆炸危险的防护区内可能引起爆炸。

(8) IG541 灭火系统、二氧化碳灭火系统管路不应采用“四通”分流。

11.3.5 监控装置设计要求

防护区应有火灾自动报警系统,通过其探测火灾并监控气体灭火系统的启动,实现气体灭火系统的自动启动、自动监控。

火灾自动报警系统可以单独设置,也可以利用建筑物的火灾自动报警系统集中控制。

气体灭火系统还应有监测系统工作状态的流量或压力监测装置,常用的是压力监测开关。

11.3.6 称重装置设计要求

气体灭火系统在定期检查时,需要检查储存容器的压力和重量,以检查冲压气体和灭火剂是否有泄露。

压力可通过压力表检查,重量需要通过称重来检查。因此,为方便检查,每个储存容器应设有称重检查装置,当灭火剂泄露量超过标定值(一般为 10%)时,就自动报警,如图 11.9 所示。

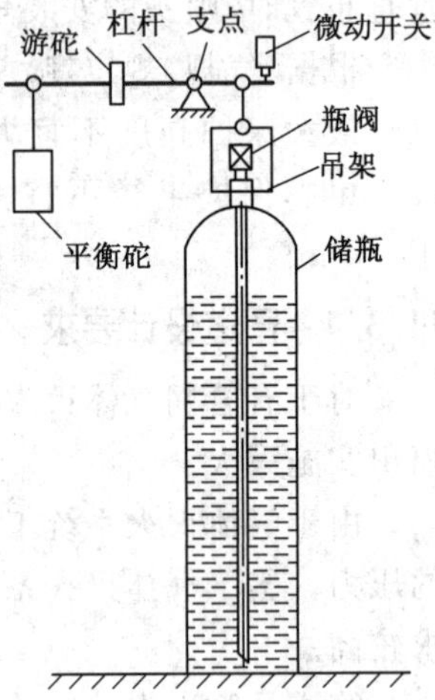

图 11.9 自动称重装置

11.3.7 储瓶间设计要求

气体灭火系统应有专用的储瓶间(钢瓶间)放置系统设备,以便于整个系统的维护和管理。设计时应考虑:

(1) 储瓶间应靠近防护区,房间的耐火等级不应小于二级,房间出口应直接通向室外或疏散走廊。

(2) 设在地下的储瓶间应设机械排烟装置,排风口应通往室外。

(3) 储瓶间的门应向外开启,储瓶间内应设有应急照明。

(4) 气体灭火系统储瓶间的室内温度应在表 11.3 给定范围内,并应保持干燥和良好的通风。

表 11.3　气体灭火系统储瓶间的室内温度

系统类型	温度范围/℃	系统类型	温度范围/℃
高压 CO_2 灭火系统	0～49	七氟丙烷灭火系统	−10～50
低压 CO_2 灭火系统	−23～49	IG541 灭火系统	−10～50

11.3.8 系统组件专用要求

1) 七氟丙烷灭火系统组件专用要求

储存容器或容器阀以及组合分配系统集流管上安全泄压装置的动作压力,应符合下列规定:

(1) 储存容器增压压力为 2.5 MPa 时，应为 5.0±0.25 MPa(表压力)。

(2) 储存容器增压压力为 4.2 MPa，最大充装量为 950 kg/m^3 时，应为 7.0±0.35 MPa(表压)；最大充装量为 1 120 kg/m^3 时，应为 8.4±0.42 MPa(表压力)。

(3) 储存容器增压压力为 5.6 MPa 时，应为 10.0±0.50 MPa(表压力)。

增压压力为 2.5 MPa 的储存容器宜采用焊接容器；增压压力为 4.2 MPa 的储存容器，可采用焊接容器或无缝容器；增压压力为 5.6 MPa 的储存容器，应采用无缝容器。

在容器阀和集流管之间的管道上应设单向阀。

2) IG541 混合气体灭火系统组件专用要求

储存容器或容器阀以及组合分配系统集流管上的安全泄压装置的动作压力，应符合下列规定：

(1) 一级充压系统(15.0 MPa)，应为 20.7±1.0 MPa(表压力)。

(2) 二级充压系统(20.0 MPa)，应为 27.6±1.4 MPa(表压力)。

(3) 储存容器应采用无缝容器。

11.4 气体灭火系统的设计

11.4.1 系统设计一般规定

采用气体灭火系统保护的防护区，其灭火剂设计用量或惰化设计用量，应根据防护区内可燃物相应的灭火设计浓度或惰化设计浓度经计算确定。

有爆炸危险的气体、液体类火灾的防护区，应采用惰化设计浓度；无爆炸危险的气体、液体类火灾和固体类火灾的防护区，应采用灭火设计浓度。

几种可燃物共存或混合时，灭火设计浓度或惰化设计浓度，应按其中最大的灭火设计浓度或惰化设计浓度确定。

2 个或 2 个以上的防护区采用组合分配系统时，一个组合分配系统所保护的防护区不应超过 8 个。

组合分配系统的灭火剂储存量，应按储存量最大的防护区确定。

灭火系统的灭火剂储存量，应为防护区的灭火设计用量与储存容器内的剩余量和管网内的剩余量之和。

灭火系统的储存装置 72 h 内不能重新充装恢复工作的，应按系统原储存量的 100%设置备用量。

同一集流管上的储存容器，其规格、充压压力和充装量应相同。

同一防护区，当设计 2 套或 3 套管网时，集流管可分别设置，系统启动装置必须共用。各管网上喷头流量均应按同一灭火设计浓度、同一喷放时间进行设计。

管网上不应采用四通管件进行分流。

喷头宜贴近防护区顶面安装，距顶面的最大距离不宜大于 0.5 m。

一个防护区设置的预制灭火系统，其装置数量不宜超过 10 台。

同一防护区内的预制灭火系统装置多于 1 台时，必须能同时启动，其动作响应时差不得大于 2 s。

11.4.2 防护区设计规定

防护区划分应符合下列规定：

(1) 防护区宜以单个封闭空间划分；同一区间的吊顶层和地板下需同时保护时，可合为一个防护区。

(2) 采用管网灭火系统时，一个防护区的面积不宜大于 800 m^2，且容积不宜大于 3 600 m^3；采用预制灭火系统时，一个防护区的面积不宜大于 500 m^2，且容积不宜大于 1 600 m^3。

(3) 防护区围护结构及门窗的耐火极限均不宜低于 0.5 h；吊顶的耐火极限不宜低于 0.25 h。

(4) 防护区围护结构承受内压的允许压强，不宜低于 1 200 Pa。

(5) 防护区应设置泄压口，七氟丙烷灭火系统的泄压口应位于防护区净高的 2/3 以上。

(6) 防护区设置的泄压口，宜设在外墙上。泄压口面积按相应气体灭火系统设计规定计算。

(7) 喷放灭火剂前，防护区内除泄压口外的开口应能自行关闭。

(8) 防护区内应设火灾声报警器。必要时，防护区的入口处应设光报警器，其报警时间不宜少于灭火过程所需的时间，并应以手动方式解除报警信号。

(9) 防护区入口处应设灭火剂喷放指示灯，提示人们不要误入防护区。

(10) 防护区应有能在 30 s 内使该区域人员疏散完毕的走道与出口。

11.4.3 七氟丙烷灭火系统设计规定

七氟丙烷灭火系统的灭火设计浓度不应小于灭火浓度的 1.3 倍，惰化设计浓度不应小于惰化浓度的 1.1 倍。

固体表面火灾的灭火浓度为 5.8%，其他灭火浓度可按表 11.4 的规定取值，惰化浓度可按表 11.5 的规定取值。表中未列出的，应经试验确定。

图书、档案、票据和文物资料库等防护区，灭火设计浓度宜采用 10%。

油浸变压器室、带油开关的配电室和自备发电机房等防护区，灭火设计浓度宜采用 9%。

通信机房和电子计算机房等防护区，灭火设计浓度宜采用 8%。

表 11.4　　七氟丙烷灭火浓度

可燃物	灭火浓度/%	可燃物	灭火浓度/%	可燃物	灭火浓度/%
甲烷	6.2	丁基醋酸酯	6.6	四氢呋喃	7.2
乙烷	7.5	甲醇	9.9	吗啉	7.3
丙烷	6.3	乙醇	7.6	汽油(无铅,7.8%乙醇)	6.5
庚烷	5.8	乙二醇	7.8	航空燃料汽油	6.7
正庚烷	6.5	异丙醇	7.3	2 号柴油	6.7
硝基甲烷	10.1	丁醇	7.1	喷气式发动机燃料(-4)	6.6
甲苯	5.1	甲乙酮	6.7	喷气式发动机燃料(-5)	6.6
二甲苯	5.3	甲基异丁酮	6.6	变压器油	6.9
乙腈	3.7	丙酮	6.5		
乙基醋酸酯	5.6	环戊酮	6.7		

表 11.5　　七氟丙烷惰化浓度

可燃物	惰化浓度/%	可燃物	惰化浓度/%	可燃物	惰化浓度/%
甲烷	8.0	1-氯-1.1-二氟乙烷	2.6	戊烷	11.6
二氯甲烷	3.5	丙烷	11.6	乙烯氧化物	13.6
1.1-二氟乙烷	8.6	1-丁烷	11.3		

防护区实际应用的浓度不应大于灭火设计浓度的 1.1 倍。

在通信机房和电子计算机房等防护区，设计喷放时间不应大于 8 s；在其他防护区，设计喷放时间不应大于 10 s。

1）灭火浸渍时间

灭火浸渍时间应符合下列规定：

(1) 木材、纸张、织物等固体表面火灾，宜采用 20 min。

(2) 通信机房、电子计算机房内的电气设备火灾，应采用 5 min。

(3) 其他固体表面火灾，宜采用 10 min。

(4) 气体和液体火灾，不应小于 1 min。

七氟丙烷灭火系统应采用氮气增压输送。氮气的含水量不应大于 0.006%。

2）储存容器增压级别

储存容器的增压压力宜分为 3 级，并应符合下列规定：

(1) 一级：2.5+0.1 MPa（表压力）。

(2) 二级：4.2+0.1 MPa（表压力）。

(3) 三级：5.6+0.1 MPa（表压力）。

3）单位容积充装量

七氟丙烷单位容积的充装量应符合下列规定：

① 一级增压储存容器，不应大于 1 120 kg/m^3。

② 二级增压焊接结构储存容器，不应大于 950 kg/m^3。

③ 二级增压无缝结构储存容器，不应大于 1 120 kg/m^3。

④ 三级增压储存容器，不应大于 1 080 kg/m^3。

管网的管道内容积，不应大于流经该管网的七氟丙烷储存量体积的 80%。

4）管网布置

管网布置宜设计为均衡系统，并应符合下列规定：

(1) 喷头设计流量应相等。

(2) 管网的第一分流点至各喷头的管道阻力损失，其相互间的最大差值不应大于 20%。

11.4.4　IG541 混合气体灭火系统设计规定

IG541 混合气体灭火系统的灭火设计浓度不应小于灭火浓度的 1.3 倍，惰化设计浓度不应小于灭火浓度的 1.1 倍。

固体表面火灾的灭火浓度为 28.1%，其他灭火浓度可按表 11.6 中的规定取值，惰化浓度可按表 11.7 中的规定取值。表中未列出的，应经试验确定。

表 11.6　IG541 混合气体灭火浓度

可燃物	灭火浓度/%	可燃物	灭火浓度/%	可燃物	灭火浓度/%
甲烷	15.4	醋酸乙酯	32.7	甲醇	44.2
乙烷	29.5	二乙醚	34.9	乙醇	35.0
丙烷	32.3	石油醚	35.0	1-丁醇	37.2
戊烷	37.2	甲苯	25.0	异丁醇	28.3
庚烷	31.1	乙腈	26.7	普通汽油	35.8
正庚烷	31.0	丙酮	30.3	航空汽油 100	29.5
辛烷	35.8	丁酮	35.8	Avtur(Jet-A)	36.2
乙烯	42.1	甲基异丁酮	32.3	2 号柴油	35.8
醋酸乙烯酯	34.4	环己酮	42.1	真空泵油	32.0

表 11.7　IG541 混合气体惰化浓度

可燃物	惰化浓度/%	可燃物	惰化浓度/%
甲　烷	43.0	丙　烷	49.0

当 IG541 混合气体灭火剂喷放至设计用量的 95%时，其喷放时间不应大于 60 s，且不应小于 48 s。

1) 灭火浸渍时间

(1) 木材、纸张、织物等固体表面火灾，宜采用 20 min。

(2) 通信机房、电子计算机房内的电气设备火灾，宜采用 10 min。

(3) 其他固体表面火灾，宜采用 10 min。

2) 储存容器充装量

(1) 一级充压系统(15.0 MPa)，充装量应为 211.15 kg/m^3。

(2) 二级充压系统(20.0 MPa)，充装量应为 281.06 kg/m^3。

11.5　气体灭火系统的操作与控制

采用气体灭火系统的防护区，应设置火灾自动报警系统，其设计应符合现行国家标准《火灾自动报警系统设计规范》(GB 50116)的规定，并应选用灵敏度级别高的火灾探测器。

管网灭火系统应设自动控制、手动控制和机械应急操作 3 种启动方式。预制灭火系统应设自动控制和手动控制 2 种启动方式。

采用自动控制启动方式时，根据人员安全撤离防护区的需要，应有不大于 30 s 的可控延迟喷射；对于平时无人工作的防护区，可设置为无延迟的喷射。

灭火设计浓度或实际使用浓度大于无毒性反应浓度的防护区和采用热气溶胶预制灭火系统的防护区，应设手动与自动控制的转换装置。当人员进入防护区时，应能将灭火系统转换为手动控制方式;当人员离开时,应能恢复为自动控制方式。防护区内外应设手动、自动控制状态的显示装置。

自动控制装置应在接到两个独立的火灾信号后才能启动。手动控制装置和手动与自动转换装置应设在防护区疏散出口的门外便于操作的地方,安装高度为中心点距地面 1.5 m。机械应急操作装置应设在储瓶间内或防护区疏散出口门外便于操作的地方。

气体灭火系统的操作与控制,应包括对开口封闭装置、通风机械和防火阀等设备的联动操作与控制。

设有消防控制室的场所,各防护区灭火控制系统的有关信息,应传送给消防控制室。

气体灭火系统的电源,应符合现行国家有关消防技术标准的规定;采用气动力源时,应保证系统操作和控制需要的压力和气量。

组合分配系统启动时,选择阀应在容器阀开启前或同时打开。

本章小结

气体灭火系统是对固定喷水灭火系统的有效补充,适用于特定场所。在建筑设计中,应根据建筑特点、防火性质进行设置。

1) 气体灭火系统分类

按灭火剂品种分为二氧化碳、七氟丙烷、IG541、气溶胶类灭火系统。

按气体灭火剂输送压力的来源及形式分为内贮压式、外贮压式、自压式气体灭火系统。

按灭火剂贮压高低分为高压系统、中低压系统。

按保护范围分为全淹没灭火系统、局部应用灭火系统。

按有无灭火剂输送管网分为有管网灭火系统、预制(无管网)灭火系统。

2) 气体灭火系统适用范围

适用于扑救的火灾为电气火灾、固体表面火灾、液体火灾、灭火前能切断气源的气体火灾。除电缆隧道(夹层、井)及自备发电机房外,K 型和其他型热气溶胶预制灭火系统不得用于其他电气火灾。

不适用于扑救的火灾为硝化纤维、硝酸钠等氧化剂或含氧化剂的化学制品火灾;钾、镁、钠、钛、锆、铀等活泼金属火灾;氢化钾、氢化钠等金属氢化物火灾;过氧化氢、联胺等能自行分解的化学物质火灾;可燃固体物质的深位火灾。

3) 系统组件

气体灭火系统主要由灭火剂储存装置、启动及分配装置、喷头(喷嘴)、各种管道、监控装置、称重装置、储瓶间等组成。

4) 气体灭火系统设计

包括一般设计规定、防护区设计规定以及 2 种新型防火剂——七氟丙烷灭火系统、IG541 混合气体灭火系统规定。

复习思考题

11.1　什么是气体灭火?

11.2　可用于进行哈龙替代的灭火剂主要有哪些?

11.3　气体灭火系统适用于扑灭哪些类型的火灾?

11.4　气体灭火系统的系统组件有哪些?它有哪些专用的设计要求?

11.5　对于气体灭火系统设计而言,需要遵守哪些一般设计规定?

11.6　气体灭火系统的操作与控制需注意哪些问题?

12 建筑防排烟系统设计

建筑物发生火灾后，有效的烟气控制可为人员的疏散提供安全保证；控制和减少烟气从火灾区域向周围相邻空间蔓延；为火灾扑救人员提供安全保证；保护人员生命财产安全；帮助火灾发生后烟气及时排除。控制的方法是从防范和消除两个方面同时进行，即防止烟气大量产生和迅速蔓延，同时对已产生的烟气迅速地排除。因此，防排烟设计将从工程上解决下列一系列问题：如何使火灾烟气少产生甚至不产生；如何使火灾烟气控制在火灾发源地而不蔓延出去；如何使火灾烟气迅速地最大限度地排放到安全的地方；如何在疏散通道及重要房间内实现防烟安全性，防止烟气侵入，确保火灾时有安全的逃生通道和临时的栖息地，这就是本章需要讨论的主要问题。

12.1 建筑火灾烟气的特征与控制

12.1.1 烟气的产生与组成

由燃烧或热解作用所产生的悬浮在气相中的固体和液体微粒称为烟或烟粒子，含有烟粒子的气体称为烟气。火灾过程中会产生大量的烟气，其成分非常复杂，主要由 3 种类型的物质组成：气相燃烧物；未燃烧的气态可燃物；未完全燃烧的液、固相分解物和冷凝物微小颗粒，主要成分包括 CO_2，CO，H_2O，SO_2，CH_4，C_nH_m 等。

烟气的产生是衡量火灾环境的基本因素之一。产生烟气的燃烧状况，即明火燃烧、热解和阴燃，影响烟气的生成量、成分和特性。明火燃烧时，可产生炭黑，以微小固相颗粒的形式分布在火焰和烟气中。在火焰的高温作用下，可燃物可发生热解，析出可燃蒸汽，如聚合物单体、部分氧化物、聚合链等。在其析出过程中，部分组分可凝聚成液相颗粒，形成白色烟雾。阴燃是无明火燃烧，生成的烟气中含有大量可燃气体和液体颗粒。

12.1.2 火灾烟气性质参数

1）烟的浓度

火灾中的烟气浓度，一般用质量浓度、计数浓度和光学浓度 3 种方式来表示。

（1）烟的质量浓度　单位容积的烟气中所含烟粒子的质量，称为烟的质量浓度 μ_s（mg/m^3），即

$$\mu_s=\frac{m_s}{V_s} \tag{12.1}$$

式中　m_s——容积为 V_s 的烟气中所含烟粒子的质量，mg；

V_s——烟气容积，m^3。

(2) 烟的计数浓度　单位容积的烟气中所含烟粒子的数目，称为烟的计数浓度 n_s(个/m^3)，即

$$n_s=\frac{N_s}{V_s} \tag{12.2}$$

式中　N_s——容积为 V_s 的烟气中所含的烟粒子数。

(3) 烟的光学浓度　可见光通过烟粒子使光线的强度减弱，光线减弱的程度与烟的浓度有函数关系。光学浓度就是通过测定光线穿过烟层后的光线强度，求出减光系数 C_s 来表示的。

设光源与受光物体之间的距离为 L，无烟时受光物体处的光线强度为 I_0，有烟时光线强度为 I，则根据朗伯-比尔(Lamber-Beer)定律得：

$$I=I_0 e^{-C_s L} \tag{12.3}$$

$$C_s=\frac{1}{L}\ln\frac{I_0}{I} \tag{12.4}$$

式中　C_s——烟的减光系数，m^{-1}；

L——光源与受光体之间的距离，m；

I_0——光源处的光强度，cd。

可见，在相同距离 L 和一定的光源强度 I_0 下，减光系数 C_s 增大，受光处的光强 I 下降，说明了烟气层的烟粒子浓度是增大的；反之，C_s 减小，相应的受光强度 I 增加。所以，受光系数 C_s 的大小，代表了烟粒子浓度的大小。

2) 建筑材料的发烟量与发烟速度

各种建筑材料在不同的温度下，其单位质量所产生的烟量是不同的，见表 12.1。

表 12.1　不同温度下各种材料产生的烟量($C_s=0.5\ m^{-1}$)　单位：m^3/g

材料名称	300 ℃	400 ℃	500 ℃	材料名称	300 ℃	400 ℃	500 ℃
松	4.0	1.8	0.4	锯木屑板	2.8	2.0	0.4
杉　木	3.6	2.1	0.4	玻璃纤维增强塑料	—	6.2	4.1
普通胶合板	4.0	1.0	0.4	聚氯乙烯	—	4.0	10.4
难燃胶合板	3.4	2.0	0.6	聚苯乙烯	—	12.6	10.0
硬质纤维板	1.4	2.1	0.6	聚氨酯	—	14.0	4.0

从表中可以看出，木材类在温度升高时，发烟量有所减少，这主要是因为分解出的碳质微粒在高温下又重新燃烧，且温度升高后减少了碳质微粒的分解所致。还可以看出，高分子有机材料能产生大量的烟气。

除了发烟量外，火灾中影响生命安全的另一重要因素是发烟速度，即单位时间、单位质量可燃物的发烟量。表 12.2 是由实验得到的各种材料的发烟速度。该表说明，木材类在加热温度超过 350 ℃时，发烟速度一般随温度的升高而降低，而高分子有机材料则恰好相反。同时可以看出，高分子有机材料的发烟速度比木材要大得多，这是因为高分子有机材料的发烟系数大，且燃烧速度快的缘故。

现代建筑中，高分子材料大量用于家具用品、建筑装修、管道及其保温、电缆绝缘等方面。一旦发生火灾，高分子材料不仅燃烧迅速，加快火势扩展蔓延，还会产生大量有毒的浓烟，其危害远远超过一般可燃材料。

表 12.2　　各种材料的发烟速度　　单位：$m^3/(s \cdot g)$

材料名称 \ 加热温度/℃	260	280	290	300	350	400	450	500	550
针　枞	—	—	—	0.72	0.80	0.71	0.38	0.17	0.17
杉　木	0.25	—	0.28	0.61	0.72	0.71	0.53	0.13	0.13
普通胶合板	0.19	0.25	0.26	0.93	1.08	1.10	1.07	0.31	0.24
难燃胶合板	0.11	0.13	0.20	0.56	0.61	0.58	0.59	0.22	0.20
硬质纤维板	—	—	—	0.76	1.22	1.19	0.19	0.26	0.27
微片板	—	—	—	0.63	0.76	0.85	0.19	0.15	0.12
苯乙烯泡沫板 A	—	—	—	—	1.58	2.68	5.92	6.90	8.96
苯乙烯泡沫板 B	—	—	—	—	1.24	2.36	3.56	5.34	4.46
聚氨酯	—	—	—	—	—	5.00	11.5	15.0	16.5
玻璃纤维增强塑料	—	—	—	—	—	0.50	1.00	3.00	0.50
聚氯乙烯	—	—	—	—	—	0.10	4.50	7.50	9.70
聚苯乙烯	—	—	—	—	—	1.00	4.95	—	2.97

3）能见距离

火灾烟气导致人们辨认目标的能力大大降低，即使设置了事故照明和疏散标志，也会使其功能减弱。因此，人们在疏散时往往看不清周围的环境，甚至达到辨不清疏散方向、找不到安全出口、影响人员安全的程度。各国普遍认为，当能见距离降到 3 m 以下时，逃离火场就变得十分困难。

研究表明，烟的减光系数 C_s 与能见距离 D 之积为常数 C，其数值是因观察目标的不同而不同。例如，疏散通道上的反光标志、疏散门等，$C=2\sim4$；对发光型标志、指示灯等，$C=5\sim10$。

反光型标志及门的能见距离 D：

$$D=\frac{2\sim4}{C_s} \tag{12.5}$$

发光型标志及白天窗的能见距离 D：

$$D=\frac{5\sim10}{C_s} \tag{12.6}$$

4）烟的密度与压力

即使非常浓的烟气，与同温同压的空气的密度相比，差别只有百分之几。所以，可近似地认为烟的密度与空气的密度相同。而且，在建筑物的防烟设计中，烟气流动的动力，是建筑物内的气压差。与大气压相比，气压差是很微小的。因此，假设烟的密度不随高温而变化，而近似的将烟气密度看做绝对温度 T 的函数：

$$\rho=353/T \tag{12.7}$$

假设某一基准高度处的绝对压力为 p_0，离开基准高度 Z 上方的一点的压力 p 为：

$$p = p_0 - g\int_0^Z \rho(Z)\mathrm{d}Z \tag{12.8}$$

根据上述假定，密度不随高度变化，则：

$$p=p_0-\rho g Z \tag{12.9}$$

12.1.3 烟气的危害

火灾烟气造成的严重危害主要表现在毒害性和减光性。

1）烟气的毒害性

烟气中含有各种有毒气体，而且这些气体的含量有的已大大超过了人们正常生理所允许的最低浓度，从而造成了人员中毒死亡。主要有：

(1) CO中毒　CO被人吸入后和血液中的血红蛋白结合，成为CO血红蛋白，从而阻碍血液把氧输送到人体各部分去。当CO和血液中50%以上的血红蛋白结合时，便能造成脑和中枢神经严重缺氧，继而失去知觉，甚至死亡。即使CO的吸入在致死量以下，也会因缺氧而发生头痛无力及呕吐等症状，最终仍可导致不能及时逃离火场而死亡。CO在不同浓度对人体的影响程度见表12.3。

表 12.3　CO对人体的影响程度

空气中CO的含量/%	0.01	0.05	0.1	0.5	1.0
对人体的影响	数小时对人体的影响不大	1 h内对人体影响不大	1 h后头痛，不舒服，呕吐	引起剧烈头晕，经20～30 min有死亡危险	呼吸数次失去知觉，经1～2 min即可能死亡

(2) 烟气中毒　木材制品燃烧产生的醛类、聚氯乙烯燃烧产生的氢氯化合物都是刺激性很强的气体，甚至是致命的。加之烟气中还有甲醛、乙醛、氢氧化物、氰化氢等毒气，对人都是极为有害的。

(3) 缺氧　在着火区域的空气中充满了CO、CO_2及其他有毒气体，加之燃烧需要大量的氧气，这就造成空气的含氧量大大降低。发生爆炸时甚至可以降到5%以下，此时人体会受到强烈的影响而死亡，其危险性也不亚于CO。空气中缺氧时对人体的影响程度见表12.4。高层建筑中大多数房间的气密性较好，有时少量可燃物的燃烧也会造成含氧量降低较多，使缺氧现象更加严重。

表 12.4　缺氧对人体的影响程度

空气中O_2的含量/%	16～12	12～10	10～6	6
症状	呼吸、脉搏增加，肌肉有规律的运动受到影响	感觉错乱，呼吸紊乱，肌肉不舒服，很快会疲劳	呕吐，神志不清	呼吸停止，数分钟后死亡

(4) 高温　火灾烟气具有较高的温度，这对人也是一个很大的危害。人对高温烟气的忍耐程度是有限的，在65 ℃时，人可短时间忍受；在120 ℃时，15 min内就将产生不可恢复的损伤；烟气温度进一步提高，损伤时间则更短；140 ℃时约为5 min；170 ℃时约为1 min；而在几百度的高温烟气中人是一分钟也无法忍受的。

2）烟气的减光性

由于烟气中含有固体和液体颗粒，对光有散射和吸收作用，从而使得火场能见度大大下降，这就是烟气的减光性。而且烟气中含有对人体有刺激性作用的气体，如SO_2，H_2S，HCl，Cl_2，NO_2，NH_3等，使人眼流泪，不易睁开，进一步影响人的视觉，影响撤离火场的速度。

烟的减光系数 C_s 与能见距离 D 成反比。为了保证安全疏散，火场能见度（对反光物体而言）必须达到 5～30 m，因此减光系数应为 0.1～0.6 m^{-1}。而火灾发生时烟气的减光系数多为 25～30 m^{-1}，为了确保安全疏散，应将烟气稀释 50～300 倍。

12.1.4 烟气流动的基本规律

1）压力差和中性面

假设相邻的充满静止空气的两个房间（图 12.1），在两个房间内高度为 Z 处的室内压力为 p_1 和 p_2 表达如下：

$$p_1+\rho_1 gZ=p_{01} \tag{12.10}$$

$$p_2+\rho_2 gZ=p_{02} \tag{12.11}$$

式中 p_0——基准高度处的压力，下标分别代表房间编号，则此两房间的压力差 Δp 为：

$$\Delta p=p_1-p_2=(p_{01}-p_{02})-(\rho_1-\rho_2)gZ \tag{12.12}$$

某一基准高度（一般设地平面或一层地面）处的静压力与温度，可用高度来表示。在此，两个房间的压力相同（$\Delta p=0$）之高度所在水平面，称为中性面。在两房间之间有开口的情况下，根据在中性面上下的位置关系，其烟气流动的方向是相反的。中性面的高度 Z_n 由下式求出：

$$Z_n=\frac{p_{01}-p_{02}}{(\rho_1-\rho_2)g} \tag{12.13}$$

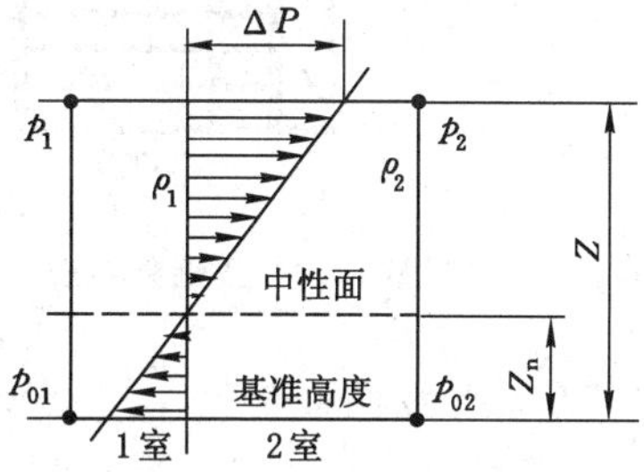

图 12.1 压力差与中性面

当发生火灾时，假定 1 表示室外，2 表示室内，由于 $t_1<t_2$，则 $\rho_1>\rho_2$。那么，在中性面以上，即 $Z>Z_n$ 时，室内的气体压力总高于室外空气压力，烟气将从室内排至室外；在中性面以下，即 $Z<Z_n$ 时，室外的气体压力总高于室内空气压力，烟气将从室外流入室内。

2）烟囱效应

冬季取暖或发生火灾而产生的烟气充满建筑物，室内温度高于室外温度时，就会引起烟囱效应。这时建筑物的下部室内压力较低，外部的冷空气流入；与此相应，上部压力较高，高温烟气流向外部。这种烟囱效应，对于电梯竖井或楼梯竖井等竖向高度很大的空间，尤其突出。

如图 12.2 所示，分析只有上、下两处开口的空间，假设其内部充满了烟气。这时，流入内部的空气量为 m_a，流出的空气量为 m_s，则根据伯努利方程有：

$$m_a=\alpha A_1\sqrt{2g\rho_a(\rho_a-\rho_s)Z_n} \tag{12.14}$$

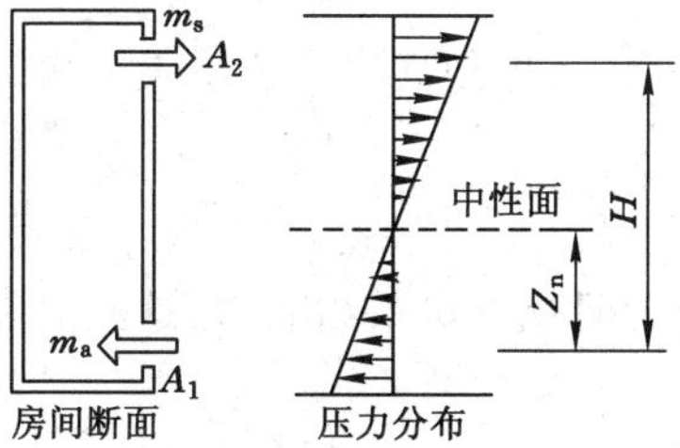

图 12.2 烟囱效应机理

$$m_s=\alpha A_2\sqrt{2g\rho_s(\rho_a-\rho_s)(H-Z_n)} \tag{12.15}$$

式中 H——上、下开口之间的垂直距离，m；

Z_n——下部开口与中性面的垂直距离，m；

α——流量系数，对于门、窗洞口，一般 $\alpha\approx0.7$。

在稳定状态下，空间内的压力满足质量守恒定律，即 $m_a=m_s$，因此：

$$\frac{Z_n}{H-Z_n}=\frac{(\alpha A_2)^2\rho_s}{(\alpha A_1)^2\rho_a} \tag{12.16}$$

$$m_a^2=m_s^2=2g(\rho_a-\rho_s)\frac{(\alpha A_1)^2(\alpha A_2)^2\rho_a\rho_s}{(\alpha A_1)^2\rho_a+(\alpha A_2)^2\rho_s}H \tag{12.17}$$

发生火灾时，建筑物竖井内热烟气和空气的混合物在压差作用下，向上运动，称为正烟囱效应，如图 12.3 所示。建筑物火灾过程中，热烟气上升过程中，一旦遇到开门，就会导致烟气向其他未着火区蔓延，对人员生命和财产安全将造成极大的威胁。夏季安装空调系统的建筑内，室内温度比室外温度低，竖井内气流呈下降现象，称为逆烟囱效应，如图 12.4 所示。所以，在进行高层建筑的防烟设计时，必须先很好地体会烟囱效应及由此而产生的压力分布，才有可能做好防烟设计，确保人员的生命安全。

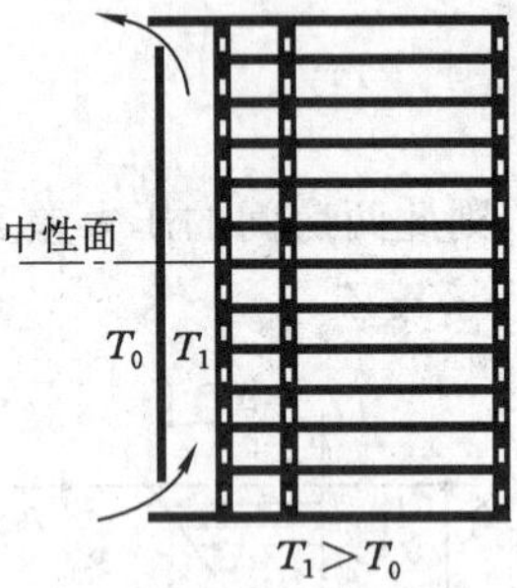

图 12.3 正烟囱效应

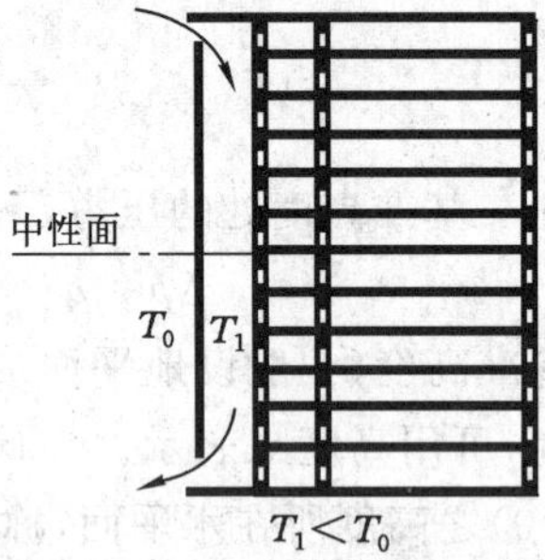

图 12.4 逆烟囱效应

3）烟气的扩散路线

火灾烟气存在水平和垂直两个扩散方向。由于火灾产生烟气的温度高，其密度比周围空气密度小，故产生使烟气上升的浮力。烟气上浮过程中遇到水平楼板或顶棚后，改为沿水平方向继续流动，这就形成了烟气的水平扩散；当烟气进入管道井、楼梯间时，烟气在“烟囱效应”的作用下，迅速向上传播，形成了烟气的垂直扩散。

烟气扩散流动速度与烟气温度和流动方向有关。水平扩散时的动力主要由烟气的浮力转化而来，因而水平方向的扩散流动速度较小，在火灾初期为 0.1～0.3 m/s，在火灾中期为 0.5～0.8 m/s。在垂直通道中，烟气在“烟囱效应”产生的抽力作用下，使得上升的流动速度很大，可达 6～8 m/s，甚至更高。烟气温度越高，则浮力越大，“烟囱效应”更加显著，因而流动速度越大。建筑内的各种垂直通道是烟气蔓延的主要途径。发生的建筑底层或下部的火灾，烟气通过竖井在数十秒内可窜上几十层的高度，使人员几乎没有时间能够疏散。

当建筑发生火灾时，烟气在其内的流动扩散一般有 3 条路线：第一条，也是最主要的一条，着火房间—走廊—楼梯间—上部各楼层—室外；第二条，着火房间—室外；第三条，着火房间—相邻上层房间—室外。

12.1.5 烟气流动的控制方法

在火灾房间，防止烟层下降是典型的烟气控制的手段之一，控制烟气不流出火灾房间或侵入避难通道的相关空间。

1）压差与阻烟条件及阻烟方法

防止从火灾房间流出的烟侵入安全分区，用空气力学的阻烟方法最为有效，这里简要说明利用压差阻烟的原理。

例如，研究在火灾房间用机械排烟减压，使烟气不流到安全分区的条件，如图 12.5 所示。此时，若门洞口处的中性面位置比门洞上端的高度还高，则阻烟是成功的。现在研究当中性面刚好与门洞上端高度相同时，门洞处的气流量 m_d 与要排出的烟量 m_e 有如下关系：

$$m_e = m_d \geqslant \frac{2}{3}\alpha B h^{\frac{3}{2}} \sqrt{2g\rho_a(\rho_a - \rho_s)} \quad (12.18)$$

式中 B——门的开口宽度，m。

2) 竖井的机械防风排烟

在高层建筑中，冬季采暖期间，在烟囱效应作用下，下层部分发生火灾时，烟气容易流入竖井内。即使非采暖季节，竖井亦具有烟囱效应，并导致火灾房间的烟气急剧地流入疏散通道。然而，建筑中不能没有竖井，所以，必须采取防止烟气通过竖井向上层房间蔓延的措施。

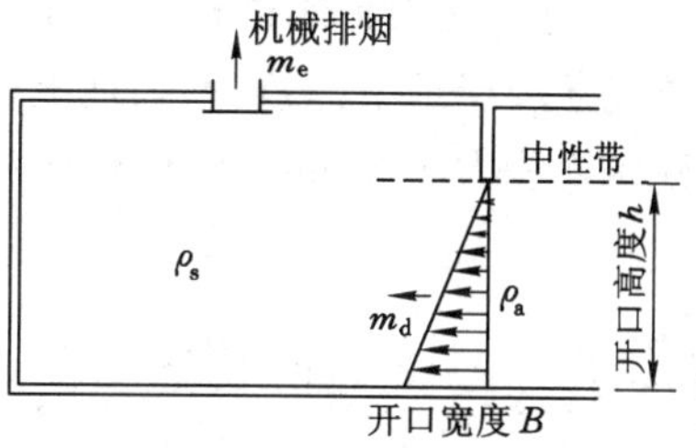

图 12.5 火灾房间的排烟量

具体的防烟措施有：

(1) 加强竖井的气密性，防止烟气流入的任何间隙。

(2) 对竖井加压，使烟气不能侵入。

(3) 对竖井减压，使烟气不能流出等。

其中：第(1)项采用防火门等气密性分隔构件；第(2)项由机械送风加压来实现防烟；第(3)项可用机械减压排烟方法和在顶部开较大面积的排烟口，使自然排烟系统的烟囱效应的中性面向上层部分移动等方法来实现。总之，要根据建筑物及火灾条件等实际情况，科学地掌握防排烟的方法。

12.2 建筑防烟与排烟设施

《建规》规定了设置建筑防烟与排烟设施的部位或场所如下(排烟设施包括自然排烟与机械排烟)。

1) 建筑应设置防烟设施的场所或部位

(1) 防烟楼梯间及其前室。

(2) 消防电梯间前室或合用前室。

(3) 避难走道的前室、避难层(间)。

建筑高度不大于 50 m 的公共建筑、厂房、仓库和建筑高度不大于 100 m 的住宅建筑，当其防烟楼梯间的前室或合用前室符合下列条件之一时，楼梯间可不设置防烟系统：

(1) 前室或合用前室采用敞开的阳台、凹廊。

(2) 前室或合用前室具有不同朝向的可开启外窗，且可开启外窗的面积满足自然排烟口的面积要求。

2) 民用建筑应设置排烟设施的场所或部位

(1) 设置在一、二、三层且房间建筑面积大于 100 m^2 的歌舞娱乐放映游艺场所，设置在四层及以上楼层、地下或半地下的歌舞娱乐放映游艺场所。

(2) 中庭。

(3) 公共建筑内建筑面积大于 100 m^2 且经常有人停留的地上房间。

(4) 公共建筑内建筑面积大于 300 m^2 且可燃物较多的地上房间。

(5) 建筑内长度大于 20 m 的疏散走道。

3）地下室设排烟设施的场所

地下或半地下建筑（室）、地上建筑内的无窗房间，当总建筑面积大于 200 m^2 或一个房间建筑面积大于 50 m^2，且经常有人停留或可燃物较多时，应设置排烟设施。

12.3 自然排烟设计

进行防烟、排烟设计时，首先应了解清楚建筑物的防火分区，并且合理划分防烟分区，防烟分区应在同一防火分区内，其建筑面积不宜过大，一般不超过 2 000 m^2，具体划分方法见 3.4节；然后才能确定合理的防烟、排烟方式和进一步选择合适的防烟、排烟系统，确定送风道、排风道、排烟口、防火阀等的位置。防烟、排烟设计程序见图 12.6。

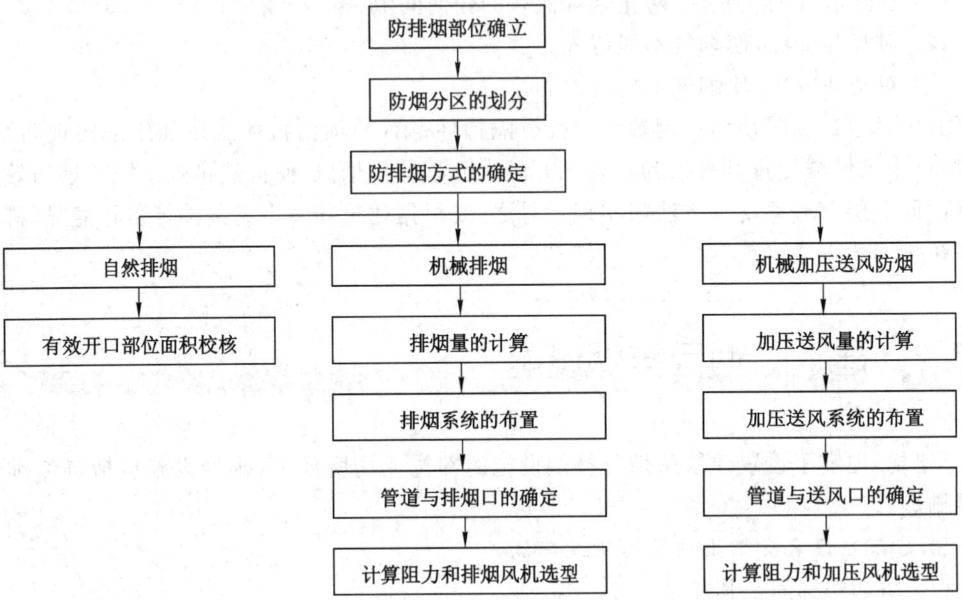

图 12.6　防排烟设计程序

排烟方式可分为自然排烟和机械排烟。其中，自然排烟是利用火灾时产生的热烟气流的浮力和外部风力作用，通过建筑物的对外开口把烟气排至室外的排烟方式。这种排烟方式实质上是热烟气与室外冷空气的对流运动，其动力是由于火灾时产生的热量使室内温度升高、密度减小、热压增大，在室内外空气之间产生的热压差。

在自然排烟设计中，必须有烟气的排烟口和冷空气的进气口，排烟口可以是可开启的外窗，也可以是专门设置在侧墙上部或屋顶上的排烟口。

12.3.1 自然排烟设计条件

（1）建筑高度小于或等于 50 m 的公共建筑、工业建筑和建筑高度小于或等于 100 m 的住宅建筑，共防烟楼新颖间及其前室/消防电梯前室及合用前室宜采用自然通风方式的防烟系统.

当防烟楼梯间的前室、合用前室符合下列要求时；楼梯间可不设置防烟设施：

① 采用全敞开的阳台或凹廊；

② 设有两个及以上不同朝向的可开启外窗，且独立前室两个外窗面积分别不小于 2.0 m^2，合用前室两个外窗面积分别不小于 3.0 m^2。

(2)采用自然通风方式的封闭楼梯间、防烟楼梯间，应在最高部位设置面积不小于 1.0 m^2 的可开启外窗或开口；当建筑高度大于 10 m 时，尚应在楼梯间的外墙上每 5 层内设置总面积不小于 2.0 m^2 的可开启外窗或开口，且布置间隔不大于 3 层。

(3)前室采用自然通风方式时，独立前室、消防电梯前室可开启外窗或开口的面积不应小于 2.0 m^2，共用前室、合用前室不应小于 3.0 m^2。

(4)采用自然通风方式的避难层(间)应设有不同朝向的可开启外窗，其有效面积不应小于该避难层(间)地面面积的 2%，且每个朝向的面积不应小于 2.0 m^2。

(5) 可开启外窗应方便直接开启，设置在高处不便于直接开启的可开启外窗应在距地面高度 1.3～1.5 m 的位置设置手动开启装置。

12.3.2 自然排烟的优缺点

自然排烟的优点是：构造简单、经济；无动力设备，运行维修费用低；排烟口可以兼作平时通风换气用。对于顶棚高大的房间(中庭)，若在顶棚上开设排烟口，自然排烟效果好。

自然排烟也还存在着一些问题：排烟效果不稳定；对建筑设计有一定的要求；火灾易通过排烟口向上层蔓延。

1) 自然排烟效果不稳定

自然排烟的效果是受诸多因素影响的，而多数因素本身又是不稳定的，导致了自然排烟效果的不稳定。影响自然排烟不稳定的因素有以下几个方面：

(1) 排烟量及烟气温度随火灾的发展而变化。

(2) 高层建筑的热压作用随季节发生变化。

(3) 室外风速、风向随气象情况变化。

消除上述各种不稳定因素的影响是很困难的，甚至根本就无法消除。

2) 对建筑设计有一定的要求

由于自然排烟的烟气是通过外墙上可开启的外窗或专用排烟口排至室外，因此采用自然排烟时对建筑设计有如下要求：

(1) 房间必须至少有一面墙壁是外墙。

(2) 房间进深不宜过大，否则不利于自然排烟。

(3) 排烟口的有效面积与地面面积之比不小于 2%，且距离最远点的水平距离不超过 30 m。

当不能满足时，可考虑机械排烟。

3) 火灾易通过外窗向上层蔓延

由外窗等向外自然排烟时，排出烟气的温度很高，且烟气中含有一定量的未燃尽的可燃气体，排至室外遇到新鲜空气后会继续燃烧。靠近外墙面的火焰内侧，由于空气得不到补充而形成负压区，致使火焰有贴壁向上燃烧的可能，很有可能将上层窗的玻璃烧坏，引燃窗帘等，扩大火灾。

12.3.3 自然排烟设计要求

根据自然排烟设计条件，除在进行自然排烟设计时，需要将排烟口布置在有利于排烟的位置，对有效可开启的外窗面积进行校核计算外，自然排烟的设计还应考虑以下几点：

(1) 对于高层住宅及二类高层建筑，当前室内两个不同方向设有可开启的外窗，且可开启窗口面积符合要求时，其排烟效果受风力、风向、热压等因素的影响较小，能达到排烟的目的。

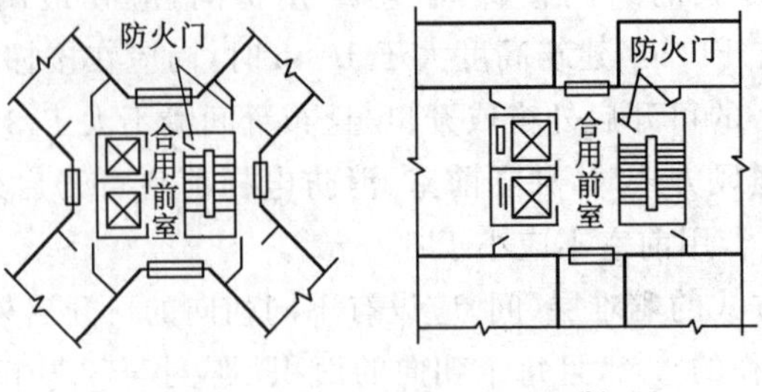

图 12.7　有两个不同方向的可开启外窗的前室

因此，在实际设计中，应尽可能利用不同朝向开启外窗来排出前室的烟气，如图 12.7 所示。

(2) 排烟口位置越高，排烟效果越好，所以可开启外窗应尽可能靠近顶棚位置，并应有方便开启的装置。

(3) 为了减少风向对自然排烟的影响，当采用阳台、凹廊为防烟前室时，应尽量设置与建筑物色彩、体型相适应的挡风措施，如图 12.8 所示。

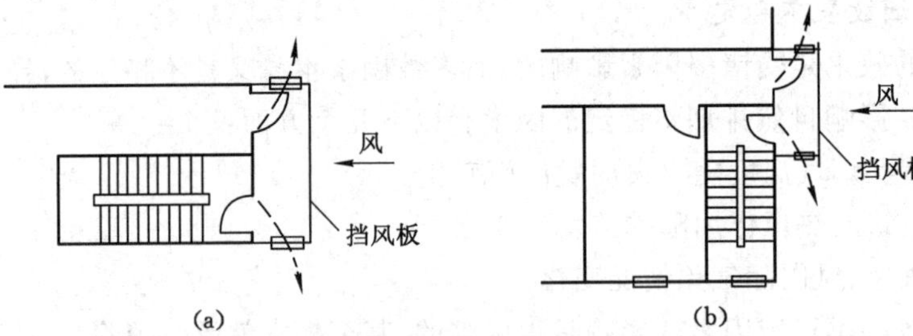

图 12.8　设挡风板的阳台、凹廊

(a) 凹廊为前室；(b) 阳台为前室

(4) 内走廊排烟窗口应尽量设在两个不同的朝向上。

12.4　机械排烟设计

机械排烟就是使用排风机进行强制排烟。它由挡烟壁、排烟口、防火排烟阀、排烟道、排烟风机和排烟出口组成。

研究表明，设计优良的机械排烟系统在火灾时能排出 80% 的热量，使火灾温度大大降低，从而对人员安全疏散和火灾扑救起着重要的作用。为了确保机械排烟系统在火灾时能有效地发挥作用，设计时应对机械排烟设置部位的确定，防烟分区的划分，排烟口的位置，风道的设计等进行认真的考虑与分析。

机械排烟可分为局部排烟和集中排烟两种方式。局部排烟方式是在每个需要排烟的部位设置独立的排烟风机直接进行排烟；集中排烟方式是将建筑物划分为若干个区，在每个区内设置排烟风机，通过排烟风道排烟。局部排烟投资大，风机分散，维修麻烦，很少采用。

12.4.1 需机械排烟的部位

需要设置排烟设施的场所或部位见 12.2 节。当不能采用自然排烟时，应采用机械排烟。

12.4.2 机械排烟量的计算

1）一个防烟分区的排烟量计算

除中庭外下列场所一个防烟分区的排烟量计算应符合下列规定：

(1) 建筑空间净高小于或等于 6 m 的场所，其排烟量应按不小于 60 $m^3/(h \cdot m^2)$计算，且取值不小于 15 000 m^3/h，或设置有效面积不小于该房间建筑面积 2% 的自然排烟窗（口）。

(2) 公共建筑、工业建筑中空间净高大于 6 m 的场所，其每个防烟分区排烟量应根据多个防烟分区排烟计算确定，且不应小于表 12.5 中的数值，或设置自然排烟窗（口），其所需有效排烟面积应根据表 4.6.3 及自然排烟窗（口）处风速计算。

表 12.5 公共建筑、工业建筑中空间净高大于 6 m 场所的计算排烟量及自然排烟侧窗（口）部风速

空间净高/m	办公室、学校 /(10^4 $m^3 \cdot h^{-1}$)		商店、展览厅 /(10^4 $m^3 \cdot h^{-1}$)		厂房、其他公共建筑 /(10^4 $m^3 \cdot h^{-1}$)		仓库 /(10^4 $m^3 \cdot h^{-1}$)	
	无喷淋	有喷淋	无喷淋	有喷淋	无喷淋	有喷淋	无喷淋	有喷淋
6.0	12.2	5.2	17.6	7.8	15.0	7.0	30.1	9.3
7.0	13.9	6.3	19.6	9.1	16.8	8.2	32.8	10.8
8.0	15.8	7.4	21.8	10.6	18.9	9.6	35.4	12.4
9.0	17.8	8.7	24.2	12.2	21.1	11.1	38.5	14.2
自然排烟侧窗（口）部风速/($m \cdot s^{-1}$)	0.94	0.64	1.06	0.78	1.01	0.74	1.26	0.84

注：① 建筑空间净高大于 9.0 m 的，按 9.0 m 取值；建筑空间净高位于表中两个高度之间的，按线性插值法取值；表中建筑空间净高为 6 m 处的各排烟量值为线性插值法的计算基准值。

② 当采用自然排烟方式时，储烟仓厚度应大于房间净高的 20%；自然排烟窗（口）面积＝计算排烟量/自然排烟窗（口）处风速；当采用顶开窗排烟时，其自然排烟窗（口）的风速可按侧窗口部风速的 1.4 倍计。

(3) 当公共建筑仅需在走道或回廊设置排烟时，其机械排烟量不应小于 13 000 m^3/h，或在走道两端（侧）均设置面积不小于 2 m^2 的自然排烟窗（口）且两侧自然排烟窗（口）的距离不应小于走道长度的 2/3。

(4) 当公共建筑房间内与走道或回廊均需设置排烟时，其走道或回廊的机械排烟量可按 60 $m^3/(h \cdot m^2)$计算且不小于 13 000 m^3/h，或设置有效面积不小于走道、回廊建筑面积 2% 的自然排烟窗（口）。

2）一个排烟系统担负多个防烟分区排烟量的计算

当一个排烟系统担负多个防烟分区排烟时，其系统排烟量的计算应符合下列规定：

(1) 当系统负担具有相同净高场所时，对于建筑空间净高大于 6 m 的场所，应按排烟量最大的一个防烟分区的排烟量计算；对于建筑空间净高为 6 m 及以下的场所，应按同一防火分区中任意两个相邻防烟分区的排烟量之和的最大值计算。

(2) 当系统负担具有不同净高场所时,应采用上述方法对系统中每个场所所需的排烟量进行计算,并取其中的最大值作为系统排烟量。

3) 中庭排烟量的设计计算

(1) 中庭周围场所设有排烟系统时,中庭采用机械排烟系统的,中庭排烟量应按周围场所防烟分区中最大排烟量的 2 倍数值计算,且不应小于 107 000 m^3/h;中庭采用自然排烟系统时,应按上述排烟量和自然排烟窗(口)的风速不大于 0.5 m/s 计算有效开窗面积。

(2) 当中庭周围场所不需设置排烟系统,仅在回廊设置排烟系统时,回廊的排烟量不应小于公共建筑仅需在走道或回廊设置排烟时的排烟量,中庭的排烟量不应小于 40 000 m^3/h;中庭采用自然排烟系统时,应按上述排烟量和自然排烟窗(口)的风速不大于 0.4 m/s 计算有效开窗面积。

4) 选择排烟风机

排烟系统的设计风量不应小于该系统计算风量的 1.2 倍,并作为风机选择风量的参数。

排烟风机应有一定的耐温要求,排烟风机应满足 280 ℃时连续工作 30 min 的要求,排烟风机应与风机入口处的排烟防火阀连锁,当该阀关闭时,排烟风机应能停止运转。国内生产的普通中、低压离心风机或排烟专用轴流风机都能满足本条要求。

【例 12.1】 如图 12.9 所示的排烟系统,防烟分区的划分和各防烟分区的面积标注在图上,计算系统各管段的排烟量。

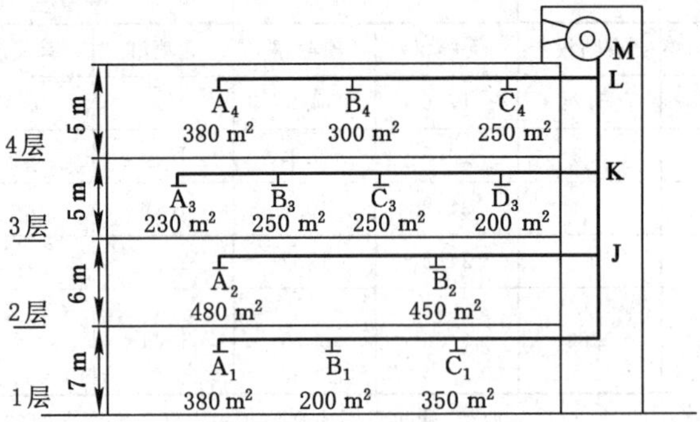

图 12.9 排烟系统

【解】 计算结果见表 **12.**6,系统最大排烟量为 120 000 m^3/h(S 为防烟分区面积,m^2。

表 12.6 **排烟风道各管段排烟量计算**

管段间	担负防烟区	通过风量 $V/(m^3 \cdot h^{-1})$
A_1—B^1	A_1	$V(A_1)$计算值=72 000<91 000,所以取值 91 000
B^1—J	A_1,B_1	$V(B_1)$计算值=48 000<63 000<91 000,所以取值 91 000(1 层最大)
A_2—B^2	A_2	$V(A_2)=S(A_2)\times60=60\ 000$
B^2—J	A_2,B_2	$V(A_2+B_2)=S(A_2+B_2)\times60=120\ 000$(2 层最大)
J—K	A_1,B_1,A_2,B_2	120 000(1、2 层最大)
A_3—B^3	A_3	$V(A_3)=S(A_3)\times60=45\ 000$
B_3—C^3	A_3,B_3	$V(A_3+B_3)=S(A_3+B_3)\times60=81\ 000$
C^3—K	A_3,B_3,C_3	$V(A_3+B_3)>V(B_3+C_3)$,所以取值 81 000(3 层最大)

续表 12.6

管段间	担负防烟区	通过风量 $V/(m^3 \cdot h^{-1})$
K—L	A_1,B_1,A_2,B_2,A_3,B_3,C_3	120 000(1～3 层最大)
A_4—B^4	A_4	$V(A_4)\times60=12\ 000<15\ 000$,所以取值 15 000
B_4—C^4	A_4,B_4	$V(A_4+B_4)=15\ 000+S(B_4)\times60=57\ 000$
C^4—D_4	A_4,B_4,C_4	$V(B_4+C_4)=S(B_4+C_4)\times60=72\ 000>Q(A_4+B_4)$,所以取值 72 000
D_4—L	A_4,B_4,C_4,D_4	$V(B_4+C_4)>Q(C_4+D_4)>Q(A_4+B_4)$,所以取值 72 000(4 层最大)
L—M	全部	120 000(1～4 层最大)

12.4.3 排烟系统的设计要求

1) 排烟系统的布置

(1) 机械排烟系统横向应按每个防火分区独立设置。走道与房间的排烟系统宜分开设置,走道的排烟系统宜竖向布置,房间的排烟系统宜按防烟分区布置。

(2) 排烟气流应与机械加压送风的气流合理组织,并尽量考虑与疏散人流方向相反。

(3) 机械排烟系统与通风和空气调节系统宜分开独立设置。当有条件利用通风和空气调节系统进行排烟时,必须采取可靠的防火安全措施,如设有在火灾时能将通风和空气调节自动切换为排烟系统的装置,系统并应符合排烟系统的要求。

(4) 为防止风机超负荷运转,排烟系统竖直方向可分成数个系统,但不能采用将上层烟气引向下层风道的布置方式。

(5) 独立设置的机械排烟系统可兼作平时通风排气使用。

(6) 需要排烟的地下建筑和地上密闭场所中,应同时设有进风系统(机械进风或自然进风),进风量不宜小于排烟量的 50%,并应组织合理的气流使烟气顺利排出。

(7) 建筑高度超过 100 m 的高层建筑,排烟系统应竖向分段独立设置,且每段高度不应超过 100 m。

2) 排烟口的设计要求

(1) 当划分防烟分区时,每个防烟分区应分别设置排烟口。

(2) 排烟口应尽量设置在防烟分区的中心部位,排烟口到该防烟分区最远点的水平距离不应超过 30 m,如图 12.10 所示;走道的排烟口与防烟楼梯的疏散口的距离无关,但排烟口应尽量布置在人流疏散方向相反的位置处。

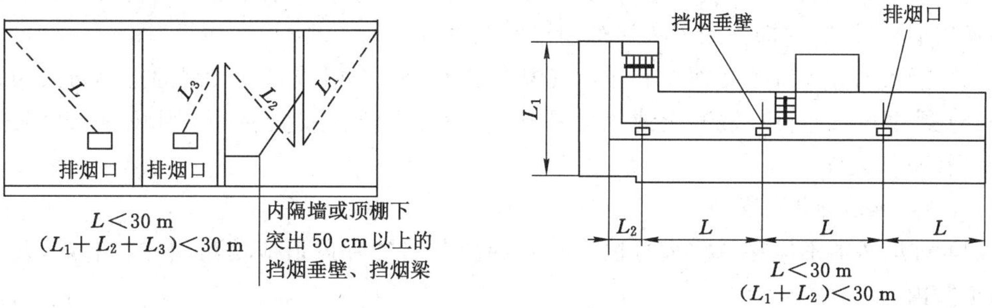

图 12.10 排烟口至防烟分区最远水平距离

(3) 排烟口必须设置在距顶棚 800 mm 以内的高度上。对于顶棚高度超过 3 m 的建筑物，排烟口可设在距地面 2.1 m 的高度上，或者设置在地面与顶棚之间 1/2 以上高度的墙面上，如图 12.11 所示。

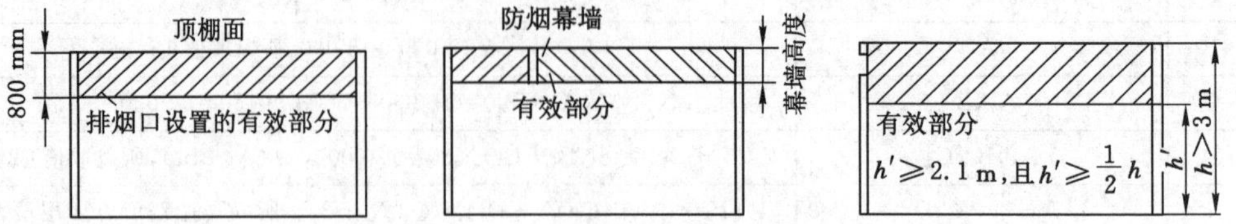

图 12.11　排烟口设置的有效高度

(4) 为防止顶部排烟口处的烟气外溢，可在排烟口一侧的上部装设防烟幕墙。

(5) 排烟口的尺寸，可根据烟气通过排烟口有效断面时的速度不大于 10 m/s 进行计算。排烟口的最小面积一般不宜小于 0.04 m^2。

(6) 同一防烟分区内设置数个排烟口时，要求做到所有排烟口能同时开启，排烟量应等于各排烟口排烟量的总和。

(7) 在排烟通道中，条缝形排烟口对于整个通道都是有效的，而方形烟口则不容易排掉通道两侧的烟气。

(8) 排烟口均应设有手动开启装置或与感烟器连锁的自动开启装置或消防控制中心远距离控制开启装置等。除开启装置将其打开外，平时一直保持闭锁状态。

3) 排烟风机的设计要求

用于排烟的风机主要有离心风机和轴流风机，还有自带电源的专用排烟风机。排烟风机应有备用电源，并应有能自动切换的装置，排烟风机应耐热，变形小。使其在排出 280 ℃烟气时，连续工作 30 min 仍能达到设计要求。

排烟风机设置要求包括：

(1) 应设置在该排烟系统最高排烟口的上部，并应设在用耐火极限不小于 2.5 h 的隔墙隔开的机房内，机房的门应采用乙级防火门。

(2) 为了方便维修，排烟风机外壳至墙壁或设备的距离不应小于 60 cm。

(3) 排烟风机与排烟口应合理连接，避免降低风机性能。选择的风量、风压留有富余量。

(4) 排烟风机与排烟口应设有联锁装置。当任何一个排烟口开启时，排烟风机即能自动启动。即一经报警，确认发生火灾时，由手动或消防控制室遥控开启排烟口，则排烟风机立即投入运行，同时立即关闭着火区的通风空调系统。

(5) 排烟风机入口处必须设有当烟气温度超过 280 ℃时能自动关闭的排烟防火阀。

(6) 排烟风机应设在混凝土或钢架基础上，但可不设置减振装置。风机吸入口管道上不应设有调节装置。

4) 排烟风道的设计要求

(1) 排烟风道不应穿越防火分区。竖直穿越各层的竖风道应用耐火材料制成，并宜设在管道井内。

(2) 排烟风道因排出火灾时烟气温度较高，除应采用金属板、不燃玻璃钢、混凝土等非金属不燃材料制作外，还应安装牢固，排烟时温度升高不致变形脱落，并应具有良好的气密性。

(3) 排烟风道风量的确定，风道内通过的风量，应按该排烟系统各分支风管所有排烟口中最大排烟口的 2 倍计算。

排烟风速：当采用金属风管时，不应超过 20 m/s；当采用非金属材料风道时，不应超过 15 m/s。

12.5 机械加压送风系统设计

设置机械加压送风的防烟系统的目的，是为了在建筑物发生火灾时提供不受烟气干扰的疏散路线和避难场所。因此，加压部位必须通过关闭着的门与门外空间保持一定的压力差，同时应保证在打开加压部位的门时，在门洞断面处有足够大的气流速度，能有效的抵制烟气的入侵，保证人员的安全疏散和避难。

12.5.1 高层建筑中需要加压送风的部位

根据《建规》规定，高层建筑如下部位应设机械加压送风的防烟设施：

(1) 不具备自然排烟条件的防烟楼梯间、消防电梯间前室或合用前室。

(2) 采用自然排烟措施的防烟楼梯间，其不具备自然排烟条件的前室。

(3) 带裙房的高层建筑防烟楼梯间及其前室、消防电梯间前室或合用前室，当裙房以上部分利用可开启外窗进行自然排烟，裙房部分不具备自然排烟条件时，其前室或合用前室应设置局部机械加压送风系统。详细的加压送风系统方式介绍见表 4.8。

(4) 封闭避难层(间)。对封闭避难层(间)加压。

12.5.2 机械加压送风设计要点

(1) 加压送风机的全压，除计算风道的压力损失外，应尚有余压。其余压值应符合下列要求：

① 防烟楼梯间为 40～50 Pa。

② 前室、合用前室、消防电梯间前室、封闭避难层(间)为 25～30 Pa。

③ 风机可采用轴流风机或中、低压离心风机，其位置应根据供电条件、风量分配平衡、新风入口不受火、烟威胁等因素确定。

(2) 为了使楼梯间在全高度内的压力均匀一致，楼梯间的加压送风口应每隔两三层设置 1 个，而前室或合用前室则每层设 1 个。风口宜采用自垂式百叶风口或常开百叶式风口。

(3) 前室的风口应每层设 1 个，应为常闭型，发生火灾仅开启着火层及其上、下层共 3 层的风口。风口应设手动和自动开启装置，并应与加压送风机的启动装置联锁。

(4) 若以剪刀楼梯做疏散楼梯，其正压送风量应按两个楼梯间风量计算，但系统应分别独立设置，送风口应分别设置。

(5) 超过 100 m 的高层建筑，为了保障各层有均匀的正压，其送风系统及送风量应分段设计计算。

(6) 为了使楼梯间的压力大于合用前室的压力，机械加压送风系统宜分别独立设置。当必须共用一个系统时，应在通向合用前室的支风管上设置压差自动调节装置。

(7) 机械加压送风系统采用金属风道时，风速不应大于 20 m/s；采用非金属材料风道时，风速不应大于 15 m/s。风道漏风量应小于 10%。

(8) 正压送风风口的风速不宜大于 7 m/s。

12.5.3 加压送风的基本计算方法

(1) 楼梯间或前室的机械加压送风量计算

应按下列公式计算：

$$L_j = L_1 + L_2 \tag{12.19}$$

$$L_s = L + L_3 \tag{12.20}$$

式中：L_j ——楼梯间的机械加压送风量；

L_s ——前室的机械加压送风量；

L_1 ——门开启时，达到规定风速值所需的送风量，m^3/s；

L_2 ——门开启时，规定风速值下，其他门缝漏风总量，m^3/s；

L_3 ——未开启的常闭送风阀的漏风总量，m^3/s。

(2) 门开启时，达到规定风速值所需的送风量计算

应按下式计算：

$$L_1 = A_k v N_1 \tag{12.21}$$

式中：A_k ——同一层内开启门的截面面积，m^2，对于住宅楼梯前室，可按一个门的面积取值。

v ——门洞断面风速，m/s；当楼梯间和独立前室、共用前室、合用前室均机械加压送风时，通向楼梯间和独立前室、共用前室、合用前室疏散门的门洞断面风速均不应小于 0.7 m/s；当楼梯间机械加压送风、只有一个开启门的独立前室不送风时，通向楼梯间疏散门的门洞断面风速不应小于 1.0 m/s；当消防电梯前室机械加压送风时，通向消防电梯前室门的门洞断面风速不应小于 1.0 m/s；当独立前室、共用前室或合用前室机械加压送风而楼梯间采用可开启外窗的自然通风系统时，通向独立前室、共用前室或合用前室疏散门的门洞风速不应小于 $0.6(A_1/A_g+1)$ (m/s)；A_1 为楼梯间疏散门的总面积(m^2)；A_g 为前室疏散门的总面积(m^2)。

N_1 ——设计疏散门开启的楼层数量；楼梯间：采用常开风口，当地上楼梯间为 24 m 以下时，设计 2 层内的疏散门开启，取 $N_1=2$；当地上楼梯间为 24 m 及以上时，设计 3 层内的疏散门开启，取 $N_1=3$；当为地下楼梯间时，设计 1 层内的疏散门开启，取 $N_1=1$。前室：采用常闭风口，计算风量时取 $N_1=3$。

(3) 门开启时规定风速值下的其他门漏风总量计算

应按下式计算：

$$L_2 = 0.827 \times A\Delta P^{\frac{1}{n}} \times 1.25 N_2 \tag{12.22}$$

式中：A ——每个疏散门的有效漏风面积，m^2；疏散门的门缝宽度取 0.002～0.004 m。

ΔP ——计算漏风量的平均压力差，Pa。当开启门洞处风速为 0.7 m/s 时，取 $\Delta P=6.0$ Pa；当开启门洞处风速为 1.0 m/s 时，取 $\Delta P=12.0$ Pa；当开启门洞处风速为 1.2 m/s 时，取 $\Delta P=17.0$ Pa。

n ——指数，一般取 $n=2$。

1.25——不严密处附加系数。

N_2 ——漏风疏散门的数量，楼梯间采用常开风口，取 N_2 =加压楼梯间的总门数－

N_1 楼层数上的总门数。

(4) 未开启的常闭送风阀的漏风总量应按下式计算：

应按下式计算：

$$L_3 = 0.083A_f N_3 \tag{12.23}$$

式中 0.083——阀门单位面积的漏风量 $m^3/(s \cdot m^2)$；

A_f ——单个送风阀门的面积，m^2；

N_3 ——漏风阀门的数量：前室采用常闭风口取 N_3 =楼层数−3。

12.5.4 设计实例分析

1) 楼梯间机械加压送风前室不送风

【例 12.2】 某商务大厦办公防烟楼梯间 13 层、高 48.1 m，每层楼梯间 1 个双扇门 1.6 m×2.0 m，楼梯间的送风口均为常开风口；前室也是 1 个双扇门 1.6 m×2.0 m。

【解】 (1) 开启着火层疏散门时为保持门洞处风速所需的送风量 L_1 确定：

开启门的截面面积 A_k =1.6×2.0=3.2(m^2)；

门洞断面风速取 v =1.0 m/s；

常开风口，开启门的数量 N_1 =3；

$$L_1 = A_k v N_1 = 3.2 \times 1 \times 3 = 9.60(m^3/s)$$

(2) 对于楼梯间，保持加压部位一定的正压值所需的送风量 L_2 确定：

取门缝宽度为 0.004 m，每层疏散门的有效漏风面积 A=(2×3+1.6×2)×0.004=0.036 8(m^2)；

门开启时的压力差取 ΔP =12 Pa；

漏风门的数量 N_2 =13−3=10；

$$L_2 = 0.827A\Delta P^{\frac{1}{n}} \times 1.25N_2$$
$$= 1.317\ 8\ m^3/s \approx 1.32(m^3/s)$$

楼梯间的机械加压送风量：

$$L_j = L_1 + L_2 = 9.6+1.32=10.92\ (m^3/s)=39\ 312(m^3/h)$$

设计风量不应小于计算风量的 1.2 倍，因此设计风量 L =39 312×1.2=47 174.4(m^3/h)。

2) 楼梯间机械加压送风、合用前室机械加压送风情况

【例 12.3】 某商务大厦办公防烟楼梯间 16 层、高 48 m，每层楼梯间至合用前室的门为双扇 1.6 m×2.0 m，楼梯间的送风口均为常开风口；合用前室至走道的门为双扇 1.6 m×2.0 m，合用前室的送风口为常闭风口，火灾时开启着火层合用前室的送风口。火灾时楼梯间压力为 50 Pa，合用前室为 25 Pa。

【解】 (1) 楼梯间机械加压送风量计算：

对于楼梯间，开启着火层楼梯间疏散门时为保持门洞处风速所需的送风量 L_1 确定：

每层开启门的总断面积 A_k =1.6×2=3.2(m^2)；

门洞断面风速 v =0.7 m/s；

常开风口，开启门的数量 N_1 =3；

$$L_1 = A_k v N_1 =3.2\times0.7\times3=6.72(m^3/s)$$

保持加压部位一定的正压值所需的送风量 L_2 确定：

取门缝宽度为 0.004 m，每层疏散门的有效漏风面积 A =(1.6+2.0)×2×0.004+

$0.004\times2=0.0368(m^2)$；

门开启时的压力差 $\Delta P=6$ Pa；

漏风门的数量 $N_2=13$；

$$L_2=0.827A\Delta P^{\frac{1}{n}}\times1.25N_2=1.21(m^3/s)$$

楼梯间的机械加压送风量：

$$L_j=L_1+L_2=6.72+1.21=7.93\ (m^3/s)=28\ 548(m^3/h)$$

设计风量不应小于计算风量的1.2倍，因此设计风量 $L=28\ 548\times1.2=34\ 257.6(m^3/h)$。

2）合用前室机械加压送风量计算

对于合用前室，开启着火层楼梯间疏散门时，为保持走廊开向前室门洞处风速所需的送风量 L_1 确定：

每层开启门的总断面积 $A_k=1.6\times2.0=3.2(m^2)$；

门洞断面风速 v 取0.7 m/s；

常闭风口，开启门的数量 $N_1=3$；

$$L_1=A_k vN_1=3.2\times0.7\times3=6.72(m^3/s)$$

送风阀门的总漏风量 L_3 确定：

常闭风口，漏风阀门的数量 $N_3=13$；

每层送风阀门的面积 $A_F=0.9\ m^2$；

$$L_3=0.083\ A_F N_3=0.083\times13\times0.9=0.97(m^3/s)$$

当楼梯间至合用前室的门和合用前室至走道的门同时开启时，机械加压送风量为：

$$L_s=L_1+L_3=6.72+0.97=7.69\ m^3/s=27\ 684(m^3/h)$$

设计风量不应小于计算风量的1.2倍，因此设计风量 $L=27\ 684\times1.2=33\ 220.8(m^3/h)$。

12.6 通风空调系统的阻火隔烟

现代建筑中，各种设备的管道系统越来越多，它们纵横交错，连接于楼层之间、房间之间。这些管道系统若没有完善的防火防烟措施，则必将成为火势、烟气传播的天然渠道，使火灾迅速蔓延到管道系统所经过的区域。这些管道系统中，通风空调管道的流通面积最大，成为火灾扩散最危险的途径。

通风空调系统的阻火隔烟主要从2个方面着手：一是实现材料的非燃化，二是在一定的区位，在管路上设置切断装置，把管路隔断，阻止火势、烟气的流动。

12.6.1 管道材料的非燃化

(1) 通风、空气调节系统的管道等，应采用不燃材料制作，但接触腐蚀性介质的风管和柔性接头，可采用难燃材料制作。

(2) 管道和设备的保温材料、消声材料和黏结剂应为不燃烧材料或难燃材料。穿过防火墙和变形缝的风管两侧各2.00 m范围内应采用不燃烧材料及其黏结剂。

(3) 风管内设有电加热器时，风机应与电加热器联锁。电加热器前后各800 mm范围内的风管和穿过设有火源等容易起火部位的管道，均必须采用不燃保温材料。

(4) 排烟道、排风道、管道井应分别独立设置，其井壁应为耐火极限不低于1 h的不燃烧体，井壁上的检查门应采用丙级防火门。

(5) 管道井应在每层楼板处用相当于楼板耐火极限的不燃烧体作防火分隔。

(6) 管道井与房间、走道相通的孔洞，其空隙处应用不燃材料填塞密室。

12.6.2 通风空调系统的防火设计

(1) 空气中含有易燃、易爆物质的房间，其送、排风系统应采用相应的防爆型通风设备；当送风机设在单独隔开的通风机房内，且送风干管上设有止回阀时，可采用普通型通风设备，其空气不应循环使用。

(2) 通风、空气调节系统，横向应按每个防火分区设置，竖向不宜超过 5 层。当排风管道设有防止回流设施且各层设有自动喷水灭火系统时，其进风和排风管道可不受此限制。垂直风管应设在管井内。

(3)《烟标》规定，下列情况之一的通风空调系统的风管应设置防火阀：

① 管道穿越防火分区处，如图 12.12 所示。

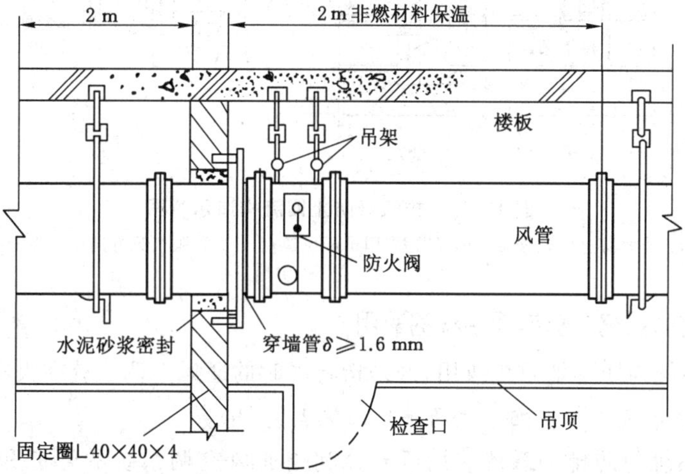

图 12.12 管道穿越防火分区设置防火阀

② 穿越通风、空气调节机房及重要的或火灾危险性大的房间隔墙和楼板处。

③ 垂直风管与每层水平支风管连接处的水平管段上。

④ 穿越变形缝处的两侧，如图 12.13 所示。

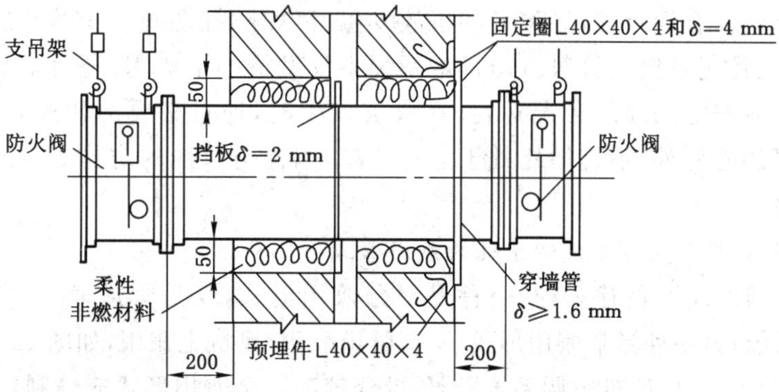

图 12.13 变形缝处的防火阀

所有的防火阀均应配单独的支吊架,以防止风管变形而影响防火阀关闭,提高防火阀的使用可靠性。

(4) 防火阀的动作温度宜为 70 ℃。

(5) 厨房、浴室、厕所等的垂直排风管道,应采用防止回流的措施,或在支管上设置防火阀,如图 12.14 所示。

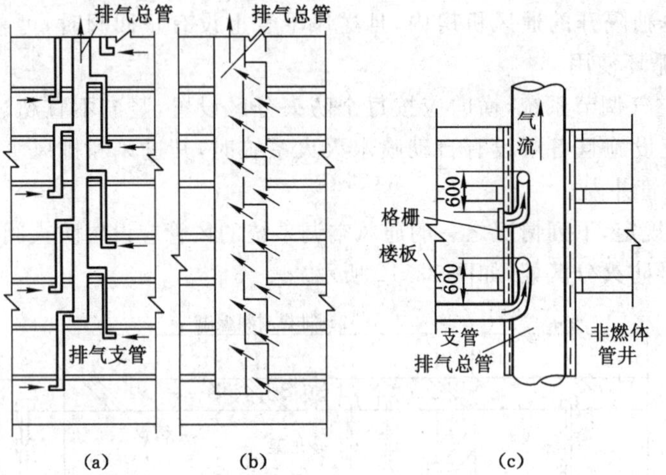

图 12.14 排气管防止回流构造示意图

(a) 支管穿过两层楼板;(b) 竖管采用子母风道;(c) 支管顺气流方向插入竖管内

12.6.3 通风空调系统与防排烟系统的兼用

通风空调系统与防排烟系统兼用,这是指将平时的通风空调系统在火灾时用于防排烟。

1) 通风空调系统与防排烟系统的兼用的优点

通风空调系统与防排烟系统兼用可充分利用通风空调系统的管道和设备,节省建设费用,减少占用空间。由于建筑的大规模化和多功能化,建筑内的设备和管道越来越多,需要的竖向管道空间和吊顶空间越来越大,因此兼用将提高建筑空间的有效利用率和提高净高。

通风空调系统与防排烟系统兼用可提高系统的可靠性。防排烟系统是防灾专用系统,只在火情发生时投入运转,平时仅维持一年一度的检修。有的建筑物投入使用后,其防排烟系统就没有运行过,导致各种事故发生,诸如防排烟阀门易熔片脱落、传动机构锈蚀无法动作、控制系统失灵等。防排烟系统不仅发挥不了作用,还可能导致火灾的蔓延。兼用系统平时按空调通风工况运行,在火灾发生时,通过必要的切换装置转换为排烟工况。除必要的检修外,系统始终处于运行状态,因此与单纯的防排烟系统相比,提高了系统的可靠性。

2) 通风空调系统与防排烟系统的兼用形式

常见兼用形式主要有 2 种:一种是部分兼用形式,仅是管道兼用,风机单独设置,如图 12.15 所示;另一种是全兼用形式,不仅管道兼用,风机也兼用,如图 12.16 所示。部分兼用形式没有充分利用通风空调系统资源,投资较高。全兼用形式充分利用通风空调系统资源,投资节省,但必须解决通风量与排烟量不一致时的阻力问题。

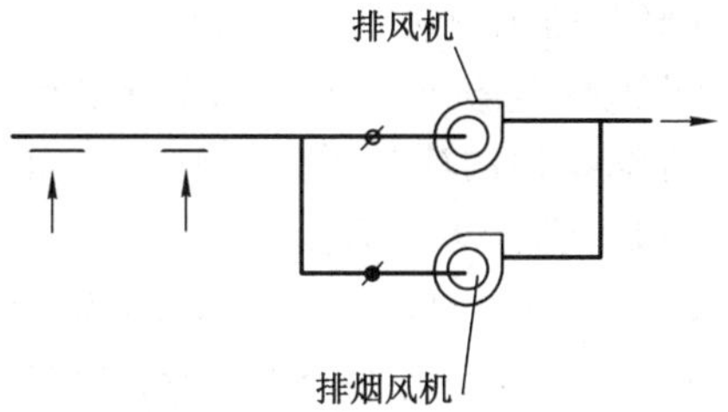

图 12.15 部分兼用形式

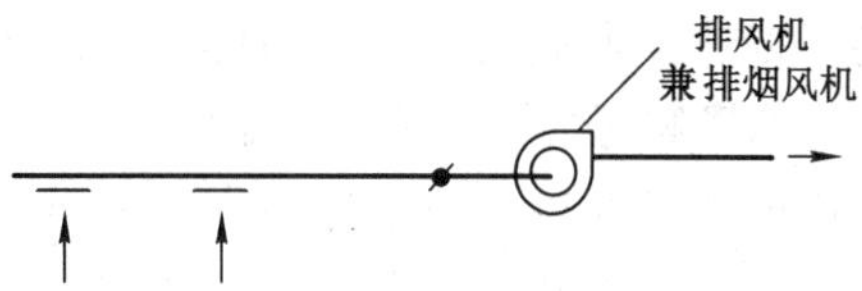

图 12.16 全兼用形式

3）系统兼用时应注意的问题

如果采用全兼用时必须考虑风量一致的问题。一般排烟风量是排风风量的 3 倍左右，排风风机有时无法满足要求。为实现风机的兼用，可将排风系统所管辖面积划分若干个防烟区。防烟分区的个数可根据风量平衡原理来确定，则：

$$\frac{A}{N}Q = nAH \tag{12.24}$$

式中 N——应划分的防烟分区个数；

A——排风系统所辖面积；

Q——最大防烟分区面积每平方米所需的排烟量；

n——排风换气次数；

H——从地面到楼板的高度。

式(12.24)经整理可改写为：

$$N = \frac{Q}{nH} \tag{12.25}$$

按式(12.25)确定的 N 值划分防烟分区，防烟分区之间采用挡烟垂壁、隔墙或从顶棚下突出不小于 0.5 m 的梁来分隔。当某个防烟分区失火时，该区的烟感器等自动报警装置动作，系统转为排烟运行，该防烟分区排烟，其余分区的排风停止。选择风机时不仅要考虑系统所需风量还需确定风机所需风压值。计算管路系统阻力时理论上应针对每个防烟分区来计算相应环路的阻力，以其中最大环路阻力作为选定风机的依据，但这种方式工作量太大。实际上针对下面两种情况计算就可以了：第一种情况，计算最不利环路（一般是最远防烟分区环路）的阻力，如果该环路排烟量小，则计算次远的一个环路；第二种情况，当各个防烟分区风量不等时，计算排烟风量最大的环路阻力。

系统设有安全可靠的自动切换阀门及自动密闭门。空调电源应根据建筑规模及使用范围设计成能够分区段或分部门切断，以防局部火灾发生时造成不必要的混乱，所有空调电源应接入消防控制中心。

本章小结

为了及时排除有害烟气，保障建筑物内人员的安全疏散和有利于消防扑救，在建筑设计中设置防烟、排烟设施十分必要。本章首先分析了建筑火灾中烟气的产生、组成和对人体的危害，探讨了烟气流动的基本规律，重点阐述了高层建筑中烟气形成的烟囱效应，继而提出了对烟气流动进行控制的基本原理:压差阻烟原理和竖井的机械送风排烟。

依据《烟标》和《建规》,对建筑物进行自然排烟、机械排烟、机械加压送风系统进行设计。阐述了自然排烟的设计条件和优缺点。不满足自然排烟条件的建筑需设计机械排烟设施,详细介绍了机械排烟的部位、排烟量的计算和机械排烟系统的设计要求。

机械加压送风系统设计是本章的重点。首先介绍了建筑中需要加压送风的部位,风量的计算方法和设计要点;然后通过设计实例说明了风量计算中压差法、风速法和查表校核法中需要注意的问题;最后简单介绍了通风空调系统的阻火隔烟应注意的问题。

复习思考题

12.1 建筑防排烟系统在建筑设计中有何重要意义?

12.2 火灾发生时,烟气对人体有哪些危害?

12.3 简述烟囱效应产生的机理。

12.4 高层建筑中,防烟楼梯间及其前室或合用前室的可开启外窗面积满足哪些条件可采用自然排烟?

12.5 机械排烟系统的布置需注意哪些问题?

12.6 某29层综合贸易大楼为一类建筑,其中防烟楼梯间内共有29个1.5 m×2.1 m的双扇防火门,楼梯间外墙上共有25个1.5 m×1.6 m的双层钢窗,前室内由一双扇防火门与走道相通。试计算确定加压送风量及风道、风口尺寸。

12.7 在建筑设计中,如何做到通风空调系统与防排烟系统兼用?

13 火灾自动报警系统

13.1 概述

火灾自动报警系统是探测火灾早期特征，发出火灾报警信号，为人员疏散、防止火灾蔓延和启动自动灭火设备提供控制与指示的消防系统。发达国家火灾自动报警设备的生产、应用相当普遍，美、英、日等国家的火灾自动报警设备甚至普及到家庭。

在我国，火灾自动报警设备的研究、生产和应用起步较晚，从 20 世纪 70 年代开始才有所发展。20 世纪 80 年代以来，随着我国现代化建设的快速推进和消防工作的不断加强，火灾自动报警设备生产和应用有了较快发展。特别是随着《中华人民共和国消防法》、《建规》与《报规》等相关消防法规、技术标准的颁布与执行，一些重要部门、重点单位、要害部位和重要公共场所等的建筑物，逐步开始安装与使用火灾自动报警系统。

火灾自动报警系统作为大型消防系统中不可缺少的组成部分，根据建筑物的重要性、发生火灾的危险性及有关消防法规、规范要求，基于对系统的功能、可靠性、成本、安装维护费用及线制等综合考虑，开展科学、合理与有效的自动报警系统设计是十分必要的工作，主要包括选定不同类型的火灾自动报警系统，提出系统方案，选择探测器种类、型号、线制、报警器功能及安装方式，绘制施工图等，系统主要设计内容见表 13.1。

表 13.1　　火灾自动报警系统主要设计内容

设备名称	内　容
报警设备	火灾自动报警控制器、火灾探测器、手动报警按钮与紧急报警设备、可燃气体探测系统火灾监控系统等
通信设备	应急通信设备、对讲电话、应急电话等
广播系统	火灾事故广播设备
灭火设备控制	喷水灭火系统的控制，室内消火栓灭火系统的控制，泡沫、气体等管网灭火系统的控制等
消防联动设备与控制	防火门、防火卷帘门的控制，防排烟风机、排烟阀的控制、空调、通风设施的紧急停止，联动的自动灭火系统与电梯控制监视等
避难设备	应急照明装置、诱导灯与避难层等

13.1.1 火灾自动报警系统组成

1）火灾自动报警系统系统构成

火灾自动报警系统一般由火灾探测报警系统、消防联动控制系统、可燃气体探测系统与电气火灾监控系统等构成(表 13.2),各系统间的兼容性应满足国家有关标准要求。

表 13.2　　火灾自动报警系统主要构成

系统名称	系统组成	系统功能	基本要求
火灾探测报警系统	火灾报警控制器、火灾探测器、手动火灾报警按钮、火灾显示盘、消防控制室图形显示装置、火灾声和(或)光警报器	火灾报警	应设有自动和手动两种触发装置; 任一台火灾报警控制器(含联动型控制器)的容量即所连接的火灾探测器和控制或信号模块地址总数不应超过 3 200 点,每一总线回路连接设备的地址码总数宜留一定的余量,且不超过 200 点
消防联动控制系统	消防联动控制器、模块、消防电气控制装置、消防电动装置等消防设备	消防联动控制	能接收和显示消防应急广播系统、消防应急照明和疏散指示系统、防烟排烟系统、防火门及卷帘系统、消火栓系统、各类灭火系统、消防通信系统、电梯等消防系统或设备的动态信息; 消防联动控制器控制的各类模块地址总数不应超过 1 600 点,每一总线回路连接设备的地址码总数宜留有一定的余量,且不超过 100 点
可燃气体探测系统	可燃气体报警控制器和可燃气体探测器	探测可燃气体火灾	报警信息应能传输到消防控制室图形显示装置,并独立显示
电气火灾监控系统	电气火灾监控设备和电气火灾监控探测器	监测线路火情	电气火灾监控设备的报警信息应能传输到消防控制室图形显示装置,并独立显示

2) 火灾自动报警系统基本形式

火灾自动报警系统的组成形式多种多样,特别是近年来,科研、设计单位与制造厂家联合开发了一些新型的火灾自动报警系统,如智能型、全总线型等。但在工程应用中,主要采用以下 3 种基本形式。

(1) 区域报警系统　系统应由火灾探测器、手动火灾报警按钮、火灾声光警报器及火灾报警控制器等组成,系统中可包括消防控制室图形显示装置和指示楼层的区域显示器,见图 13.1。

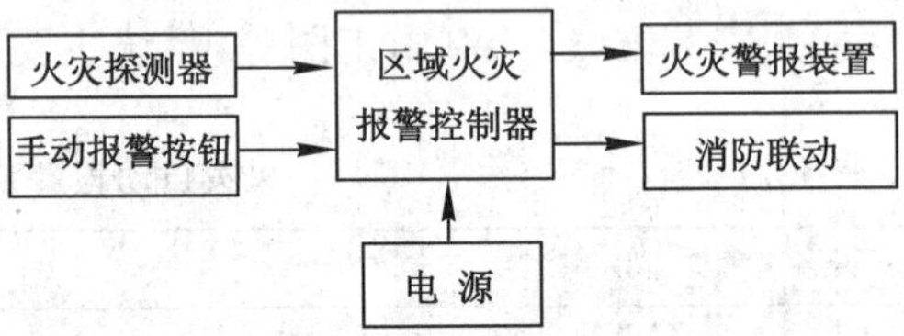

图 13.1　区域报警系统组成

(2) 集中报警系统　系统应由火灾探测器、手动火灾报警按钮、火灾声光警报器、消防应急广播、消防专用电话、消防控制室图形显示装置、火灾报警控制器、消防联动控制器等组成。系统中的火灾报警控制器、消防联动控制器和消防控制室图形显示装置、消防应急广播的控制装置、消防专用电话总机等起集中控制作用的消防设备,应设置在消防控制室内,见图 13.2。

(3) 控制中心报警系统　由消防控制室的消防控制设备、集中火灾报警控制器、区域火灾报警控制器和火灾探测器等组成,或由消防控制室的消防控制设备、火灾报警控制器、区域显示器和火灾探测器等组成。功能复杂的火灾自动报警系统,工程建筑规模大、保护对象重要、设有消防控制设备和专用消防控制室时,采用控制中心报警系统,见图 13.3。

当有两个及两个以上消防控制室时,应确定一个主消防控制室,且主消防控制室应能显示所有火灾报警信号和联动控制状态信号,并应能控制重要的消防设备;各分消防控制室内

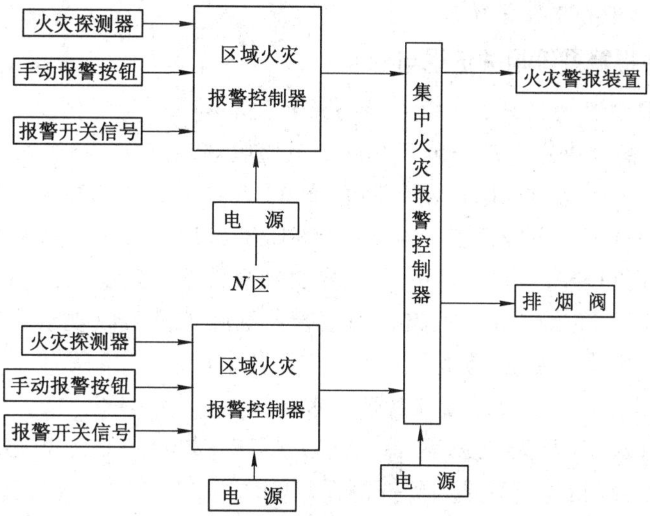

图 13.2 集中报警系统组成

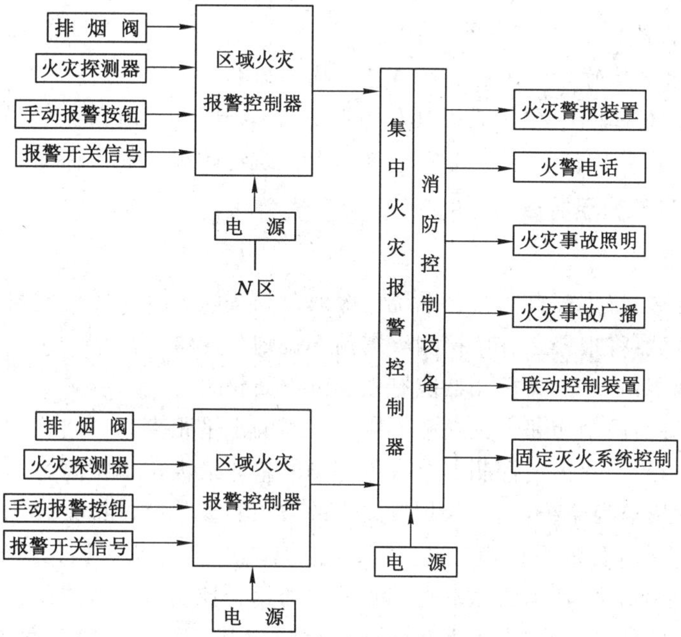

图 13.3 控制中心报警系统组成

消防设备之间可以互相传输、显示状态信息，但不应互相控制。

3）火灾自动报警系统形式的选择

（1）仅需要报警，不需要联动自动消防设备的保护对象宜采用区域报警系统。

（2）不仅需要报警，同时需要联动自动消防设备，且只设置一台具有集中控制功能的火灾报警控制器和消防联动控制器的保护对象，应采用集中报警系统，并应设置一个消防控制室。

（3）设置两个及以上消防控制室的保护对象，或已设置两个及以上集中报警系统的保护对象,应采用控制中心报警系统。

13.1.2 火灾自动报警系统相关法规与标准

1) 火灾自动报警系统设计、施工、验收与维护技术标准

主要包括《报规》、《火灾自动报警系统施工及验收规范》(GB 50166—2013)、《火灾报警控制器》(GB 4717—2005)、《消防联动控制系统》(GB 16806—2006)、《手动火灾报警按钮》(GB 19880－2005)、《火灾报警设备专业术语》(GB/T 4718—2006)与《火灾报警设备图形符号》(GA/T 229—1999)等。其中《报规》是火灾自动报警系统配设计、施工、维护与报废的主要技术标准,先后历经多次修订,《火灾自动报警系统施工及验收规范》(GB 50166—2007)是火灾自动报警系统设计验收、检查与维护的主要技术标准。

2) 相关探测器与电子产品质量可靠性技术标准

主要包括《点型感温火灾探测器》(GB 4716—2005)、《点型感烟火灾探测器》(GB 4715—2005)、《线型光束感烟火灾探测器》(GB 14003—2005)、《特种火灾探测器》(GB 15631—2008)、《可燃气体报警控制器》(GB 16808—2008)、《独立式感烟火灾探测报警器》(GB 20517—2006)、《点型紫外火焰探测器》(GB 12791—2006)、《火灾探测器产品型号编制方法》(GA/T 227—1999)、《火灾报警控制器产品型号编制方法》(GA/T 228—1999)与《火灾声和/或光警报器》(GA 385—2002)等。

3) 相关防火与消防等方面的法规与行业技术标准

主要涉及消防基本法《中华人民共和国消防法》,《建规》、《高规》、《装规》与《消防技术文件用消防设备图形符号》(GB/T 4327—2008)等建筑物防火法规与标准。

13.1.3 基本术语、产品编码与图例

1) 基本术语

(1) 报警区域:将火灾自动报警系统的警戒范围按防火分区或楼层划分的单元。

(2) 探测区域:将报警区域按探测火灾的部位划分的单元。

(3) 保护面积:一只火灾探测器能有效探测的面积。

(4) 安装间距:两个相邻火灾探测器中心之间的水平距离。

(5) 保护半径:一只火灾探测器能有效探测的单向最大水平距离。

(6) 电气火灾监控系统:当被保护线路中的被探测参数超过报警设定值时,能发出报警信号并能指示报警部位的系统,它由电气火灾监控设备、电气火灾监控探测器组成。

(7) 联动控制信号:由消防联动控制器发出的用于控制自动消防设备工作的信号。

(8) 联动反馈信号:受控自动消防设备(设施)将其工作状态信息发送给消防联动控制器的信号。

(9) 联动触发信号:消防联动控制器接收的用于逻辑判断,并发出联动控制的信号。

2) 火灾探测器产品型号与火灾报警设备图例

(1) 火灾探测器产品型号编码

火灾探测器产品型号由特征代号和规格代号两大部分组成,其中特征代号由类组型特征、传感器特征及传输方式代号构成,规格代号由厂家及产品代号和主参数及自带报警声响标志构成。火灾探测器产品型号的形式与编制方法分别如图 13.4 与图 13.5 所示。

① 类组型特征代号:类组型特征代号包括火灾报警设备在消防产品中的分类代号、火灾探测器代号,火灾探测器类型分组代号和应用范围特征代号。类组型特征代号用大写汉

语拼音字母表示;代号中使用的汉语拼音字母为类组型特征名称中具有代表性的汉语拼音字母,见表 13.3。

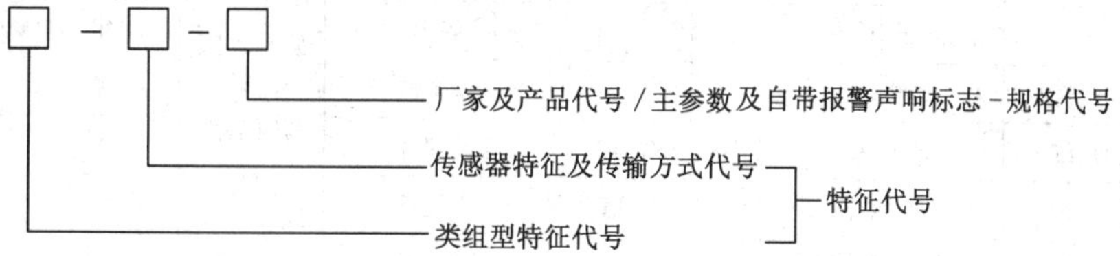

图 13.4　火灾探测器产品型号的构成形式

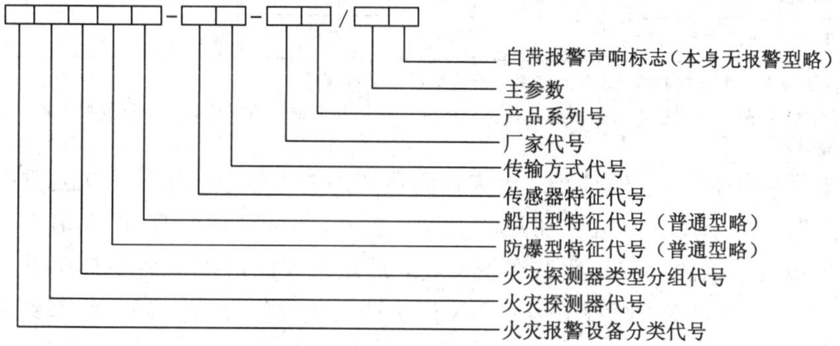

图 13.5　火灾探测器产品型号编码

表 13.3　　　　类组型特征代号对照

类　别	编号	代表意义	类　别	编号	代表意义
类组型特征表示法	J(警)	消防产品中火灾报警设备分类代号	火灾探测器类型分组代号	Y(烟)	感烟火灾探测器
	T(探)	火灾探测器代号		W(温)	感温火灾探测器
应用范围特征表示法	B(爆)	防爆型		G(光)	感光或火灾探测器
	C(船)	船用型		Q(气)	气体敏感火灾探测器
火灾探测器分类型分组代号	T(图)	图像摄像方式火灾探测器		F(复)	复合式火灾探测器
	S(声)	感声火灾探测器			

② 传感器特征代号:传感器特征代号包括火灾探测器敏感元件代号和敏感方式特征代号,除感温火灾探测器需用敏感元件特征代号和敏感方式特征代号表示外,其他各类火灾探测器只用敏感元件代号,其中传感器特征代号用有代表性的传感器特征名称汉语拼音中的一个字母表示,见表 13.4。

③ 传输方式代号:传输方式代号表明火灾探测器是无线传输方式,或是编码或非编码或其混合方式,用一个汉语拼音大写字母表示,主要包括 W(无):无线传输;M(码):编码方式、F(非):非编码;H(混):编码与非编码混合 4 种方式编码。

④ 厂家及产品代号:厂家代号表示生产厂家名称,用汉语拼音字母或英文字母表示,产品代号表示产品的系列号,用阿拉伯数字表示。厂家及产品代号为 4~6 位,前两位或三位使用厂家名称中具有代表性的汉语拼音字母或英文字母表示厂家代号,其后用阿拉伯数字表示产品系列号。

表 13.4　　传感器特征代号对照

类别	编号	代表意义	类别	编号	代表意义	类别	编号	代表意义
感烟火灾探测器传感器	L(离)	离子型	感温火灾探测器传感器	M(膜)	膜盒	感温火灾探测器传感器	D(定)	定温
	G(光)	光电		S(双)	双金属		C(差)	差温
	H(红)	红外光束		Q(球)	玻璃球		O	差定温
	LX	吸气型离子		G(管)	空气管	感光火灾探测器传感器	Z(紫)	紫外
	GX	吸气型光电		L(缆)	热敏电缆		H(红)	红外
感温火灾探测器传感器	Y(银)	水银接点		O(偶)	热电偶		U	多波段
	Z(阻)	热敏电阻		B(半)	半导体	气体敏感火灾探测器传感器	B(半)	气敏半导体
	R(熔)	易熔材料		X(纤)	光纤		C(催)	催化

注：① 图像摄像方式火灾探测器、感声火灾探测器传感器特征可省略。
② 复合式火灾探测器传感器特征用组合在一起的火灾探测器类型分组或传感器特征代号表示。

⑤ 主参数及自带报警声响标志：火灾探测器产品的主参数表示该火灾探测器的灵敏度级别或动作阈值，分别用罗马数字和阿拉伯数字表示，如两者同时存在，两者之间用斜线隔开，对于自带报警声响的火灾探测器在主参数之后用大写汉语拼音字母 B 标明。

例如：JTYBC-HM-XXYYYY 表示 XX 厂生产的船用防爆型、编码、线型红外光束感烟火灾探测器，产品序列号为 YYYY；JTWC-LDM-XXYY/Ⅰ表示 XX 厂生产的船用型、编码、热敏电缆式、定温火灾探测器，灵敏度级别为Ⅰ级，产品序列号为 YY；JTG-ZF-XXYY/Ⅰ表示 XX 厂生产的非编码、紫外火焰探测器、灵敏度级别为Ⅰ级，产品序列号为 YY；JTF-LOSM-XXYY/60/Ⅰ表示 XX 厂生产的编码、感声与离子感烟与差定温复合式火灾探测器，动作温度为 60 ℃，感声灵敏度级别为Ⅰ级，产品序列号为 YY。

(2) 火灾报警设备图例

火灾报警设备符号包括基本符号、辅助符号、附加文字符号与独立图形符号 4 种，其符号图例具体参见《消防技术文件用消防设备图形符号》与《火灾报警设备图形符号》。

13.2　火灾自动报警系统设计要求

13.2.1　报警区域与探测区域划分

1) 报警区域的划分

(1) 报警区域应根据防火分区或楼层划分：可将一个防火分区或一个楼层划分为一个报警区域，也可将发生火灾时需要同时联动消防设备的相邻几个防火分区或楼层划分为一个报警区域。

(2) 电缆隧道的一个报警区域宜由一个封闭长度区间组成，一个报警区域不应超过相连的 3 个封闭长度区间；道路隧道的报警区域应根据排烟系统或灭火系统的联动需要确定，且不宜超过 150 m。

(3) 甲、乙、丙类液体储罐区的报警区域应由一个储罐区组成，每个 50 000 m^3 及以上的外浮顶储罐应单独划分为一个报警区域。

(4)列车的报警区域应按车厢划分，每节车厢应划分为一个报警区域。

2）探测区域的划分

（1）探测区域的划分应符合下列规定：

① 探测区域应按独立房（套）间划分。一个探测区域的面积不宜超过500 m^2；从主要入口能看清其内部，且面积不超过1 000 m^2 的房间，也可划为一个探测区域；

② 红外光束线型感烟火灾探测器探测区域长度不宜超过100 m，缆式感温火灾探测器探测区域长度不宜超过200 m；空气管差温火灾探测器探测区域长度宜为20～100 m。

（2）下列场所应分别单独划分探测区域：

① 敞开或封闭楼梯间、防烟楼梯间。

② 防烟楼梯间前室、消防电梯前室、消防电梯与防烟楼梯间合用的前室、走道、坡道。

③ 电气管道井、通信管道井、电缆隧道。

④ 建筑物闷顶、夹层。

13.2.2 火灾自动报警系统设计方案

1）火灾自动报警系统设计的一般要求

（1）火灾自动报警系统应设有自动和手动两种触发装置。

（2）火灾报警控制器容量和每一总线回路所连接的火灾探测器、控制模块或信号模块的地址编码总数，应留有一定余量。

（3）火灾自动报警系统的设备，应采用经检验合格的产品。

2）火灾自动报警系统设计方案

（1）高层住宅自动报警系统　高层住宅人员多，发生火灾危害大，宜设置自动报警系统。一般楼内设消火栓灭火系统，在电梯前室、楼梯前室及公共通道设置火灾探测器和手动报警按钮，各层设置火警声光报警器、火警电话和事故广播、楼梯间设防排烟系统，在一层值班室设置区域报警器，各楼层楼梯口设楼层指示灯，如图13.6所示。

（2）办公楼、实验楼火灾自动报警系统设计方案　办公楼、实验楼，根据其重要程度和火灾危险性确定火灾自动报警系统组成。一般在大楼的一层设消防值班室，在值班室内设自动报警控制器、事故广播、火警电话、防火门控制、排烟阀控制、消火栓控制与水灭火控制；各房间设火灾探测器，各层在电梯前室、楼梯前室设手动报警按钮，各层楼梯口设楼层指示灯，重要房间设置水灭火系统，公共通道设事故疏散指示灯，各楼层设声光报警器，如图13.7所示。

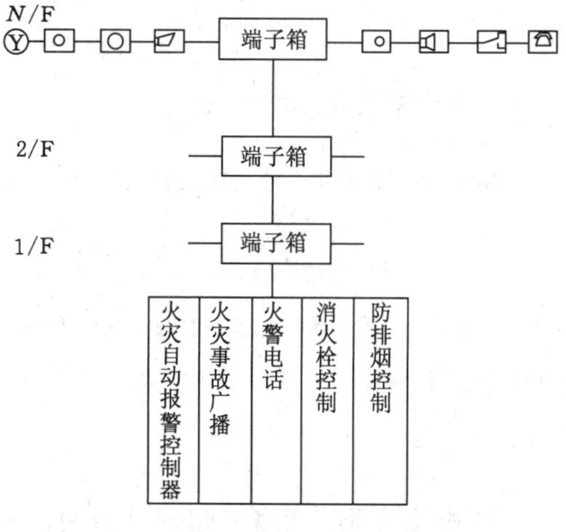

图13.6　高层住宅火灾报警系统设计方案

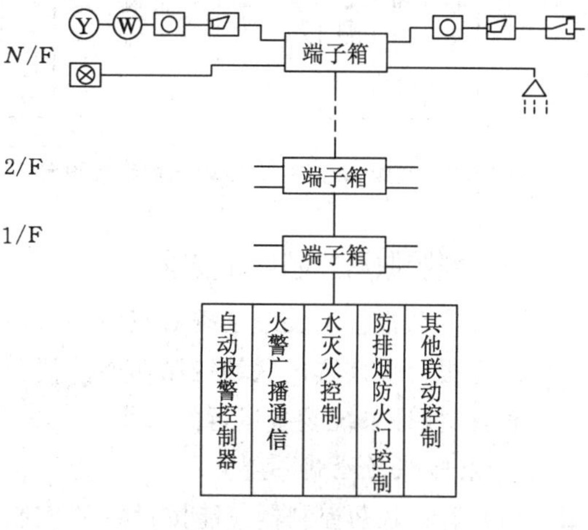

图13.7　办公楼、实验楼火灾报警系统设计方案

(3) 宾馆、饭店火灾自动报警系统设计方案　由于高层宾馆、饭店人员集中,装修豪华,火灾危险性大,因此火灾自动报警系统设计考虑应周全。宾馆、饭店各层都设有值班室,宜采用消防控制中心火灾自动报警系统;大楼的一层设消防控制室,控制室内设集中报警控制器、防排烟风机控制、防火门、防火卷帘控制、空调控制、电梯迫降控制及显示,消火栓灭火系统、消防水泵控制、自动喷水灭火系统、事故广播、火警电话、事故照明及诱导灯控制等;各层值班室设区域报警器;各客房、公共走道等处设火灾探测器,电梯前室等处设火灾探测器,电梯前室等适当位置设手动报警按钮,楼梯口、走道等处设事故诱导灯,各层设声光报警器,由各层区域报警器联动,如图 13.8 所示。

(4) 大型公共建筑火灾自动报警设计方案　大型公共建筑属综合设施,集商业、宾馆、娱乐、办公与公寓为一体,其火灾危险性大,危害严重,一般应设置消防控制中心,采用消防控制中心报警系统。商业、宾馆有值班室的楼层设区域报警器或楼层指示器,出租公寓、出租办公室的管理室设区域报警器,消防控制中心设集中报警器;宜选计算机管理自动报警系统,采用 CRT 显示整座大楼的报警,根据消防设施配置情况,配置各种消防设备控制系统;火灾探测器、手动报警按钮、事故广播、火灾电话、事故照明、疏散诱导灯均按有关规范要求设置,如图 13.9 所示。

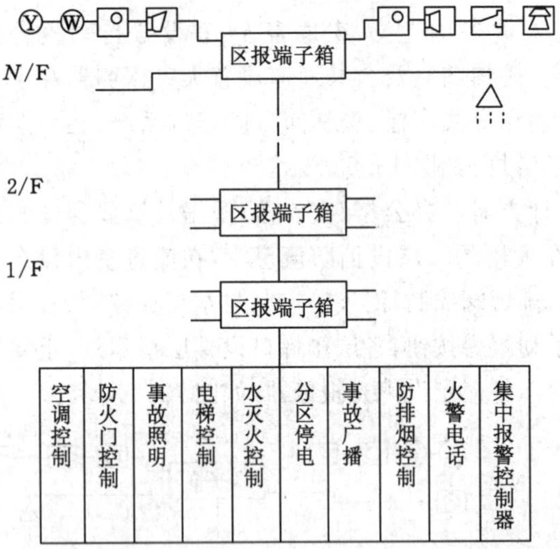

图 13.8　宾馆、饭店火灾自动报警系统设计方案

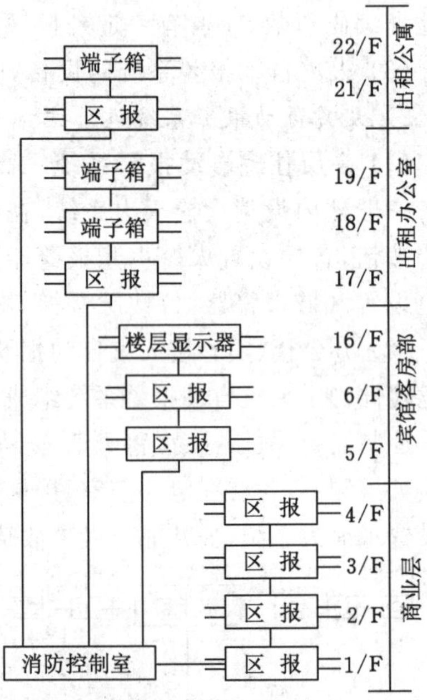

图 13.9　大型综合楼自动报警系统设计方案

13.2.3　消防联动控制设计要求

火灾自动报警系统应具备对室内消火栓系统、自动喷水灭火系统、防排烟系统、防火卷帘和声光报警等装置的联动控制功能。消防设备除可以自动启/停外,还应设置手动直接控制装置,以保证系统设备运行的可靠。

1) 消防联动控制一般要求

(1) 消防联动控制器应能按设定的控制逻辑向各相关的受控设备发出联动控制信号,并接受相关设备的联动反馈信号。

(2) 消防联动控制器的电压控制输出应采用直流 24 V，其电源容量应满足受控消防设备同时启动且维持工作的控制容量要求。

(3) 各受控设备接口的特性参数应与消防联动控制器发出的联动控制信号相匹配。

(4) 消防水泵、防烟和排烟风机的控制设备，除应采用联动控制方式外，还应在消防控制室设置手动直接控制装置。

(5) 启动电流较大的消防设备宜分时启动。

(6) 需要火灾自动报警系统联动控制的消防设备，其联动触发信号应采用两个独立的报警触发装置报警信号的"与"逻辑组合。

2) 自动喷水灭火系统的联动控制设计

(1) 湿式系统和干式系统的联动控制

① 联动控制方式，应由湿式报警阀压力开关的动作信号作为触发信号，直接控制启动喷淋消防泵，联动控制不应受消防联动控制器处于自动或手动状态影响。

② 手动控制方式，应将喷淋消防泵控制箱(柜)的启动、停止按钮用专用线路直接连接至设置在消防控制室内的消防联动控制器的手动控制盘，直接手动控制喷淋消防泵的启动、停止。

③ 水流指示器、信号阀、压力开关、喷淋消防泵的启动和停止的动作信号应反馈至消防联动控制器。

湿式自动喷水灭火系统联动控制原理见图 13.10。

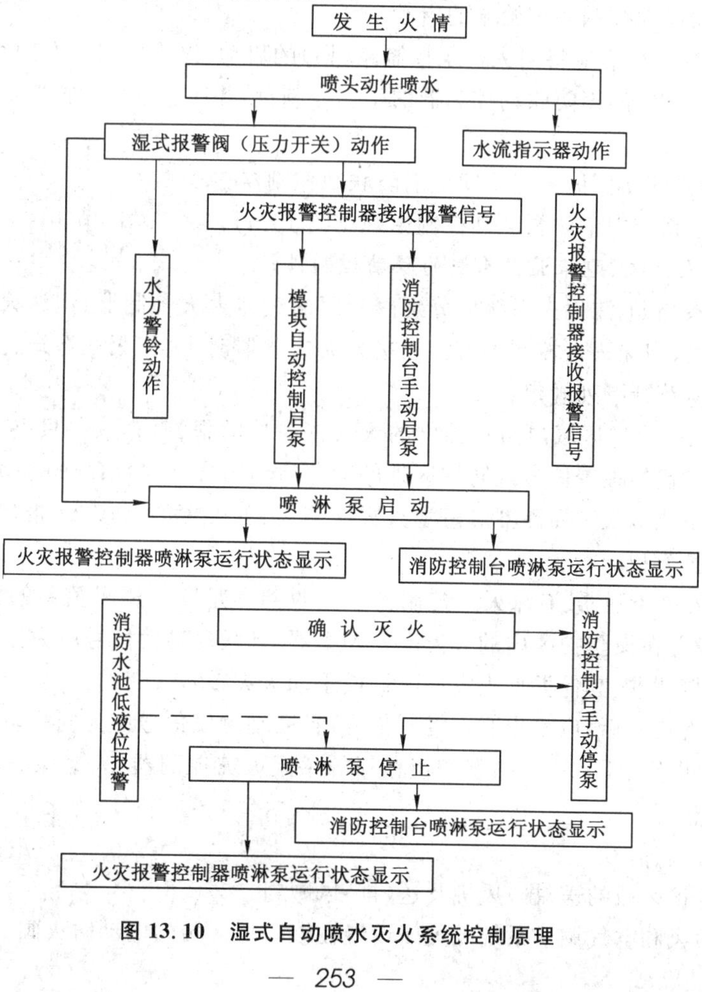

图 13.10　湿式自动喷水灭火系统控制原理

(2) 预作用系统的联动控制

① 联动控制方式,应由同一报警区域内两只及以上独立的感烟火灾探测器或一只感烟火灾探测器与一只手动火灾报警按钮的报警信号,作为预作用阀组开启的联动触发信号。由消防联动控制器控制预作用阀组的开启,使系统转变为湿式系统;当系统设有快速排气装置时,应联动控制排气阀前的电动阀的开启。湿式系统的联动控制设计应符合《报规》第4.2.1条的规定。

② 手动控制方式,应将喷淋消防泵控制箱(柜)的启动和停止按钮、预作用阀组和快速排气阀入口前的电动阀的启动和停止按钮,用专用线路直接连接至设置在消防控制室内的消防联动控制器的手动控制盘,直接手动控制喷淋消防泵的启动、停止及预作用阀组和电动阀的开启。

③ 水流指示器、信号阀、压力开关、喷淋消防泵的启动和停止的动作信号,有压气体管道气压状态信号和快速排气阀入口前电动阀的动作信号应反馈至消防联动控制器。

3) 消火栓系统的联动控制设计

(1) 灭火设备的联动控制　联动控制方式,应由消火栓系统出水干管上设置的低压压力开关、高位消防水箱出水管上设置的流量开关或报警阀压力开关等信号作为触发信号,直接控制启动消火栓泵,联动控制不应受消防联动控制器处于自动或手动状态影响。当设置消火栓按钮时,消火栓按钮的动作信号应作为报警信号及启动消火栓泵的联动触发信号,由消防联动控制器联动控制消火栓泵的启动。

(2) 手动控制方式,应将消火栓泵控制箱(柜)的启动、停止按钮用专用线路直接连接至设置在消防控制室内的消防联动控制器的手动控制盘,并应直接手动控制消火栓泵的启动、停止。

(3)消火栓泵的动作信号应反馈至消防联动控制器。

室内消火栓系统中消防泵联动控制原理见图13.11。

4) 气体灭火系统、泡沫灭火系统的联动控制设计

气体灭火系统、泡沫灭火系统应分别由专用的气体灭火控制器、泡沫灭火控制器控制。气体灭火控制器、泡沫灭火控制器直接连接火灾探测器时,气体灭火系统、泡沫灭火系统的自动控制方式应符合下列规定:

(1) 应由同一防护区域内两只独立的火灾探测器的报警信号、一只火灾探测器与一只手动火灾报警按钮的报警信号或防护区外的紧急启动信号,作为系统的联动触发信号,探测器的组合宜采用感烟火灾探测器和感温火灾探测器,各类探测器应按《报规》第6.2条的规定分别计算保护面积。

(2) 气体灭火控制器、泡沫灭火控制器在接收到满足联动逻辑关系的首个联动触发信号后,应启动设置在该防护区内的火灾声光警报器,且联动触发信号应为任一防护区域内设置的感烟火灾探测器、其他类型火灾探测器或手动火灾报警按钮的首次报警信号;在接收到第二个联动触发信号后,应发出联动控制信号,且联动触发信号应为同一防护区域内与首次报警的火灾探测器或手动火灾报警按钮相邻的感温火灾探测器、火焰探测器或手动火灾报警按钮的报警信号。

(3) 联动控制信号

① 关闭防护区域的送(排)风机及送(排)风阀门。

② 停止通风和空气调节系统及关闭设置在该防护区域的电动防火阀。

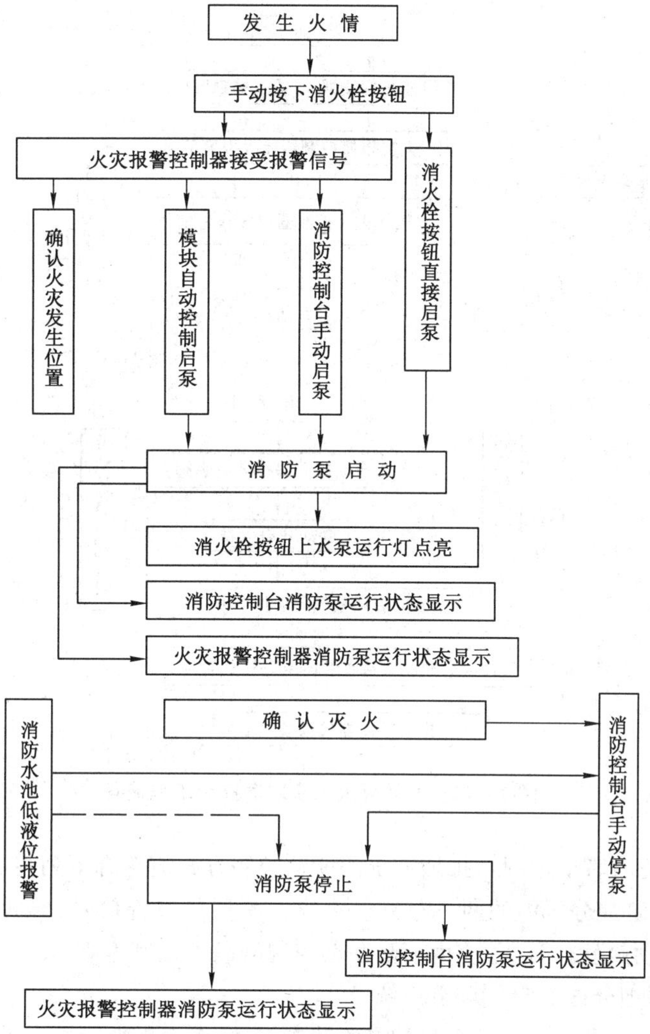

图 13.11 室内消防栓系统联动控制原理

③ 联动控制防护区域开口封闭装置的启动,包括关闭防护区域的门、窗。

④ 启动气体灭火装置、泡沫灭火装置,气体灭火控制器、泡沫灭火控制器,可设定不大于 30 s 的延迟喷射时间。

典型气体灭火系统联动控制工作流程见图 13.12。

5) 防烟排烟系统的联动控制设计

(1) 防烟系统的联动控制

① 应由加压送风口所在防火分区内的两只独立的火灾探测器或一只火灾探测器与一只手动火灾报警按钮的报警信号,作为送风口开启和加压送风机启动的联动触发信号,并应由消防联动控制器联动控制相关层前室等需要加压送风场所的加压送风口开启和加压送风机启动。

② 应由同一防烟分区内且位于电动挡烟垂壁附近的两只独立的感烟火灾探测器的报警信号,作为电动挡烟垂壁降落的联动触发信号,并应由消防联动控制器联动控制电动挡烟垂壁的降落。

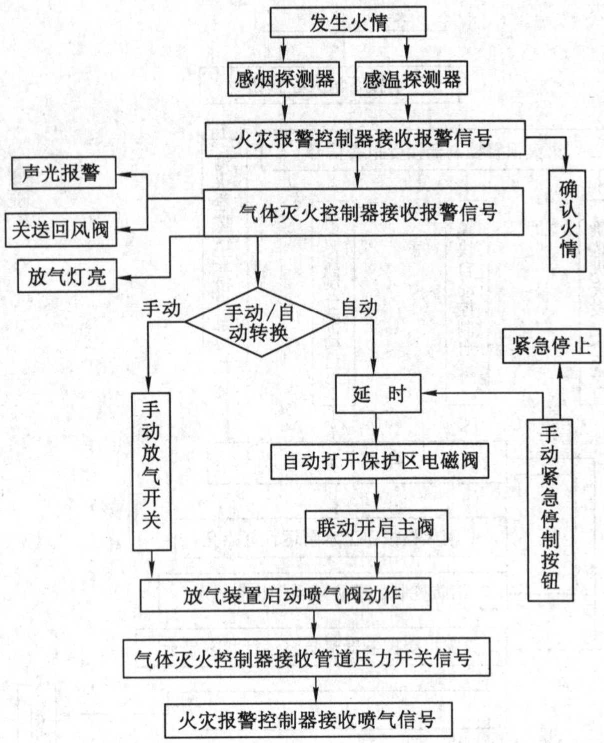

图 13.12　气体灭火系统联动控制工作流程

(2) 排烟系统的联动控制　排烟系统的联动控制方式应符合下列规定：

① 应由同一防烟分区内的两只独立的火灾探测器的报警信号，作为排烟口、排烟窗或排烟阀开启的联动触发信号，并应由消防联动控制器联动控制排烟口、排烟窗或排烟阀的开启，同时停止该防烟分区的空气调节系统。

② 应由排烟口、排烟窗或排烟阀开启的动作信号，作为排烟风机启动的联动触发信号，并应由消防联动控制器联动控制排烟风机的启动。

防烟系统、排烟系统的手动控制方式，应能在消防控制室内的消防联动拉制器上手动控制送风口、电动挡烟垂壁、排烟口、排烟窗、排烟阀的开启或关闭及防烟风机、排烟风机等设备的启动或停止，防烟、排烟风机的启动、停止按钮应采用专用线路直接连接至设置在消防控制室内的消防联动控制器的手动控制盘，并应直接于动控制防烟、排烟风机的启停。排烟系统的联动控制原理见图 13.13。

6) 防火门及防火卷帘系统的联动控制设计

(1) 防火门系统的联动控制　由常开防火门所在防火分区内的两只独立的火灾探测器或一只火灾探测器与一只手动火灾报警按钮的报警信号，作为常开防火门关闭的联动触发信号，联动触发信号应由火灾报警控制器或消防联动控制器发出，并由消防联动控制器或防火门监控器联动控制防火门关闭。

疏散通道上各防火门的开启、关闭及故障状态信号应反馈至防火门监控器。

(2) 防火卷帘的联动控制　防火卷帘的升降应由防火卷帘控制器控制，可采用联动控制和手动控制。

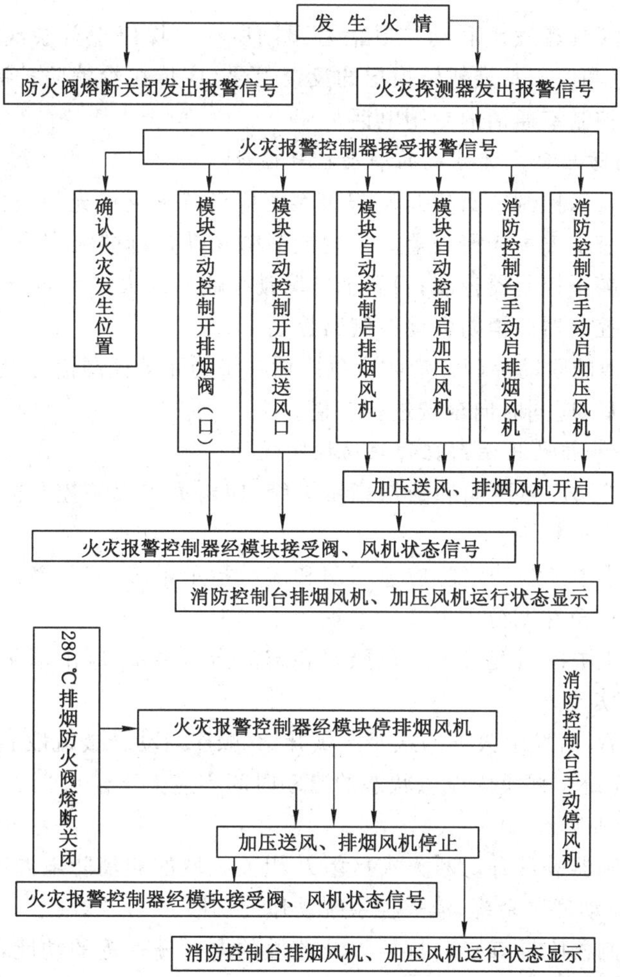

图 13.13 防排烟系统联动控制原理

① 疏散通道上设置的防火卷帘。联动控制方式,防火分区内任两只独立的感烟火灾探测器或任一只专门用于联动防火卷帘的感烟火灾探测器的报警信号应联动控制防火卷帘下降至距楼板面 1.8 m 外;任一只专门用于联动防火卷帘的感温火灾探测器的报警信号应联动控制防火卷帘下降到楼板面;在卷帘的任一侧距卷帘纵深 0.5～5 m 内应设置不少于两只专门用于联动防火卷帘的感温火灾探测器。

手动控制方式,应由防火卷帘两侧设置的手动控制按钮控制防火卷帘的升降。

② 非疏散通道上设置的防火卷帘。联动控制方式,应由防火卷帘所在防火分区内任两只独立的火灾探测器的报警信号,作为防火卷帘下降的联动触发信号,并应联动控制防火卷帘直接下降到楼板面。

手动控制方式,应由防火卷帘两侧设置的手动控制按钮控制防火卷帘的升降,并应能在消防控制室内的消防联动控制器上手动控制防火卷帘的降落。

③ 防火卷帘下降至距楼板面 1.8 m 外、下降到楼板面的动作信号和防火卷帘控制器直接连接的感烟、感温火灾探测器的报警信号,应反馈至消防联动控制器。

7）电梯的联动控制设计

消防联动控制器应具有发出联动控制信号强制所有电梯停于首层或电梯转换层的功能，电梯运行状态信息和停于首层或转换层的反馈信号，应传送给消防控制室显示，轿厢内应设置能直接与消防控制室通话的专用电话。

8）火灾报警和消防应急广播系统的联动控制设计

（1）火灾警报的联动控制　火灾自动报警系统应设置火灾声光警报器，并应在确认火灾后启动建筑内的所有火灾声光警报器。未设置消防联动控制的火灾自动警报系统，火灾声光警报器应由火灾警报控制器控制；设置消防联动控制器的火灾自动警报系统，火灾声光警报器应由火灾警报控制器或消防联动控制器控制。

（2）消防应急广播的联动控制　消防应急广播系统的联动控制信号应由消防联动控制器发出。当确认火灾后，应同时向全楼进行广播。

9）消防应急照明和疏散指示系统的联动控制设计

（1）集中控制型消防应急照明和疏散指示系统，应由火灾报警控制器或消防联动控制器启动应急照明控制器来实现。

（2）集中电源非集中控制型消防应急照明和疏散指示系统，应由消防联动控制器联动应急照明集中电源和应急照明分配电装置实现。

（3）自带电源非集中控制型消防应急照明和疏散指示系统，应由消防联动控制器联动消防应急照明配电箱实现。

（4）当确认火灾后，由发生火灾的报警区域开始，顺序启动全楼疏散通道的消防应急照明和疏散指示系统，系统全部投入应急状态的启动时间不应大于 5 s。

10）相关联动控制设计

（1）消防联动控制器应具有切断火灾区域及相关区域的非消防电源的功能，当需要切断正常照明时，宜在自动喷淋系统、消火栓系统动作前切断。

（2）消防联动控制器应具有自动打开涉及疏散的电动栅栏等的功能，宜开启相关区域安全技术防范系统的摄像机监视火灾现场。

（3）消防联动控制器应具有打开疏散通道上由门禁系统控制的门和庭院电动大门的功能，并应具有打开停车场出入口挡杆的功能。

13.3 火灾报警装置

13.3.1 火灾手动报警装置

1）手动火灾报警按钮的设置

每个防火分区应至少设置一个手动火灾报警按钮，从一个防火分区的任何位置到最邻近的手动火灾报警按钮的距离不应大于 30 m，报警按钮宜设置在疏散通道或出入口处。

手动火灾报警按钮应设置在明显和便于操作的部位，当采用壁挂式安装，其底边距地面高度宜为 1.3～1.5 m，且应有明显标志。

2）消防专用电话设置

消防专用电话网络应为独立的消防通信系统，消防控制室应设置消防专用电话总机，且宜选择供电式电话总机或对讲通信电话设备；消防控制室、消防值班室或企业消防站等处，

应设置可直接报警的外线电话;电话分机或电话塞孔的设置,应符合下列要求:

(1) 下列部位应设置消防专用电话分机

消防水泵房、发电机房、配变电室、计算机网络机房、主要通风和空调机房、防排烟机房、灭火控制系统操作装置处或控制室、企业消防站、消防值班室、总调度室、消防电梯机房及其他与消防联动控制有关的且经常有人值班的机房。消防专用电话分机,应固定安装在明显且便于使用的部位,并应有区别于普通电话的标识。

(2) 设有手动火灾报警按钮或消火栓按钮等处,宜设置电话塞孔,并宜选择带有电话插孔的手动火灾报警按钮。

(3) 各避难层应每隔 20 m 设置一个消防专用电话分机或电话插孔。

(4) 电话插孔在墙上安装时,其底边距地面高度宜为 1.3～1.5 m。

13.3.2 火灾自动报警系统

1) 区域报警系统

区域报警系统是火灾自动报警系统组成中的一种形式(图 13.14),它是由电子元件组成的自动报警和监控装置。

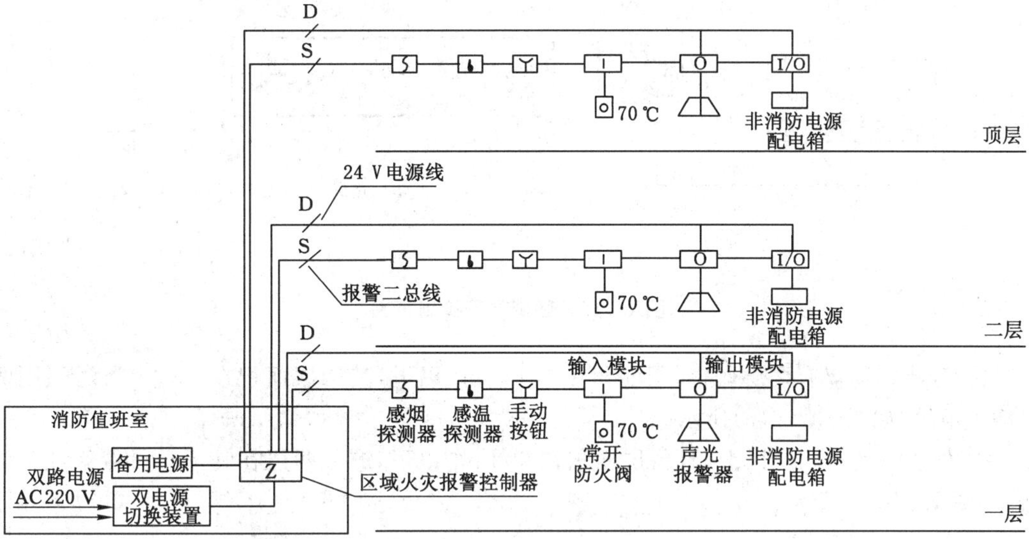

图 13.14 区域火灾报警系统

(1) 区域报警系统的基本原理　接收探测器或手动报警按钮发出的火灾信号,各类报警信号至区域报警器,经信号选择电路处理后,进行火灾、短路与开路(当区域报警器与探测器之间有接触不良或断线时,报警器会发出开路或短路的故障报警信号)判断,报警器首先发出火灾报警信号,指示具体着火部位,发出火警音响,记忆火警信号、开路、短路故障信号,然后通过通信接口电路将 3 类信号送至集中报警控制器,区域报警控制器将接收到的探测器火警信号进行“与”“或”逻辑组合,控制继电器动用联动外部设备,如排烟阀、送风阀与防火门等,如图 13.14 所示。

(2) 区域报警系统的设计要求

① 区域报警系统至少应由一台火灾报警控制器、一台图形显示装置及相应的火灾声和/或光警报器、手动火灾报警按钮、火灾探测器等设备组成,系统中的火灾报警控制器不应

超过两台；系统中可设置消防联动控制设备。

② 火灾报警控制器和消防控制室图形显示装置应设置在有人值班的房间或场所。

③ 当用一台火灾报警控制器警戒多个楼层时，应在每个楼层的楼梯口或消防电梯前室等明显部位，设置识别着火楼层的灯光显示装置。

(3) 火灾报警控制器的设置

① 区域火灾报警控制器或火灾报警控制器应设置在有人值班的房间或场所。

② 区域火灾报警控制器或火灾报警控制器安装在墙上时，其底边距地面高度宜为1.3～1.5 m，其靠近门轴的侧面距墙不应小于0.5 m，正面操作距离不应小于1.2 m。

③ 控制范围：当楼房每层面积在1 000 m^2 以下时，可在每层设置1个区域报警器；如超过1 000 m^2 时，建议按每1 000 m^2 左右设置1个，但在以下情况时可不受此限。

若在建筑物的四周步行距离75 m以内的地点设置有区域报警器，则可按以下方法处理：

a. 在两层以下的建筑物，且每层面积在1 000 m^2 以下时，其一层可不设，如图13.15(a)所示；如果超过1 000 m^2 时，应按每1 000 m^2 左右设置一个区域探测报警器，如图13.15(b)所示。

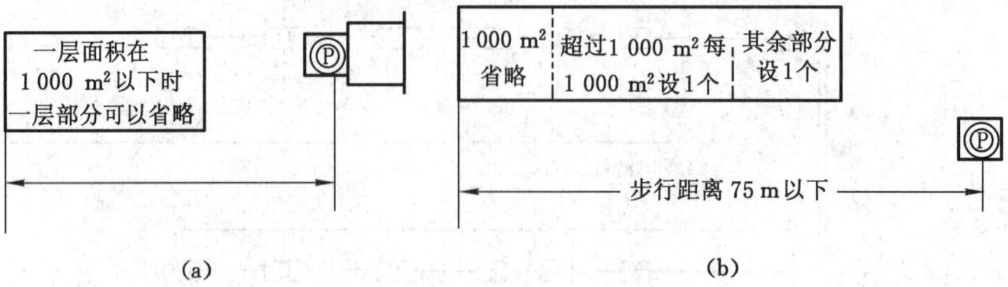

图 13.15 区域报警控制范围

b. 若建筑物仅有两层，其一层面积在1 000 m^2 以下，其二层面积在200 m^2 以下，则两层均可不设，如图13.16(a)所示。

c. 如建筑物有两层以上，且每层面积在200 m^2 以下，应每两层在其下层设置区域报警器，如图13.16(b)所示。

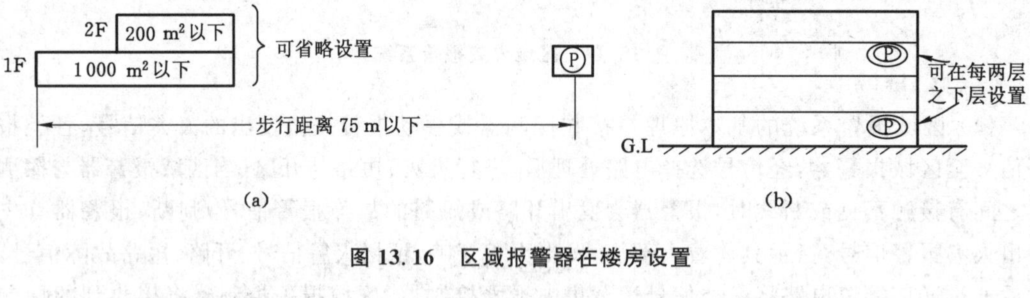

图 13.16 区域报警器在楼房设置

(4) 区域报警器控制系统

① 被监控场所设置一定数量的探测器，这些探测量组成一个报警系统。

② 被监控场所应根据防火分区与报警区域选择探测点，并按探测点和维护管理范围设置区域报警器，其中每个场所可以装设多个探测器。

③ 区域报警控制器的容量不应小于报警区域内的探测区域总数。

④ 如果区域设置探测点过多，将受到线路压降、信号传输耗损限制，可采取以下措施：

a. 应采用 2 台相互独立的区域控制器，分别控制相应的一些部位，进行监测。

b. 楼层较多但每层的探测部位较少，可以按防火分区适当划分，设置区域探测器。

2) 集中报警控制系统

集中报警控制器接收由各个区域报警控制器送来的信号，它有信号控制、程序控制、区域控制、地址控制、计时、打印控制、系统显示等多种功能，通过总控制室的消防中心控制系统启动消防设备，达到控制火灾的目的。

集中报警控制器与区域报警控制器配套使用，巡回检测各区域报警器的火灾报警和故障报警信号，巡检信号受区域报警器与门输出电路的控制，当某区域报警器有火灾报警信号，等到巡检信号到来后才有输出，集中报警器收到这一信号到来后存入内存，再进行显示、音响报警、打印等各种处理。

(1) 集中报警系统的设计要求

① 集中火灾报警系统至少由一台集中火灾报警控制器和两台区域火灾报警控制器、一台图形显示装置、一台消防联动控制器及相应的火灾声或光警报器、手动火灾报警按钮、火灾探测器、防火专用电话等设备组成。

② 集中火灾报警控制器和火灾报警控制器，应能显示火灾报警部位信号和控制信号，亦可进行联动控制，且应设置在有专人值班的消防控制室或值班室内。

(2) 集中报警系统布置要求　集中火灾报警控制器或火灾报警控制器、消防联动控制设备等在消防控制室内的布置要求参见 13.5.4 节。

3) 控制中心报警系统

(1) 控制中心报警系统的设计要求

① 控制中心报警系统至少应由一台集中火灾报警控制器和两台区域火灾报警控制器、一台图形显示装置、一台消防联动控制器及相应的火灾声和或光警报器、火灾应急广播、手动火灾报警按钮火灾探测器、消防专用电话、电气火灾监控系统等设备组成。

② 系统应能集中显示火灾报警部位信号和联动控制状态信号。

③ 控制中心报警系统可以设分控制室，但分控制室的系统组成应符合《报规》的相关要求，且控制中心应能显示分控制室的所有信息。

(2) 控制中心报警系统火灾报警控制器的设置

① 系统中至少应设置一台集中火灾报警控制器、一台专用消防联动控制设备和两台及以上区域火灾报警控制器；或至少设置一台火灾报警控制器、一台消防联动控制设备和两台及以上区域显示器。

② 系统中设置的集中火灾报警控制器或火灾报警控制器和消防联动控制设备在消防控制室内的布置，应符合《报规》的规定。

4) 自动报警装置的选择

(1) 火灾自动报警系统中，所选用的火灾报警装置应具有以下基本功能：

① 能为火灾探测器供电。

② 能接收来自火灾探测器或手动报警按钮的报警信号。

③ 能检测并发出系统本身的故障信号。

④ 能检查火灾报警器的报警功能。

⑤ 具有电源转换功能。

(2) 火灾报警控制器的选择，一般考虑下列因素：

① 火灾探测器、火灾报警器宜选同一厂家的配套产品。

② 报警系统所需回路数量。

③ 是否需要自动消防联动控制功能。

④ 安装位置与方式等。

13.3.3 火灾应急广播系统

火灾应急广播系统是火灾或意外事故时能有效、迅速地组织人员疏散的设备，是火灾自动报警及消防联动控制设备的配套产品。火灾时，探测器将火灾信号传送给控制器，控制器根据预先编好的程序向相应的现场控制模块发出指令，自动或手动将着火层及其相邻上、下层的背景音乐切换成消防广播，及时向人们通报火灾部位，指导人们安全、迅速地疏散。此时，控制中心人员可通过该广播系统进行消防指挥工作。高层建筑和大型民用建筑，建筑物内人员集中且较多，应设火灾应急广播，其系统设计应符合以下要求：

(1) 控制中心报警系统应设置火灾应急广播，集中报警系统宜设置火灾应急广播。

(2) 火灾应急广播扬声器的设置应符合下列要求：

① 民用建筑内扬声器应设置在走道和大厅等公共场所，每个扬声器的额定功率不应小于3.0 W，其数量应能保证从一个防火分区的任何部位到最近一个扬声器的距离不大于25.0 m，走道内最后一个扬声器至走道末端的距离不应大于12.5 m。

② 在环境噪声大于60 dB的场所设置的扬声器，在其播放范围内最远点的播放声压级应高于背景噪声15 dB。

③ 宾馆客房设置专用扬声器时，其功率不宜小于1.0 W。

(3) 火灾应急广播与公共广播合用时，应符合下列要求：

① 火灾时应能在消防控制室将火灾疏散层的扬声器和公共广播扩音机强制转入火灾应急广播状态。

② 消防控制室应能监控用于火灾应急广播时的扩音机的工作状态，并应具有遥控开启扩音机和采用传声器播音的功能。

③ 宾馆床头控制柜内设有服务性音乐广播扬声器时，应有火灾应急广播功能。

④ 应设置火灾应急广播备用扩音机，其容量不应小于火灾时需同时广播的范围内火灾应急广播扬声器最大容量总和的1.5倍。

(4) 同时设有火灾应急广播和火灾声警报装置的场所，应采用交替工作发声，声警报器单次工作时间宜为8～20 s，火灾应急广播工作时间宜为10～30 s，可采取一次声警报器工作，两次火灾应急广播工作的交替工作方式。

13.4 火灾探测器设计与设置

13.4.1 火灾探测器简介

燃烧是一种伴随有光、热的化学反应过程，物质在燃烧过程中一般产生下述现象：

1) 热(温度)

凡是物质燃烧，就必然有热量释放出来，使环境温度升高。

2）燃烧气体

物质在燃烧开始阶段，首先释放出来的是燃烧气体，其中有单分子的 CO 和 CO_2 等气体、较大的分子团、灰烬和未燃烧的物质颗粒悬浮在空气里。

3）烟雾

一般把人肉眼可见的燃烧生成物，是粒径为 0.01～10 μm 的液体或固体微粒。

4）火焰

火焰是物质着火产生的灼热发光的气体部分，物质燃烧到发光阶段，是物质的全燃烧阶段，火焰热辐射含有大量的红外线和紫外线。

对火灾主要燃烧现象中特征物理量(温度、烟气浓度、可燃气体浓度与不可见光等)的检测与监测的各类火灾探测器，是我们探测火灾火警信号的基本手段。目前世界各国火灾探测器产品繁多，从探测器方法和工作原理上来分，主要有空气离化法、热(温度)检测法、火焰常用的(光)检测法与可燃气体检测法等；种类上主要有感烟式探测器、感温式探测器、感光式探测器、可燃气体探测器和复合式探测器等几类火灾探测器。每种类型中又可分为不同的形式，各种火灾探测器的种类参见表 13.5；各种火灾探测器的基本动作原理和技术性能见表 13.6。

表 13.5　　火灾探测器的种类与结构

类　型	结　构	类　型
感烟式探测器	点　型	离子感烟式
		光电感烟式
感温式探测器	定温式	双金属型、易熔合金型、热敏电阻型
	差温式	点型：空气膜盒式、热敏半导体电阻式；线型：热电偶、热敏电阻
	差定温式	膜盒式、热敏半导体电阻式等点型结构
感光式探测器		紫外式火焰探测器
		红外式火焰探测器
可燃气体探测器	点　型	催化型、半导体型
复合式探测器	点　型	烟温复合式、双灵敏度感烟输出式

注：① 点型探测器：探测元件集中在一个特定点上，响应该点周围空间的火灾参量的火灾探测器，民用建筑中几乎均使用点型探测器。

② 线型探测器：一种响应某一连续线路周围的火灾参量的火灾探测器，多用于工业设备及民用建筑中一些特定场合。

表 13.6　　火灾探测器的原理与性能

类　型	工作原理	性　能
离子感烟式探测器	用装有一片放射性物质 AM241 构成的 2 个电离板和场效应晶体管等电子器件组成电子电路，把火灾发生时的烟雾信号转换成直流电压信号而报警	采用空气电离化实现感烟探测，对火灾初期和阴燃阶段烟雾气溶胶检测灵敏有效，可探测到微小烟雾颗粒
光电感烟式探测器	有遮光式和散射光式 2 种，是在检测室内装入发光元件和受光元件，当烟雾进入检测室后，受光元件的光线被烟雾遮挡而使光亮减少，探测器发出警报信号，或由于烟粒子的作用，发光元件发射的光发生漫反射，受光元件受光照射而使阻抗发生变化，产生光电流而报警	根据烟雾粒子对光的吸收和散射作用实现感烟探测，宜用于特定场合

续表 13.6

类型	工作原理	性能
定温式探测器	易熔合金定温火灾探测器是利用低熔点合金在火灾时融化，使保险片由于本身的弹力将电接点闭合而报警	在规定时间内，火灾引起的温度上升超过某个温度定值时启动报警，有点型和线型
差温式探测器	膜盒式差温火灾探测器：在火灾发生时利用密封的金属膜盒气室内的气体膨胀，把气室底部的波纹板推动接通电接点而报警； 热敏电阻式差温火灾探测器：在火灾发生时，由于温度的变化使热敏电阻的阻值发生变化，产生电信号而报警	在规定的时间内，火灾引起温度上升速率超过某个规定值时启动报警，有点型和线型
差定温式火灾探测器	探测器的定温和差温 2 部分组成复合式火灾探测器	兼有定温式和差温式两者的功能，可靠性较高
紫外式火焰探测器	利用紫外线探测元件，接受火焰自身发出的紫外线辐射而报警	监测物质燃烧过程中产生的火焰，多用于油品和电力装置火灾监测
红外式火焰探测器	利用红外线探测元件接受火焰自身发生的红外辐射，产生电信号而报警	根据物质燃烧时火焰的闪烁现象，探测火灾，而对一般光源不起作用，多用于电缆地沟、地下铁道及隧道等处
可燃气体探测器	按使用的气敏元件和传感器的不同分为热催化原理、热导原理、气敏原理和三端电化学原理	探测空气中可燃气体浓度、气体成分，用于宾馆厨房、炼油厂等存在可燃气体的场所

选择合适的火灾探测器来探测火灾是非常重要的工作，因为任何一种探测器都不是万能的，有一定的环境适应性，也就是有一定的使用局限性。要想有效地发挥各种火灾探测器的作用，就要掌握各种火灾探测器的探测原理以及它的适用场所，才能真正发挥其作用。

13.4.2 火灾探测器布置设计

1）火灾探测器的选择

火灾探测器的一般选用原则是：充分考虑火灾形成规律与火灾探测器选用的关系，根据火灾探测区域内可能发生的初期火灾的形成和发展特点、房间高度、环境条件和可能引起误报的因素等综合确定。

（1）选择火灾探测器的一般要求

① 火灾初期有阴燃阶段，产生大量的烟和少量热，很小或没有火焰辐射，应选用感烟探测器。

② 火灾发展迅速，产生大量的热、烟和火焰辐射，可选用感烟探测器、感温探测器、火焰探测器或其组合。

③ 火灾发展迅速，有强烈的火焰辐射和少量烟与热，应选用火焰探测器。

④ 对火灾初期有阴燃阶段，且需要早期探测的场所，宜增设一氧化碳火灾探测器。

⑤ 对使用、生产可燃气体或可燃液体蒸汽的场所，应选择可燃气体探测器。

⑥ 应根据保护场所可能发生火灾的部位和燃烧材料的分析，以及火灾探测器的类型、灵敏度和响应时间等选择相应的火灾探测器，对火灾形成特征不可预料的场所，可根据模拟试验的结果选择探测器。

⑦ 同一探测区域内设置多个火灾探测器时，可选择具有复合判断火灾功能的火灾探测

器和火灾报警控制器。

(2) 点型火灾探测器的选择　不同种类探测器的使用与房间高度的关系见表 13.7。不同场所火灾探测器的选择见表 13.8 所示。

表 13.7　对不同高度的房间点型火灾探测器的选择

房间高度 h/m	点型感烟火灾探测器	点型感温火灾探测器			火焰探测器
		A1,A2	B	C,D,E,F,G	
12<h≤20	不适合	不适合	不适合	不适合	适合
8<h≤12	适合	不适合	不适合	不适合	适合
6<h≤8	适合	适合	不适合	不适合	适合
4<h≤6	适合	适合	适合	不适合	适合
h≤4	适合	适合	适合	适合	适合

注:表中为点型感温探测器的不同类别,其具体参数应符合《报规》的规定。

表 13.8　不同场所点型火灾探测器的选择

类型	宜选择设置的场所	不宜选择设置的场所
点型感烟探测器	饭店、旅馆、教学楼、办公楼的厅堂、卧室、办公室、商场、列车载客车厢等;计算机房、通信机房、电影或电视放映室等;楼梯、走道、电梯机房、车库等;书库、档案库等	符合下列条件之一的场所,不宜选择点型离子感烟探测器:相对湿度经常大于 95%;气流速度大于 5 m/s;有大量粉尘、水雾滞留;可能产生腐蚀性气体;在正常情况下有烟滞留;产生醇类、醚类、酮类等有机物质。 符合下列条件之一的场所,不宜选择点型光电感烟探测器:有大量粉尘、水雾滞留;可能产生蒸汽和油雾;高海拔地区;在正常情况下有烟滞留
点型感温探测器	符合下列条件之一的场所,宜选择点型感温火灾探测器:相对湿度经常大于 95%;可能发生无烟火灾;有大量粉尘;吸烟室等在正常情况下有烟和蒸汽滞留的场所;厨房、锅炉房、发电机房、烘干车间等不宜安装感烟火灾探测器的场所;需要联动熄灭"安全出口"标志灯的安全出口内侧;其他无人滞留且不适合安装感烟探测器,但发生火灾时需要及时报警的场所	可能产生阴燃或发生火灾不及时报警将造成重大损失的场所不宜选择点型感温火灾探测器;温度在 0 ℃以下的场所,不宜选择定温探测器;温度变化较大的场所,不宜选择具有差温特性的探测器
点型火焰探测器	符合下列条件之一的场所,宜选择点型火焰探测器或图像型火焰探测器:火灾时有强烈的火焰辐射;可能发生液体燃烧等无阴燃阶段的火灾;需要对火焰做出快速反应	符合下列条件之一的场所,不宜选择点型火焰探测器或图像型火焰探测器:在火焰出现前有浓烟扩散;探测器的镜头易污染;探测器的"视线"易被油雾、烟雾、水雾和冰雪遮挡;探测区域内的可燃物是金属和无机物;探测器易受阳光、白炽灯等光源直接或间接照射。 探测区域内正常情况下有高温物体的场所,不宜选择单波段红外火焰探测器。 正常情况下有明火作业,探测器易受 X 射线、弧光和闪电等影响的场所,不宜选择紫外火焰探测器

续表 13.8

类型	宜选择设置的场所	不宜选择设置的场所
可燃气体探测器	下列场所宜选择可燃气体探测器：使用可燃气体的场所；煤气站和燃气表房以及存储液化石油气罐的场所；其他散发可燃气体和可燃蒸气的场所。 有可能产生一氧化碳气体的下列场所，宜选择点型一氧化碳气体探测器：烟不容易对流或顶棚下方有热屏障的场所；在顶棚上无法安装其他点型火灾探测器的场所；需要多信号符合报警的场所	
吸气式探测器	污物较多且必须安装感烟火灾探测器的场所，宜选择间断吸气的点型吸气式感烟火灾探测器或具有过滤网和管路自清洗功能的管路采样吸气式感烟火灾探测器	

(3) 线形火灾探测器的选择　不同场所线型火灾探测器的选择见表 13.9。

表 13.9　　不同场所线型火灾探测器的选择

类型	宜选择设置的场所	不宜选择设置的场所
线型光束感烟探测器	无遮挡大空间或有特殊要求的房间	符合下列条件之一的场所，不宜选择线型光束感烟火灾探测器：有大量粉尘、水雾滞留；可能产生蒸气和油雾；在正常情况下有烟滞留；固定探测器的建筑结构由于振动等原因会产生较大位移的场所
缆式线型定温探测器	下列场所或部位，宜选择缆式线型感温火灾探测器：电缆隧道、电缆竖井、电缆夹层、电缆桥架；不易安装点型探测器的夹层、闷顶；各种胶带输送装置；其他环境恶劣不适合点型探测器安装的场所	
线型光纤感温火灾探测器	下列场所或部位，宜选择线型光纤感温火灾探测器：除液化石油气外的是有储罐；需要设置线型感温火灾探测器的易燃易爆场所；需要监测环境温度的地下空间等场所宜设置具有实时温度监测功能的线型光纤感温火灾探测器；公路隧道、敷设动力电缆的铁路隧道和城市地铁隧道等。	

(4) 吸气式感烟火灾探测器的选择　下列场所宜选择吸气式感烟火灾探测器：

① 具有高速气流的场所。

② 点型感烟、感温探测器不适宜的大空间、舞台上方、建筑高度超过 12 m 或有特殊要求的场所。

③ 低温场所。

④ 需要进行隐蔽探测的场所。

⑤ 需要进行火灾早期探测的重要场所。

⑥ 人员不宜进入的场所。

(5) 灰尘比较大的场所，不应选择没有过滤网和管路自清洗功能的管路采样式吸气感烟火灾探测器。

2) 探测区域划分

所谓“探测区域”，是指在有热气流或烟雾充满的区域，具体划分原则与要求见 13.2.1 节。就屋内天棚表面和天棚内部而言，为被墙及突出安装面0.6 m及以上的梁等分隔开的部分，如图 13.17 所示。

火灾探测区域是火灾自动报警系统的最小单位，代表了火灾报警的具体部位。它能帮助值班人员及时、准确地到达火灾现场，采取有效措施，扑灭火灾，减少损失。因此，在火灾

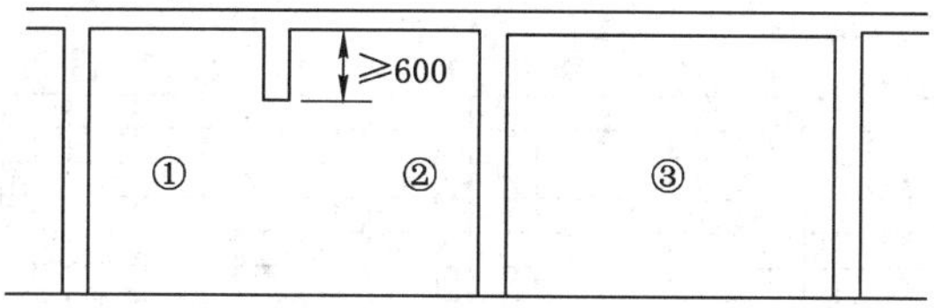

图 13.17 探测区域的划分

自动报警系统设计时，必须严格按照《报规》要求，正确划分火灾探测区域。

3）火灾探测器数量的确定

探测区域内的每个房间应至少设置一只火灾探测器。感烟火灾探测器和 A1，A2，B 型感温火灾探测器的保护面积和保护半径，应按表 13.10 确定；C，D，E，F，G 型感温火灾探测器的保护面积和保护半径，应根据生产企业设计说明书确定，但不应超过表 13.10 的规定。

感烟火灾探测器、感温火灾探测器的安装间距，应根据探测器的保护面积 A 和保护半径 R 确定，并不应超过《报规》6 探测器安装间距的极限曲线 D_1-D_{11}（含 D9′）规定的范围。

表 13.10 感烟火灾探测器和 A1、A2、B 型感温火灾探测器的保护面积及保护半径

火灾探测器种类	地面面积 S /m²	房间高度 h /m	一只探测器的保护面积 A 和保护半径 R					
			屋顶坡度 θ					
			≤15°		15°<θ≤30°		>30°	
			A/m²	R/m	A/m²	R/m	A/m²	R/m
感烟火灾探测器	≤80	≤12	80	6.7	80	7.2	80	8.0
	>80	6<h≤12	80	6.7	100	8.0	120	9.9
		≤6	60	5.8	80	7.0	100	9.0
感温火灾探测器	≤30	≤8	30	4.4	30	4.9	30	5.5
	>30	≤8	20	3.6	30	4.9	40	6.3

一个探测区域内所需设置的探测器数量，不应小于式(13.1)的计算值：

$$N \geqslant \frac{S}{KA} \tag{13.1}$$

式中 N——1 个探测区域内所需设置的探测器数量，只，N 取整数。

S——1 个探测区域的面积，m²。

A——1 个探测器的保护面积，m²。

K——修正系数，容纳人数超过 10 000 人的公共场所宜取 0.7～0.8；容纳人数为 2 000 人～10 000 人的公共场所宜取 0.8～0.9；容纳人数为 500 人～2 000 人的公共场所宜取 0.9～1.0；其他场所可取 1.0。

常用的感烟、感温探测器的保护面积及保护半径见表 13.10。按表 13.10 和图 13.18 确定探测器设置数量的步骤如下：

(1) 根据探测器监视的地面面积 S、房间高度 h、屋顶坡度 θ 及火灾探测器的种类和级别，查表 13.10 得出使用不同种类探测器的保护面积和保护半径，在考虑修正系数 K 值的条件下，计算所需设置的探测器数量 N。

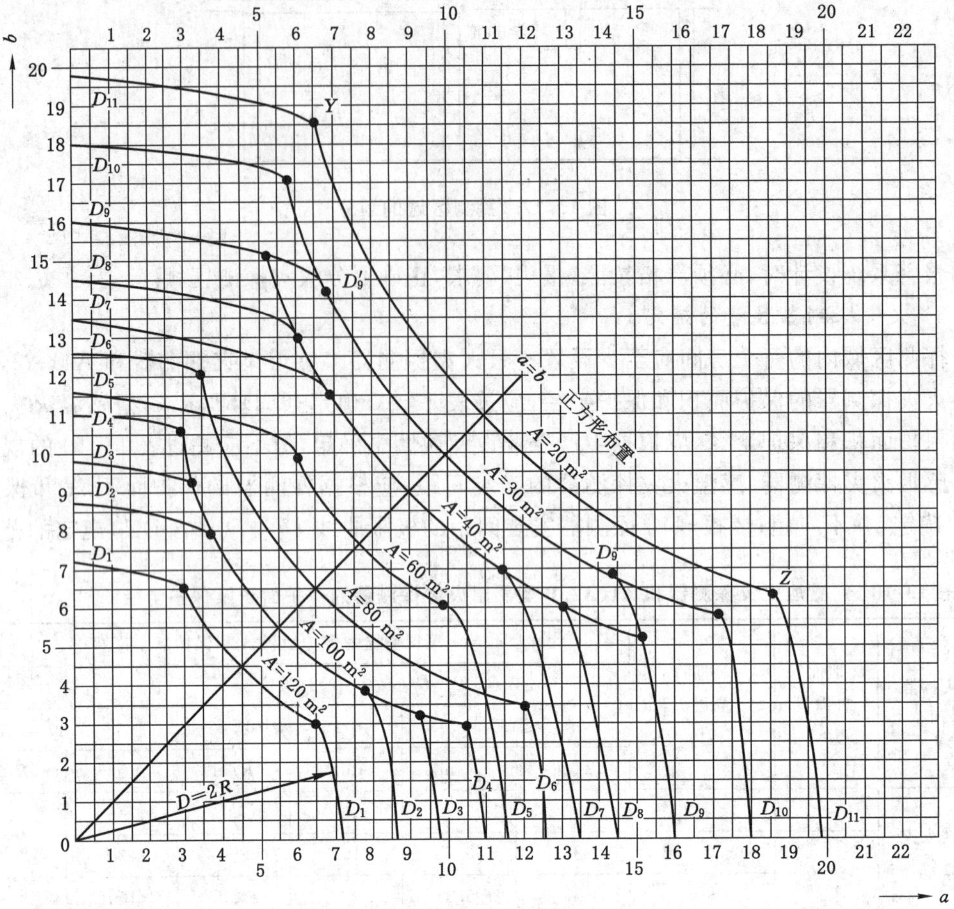

图 13.18 探测器安装间距的极限曲线

A—探测器的保护面积，m^2；a，b—探测器的安装间距，m；

$D_1 \sim D_{11}$—在不同保护面积 A 和保护半径下确定探沿器安装间距 a，b 的极限曲线；

Y，Z—极限曲线的端点（在 Y 和 Z 两点间的曲线范围内，保护面积可得到充分利用）

（2）根据查得的保护面积 A 和保护半径 R 值，从图 13.18 中选取探测器的安装间距不应大于 a，b 值，在满足有关《报规》对探测器设置位置要求下，具体地对探测器进行布置。

① 探测器的安装间距。探测器的安装间距为两只相邻探测器中心之间的水平距离，如图 13.19 所示。当探测器矩形布置时，a 称为横向安装间距，b 为纵向安装间距。图 13.19 中，1 号探测器的安装间距是指其与之相邻的 2，3，4，5 号探测器之间的距离。

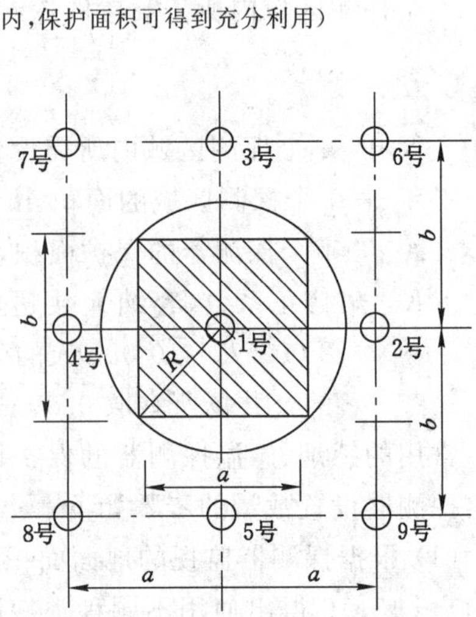

图 13.19 探测器安装间距图例

② 探测器的平面布置。布置的基本原则是被保护区域都要处于探测器的保护范围之中。一个探测器的保护面积是以它的保护半径 R 为半径的

内接正方形面积，而它的保护区域是一个保护半径为 R 的圆(图 13.19)。A,R,a,b 之间近似符合如下关系：

$$A=ab \tag{13.2}$$

$$R=\sqrt{\left(\frac{a}{2}\right)^2+\left(\frac{b}{2}\right)^2} \tag{13.3}$$

$$D=2R \tag{13.4}$$

工程设计中，为了减少探测器布置的工作量，常借助于“安装间距 a 和 b 的极限曲线”(图 13.18)确定满足 A 和 R 的安装间距，其中 D 称为保护直径。图 13.18 中的极限曲线 $D_1 \sim D_4$ 和 D_6 适合于感温探测器，极限曲线 $D_7 \sim D_{11}$ 和 D_5，适于感烟探测器。

(3) 经过具体的布置后，检测探测器到最远点的水平距离是否超过探测器的保护半径。如果超过，应重新安排探测器或增加探测器的设置数量。

4) 探测器的安装

为了有效地探测火灾的发生，火灾探测器应安装在室内天棚表面(没有天棚的场合，安装在室内屋顶的表面上)，考虑到维护管理的方便、其安装面的高度不宜超过 20 m。

探测器的设置部位与安装应满足的要求，具体参见《报规》6.12 的规定。

13.4.3 火灾探测器布置设计工程实例

【例 13.1】 某宾馆会议室被划分为一个探测区域，其地面面积为 30 m×40 m，能容纳 200 人，房顶坡度为 13°，房间高度为 8 m，试对该会议室进行探测器的布置。

【解】 (1) 探测器选择

根据所用场所可知，查表 13.7 与表 13.8，会议室选感温和感烟探测器均可，但因房间高度为 8 m(超过 6 m)，仅能选感烟探测器。

(2) 确定保护面积与保护半径

属于公共场所，且人数为 200 人，故 K 取 1.0，保护面积 30 m×40 m＝1 200 m^2＞80 m^2，房间高度 $h=8$，在 $6<h\leqslant 12$ 之间，房间坡度为 13°＜15°。查表 13.10 得，保护面积 $A=80\ \text{m}^2$，保护半径 $R=6.7$ m。

(3) 确定探测器数量

依据式(13.1)得：

$$N \geqslant \frac{S}{KA}=\frac{1\ 200}{1\times 80}=15$$

(4) 确定安装间距 a 与 b 值

$$D=2R=2\times 6.7\ \text{m}=13.4\ \text{m}$$

根据图 13.18 中曲线 D_7 上弦线段上选取探测器安装间距 a 和 b 的数值，并根据现场实际情况调整，最后取 $a=8$ m，$b=10$ m，布置方式如图 13.20 所示。

(5) 验证

由图 13.19 和式(13.3)得探测器的保护半径为：

$$R=\sqrt{\left(\frac{8}{2}\right)^2+\left(\frac{10}{2}\right)^2}=6.4\ \text{m}<6.7\ \text{m}$$

且探测器距墙的最大值为 5 m，不大于安装间距 10 m 的 1/2。总之，可以判定布置合理。

除了上述根据极限曲线图确定探测器的布置间距外，实际工程中还常常用经验法对探测器进行布置。

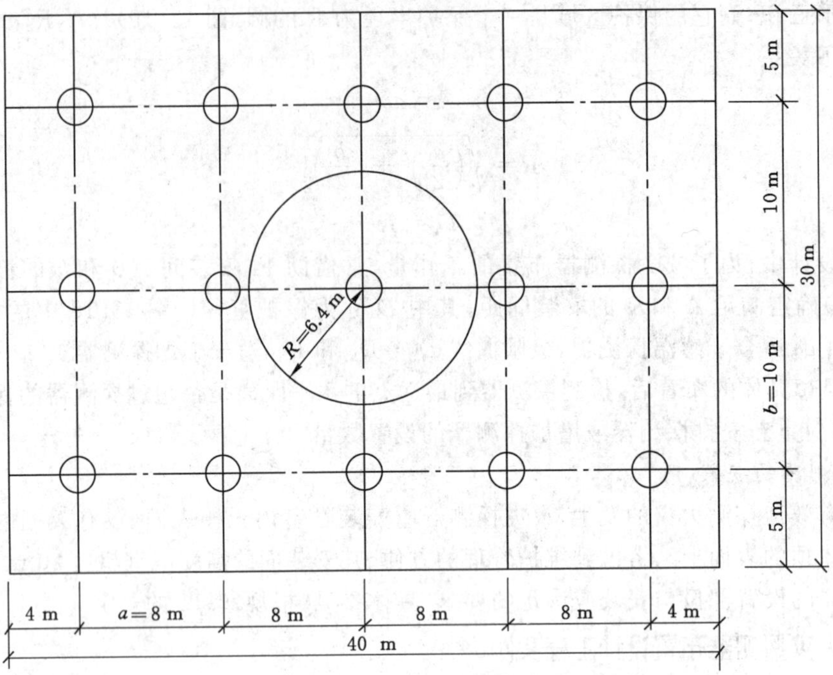

图 13.20 阶梯教室的火灾探测器布置示意图

(1) 经验法

一般点型探测器的布置为均匀布置，根据工程实际得出经验公式为：

a(横向间距)=探测区域长度(横向长度)/(横向安装个数+1)

b(纵向间距)=探测区域长度(纵向长度)/(纵向安装个数+1)

其保护直径 $D=2R=2\times6.7$ m=13.4 m，又因为距墙的最大距离为安装间距的1/2，两侧墙为一个安装间距，则该会议室按照上述经验法来布置。a 值和 b 值分别为：

$$a=40/(4+1)\ \text{m}=8\ \text{m}$$

$$b=30/(2+1)\ \text{m}=10\ \text{m}$$

(2) 查表法

根据实际工程实验，可以由保护面积与保护半径查表13.11来确定最佳安装间距。

表 13.11 最佳安装间距选择

探测器种类	保护面积 A/m^2	保护半径 R/m	参照的极限曲线	最佳安装间距 a、b 及其保护半径 R/m									
				$a\times b$	R	$a\times b$	R	$a\times b$	R	$a\times b$	R	$a\times b$	R
感烟探测器	60	5.8	D_6	7.7×7.7	5.4	8.3×7.2	5.5	8.8×6.8	5.6	9.4×6.4	5.7	9.9×6.1	5.8
	80	6.7	D_7	9.0×9.0	6.4	9.6×8.3	6.3	10.2×7.8	6.4	10.8×7.4	6.5	11.4×7.0	6.7
	80	7.2	D_8	9.0×9.0	6.4	10×10	6.4	11.0×7.3	6.6	12.0×6.7	6.9	13.0×6.1	7.2
	80	8	D_9	9.0×9.0	6.4	10.6×7.5	6.5	12.1×6.6	6.9	13.7×5.8	7.4	15.4×5.3	8
	100	8	D_9'	10×10	7.1	11.1×9.0	7.1	12.2×8.2	7.3	13.3×7.5	7.6	14.4×6.9	8
	100	9	D_{10}	10×10	7.1	11.8×8.5	7.3	13.5×7.4	7.7	15.3×6.5	8.3	17.0×5.9	9
	120	9.9	D_{11}	11×11	7.8	13.0×9.2	8	14.9×8.1	8.5	16.9×7.1	9.2	18.7×6.4	9.9

续表 13.11

探测器种类	保护面积 A/m^2	保护半径 R/m	参照的极限曲线	最佳安装间距 a、b 及其保护半径 R/m									
				$a\times b$	R	$a\times b$	R	$a\times b$	R	$a\times b$	R	$a\times b$	R
感温探测器	20	3.6	D_1	4.5×4.5	3.2	5.0×4.0	3.2	5.5×3.6	3.3	6.0×3.3	3.4	6.5×3.1	3.6
	30	4.4	D_2	5.5×5.5	3.9	6.1×4.9	3.9	6.7×4.8	4.1	7.3×4.1	4.2	7.9×3.8	4.4
	30	4.9	D_3	5.5×5.5	3.9	6.5×4.6	4	7.4×4.1	4.2	8.4×3.6	4.6	9.2×3.2	4.9
	30	5.5	D_4	5.5×5.5	3.9	6.8×4.4	4	8.1×3.7	4.5	9.4×3.2	5	10.6×2.8	5.5
	40	6.3	D_5	6.5×6.5	4.6	8.0×5.0	4.7	9.4×4.3	5.2	10.9×3.7	5.8	12.2×3.3	6.3

注：参照的极限曲线见图 13.18。

13.5 消防控制室

根据《报规》规定，具有消防联动功能的火灾自动报警系统的保护对象中应设置消防控制室。消防控制室应起到防火管理中心、警卫管理中心、设备管理中心及信息情报中心的作用，也是消防机关在本大楼灭火的指挥中心。消防控制室应至少由火灾报警控制器、消防联动控制器、消防控制室图形显示装置或其组合设备组成，应能监控消防系统及相关设备（设施），显示相应设备（设施）的动态信息和消防管理信息，向远程监控中心传输火灾报警及其它相应信息。

1）消防控制室的设备组成

消防控制室内设置的消防设备应包括火灾报警控制器、消防联动控制器、消防控制室图形显示装置、消防专用电话总机、消防应急广播控制装置、消防应急照明和疏散指示系统控制装置、消防电源监控器等设备或具有相应功能的组合设备。

2）消防控制室控制盘组成

消防控制室控制盘应包括下列内容：

(1) 火灾事故广播用话筒及选择开关；

(2) 消防水泵的启、停按钮及消防水泵的工作、故障状态显示，消火栓按钮动作显示；

(3) 自动喷水灭火系统的启、停控制装置及运行显示；

(4) 泡沫、干粉灭火系统的启、停控制装置及系统的状态显示；

(5) 有管网的卤代烷、二氧化碳灭火系统的紧急启动和切断装置。显示系统的自动、手动工作状态，在报警、喷射各阶段应有相应的声光报警，并能手动切除声响信号，在延时阶段，应能自动关闭防火门、窗，停止通风、空调；

(6) 火灾报警后，能停止有关部位的风机，关闭防火阀，并接收其反馈信号，启动有关部位的防烟、排烟风机、排烟阀，并接收其反馈信号；

(7) 火灾确认后，能关闭有关部位的防火门、防火卷帘，并接收其反馈信号，强制电梯全部停于首层，并接收其反馈信号，接通火灾事故照明灯和疏散指示灯，切断有关部位的非消防电源；

(8) 火警通讯设备，消防控制室应设两路专用电源，自动切换，互为备用。消防报警设备还应备镉镍电池直流电源，确保供电可靠性。

3）消防控制室的设置与一般要求

（1）消防控制室应设有用于火灾报警的外线电话。

（2）消防控制室应有相应的竣工图纸、各分析题控制逻辑关系说明、设备使用说明书、系统操作规程、应急预案、值班制度、维护保养制度及值班记录等文件资料。

（3）消防控制室的送、回风管在其穿墙处应设防火阀；

消防控制室周围不应设置在电磁干扰较强及其他影响消防控制室设备的设备用房附近。

（4）消防控制室内严禁穿过与消防设施无关的电气线路及管路。

（5）消防控制室不应设置在电磁场干扰较强及其他影响消防控制室设备工作的设备用房附近。

4）消防控制室设备布置要求

消防控制室的大小，应根据消防控制设备的多少来确定，其大小应满足消防值班人员的实际工作需要，保证消防值班人员有一个应有的工作场所，还考虑到值班人员的休息和维修活动要求。

一般消防控制设备的布置应符合下列要求：

（1）盘前操作距离：单列布置时不应小于1.5 m，双列布置时不应小于2 m。

（2）在值班人员经常工作的一面，设备盘面至墙的距离不应小于3 m。

（3）设备面盘后的维修距离不宜小于1 m。

（4）设备面盘的排列长度大于4.0 m时，其两端应设置宽度不小于1 m的通道。

（5）与建筑其他弱点系统合用的消防控制室内，消防设备应集中设置，并应与其他设备间有明显间隔。

消防控制室的显示与控制、信息记录及信息传输，应符合现行国家标准《消防控制室通用技术要求》(GB 25506—2010)的有关规定。

本章小结

火灾自动报警系统作为现代消防系统的火情监测、火警处理与消防联动控制中心枢纽，是预防与控制火灾核心部分。本章从系统组成与功能、系统设计的标准体系、系统设计要求、火灾警报装置、火灾探测器布置设计以及消防控制与供电等5个方面对其相关部分的设计、安装、使用与维护进行阐述。

（1）火灾自动报警系统一般由火灾探测报警系统、消防联动控制系统、可燃气体探测系统与电气火灾监控系统等构成，包括区域、集中与控制中心报警系统3种基本形式。

（2）火灾探测器产品型号由特征和规格代号构成，特征代号包括类组型特征、传感器特征及传输方式代号；规格代号由厂家及产品代号、主参数及自带报警声响标志构成。

（3）根据防火分区或楼层划分其报警区域，探测区域依据保护对象性质、结构、面积与功能，以及探测器类型等综合考虑。

（4）消防联动控制是火灾自动报警系统的控制中心，可靠、准确、有效与兼容是其基本要求，主要包括灭火设备（室内消火栓、自动喷水与气体灭火系统）、防排烟设备、防火门（卷帘）、非消防电源断电、消防电梯应急、消防应急照明、疏散指示标志以及火灾报警等系统的联动控制，本章依据相关技术标准与工程实践系统阐述消防联动控制系统的组成、联动控制原理、控制设计要求、系统容量与兼容等内容。

(5) 火灾报警装置包括手动、自动与消防应急广播系统 3 种基本形式。其中手动报警装置是必须设置的，是自动报警装置的安全备份，应急广播系统是火灾控制与人员应急疏散指挥的重要手段。本章系统介绍了 3 种报警装置的组成、设计与安装设置要求。

(6) 火灾探测器布置设计主要包括：探测器的选择；探测区域的划分与保护面积计算；探测器数量的确定；探测器的间距确定及其平面布置；探测器的安装。

(7) 消防控制室作为火灾监测与消防灭火指挥中心，至少应包括火灾报警控制器、消防联动控制器、消防控制室图形显示装置等设备，具备消防监测、联动控制、报警、信息显示、消防信息动态管理及相关信息的远程传输等功能；并系统介绍了消防控制室的功能、设备、设施设计与设置要求。

复习思考题

13.1 火灾自动报警系统由哪几部分组成？各部分的功能是什么？

13.2 试解释火灾报警区域与探测区域的含义？并分析火灾探测区域划分的有哪些要求？

13.3 消防联动控制的作用是什么？联动控制的一般要求有哪些？

13.4 试简要分析自动报警系统中灭火设备与防排烟系统联动控制的要求与注意事项。

13.5 火灾自动报警系统有哪几类？各系统的作用、组成与使用范围分别是什么？

13.6 火灾应急广播系统设置作用与要求是什么？

13.7 简述火灾探测器布置设计的基本程序与原则，并以某一工程实例（如超市、图书馆、影剧院、宾馆与会展中心等）为对象，开展该实例的火灾自动报警系统设计。

13.8 消防控制室的功能有哪些？其设计与设置有哪些要求？

14 性能化防火设计基础

近年来，国际上开始流行一种新的防火设计理念，称为以性能为基础的防火设计，简称为性能化防火设计或性能化设计。本章将介绍性能化建筑防火设计的基础知识。

14.1 处方式防火设计方法的发展与局限性

14.1.1 处方式防火规范的发展

1666年，英国伦敦发生了一场大火，几乎烧掉了整个城市，数十万伦敦居民逃往市北的山中避难。惨痛的火灾教训使英国人认识到应当通过制定防火技术来规范防火行为。当年，英国就制定了第一部有关防火的建筑规范。为了防止建筑物之间火灾的蔓延，规范规定了建筑物之间的最小间距，并对建筑材料的使用进行了限制性规定。此后建筑规范不断地进行零星的修改，目的主要还是预防火灾在建筑物内部和建筑物之间的蔓延。规范中对防火分隔和防火间距的规定大都以经验为基础，并通过条文详细地规定防火设计的内容。

这种规范就是以条文的形式规定，每一个条文规定一件具体事情，要求设计人员必须遵守。目前，世界各国建筑物的防火设计都是根据各自国家有关部门制定的防火规范进行的。这些规范中的大多数规定是依照建筑物的用途、规模和结构形式等提出的，通常都详细地规定了防火设计必须满足的各项设计指标或参数，设计人员只需要按照规范条文的要求进行设计，不用考虑所设计的建筑物到底达到什么样的防火水平。认为只要完全符合建筑物的防火规定，就认为建筑物达到一个可以接受的安全水平。至于具体达到什么样的安全水平，规范里一般都没有明确地说明。依据这种规范进行防火设计，就像医生看病“照方抓药”开处方一样。这种设计方法被称为“处方式”的设计方法，源于英文的“prescriptive”一词，因此也有的人称之为“规格式的”、“规范化的”或“指令性的”设计方法，这种规范称为处方式的防火规范。

处方式防火设计规范是人们长期以来与火灾斗争过程中总结出来的防火灭火经验的体现，同时也综合考虑了当时的科技水平、社会经济水平以及国外的相关经验。因此，处方式的防火设计规范在规范建筑物的防火设计、减少火灾损失方面曾经发挥了巨大的作用，它是我国目前防火设计的主流。

14.1.2 处方式防火设计的局限性

处方式防火设计规范规定了建筑的结构耐火要求、疏散系统、消防系统等，可以说仅规定了防火设计必须满足的各项设计参数指标，而对具体建筑物要达到的总的安全目标不予要求，也不进行评估。建筑设计者和规范执行者几乎不需要消防安全工程所要求的特殊技术能力，都是依据详细的规定开展他们的工作，对规范不能有任何偏离。这种规范的优点是清楚明了，没有为不正当的验收评估留有余地，但其缺点是阻碍了新材料、新产品的采用，很难满足技术进步的要求。总的来说，处方式防火设计规范主要存在以下缺点：

(1) 处方式防火设计可满足大多数建筑工程的设计需要，但不能满足某些有特殊要求的工程的设计。有的建筑物甚至无论如何改进都不能满足现行防火规范，或者按照规范修改后将会严重破坏原有的设计，如国家游泳中心（又称为水立方）就与规范相冲突，按照规范规定，能容纳 2 万人的水立方其疏散宽度应达到 200 m，几乎和体育馆的两条边等长，如果按照规范的要求进行疏散出口设计，无疑会严重影响到水立方的外观和使用功能。

(2) 单独设防，缺乏系统的综合考虑。现行的处方式防火设计规范常常要求建筑物所有者在建筑耐火结构、防火分区、消防给水、火灾监控、防排烟等各方面都付出较大的投资，而未能将各个单一的防火灭火设施的作用统一综合考虑，结果造成消防技术效能判定的片面性和投资的浪费。

(3) 规范中的一些内容来自于经验，缺乏科学的定量的论据。我国的规范在制定中有相当一部分的规定参考了国外的做法。由于国内外经济状况、文化背景等因素的不同，直接采用国外的做法可能不完全适合我国的情况。并且由于历史原因，现行规范之间常常出现相互矛盾的现象，这也削弱了规范的权威性和科学性。

(4) 规范的制定或修订过程周期较长，从准备修订到正式出版一般需要几年的时间，而随着建筑技术的进步和建筑艺术的发展，建筑物的外形、结构、材料等各方面都有了很大突破和创新，建筑物的功能越来越复杂化和综合化。在这种情况下，处方式的防火设计规范已很难满足某些特殊建筑防火设计的需要。因此，现行的规范总是滞后于建筑的发展，在一定程度上限制了新技术、新材料、新工艺、新建筑形式的应用和发展。

14.2 性能化建筑防火设计概述

14.2.1 性能化建筑防火设计概念

制定防火设计规范的基本目的不是禁止建筑物的设计与建造，而是设法保证建筑物的防火安全。因此，防火设计规范应当通过自身的逐步完善以适应不断出现的超高、大跨、地下、多功能综合、新型建材等建筑的需要。这样，依据特定建筑物的火灾特性确定其防火设计便成为历史的必然选择。

火灾安全工程学的发展为改进建筑物的防火设计创造了条件。现在，国际上建筑界与火灾科研界的许多人士均指出，应当以火灾安全工程学的思想为指导，建立以火灾性能为基础的建筑防火设计规范（Performance-based Fire Protection Design Code）。在国内通常称这种规范为“建筑物的性能化防火设计规范”，简称“性能化防火设计规范”。

性能化防火设计是运用消防安全工程学的原理和方法，根据建筑物的结构、用途和内部可燃物等方面的具体情况，由设计者根据建筑的各个不同空间条件、功能条件及其他相关条件，自由选择为达到消防安全目的而应采取的各种防火措施，并将其有机地组合起来，构成该建筑物的总体防火安全设计方案，然后对建筑的火灾危险性和危害性进行定量的预测和评估，从而得到最优化的防火设计方案，为建筑结构提供最合理的防火保护。

在讨论性能化防火设计时，涉及 3 个概念，即性能化防火分析、性能化防火设计和性能化防火设计规范。它们密切相关,但它们所指的重点又有所差别。

1）性能化防火分析

性能化防火分析实际上是建筑物火灾危险分析的一种形式,与一般的经验性的、定性的火灾危险评估不同,它根据特定建筑物的火灾特性,以对火灾过程的定量计算为依据,对该建筑的人员疏散方案、消防设施的选用等方面的有效性、可靠性和经济性进行评估。由于有了量化数据,这种分析有助于克服人为经验判断的主观性,保证了评估结论的科学性和客观性。

性能化防火分析是直接为业主的火灾安全服务的,开展这项工作应当有比较完整而严格的操作程序。一般来说,应当包括以下几个方面：

(1) 获取待评估建筑的相关详细资料,确定火灾场景。

(2) 设定该建筑物的防火安全目的和目标;这一过程包括设定基本的防火目的和细化出诸多具体目标 2 部分。

(3) 选择合适的量化分析方法。火灾过程计算机模拟是对火灾发展进行量化计算的一种重要手段,不过它往往还需要其他分析方法的补充,甚至包括开展一些必要的实火试验。

(4) 具体分析影响防火安全目标的因素。该过程是进行性能化防火分析的关键一环,对各种影响因素做出客观而又正确的分析是体现性能化防火分析与设计的重要方面。

(5) 火灾防治有效性与经济性的综合评价。“安全”是一个相对的概念,在达到“安全”目标的过程中,应尽量保持火灾防治有效性和经济性的兼顾与统一。

(6) 给出科学而客观的性能化防火分析报告。

2）性能化防火设计

性能化防火设计是以性能化防火分析为基础展开的。性能化防火分析是一个演绎、讨论的过程,而性能化设计则是具体实施的行动过程。性能化防火设计需要清楚地了解对象的结构特点及可能的火灾场景;针对某些典型的火灾场景,按照设定的火灾功率进行定量的计算,进而确定一种或几种尝试性的防火设计方案,在一定范围内组织有关人员对这些方案进行评定并选择最终设计方案;最后还必须完成设计报告待审查或实施时使用。在实际工作中,性能化防火设计和性能化防火分析是紧密结合在一起的。

3）性能化防火设计规范

防火设计规范(或标准)是指导如何进行性能化防火设计的政策性文件,是国家有关主管部门或国家认可的某些权威机构制定出来的。性能化防火设计规范则是性能化防火设计的法律文件,与传统的“处方式”防火设计规范相比,性能化防火设计规范的要求更加灵活,确定建筑物人员疏散、结构耐火、消防系统等方面的参数时更加合理。

性能化防火分析是进行性能化防火设计的基础和制定性能化防火设计规范的技术支撑;性能化防火设计规范是保证性能化防火设计合理有效的重要前提;而性能化防火设计则能为性能化防火分析和性能化防火设计规范的完善提供宝贵的经验。

14.2.2 性能化建筑防火设计的特点

性能化防火设计就是“以性能为基础的防火设计方法”,是运用消防安全工程学的原理及方法。也就是说,首先考虑火灾本身发生、发展和蔓延的基本规律,结合实际火灾中所积累的经验,通过对建筑物及其内部可燃物的火灾危险性进行综合分析和计算,从而确定性能指标和设计指标,然后再预设各种可能起火的条件和由此所造成的火、烟蔓延途径以及人员疏散情况,来决定选择哪一种消防安全工程措施,并加以评估,从而核准预定的消防安全目

标是否已经达到;最后再视具体情况对设计方案进行调整及优化。具有以下特点:

1)目标性

在传统的防火设计中,设计人员只需要按照规范条文的要求进行设计。在性能化防火设计中,安全目标却是设计人员必须关心的内容之一。安全目标确定后,设计人员根据建筑物的各种不同空间条件、功能要求及其他相关条件,自由选择达到防火安全目标而应采取的各种防火措施并将其有机地结合起来,构成建筑物的总体防火设计方案。一般来说,防火设计可以分为保护生命安全、保护财产安全、保护建筑的使用功能或服务的连续性、保护环境不受火灾的有害影响4大目标。针对上述目标,确定性能设计的边界条件值是性能化设计方法的核心。

2)针对性

处方式设计方法是根据设计建筑物的要求,对照防火规范对建筑物的结构耐火要求、材料燃烧性能、防火分区面积、消防设施配置、安全疏散设施等提出的技术设防要求和性能参数指标,一一对应设计。性能化设计是针对各个特殊建筑量体裁衣,而不是用统一的标准涵盖所有建筑。例如,在确保人员安全方面,必须要设立避难区和疏散通道以及确保人员免受热辐射、烟气和其他有毒气体的伤害;在火灾传播方面,必须要做到附近建筑物不被引燃等。

3)综合性

性能化设计思想强调建筑物消防设计的整体性,综合考虑消防设计的各个技术要素,即各个防火子系统在整个设计方案中的作用,而不是将各个子系统单纯地叠加。既要考虑建筑的被动防火措施,也要考虑建筑的主动防火措施;既要考虑火灾自动报警系统的作用,又要考虑自动灭火系统和防排烟系统的作用,整合消防技术的优势和作用,注重安全目标的实现,因此有助于建筑消防设计实现科学化、合理化和成本效益最优化。

4)灵活性

性能化设计方法不是按照处方式规范的规定一一对应地进行设计,而是根据建筑的功能和形状,运用消防安全工程学的原理和方法,采取计算机模拟或数理推算的方法,灵活地进行消防安全设计。这有利于发挥设计人员的主观创造性,也有利于新产品和新材料的开发研制以及新技术的推广,适应现代建筑的科技化和艺术化的要求,有利于保险部门参与建筑的消防工作。

5)合理性

性能化防火设计方法的研究,就是要改进现行防火设计方法中存在的局限性问题,以达到设计的合理性。换句话说,性能化防火设计,并不是直接提高安全标准或降低防火措施的成本,而是在满足建筑物功能和形态需要,保证防火安全水平的前提下,更合理地配置各个防火子系统。

性能化防火设计方法和技术的发展极大地推动了建筑物性能化防火设计的广泛应用,同时也使这一工程方法更趋成熟。虽然处方式的防火设计方法向性能化防火设计方法的转变,是防火设计的一种发展趋势,但是这个转变过程是一个渐进的过程,在一个很长的时期内还不能完全脱离处方式设计方法。目前,在一些开展性能化防火设计较早的国家中也只有1%～5%的建筑项目需要采用性能化的方式进行设计,如在美国约1%,新西兰和澳大利亚为3%～5%,德国约1.5%。在我国部分地区,性能化防火设计可能达到3%～5%,但总体应不会超过0.5%。原因有以下几点:

(1)处方式的设计方法虽然有局限性,但是已经形成了一套系统化的分析和设计方法,而性能化防火设计在这一方面还不够完善。

(2) 人们对性能化防火设计需要一个认识和接受的过程，包括已经习惯于采用处方式防火设计的建筑设计人员、消防部门防火设计的审核人员等。而且开展性能化的设计工作对设计、审核人员要求非常高，需要培养一批具备性能化防火设计资质的设计人员。

(3) 性能化的设计需要进一步的规范，特别是在设计指标、设计方法和分析工具选择方面没有统一的标准。

(4) 从目前国际上性能化防火设计技术发展的情况来看，虽然在性能化防火设计的理论和工程技术方面已经取得了巨大的发展，但是还有许多问题需要进一步地研究，包括火灾试验数据库的建立和适合工程应用的分析工具的开发等。

14.2.3 性能化建筑防火设计的发展

国外一些发达国家自20世纪70年代开始就对性能化防火设计方法进行了系统的研究，目前性能化防火设计已经成为国际火灾科学研究领域的一个热点问题。一些著名的火灾研究机构和大学开展了关于设计火灾、火灾过程的计算机模化、火灾风险分析等方面的研究。在大量研究成果和工程实践的基础上，一些发达国家开始组织性能化设计规范的编制工作，下面对其中一些国家性能化规范发展情况进行介绍。

1) 美国

美国消防工程师学会于1996年开始开展性能化规范、标准、消防安全工程与设计方法的研究。此后，美国消防协会、美国标准技术研究院和美国的3个模式规范制定组织、马里兰州大学等在这方面相继开展了大量研究工作，并为此成立了国际规范理事会，负责规范制定的组织工作。目前，美国的研究已完成性能目标和基本完成性能级别分级的确定，并于2001年发布了《国际建筑性能规范》和《国际防火性能规范》。

从美国的研究看，性能化规范要清楚地规定反映社会期望的总体目标、功能目标和性能要求以及相关的标准或准则。标准和准则是提供满足规范要求的可接受方法，包括处方式方法(如“视为满意”)，或经过认可使用性能化评估工具和方法按要求所进行的设计和验证。性能化规范中含有经验式设计要求的规定以及为减少不必要的性能分析所需附件——《批准的文件》。《批准的文件》一般都是过去的“处方式”规范规定。

规范的总目标包括防止火灾发生或延缓火灾增长与扩散、保护建筑使用者不受火灾影响及其疏散安全、减少火灾灾害、保障消防设施正常运行等功能目标。规范中用于评估性能化目标的方法趋向于采用以确定事件概率为主的危险评估方法。

2) 英国

英国于1985年完成了建筑规范，包括防火规范的性能化修改。新规范规定“必须建造一座安全的建筑”，但并没有详细规定应如何实现这一目标。因此，根据这样的规定，只要建筑审核官员认为设计所采用的消防措施能提供不低于规格式规范规定的安全水平，建筑设计者就可以采取任何消防措施。

与此同时，英国还编制了建筑规范“火灾安全”的支持文件——《批准的文件B》，对火灾预防和为大多数常见的火灾场景设计作了处方式的规定。其中大部分引用了处方式的英国标准，但规定了如能证明某项性能化建筑设计方案是合理时，可以采用性能化设计方法。

英国在编制性能化规范时，由于缺乏相应完善的消防安全评估方法和工具，开展消防安全工程学基础教育对于普及性能化规范十分重要。为此，1993—1994年英国组织编写了《国家消防安全工程(FSE)基础课程》，并在兰开夏大学、SouthBank大学(伦敦)和利兹大学开设了相应的学位课程。爱丁堡大学在1973年就设立了消防安全工程理学硕士课程。近几年还编制了一部实施标准规范，即《火灾安全工程原理应用指南》(BSDD240)，为消防安全工程学的应用提供统一的框架。目前，有关人员正在征求意见的基础上对该标准草案进行评审，将要发布其正式版本BS999。BSDD240引入了风险分析方法，并将其作为评估总体危险的重要技术，确定了单座建筑内不同消防措施之间的相对重要性，推荐组织设计评审组方式将建筑作为一个整体来评估其安全性能。该指南建立了一个"路线图"，人们可以沿该"路线图"将问题逐一解决，并系统地为每个问题指出解决方法。但要为设计者提供所需数据，在这些系统化的解决方法中，仍存在许多需进一步研究的问题。

澳大利亚、新西兰、日本等国家都相继开展了性能化防火设计的研究，并颁布了一些规范和标准。

3) 中国

我国性能化规范与设计研究工作始于20世纪80年代初，但后来一度中断。1996年国家开始组织有关单位和人员系统地开展相关研究，一方面对国外性能化防火设计的相关研究进展、成果进行了介绍和吸收，另一方面也开始积极探索性能化防火设计在我国的发展和应用。众多专家学者表示了对性能化防火设计的关注，经过对国际上火灾安全工程性能化设计的研究情况的分析，提出了发展我国火灾安全工程性能设计的设想和软件体系框架。

"九五"国家科技攻关项目"重大工业事故和特殊建筑火灾预防与控制技术研究"的火灾防治部分，围绕地下建筑与大空间建筑火灾预防与控制技术研究，在探索地下建筑与大空间建筑的火灾规律、开发高新技术的火灾探测报警、自动灭火、防排烟设备等方面，取得了一批重要科研成果，为下一步开展性能化防火设计的有关研究奠定了一定基础。

首次明确提出研究建筑防火性能化设计的是2001年"十五"科技攻关项目前期课题"城市火灾与重大化学灾害事故防范与控制技术的研究"。该项目针对建筑防火性能化设计的关键技术进行系统的基础研究和技术开发，取得了重大进展。编制完成了《建筑物性能化防火设计导则(草案)》文本；并出版了《性能化建筑防火分析与设计》、《火灾风险评估方法学》、《建筑防火性能化设计》等专著。

14.3 性能化防火设计方法与步骤

不同国家和地区进行性能化设计所采取的具体步骤略有差别，但都包括设计准备、定量评估和文件编制3个阶段。图14.1给出了一种建议设计流程，下面简要讨论每个阶段所涉及的内容。

设计准备阶段包括前4个步骤。第1步是确定项目的范围，包括弄清所设计项目的状况、设计参数；第2步是确定建筑物的总体防火安全目标，包括人员与财产的保护等级、维持建筑物连续使用的要求、文物保护与环境保护的要求等；第3步是将总体防火目标转换为工程设计目标；第4步是建立火灾危险的性能判据，要用适当的工程参数来量化设计子目标，以便根据其评估防火设计方案。

定量评估阶段包括第5步～第8步。第5步是设置火灾场景，火灾场景是对该建筑内可能发生的火灾状况的系统描述，包括火灾特征、建筑物相关的几何特征、人员特征等。通常应当形成若干种火灾场景，确定火灾场景的一个重要方面是设定火源的热释放速率；第6

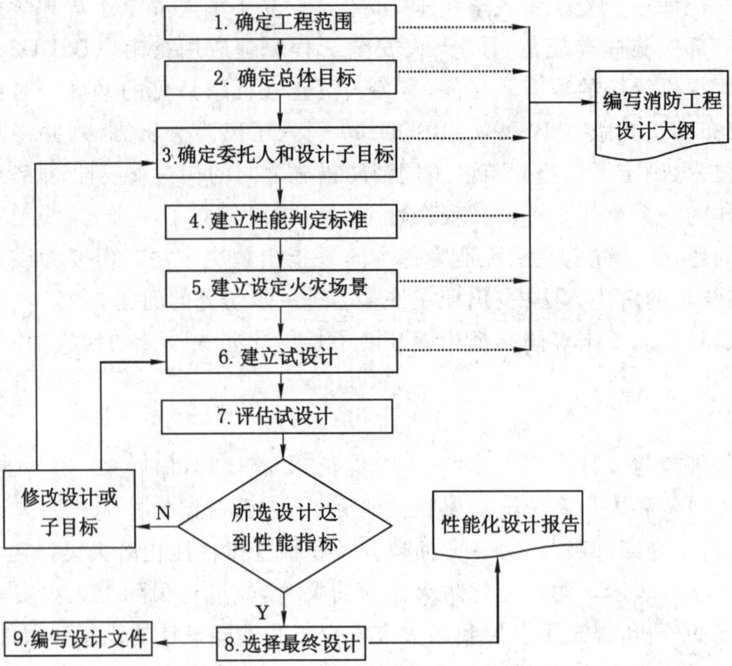

图 14.1 性能化防火设计的主要步骤

步是制订初步设计方案；第 7 步是评估初步设计方案，要根据设置的火灾场景，制订初步防火设计方案，并运用某些计算或试验方法，评估各种方案能否满足预定的性能判据，若不满足，则需要修改初步方案或损失目标；第 8 步是选定最终的设计方案，一般在多种初步设计方案中，可能有几种方案都能满足性能判据，评估人员应对它们做进一步的分析、筛选，最终确定一种各方面的风险承担人都同意的设计方案。

文件编制阶段，主要是对选定方案的设计过程进行详细的审查，编写相应的设计报告，并准备有关设备的技术文件。

14.3.1 设计准备阶段

1）确定工程范围

进行性能化设计所涉及的问题大多是建筑防火设计中的难点，并且涉及多个方面的关系或利益。由于不同方面的人考虑问题的角度有差别，在对问题的认识上可能出现不同的意见，因此对于新的大型、复杂建筑的消防设计，为了顺利开展性能化设计工作，需要成立一个由相关方面人员组成的工作团队。除了承担火灾风险分析评估人员外，还应包括建筑工程甲方代表、建筑设计人员、消防安全管理人员等，组成一个人员结构合理的工作小组。

2）确定总体目标

建筑物的消防安全总体目标主要有：

（1）减小火灾发生的可能性。

（2）在火灾条件下，保证建筑物内使用人员以及救援人员的人身安全。

（3）建筑物的结构不会因火灾作用而受到严重破坏或发生垮塌，或虽有局部垮塌，但不会发生连续垮塌而影响建筑物结构的整体稳定性。

（4）减少由于火灾而造成商业运营、生产过程的中断。

(5) 保证建筑物内财产的安全。

(6) 建筑物发生火灾后,不会引燃其相邻建筑物。

(7) 尽可能减少火灾对周围环境的污染。

建筑物的消防安全总目标视其使用功能、性质及建筑高度而有所区别,设计时应根据实际情况在上述6个目标中确定一两个作为主要目标,并列出其他目标的先后次序。对于人员密集的大型公共建筑,应将保证人员安全放在首位。但是也有一些建筑,人员安全不是突出问题,如计算中心、通信枢纽、博物馆、古建筑等,便需要适当调整基本目的的顺序。安全目标所反映的是与将要发生的消防投入水平相一致的相对安全水平,这反映了投资方以及社会公众的安全期望和建设投资的关系。建筑物的消防安全水平应依据现有规范的规定和建筑物的实际情况,由建设单位、设计单位、消防安全技术咨询公司、消防机构等共同研究确定。

3) 确定设计子目标

将消防安全总目标进一步转化为工程上可操作的具体设计目标。例如,建筑物的消防安全总体目标确定为保证建筑物内使用人员的生命安全,那么为了达到该目标在工程上必须保证所有疏散通道始终保持人员可以承受的状况,直到所有室内人员疏散到安全地带。对于保证建筑物内财产的安全这一总体目标,其设计子目标应确定为防止起火房间内发生轰燃,或者防止火灾向起火房间以外蔓延。

4) 建立性能判定标准

火灾的发展过程是体现火灾性能的主要方面,它与建筑防火安全的各个基本目标都有密切关系。火灾过程中的燃烧通常是不完全燃烧,一般都会生成大量的浓烟。烟气是火灾中对人们生命危害最大的因素。据统计,在建筑火灾中75%~85%的死亡人员是由烟气致死的。

火灾时建筑物内影响人员安全疏散的因素有:烟气层高度、热辐射、对流热、烟气毒性和能见度。这些参数可以通过对建筑内设计的火灾场景进行火灾与烟气流动的模拟得到。在疏散过程中,烟气层应始终保持在人群头部以上一定高度,人在疏散时不必要从烟气中穿过或受到热烟气流的辐射热威胁。人体对烟气层等火灾环境的辐射热的耐受极限为2.5 kW/m^2,即相当于上部烟气层的温度为180~200 ℃。表14.1和表14.2分别给出了人体对辐射热和对流热的耐受极限。

表14.1　人体对辐射热的耐受极限

热辐射强度	<2.5 kW/m^2	2.5 kW/m^2	10 kW/m^2
耐受时间	>5 min	30 s	4 s

表14.2　人体对对流热的耐受极限

温度和湿度条件	耐受时间/min	温度和湿度条件	耐受时间/min
<60 ℃,水分饱和	>30	140℃,水分含量<10%	4
100 ℃,水分含量<10%	12	160℃,水分含量<10%	2
120 ℃,水分含量<10%	7	180℃,水分含量<10%	1

火灾中的热分解产物及其浓度与分布因燃烧材料、建筑空间特性和火灾规模等不同而有所区别。表14.3为人体在5 min和30 min内所能忍受的各种燃烧产物的最大剂量及浓度。

表 14.3　人体所能忍受的各种燃烧产物的最大剂量及浓度

火灾产物	5 min 暴露时间		30 min 暴露时间	
	暴露剂量 (浓度×时间)/%min	浓度最大值 /%	暴露剂量 (浓度×时间)/%min	浓度最大值 /%
窒息				
CO	1.5	1	1.5	1
CO_2	25	6	150	6
Low O_2	45(耗尽)	9(耗尽)	360(耗尽)	9(耗尽)
HCN	0.05	0.01	0.225	0.01
HCl	—	0.02	—	0.02
HBr	—	0.02	—	0.02
HF	—	0.012	—	0.012
SO_2	—	0.003	—	0.003
NO_2	—	0.008	—	0.003
丙烯醛	—	0.000 2	—	0.000 2

由于烟气的减光作用，人们在有烟场合下的能见度必然有所下降，而这会对火灾中人们的安全疏散造成严重影响。在火灾中，允许的最大烟浓度及最小能见度见表 14.4。

表 14.4　火灾中允许的最大烟浓度及最小能见度

对建筑物的熟悉程度	烟浓度(减光系数)/m^{-1}	能见度/m
不熟悉	0.15	8～13
熟　悉	0.5	4

以上多种指标中应选择最危险的指标作为性能化判据。通常在性能化火灾危险分析中，对于某个场所达到危险状态的定量判定标准为空间内的火灾环境应同时满足以下条件：

(1) 2 m 以上空间内的烟气平均温度大于 180 ℃。

(2) 2 m 以下空间内的烟气温度不超过 50 ℃，且能见度小于 10 m。

当需要考虑火灾中建筑结构安全时，还应建立火灾中建筑结构失效的性能判据。

14.3.2　定量计算阶段

性能化设计的一个突出特点是对火灾的发展做出定量分析，而定量分析主要有计算和试验两种方法。针对不同的问题有不同的计算方法，现在运用计算机模拟计算火灾过程已成为性能化设计的重要定量分析手段。但是，火灾过程的计算机模拟往往进行了大量假设和简化，或计算工具的局限性，其结果与实际火灾存在一定的误差。因此，在条件允许的情况下，可以有针对性地进行一些模拟试验。

根据这些定量数据，可以对防火设计的初步方案的做出评价，通常可以得到若干可选用的设计方案。性能化设计的工作小组应当认真地对这些设计方案进行分类、加以比较，并从中选择一种最佳的作为最终设计方案。其他的设计方案之所以被舍弃，可能是因为花费过大，或者是因为在建设或加工运行中、设施的集成存在某些问题。对于新建建筑来说，比较容易制订多种初步方案，火灾风险评估人员在建筑物的前期设计阶段介入进来，有助于较早的发现建筑消防设计中存在的问题，并提出可选的方案。而对于已经建成或基本建成的建筑中存在的问题，即使企图用性能化方法来解决，也只是一种被动的弥补方式，能够提出的可选方案有限，不仅处理方式困难，而且效果也经常不够理想。

由于建筑防火设计的首要目的是保障人员生命安全，因此在性能化防火设计中必须对建筑人员安全疏散进行定量分析。如果在满足人员安全疏散的基础上还需要保障建筑物的安全，那么还需对火灾中建筑结构的安全性开展定量计算。本节以保障人员生命安全为例对性能化定量计算阶段进行介绍。

1）设定火灾场景

在性能化防火设计中，通常假定在建筑中发生了一起火灾，并对该火灾的起火、火灾发展、轰燃以及熄灭过程进行描述，然后对发生该火灾时建筑内的火灾危险性进行定量评价。这种对未发生的火灾发展全过程的描述称为设定火灾场景(Design Fire Scenario)。

一个火灾场景代表一组对建筑物、建筑内的人员、物品的安全性产生影响的工况。每个火灾场景都应该涉及火灾特性、建筑物特性和人员特性 3 部分的内容。

(1) 火灾特性具体包括火灾位置、起火源、可燃物物理性参数，火灾增长规律等，包含特定数量与布置方式的可燃物在特定的建筑物中的火焰与烟气的产生、发展、蔓延的动态过程，微观上是燃烧物质的组分的数量、动量、能量的转化过程。

(2) 建筑物特性包括建筑布局、建筑结构、建筑材料、建筑的运营管理情况、门窗的状态、通风条件、消防系统的状况以及其他环境条件等。

(3) 人员特性包括建筑内人员的数量、人员的分布、人员的状态(睡眠或清醒)、对环境的熟悉程度、人员的类型(如老人、中青年、儿童、残疾等)。

火灾场景设计中的一些假设条件需要反映建筑物使用、火荷载分布等方面。火灾场景的设计需要建筑业主、建筑使用方、建筑设计单位、性能化防火设计咨询单位会同消防主管部门协商，并取得大家的认可。

设定火灾场景中最关键的内容就是设定火灾热释放速率曲线，热释放速率曲线是进行火灾危险分析的基本数据。由于分析中所涉及的火灾实际上并没有发生，火灾发展状况和热释放速率曲线均是人为设定的，因此火灾热释放速率曲线设置得越合理，定量评价的结果才越令人信服。所有火灾发展过程都包括初期增长、充分发展和减弱 3 个阶段。热释放速率模型可以根据各个阶段的特点及评估的需要来建立。火灾热释放速率曲线的确定是火灾基础研究的一个重要问题，通常称这种研究为设定火灾(Design Fire)。

在设定火灾中，最常用的方法是按照火灾发展过程将热释放速率曲线分为 3 段：初期增长阶段、稳定阶段和减弱阶段，采用逐段近似的方法来描述各阶段的特点。在火灾危险性分析中，往往只关注火灾增长阶段和稳定阶段，因此在设定火灾中通常忽略掉火灾的减弱阶段。对于初期增长阶段通常采用 t^2 模型，充分发展阶段则认为热释放速率保持不变，这种模型称为 t^2-稳定模型，如图 14.2 所示。

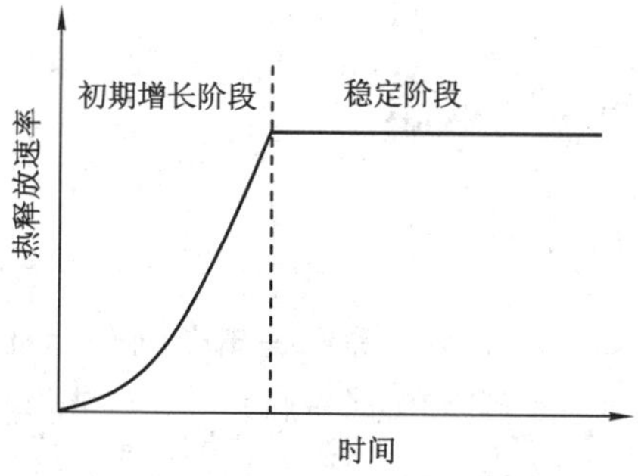

图 14.2 t^2-稳定模型

火灾初期增长阶段的热释放速率是火灾防治中最关心的问题，人们对此进行了专门的研究。1972 年 Heskestad 首先提出对于大多数

的火灾的初始增长阶段,可以使用下面的经验公式来进行描述:

$$Q=\alpha t^2 \tag{14.1}$$

式中 Q——火灾的热释放速率,kW;

α——火灾的增长系数,kW/s^2;

t——火灾发展的时间,s。

按照 α 的大小,可把火灾分为慢速、中速、快速和超快速增长 4 种类型,如表 14.5 和图 14.3所示。

表 14.5　　火灾增长速率表

火灾类型	慢速增长	中速增长	快速增长	超快速增长
到达 1 055 kW 所需时间/s	600	300	150	75
α	0.002 913	0.011 72	0.046 98	0.187 8
代表性可燃物	—	无棉制品 聚酯床垫	塑料泡沫、堆积的木板、装满邮件的邮袋	甲醇 快速燃烧的软垫座椅

实际建筑中可燃物是多种多样的,并且出于美观、隔音、隔热等目的,建筑物内墙面吊顶等处通常选用一定材料进行装修,如壁纸、泡沫等。对于实际建筑物的初期火灾增长阶段,火灾增长系数与建筑物内的火灾荷载以及室内装修等级有密切的关系,必须综合考虑可燃物荷载密度以及墙和吊顶的影响,故火灾增长因子应综合考虑:

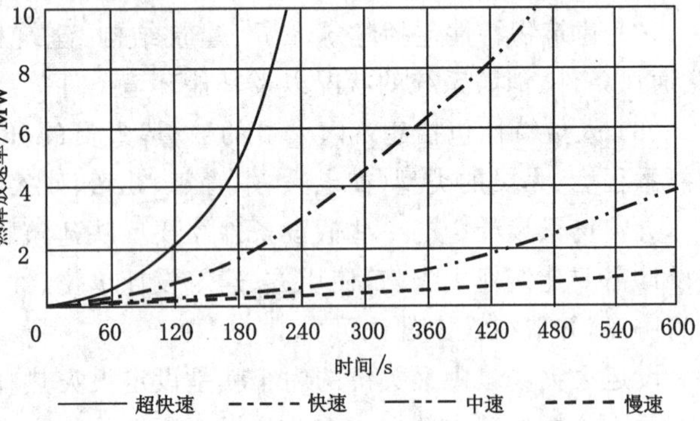

图 14.3　t^2 模型的 4 种基本类型

$$\alpha=\alpha_f+\alpha_m \tag{14.2}$$

式中,α_f 为可燃物载荷密度影响因子。其大小由建筑内可燃荷载密度决定:

$$\alpha_f=2.6\times10^{-6}q^{5/3} \tag{14.3}$$

式中,q 为火灾荷载密度。其表达式为:

$$q=\frac{\sum M_v \Delta h_c}{A_t} \tag{14.4}$$

式中 M_v——单个可燃物的质量;

Δh_c——单个可燃物的燃烧热值;

A_f——建筑地板面积。

α_m 则由建筑内装修材料可燃等级确定,GB 8624 中对其燃烧等级提出了划分标准,将其划分为 A 类和 B 类,共 4 级:A(不燃)、B_1(难燃)、B_2(可燃)和 B_3(易燃)。α_m 与装修材料可燃等级的关系见表 14.6。

表 14.6 α_m 与建筑物装修材料可燃等级

墙面装修材料等级	$\alpha_m/(kW \cdot s^{-2})$	墙面装修材料等级	$\alpha_m/(kW \cdot s^{-2})$
A	0.003 5	B_2	0.056
B_1	0.014	B_3	0.35

火灾稳定阶段需确定的一个关键参数是该阶段的热释放速率值。工程中经常采用以下4种方法来确定：

(1) 按规范取值　在国内外一些相关规范或标准中对某些特定场所给出了最大热释放速率值的典型值。在工程计算中可以对照规范选取适当的热释放速率峰值。表 14.7 给出了上海市地方标准《民用建筑防排烟技术规程》(DGJ 08-88—2000)中对特定场所热释放速率峰值的典型值。

表 14.7 特定场所热释放速率峰值的典型值

场　　所	热释放速率峰值/MW	场　　所	热释放速率峰值/MW
设有喷淋的商场	3	设有喷淋的办公室、客房	1.5
设有喷淋的公共场所	2.5	设有喷淋的汽车库	1.5
设有喷淋的超市、仓库	4	设有喷淋的中庭	1
无喷淋的办公室、客房	6	无喷淋的汽车库	3
无喷淋的中庭	4	无喷淋的公共场所	8
无喷淋的超市、仓库	20	无喷淋的厂房	8

选择热释放速率峰值后，再根据初期增长阶段的火灾增长因子就可以计算出热释放速率达到峰值所需的时间。

(2) 大空间中的局部火灾　大空间建筑内发生火灾时，火灾通常局限在某个较小的区域内，如商铺、服务台等。对于这种火灾，通常要考虑火灾蔓延的情况，火蔓延的可由下式计算：

$$L = vt \tag{14.5}$$

式中　L——t 时刻火焰前端位置；

v——火焰蔓延速率，取 0.006 m/s；

t——时间，火灾增长因子的选择根据可燃物的种类，按表 14.5 确定。

将起火区域面积采用等效直径的方法折算：

$$D_{Eq} = \sqrt{WD} \tag{14.6}$$

式中，D_{Eq}为等效直径，W 和 D 为起火区域的长和宽。

将等效直径作为 L 值代入式(14.5)中可以计算出热释放速率达到峰值所需的时间，再结合初期增长阶段的火灾增长因子就可以计算出热释放速率峰值。

(3) 水喷淋控制下的火灾　英国 CIBSE GUIDE E、TM19 等指出了水喷淋动作时火灾规模不再增长，因此根据水喷淋启动时间可以用来衡量水喷淋控制型火灾的规模。美国国家标准技术研究院(NIST)开发的工具 DETACT-T2、丹麦火灾研究中心开发的 Argos 等模型均可以用来计算 t^2 增长火灾下喷头的动作时间。根据计算的喷头动作时间就可以计算出热释放速率曲线的峰值。

(4) 轰燃后的火灾　对于通风受限的建筑如办公室、商铺等，其火灾不会一直增长，而是发展到一定程度后发生轰燃。轰燃发生后，火灾由燃料控制转变为通风控制，此时火灾热释放速率基本达到稳定值，且热释放速率峰值由该建筑的通风状态控制。Thomas 提出的一种预测轰燃的计算方法，火灾发生轰燃时的临界热释放速率计算式为：

$$Q=7.8A_F+378A_W\sqrt{H_W} \tag{14.7}$$

式中　A_F——室内所有表面的总面积，m^2；

A_W——通风口面积，m^2；

H_W——通风口高度，m^2；

$A_W\sqrt{H_W}$ ——该房间的通风因子，$m^{\frac{5}{2}}$。

2) 人员疏散分析

(1) 人员安全疏散的基本条件　在建筑火灾情况下，人员安全疏散是一个涉及建筑物结构、火灾发展过程和人员行为 3 种基本因素的复杂问题。建筑物的几何条件限定了火灾发展与人员活动的空间；依据可燃物类型与放置状况的不同，火灾的发展具有很多特殊性；而在火灾环境下不同人员通常具有不同的行动特点。对于有一定防火安全知识的人来说，会向经常使用的走廊、楼梯方向疏散，也有些人在紧张和恐惧的心理支配下，往往不知所措，或四处乱跑，或盲目跟随他人，疏散路线设计的合理将会有利于人员安全疏散。

火灾调查表明，在火灾中的确有一些人是死在起火房间内的，他们大多数是由于正在睡觉或自己无力离开而死在原房间的，如病人、残疾人或儿童。然而有相当多的人是死在离起火点较远的地方，如走廊、楼梯间等，显然他们是在逃生过程中受到烟气的影响而致死的。

人员安全疏散指的是在火灾烟气未达到危害人员生命的状态之前，将建筑物内的所有人员安全地疏散到安全区域的行动。研究表明，人员能否安全疏散主要取决于两个特征时间：一是火灾发展到对人构成危险所需的时间，或称可用安全疏散时间(Available Safety Egress Time，ASET)，二是人员疏散到达安全区域所需要的时间，或称所需安全疏散时间(Required Safety Egress Time，RSET)，见图 4.1。在此过程中，保证人员安全疏散的关键是楼内所有人员疏散完毕所需的时间必须小于火灾发展到危险状态的时间，即：

$$\text{ASET}>\text{RSET} \tag{14.8}$$

在火灾过程中，人员疏散所需的时间大体可以按以下 3 个阶段来考虑：

① 觉察前阶段。在室内某处刚发生火灾后，人们未必能及时发现，尤其是那些发生在较隐蔽的区域或暂时无人的房间内的火灾，只有当火灾增大到一定规模时，才可由火灾探测系统探测到火灾信号，并发出报警信号(通常是声、光信号等)，而此时人们才能有所察觉。觉察到火灾的时刻可以从发出火灾报警信号时刻算起，但一般前者略迟于后者。

② 疏散准备阶段。它指的是人们听到火灾报警或发现火灾信号到开始疏散行动的时间，包括确认火灾发生、行动的准备等部分。

③ 疏散行动阶段。它指的是人员开始行动到建筑物内所有人员全部安全疏散出建筑物的阶段。在分析人员疏散时通常重点考虑这一阶段。人员安全疏散分析的目的是通过计算可用疏散时间(ASET)和必需疏散时间(RSET)，并比较其大小，从而判定人员在建筑物内的疏散过程是否安全。

通过对设定火灾进行模拟，可以预测出可能出现的火灾发展过程，根据 14.3.2 节所建立性能判定标准得出 ASET。

(2) RSET 的计算方法　在计算人员安全疏散时，首先要考虑以下 3 种情况：

① 如果能够将火灾和烟气控制在着火房间内，则可只计算着火房间内人员的 RSET。

② 如果火灾及其产生的烟气只在着火楼层蔓延，则可只计算着火楼层内人员的 RSET。

③ 如果火灾及其产生的烟气可能在垂直方向向其他楼层蔓延(如建筑内存在连通上下层的中庭)，则需计算整个建筑内人员的 RSET。当建筑存在坍塌的危险时，也需要计算整个建筑内人员的 RSET。

人员疏散时间按火灾报警时间、人员的疏散准备时间和人员从开始疏散到到达安全地点的行动时间之和计算：

$$\mathrm{RSET}=T_{\mathrm{d}}+T_{\mathrm{pre}}+\mathrm{k}T_{\mathrm{t}} \tag{14.9}$$

式中　T_{d}——报警时间；

T_{pre}——人员的疏散准备时间；

T_{t}——人员疏散行动时间；

k——安全系数，一般取为 1.5～2，采用水力模型计算时的安全系数取值宜比采用人员行为模型计算时的安全系数取值要大。

报警时间应根据建筑内所采用的火灾探测与报警装置的类型及其布置、火灾的发展速度及其规模、着火空间的高度等条件，考虑设计火灾场景下，建筑内人员的密度及人员的安全意识与清醒状态等因素综合确定。人员的疏散准备时间为人员从接到火灾警报之后到疏散行动开始之前的这段时间间隔，包括识别时间和反应时间。

识别时间为从火灾报警或信号发出后到人员还未开始反应的这一时间段。根据建筑类型、功能与用途、使用人员的性质及建筑火灾报警和物业管理系统等因素的不同，该识别时间的长短相差较大：在管理相对完善的剧院、超市或办公建筑(有定期火灾训练)中，识别时间较短；在平面布置复杂或面积巨大的建筑以及旅馆、公寓、住宅和宿舍等建筑中，该时间可能较长。表 14.8 给出了各种不同类型的人员和报警系统的典型识别时间。

表 14.8　　各种用途的建筑物采用不同报警系统时的人员识别时间统计结果

建筑物用途及特性	人员响应时间/min		
	报警系统类型		
	W1	W2	W3
办公楼、商业或工业厂房、学校(居民处于清醒状态，对建筑物、报警系统和疏散措施熟悉)	<1	3	>4
商店、展览馆、博物馆、休闲中心等(居民处于清醒状态，对建筑物、报警系统和疏散措施不熟悉)	<2	3	>6
旅馆或寄宿学校(居民可能处于睡眠状态，但对建筑物、报警系统和疏散措施熟悉)	<2	4	>5
旅馆、公寓(居民可能处于睡眠状态，对建筑物、报警系统和疏散措施不熟悉)	<2	4	>6
医院、疗养院及其他社会公共机构(有相当数量的人员需要帮助)	<3	5	>8

注：W1 为实况转播指示，采用声音广播系统，例如从闭路电视设施的控制室；
W2 为非直播(预录)声音系统、和/或视觉信息警告播放；
W3 为采用警铃、警笛或其他类似报警装置的报警系统。

反应时间为从人员识别报警或信号并开始作出反应至开始直接朝出口方向疏散的时间间隔。与建筑空间的环境状况有密切关系，从数秒钟到数分钟不等。在反应时间内人员可能会采取的行动有：确定火源、火警的实际情况或火警与其他警报的重要性；停止机器或生产过程，保护重要文件或贵重物品等；寻找和召集儿童及其他家庭成员；灭火；决定合适的出口路径；警告其他人员以及其他疏散行为。

人员疏散行动时间的计算方法有多种，将在14.4.2节中具体介绍。

14.3.3 文件编制阶段

性能化设计的最终报告是体现设计成果的主要文件，应为性能化分析与设计提供一份清晰的记录，因此应当重视报告的编写。报告应当是该方案整个分析与设计过程的清楚的记录，一般说，报告应当对性能化设计的目的和目标、火灾场景设置的依据、计算工具的功能概述及计算结果的适用性等方面做出说明，给出充足的科学依据，力求给设计方案的审查人员形成清晰、明确、合理的认识。同时还应当提供相关的参考文献、基础数据、设备说明等，以便设计报告能够易于他人审核和检验。

虽然最后报告的形式将随着项目的性质和范围不同而有所差异，但一般都应该包括以下几个方面：分析和设计过程的参加者；分析或设计的目的；所用的设计方法；工程背景资料；防火目的和损失目标；性能判据；火灾场景；设定火灾曲线；所用的计算工具和方法；设计改进方案；其他相关资料等。此外，计算机模型的输出结果也应以合适的方式提供给业主或消防主管部门进行审查。这种规范的评估报告对设计方案的顺利通过是有帮助的。

14.4 性能化防火设计中的常用模型

14.4.1 火灾发展过程的计算机模拟

运用数学手段模拟火灾的发展过程是认识火灾特点和开展有关分析的重要手段，尤其对建筑物的性能化设计和评估来说尤为重要。经过二三十年的研究，现在已发展出了多种分析火灾的数学模型，一般简称火灾模型。据统计，现在有六七十种比较完善的火灾模型可供选用。有的模型适用于计算火灾产生的环境，主要是室内温度随时间的变化、火灾中的烟气运动；有的模型适用于计算材料的耐火性、火灾探测器和洒水喷头的响应时间等。

总之，火灾模型可分为确定性和不确定性模型两大类，确定性模型是根据质量守恒、动量守恒和能量守恒等基本物理定律建立的。如果给定有关空间的几何尺寸、热物性参数、相应的边界条件和初始条件，利用这种模型可以得到相当准确的计算结果。不确定性模型也有多种形式，如统计模型和随机模型。在讨论火灾发展过程时，主要涉及随机模型，这种模型把火灾的发展看做一系列连续出现的状态（或条件），而由一种状态转变到另一种状态有一定的概率。通过这种概率的分布计算，可以得到出现某种结果状态的概率分布。

在开展火灾危险分析时，应当综合考虑火灾发展的确定性和随机性的特点，单纯依据哪一种模型都难以全面反映火灾的真实过程。不过出于定量分析的计算的需要，人们关心的是火灾过程的确定性数学模型。

还应注意到，火灾过程是十分复杂的，完全依靠基本定律来计算火灾发展是不可能的，实际计算中还需要采用一些必要的简化和假设，或使用不甚准确的测量数据。因此，火灾模型的计算结果是实际火灾的一定程度的近似。

目前，常用的火灾模型主要有经验模型（experiential model）、区域模型（zone model）、场模型（field model）和网络模型（networks）等。

经验模型主要有 FPETOOL(fire protection engineering tools)，ARGOS 模型；区域模型主要有 CFAST，ASET，ASET-B，FIRST，HARVARD 等模型；场模型主要有 FDS，SMARTFIRE 等模型。此外，人们常用 PHOENICS，FLUENT，CFX，STARCD 等大型流体力学分析软件进行火灾方面的计算。

火灾过程模拟研究通常使用区域模拟，在一定程度上兼顾了可靠性和经济性。但由于区域模拟自身的局限性，它很难处理强通风、强火源等源点附近梯度变化剧烈区域的精细结构以及辐射传热造成室内火灾能量重新分布从而影响流动状态等现象。

场模拟是利用计算机求解火灾过程中状态参数的空间分布及其随时间变化的模拟方式。场是指状态参数如速度、温度、各组分浓度等的空间分布。场模拟的理论依据是自然界普遍成立的质量守恒、动量守恒、能量守恒以及化学反应定律等。火灾过程中状态参数的变化也遵循这些规律。场模拟可以给出火灾过程的细节，但它对计算机的能力要求较高，并应当注意其火灾分过程理论模型的适用范围。

1) CFAST

CFAST 模型是美国 NIST 开发的区域式计算多室火灾与烟气蔓延的程序。该模型主要是由早期的 FAST 模型发展而来，它还融合了 NIST 开发的另一个火灾模型 CCFM 中先进的数值计算方法，从而使程序运行更加快速、稳定。在美国 NFPA 的支持下，NIST 将 CFAST 模型和火灾探测模型 DETECT、人员承受极限模型 TENEB 及人员疏散模型(EXITT)组合起来，形成功能更健全的 HAZARD1 模型。这一模型曾一度受到人们的普遍关注。CFAST 是 HAZARD1 模型的核心程序，其他几个子模型都是以 CFAST 的计算结果为基础进行的专门计算。此后，CFAST 本身仍在继续发展和完善，并形成一批新版本，因此人们经常单独使用该程序进行火灾过程的模拟计算，目前的最新版本是 CFAST6.0。

CFAST 可以用来预测用户设定火源条件下建筑内的火灾环境。用户需要输入建筑内多个房间的几何尺寸和连接各房间的门窗等开口情况、壁面结构的热物性参数、火源的热释放速率或质量燃烧速率以及燃烧产物的生成速率。该模型可以预测各有关房间内上部烟气层和下部空气层的温度、烟气层界面位置以及代表性气体浓度随时间的变化。

2) FDS

FDS(fire dynamics simulator)是美国 NIST 开发的一种场模拟程序，其第一版在 2000 年 1 月发布，很快受到人们的重视；2001 年 8 月发布了第二版；2002 年 12 月又发布了第三版；2004 年 7 月发布了第四版；2007 年发布了第五版，2012 年发布了第六版，目前的最新版本是 FDS6.3.2。该软件采用大涡模拟的方法来处理火灾过程中烟气的流场，具有较好的模拟精度。FDS 采用数值方法求解一组描述热驱动的低速流动的 Navier-Stokes 方程，重点计算火灾中的烟气流动和热传递过程，可用于烟气控制与水喷淋系统的设计计算和建筑火灾过程的再现研究。新版本在燃烧与辐射模型、初始条件与边界条件的设置等方面均有较大改进。

该模型中包括两大部分：第一部分为 FDS，是求解微分方程的主程序，它所需要的描述火灾场景的参数需要用户创建的文本文件提供；第二部分称为 SMOKEVIEW，是一种绘图程序，人们可用它查看计算结果及再现火灾的发展与蔓延过程，得出人们想要的随时间、空间变化的一些状态参数，如火场温度、能见度、一氧化碳浓度、热释放速率等，见图 14.4。给出了 FDS 建立的某中庭式建筑的模型。

3) FLUENT

FLUENT 软件是商业化的软件。它采用有限体积方法，提供了丰富的物理模型，包括理想气体、真实气体模型，多种燃烧模型、各种物性参数，旋转系统模型，传热模型，针对外流场与内流的特定边界条件等。FLUENT 具有强大的后置处理功能，能够完成 CFD 计算所要求的功能，包括速度矢量图、等值线图、等值面图、流动轨迹图，并具有积分功能，可以求得力、力矩及其对应的力矩系数、流量等。对用户所关心的参数和计算中的误差可以随时进行动态显示。图 14.5 给出了采用 FLUENT 对某体育馆火灾烟气温度分布的模拟结果。

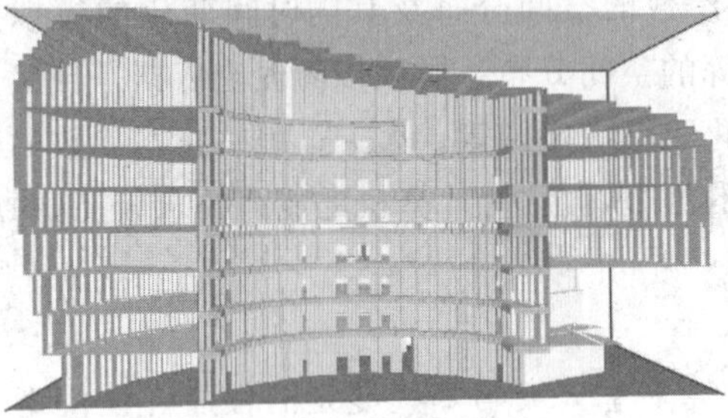

图 14.4　FDS 建立的某中庭式建筑模型

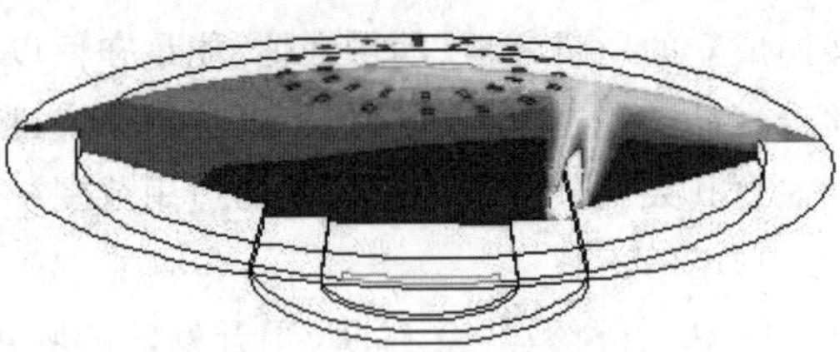

图 14.5　FLUENT 对某体育馆火灾的模拟

14.4.2　人员疏散的模拟计算

先介绍一下使用经验公式进行单个房间人员疏散模拟的方法，比较有名的是 Togawa 经验公式(Togawa,1955)表述如下：

$$T_{et}=\frac{N_{tol}}{W_{eff}C}+\frac{L_{min}}{V} \tag{14.10}$$

式中　N_{tol}——功能区内等待疏散的总人数，人；

W_{eff}——疏散出口的有效总宽度，m；

C——疏散出口的疏散能力，人/ms；

L_{min}——疏散人员中距离疏散出口的最近距离，m；

V——疏散时人员的平均速度，m/s。

式(14.10)基于以下假设：计算假设疏散人员的身体情况相似，具有足够好的身体条件疏散到安全地点；疏散人员在空间内是均匀分布的；起火后，人员疏散是同时开始的；疏散人员按预先设定的路线进行；疏散过程中，人员的步行速度是一定的，没有超越和返回的反向行走现象；群集人流受楼梯间出入口等宽度限制(流动系数)；有 2 个以上出入口时，有良好的疏散诱导，人员基本均分到所有出入口进行疏散。

在火灾等灾害事件过程中，人员行为是相当复杂的，难以进行准确的计算。不过人们的疏散行动也具有一定的基本规律，近年来相关的研究得到了长足的进展。随着计算机技术的进步，人们开始发展一些人员疏散模型，利用计算机进行量化分析。这种计算结果对于改进人员疏散设计具有重要的参考意义。

现在各国开发出的人员疏散模型种类很多，不过公认约有 20 种发展比较成熟，如 EVACNET,EXIT89,EGRESS,CRISP,SIMULEX 等。根据对人员疏散的空间的划分形式，人员疏散模型可分为网络模型和网格模型两种。

网络模型是按照建筑结构的实际分隔状况来确定其节点，每个节点都可以表示一个房间或一段走廊，不过与该区域的实际大小无关。按照各区域的实际位置，用连接线将有关节点连接起来。这类模型只能表示建筑物内的人员从一个房间移到另一个房间的情况，因此无法合理表现人员避开障碍物的运动和移动时的状况。EVACNET 模型比较有代表性。

网格模型将整个建筑物划分为许多小的网格，这样一个包括几个防烟分区的大区域可能需要划分出成千上万的网络。这种方法可以比较准确地表示空间的几何形状及其内部障碍物的位置，并在人员疏散的任意时刻都能将每个人置于准确的位置。在每个人只能占据一个网格，于是人员的疏散便被表示为他们从一个网格向另一个网格的移动，而不同个体之间的相互影响也可通过一定的模型反映出来。

1）EVACNET

EVACNET 是美国佛罗里达大学开发的一种模拟建筑火灾中人员逃生的网络疏散模型。本程序根据建筑的结构将建筑的各个功能间（如工作间、走廊、楼梯、大厅等）作为节点（node），网络节点根据各功能间的实际位置用弧（arc）连接。建筑本身的结构布置关系决定每个节点中人员疏散的方向，模拟人员从一个节点运动到另一个节点的情况，最终获得人员疏散到安全区域需要的时间。

该模型具体操作时对不同建筑采取适当的建模方式，建模的思路是：首先设定在某节点内人均占有的可供走动的面积（Average Pedestrian Area Occupancy，APAO），根据 APAO 确定在该节点内人员行走的平均速度（Average Speed，AS），以及单位宽度、单位时间内的人员流量（Average Flow Volume，AFV）；再根据该节点的有效出口宽度（Effective Width，EW）及 AS 和 AFV 确定通过该单元出口的人员流量。该网络疏散模型的输入参数是节点，弧，节点可容纳的人数（Node Capacity，NC），节点的初始人数（Initial Capacity，IC），弧的通过能力（Dynamic Capacity，DC），弧的通过时间（Traversal Time，TT）。EVACNET 模型可用数表的形式给出计算结果，包括不同节点的人员通过不同通道的疏散时间、某段通道出现瓶颈现象的时间及人员全部疏散完毕所用的时间等。该模型可以进行多种类型建筑物内的人员疏散模拟，包括办公楼、饭店、礼堂、体育馆、零售商店和学校等，可以模拟部分楼层，也可以模拟全部楼层，最多可以模拟 255 层，每层 99 个房间的建筑。

模型假设发生火灾时人员是清醒的且有足够的身体条件疏散到安全地点，模型没有考虑人与人之间的差别，认为所有人的疏散速度都一样，从开始计算，人员就按既定的疏散路径有序地进行疏散，人流的流量与疏散通道的宽度成正比分配。

2）元胞自动机模型

元胞自动机（Cellular Automata，CA）最早由 Von Neumann 提出。元胞自动机是定义在一个具有离散、有限的元胞组成的元胞空间上，按照一定的局部规则，在离散的时间维度上演化的动力学系统。该模型能够对各种物理系统和复杂自然现象进行模拟，从 20 世纪 90 年代以来，元胞自动机在众多的工程领域中得到了广泛的运用。

元胞自动机模型在模拟人员疏散时将二维空间划分为若干网格，每个网格为一个元胞，该处或者由一个人占据，或者为空格，如图 14.6 所示。此外，每个人还附带了一个与该网格大小相同的表示他对火灾危险程度认识的网格，反映该人在当前的时间步中对其周围环境的认识程度。当某人发现某处发生火灾时，则该处及其周围网格的危险度增大。由于火灾的影响，人员运动速度和可视范围都会受到影响，人员运动的方向是根据对危险度的判断进行的。在模拟过程中，所有个体依照所处的环境、个体特征和规定的行为规则选择留在原单元或者移动到相邻的 8 个单元中的一格。每个个体都具有根据自身和周围环境的判断分析能力，从而采取相应的措施。在对行人进行行为模拟中，元胞自动机模型显示了其独特的优越性。

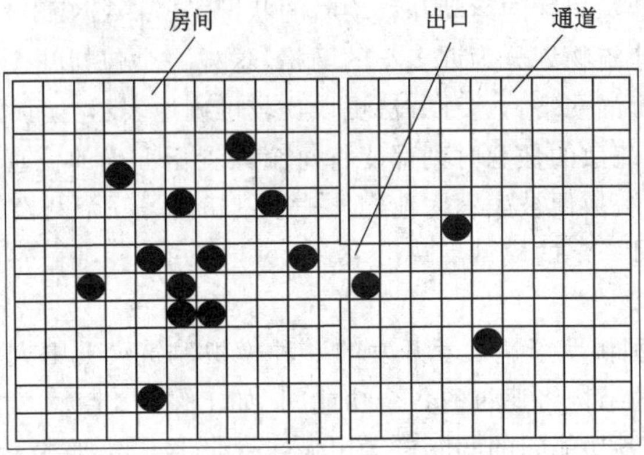

图 14.6　元胞自动机模型

3) SIMULEX

SIMULEX 是英国联合环境有限公司(integrated environmental solutions LTD)开发，主要用于多层建筑内人员疏散模拟计算的商业软件，软件主体主要由 Thompson 设计完成。

该模型属于精细网格模型，利用 CAD 生成的 DXF 文件对多层建筑进行分层建筑平面初始化，并自动生成 0.2 m×0.2 m 的正方形网格点均匀覆盖到建筑空间上，每个网格可与临近的 16 个网格点相连，建筑物中的疏散楼梯单独建模。模型中人员的疏散方向主要由用户定义的 Link 和 Exit 决定，疏散楼梯与各层建筑平面的连接称为 Link，各层人员通过 Link 进入疏散楼梯，直接对外的安全出口称为 Exit，是建筑内人员的最终疏散出口。

模型中人员的初始位置可以定义在建筑内的任一部位，人员特性主要包括 3 部分：人体尺寸、步行速度和对于报警信号的反应时间。通过不同的人员速度的定义，使该模型在一定意义上可以模拟残疾人的疏散。模型中的人员分别通过 Link 和 Exit 最终疏散到室外。

SIMULEX 是一种被广泛采用的人员疏散分析软件，考虑了火灾时人员疏散的行为规律，适合于模拟大型、复杂几何形状、带有多个楼层和楼梯的建筑物中人员的疏散。SIMULEX 将人员分为男人、女人、儿童和长者 4 种基本类型，每类人员的步行速度不同。

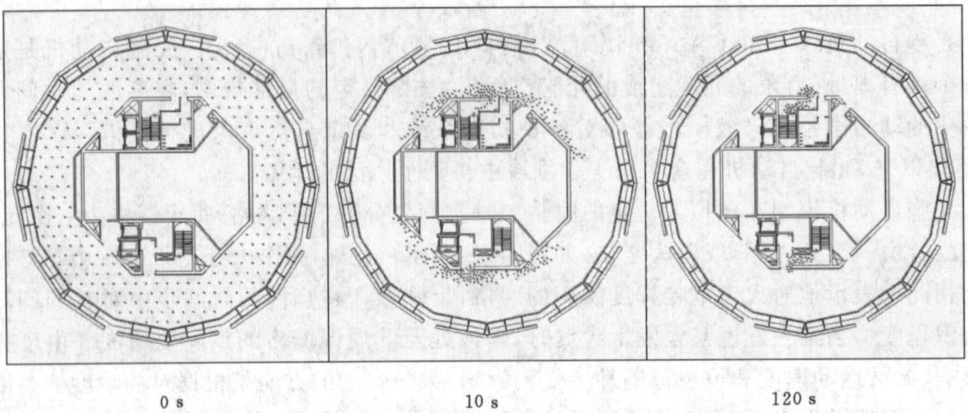

图 14.7　SIMULEX 对某建筑人员疏散的模拟结果

疏散过程中，人员的行进速度根据人员的类型和人员的密度决定，见图 14.7。

SIMULEX 作为一种网格模型，对疏散空间按一定模式进行网络模化，结果使得疏散行动按一定的方向和秩序进行，忽略了等待疏散人员的动量属性；过分强调疏散行为个体的疏散行为特征，忽视了群集滞留和群集事故现象对火灾时人员疏散行为安全性的重要影响；由于现代建筑特别是高层建筑单元众多，结构复杂，因而要求计算处理信息量相当大（几乎是呈指数增长）。

4）STEPS

STEPS(Simulation of Transient Evacuation and Pedestrian MovementS)由 Mott MacDonald 设计，可以模拟在普通情况和紧急疏散情况下人员的运动情况。STEPS 可广泛应用于车站、办公室、商场、休闲中心、巡航舰等场所。STEPS 采用三维仿真技术，可以模拟人员在紧急情况下的被工作人员引导，识别疏散瓶颈，优先选择出口及测试撤退路线和不同紧急情况下的疏散。它可以建立任何环境，包括障碍物如门、座椅、亭子，模拟电梯和扶梯速度及容量，到达和离开的火车和汽车等。图 14.8 是 STEPS 模拟某地铁出口的情况。

STEPS 还结合了人员疏散心理研究，可以根据特殊的人员特征分配人员（如年龄、性别、耐性、适应水平、所拖行李大小及对逃生路线的熟悉程度），还可以制订人员对特殊环境和彼此之间的反应。另外，STEPS 还可以模拟在疏散过程中疏散条件发生改变的情况下人员的行动过程。

5）EVAC

EVAC 是芬兰技术研究中心（VTT）研发的基于连续空间模型的人员疏散模拟软件。此模型可以作为 FDS 的子程序，从而实现火灾和疏散模拟。第一版 Evac1.0 于 2006 年正式发行，第二版的 Evac1.1 集成在 FDS5.0 中，于 2007 年 10 月发行，又称为 FDS+EVAC，EVAC 的理论基础是社会力模型。

由于 EVAC 已经实现了和 FDS5.0 的结合，使用者可以采用 FDS+EVAC 同时对建筑内火灾烟气流动和人员疏散进行模拟（图 14.9），因此该模型能够在一定程度上反映出火灾烟气对人员疏散的影响，如人员的死亡等，具有很好的应用前景。在该模型中使用者可以对人员类型、人员特征尺寸、行走速度、出口熟悉程度进行设置，并能对疏散中人员的亲情行为（群组疏散）进行模拟。模拟的结果可用 FDS 软件自带的可视化软件 Smoke View 进行动画演示，如图 14.9 所示。

图 14.8 STEPS 软件模拟界面

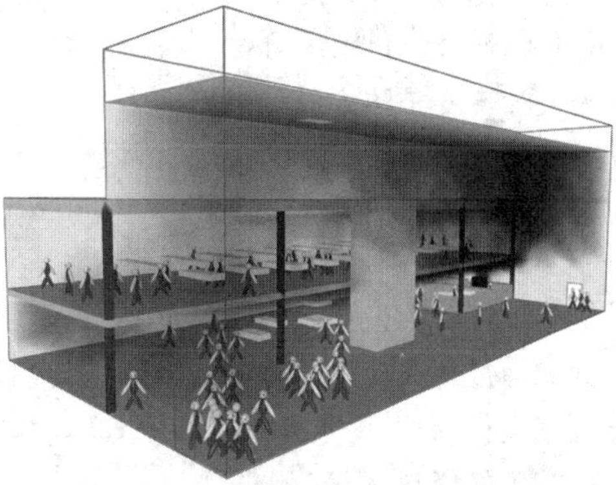

图 14.9 FDS+EVAC 对人员疏散的模拟

6) Building EXODUS

Building EXODUS 软件是由格林尼治大学的 EXODUS 团队开发的，基于复杂的子模型合并了人与人，人与火及人与建筑结构之间的相互作用，来进行疏散仿真。模型(图 14.10)包括了人与人之间、人与结构之间和人和环境之间互相作用，模型跟踪每一个人在建筑物中的移动轨迹，他们或走出建筑物，或被火灾的热、烟或有毒气体所伤害。Building EXODUS 软件可以处理任何人数的多层疏散，可以从区域模型 CFAST V5.0 和V4.01 及 CFD 火灾场模型 SMARTFIRE V4.0 中导入文件来建立火灾场景。

图 14.10 Building EXODUS **软件模拟界面**

本章小结

性能化设计是建立在消防安全工程学基础上的一种新的建筑防火设计方法。设计者可以根据建筑物的具体情况，自由选择为达到安全目标而应采取的各种防火措施，从而得到最优化的防火设计方案。

1) 处方式防火设计与性能化设计的关系

性能化防火设计是一种全新的建筑防火设计理念，与传统的处方式防火设计方法相比具有目标性、针对性、综合性、灵活性、合理性等方面的优势。处方式防火设计方法向性能化防火设计转变是防火设计发展的大趋势，但目前性能化防火设计仍无法取代处方式防火设计的地位，并且采用性能化方法所设计的建筑物的消防安全性能不应低于现行规范规定的安全水平。

2) 性能化防火设计的步骤

性能化防火设计分为设计准备、定量评估和文件编制 3 个阶段，设计准备阶段需要由多方共同确定防火目标并将其转换为性能判据；定量评估阶段则采用性能判据对多个备选设计方案进行评估，并选择最终方案；文件编制阶段应清晰记录性能化分析与设计全过程，并提供相关的资料。

3) 设定火灾

设定火灾是性能化防火设计中定量分析的基础，应当综合建筑物的面积、使用功能、可燃物等情况，并参考相关统计资料和实验数据。t^2-稳定模型是设定火灾中最常用的模型，在确定该模型的火灾增长因子和稳定热释放速率值时应视实际工程情况灵活选用。

4）火灾发展和人员疏散模拟

火灾中人员安全疏散的准则是 ASET＞RSET。其中 ASET 根据火灾发展的数值模拟结果由性能判据确定，RSET 则包括探测报警时间、疏散准备时间和疏散运动时间，其中疏散运动时间应由人员疏散模型计算。了解各种模型的原理和其特点，尽量掌握一种火灾发展和人员疏散模型。

复习思考题

14.1 什么是建筑物的处方式防火设计？这种设计方法有哪些优点与缺点？

14.2 什么是建筑物的性能化防火设计？性能化防火设计有哪些优缺点？

14.3 如何看待性能化防火设计和处方式防火设计的关系？

14.4 性能化防火设计的安全总体目标有哪些？

14.5 简要说明性能化防火设计的主要步骤。

14.6 什么是火灾场景？设置火灾场景应当主要考虑哪些因素？

14.7 如果宿舍发生火灾，如何设定其热释放速率曲线？

14.8 人员安全疏散的原则是什么？

参考文献

[1] GB 50016—2014.建筑设计防火规范[S]
[2] GB 50794—2014.消防给水及消火栓系统技术规范[S]
[3] GB 50098—2009.人民防空工程设计防火规范[S].
[4] GB 50067—2014.汽车库、修车库、停车场设计防火规范[S].
[5] GB 50222—1995.建筑内部装修设计防火规范(2001年版)[S].
[6] GB 50354—2005.建筑内部装修防火施工及验收规范[S].
[7] GB 50140—2005.建筑灭火器配置设计规范[S].
[8] GB 50444—2008.建筑灭火器配置验收及检查规范.
[9] GB 3445—2005.室内消火栓[S].
[10] GB 50015—2003.建筑给水排水设计规范(2009年版)[S].
[11] GB 50084—2001.自动喷水灭火设计规范(2005年版)[S].
[12] GB 50151—92.低倍数泡沫灭火系统设计规范(2000年版)[S].
[13] GB 50219—2014.水喷雾灭火系统设计规范[S].
[14] GB 50116—2013.火灾自动报警系统设计规范[S].
[15] GB 50166—2007.火灾自动报警系统施工及验收规范[S].
[16] GB 4717—2005.火灾报警控制器[S].
[17] GB 16806—2006.消防联动控制系统[S].
[18] GB 19880—2005.手动火灾报警按钮[S].
[19] GB /T 4718—2006.火灾报警设备专业术语[S].
[20] GA/T 229—1999.火灾报警设备图形符号[S].
[21] GB /T 4327—2008.消防技术文件用消防设备图形符号[S].
[22] 中华人民共和国公安部标准.GN11—82.消防产品型号编制方法[S].
[23] 中华人民共和国公安部标准.GA90—94.手提式灭火器检验规则[S].
[24] 中华人民共和国公安部标准.GA95—1995.灭火器的维修与报废[S].
[25] 国家建筑标准设计图集04S206自动喷水与水喷雾灭火设施安装[S].北京:中国计划出版社,2007.
[26] 张树平.建筑防火设计[M].2版.北京:中国建筑工业出版社,2009
[27] 李钰,王春青.建筑消防工程学[M].徐州:中国矿业大学出版社,2011.
[28] 中国建筑设计研究院.建筑给水排水设计手册(上册)[M].2版.北京:中国建筑工业出版社,2008.
[29] 龚延风,张九根,等.建筑消防技术[M].2版.北京:科学出版社,2009.
[30] 全国民用建筑工程设计技术措施——给水排水[M].北京:中国计划出版社,2009.